"十二五"普通高等教育本科国家级规划教材

弹性力学

Tanxing Lixue

Elasticity

第 5 版

下 册

徐芝纶

U0305140

高等教育出版社·北京

内容提要

本书是"十二五"普通高等教育本科国家级规划教材,是在第4版的基础上修订而成的。第1版获"1977—1981年度全国优秀科技图书"奖,第2版获1987年"全国优秀教材特等奖"。

全书分上、下两册。上册为数学弹性力学部分,内容包括:绪论、平面问题的基本理论及其直角坐标解答、极坐标解答、复变函数解答,温度应力的平面问题、平面问题的差分解;空间问题的基本理论及其解答,等截面直杆的扭转、能量原理与变分法、弹性波的传播。下册为应用弹性力学部分,内容包括:薄板的小挠度弯曲问题及其经典解法、差分解法、变分解法及薄板的振动、稳定、各向异性、大挠度问题;壳体的一般理论以及柱壳、旋转壳、扁壳。

本书可作为高等学校工程力学、土建、水利、机械、航空航天等专业弹性力学课程的教材,也可供工程技术人员参考和应用。

图书在版编目(CIP)数据

弹性力学.下册/徐芝纶编著.--5版.--北京:高等教育出版社,2016.3(2023.12重印)
ISBN 978-7-04-044789-7

Ⅰ.①弹… Ⅱ.①徐… Ⅲ.①弹性力学-高等学校-教材 Ⅳ.①O343

中国版本图书馆 CIP 数据核字(2016)第 020151 号

策划编辑 周 婷　　责任编辑 赵向东　　封面设计 张 楠　　版式设计 马敬茹
插图绘制 杜晓丹　　责任校对 张小镝　　责任印制 高 峰

出版发行	高等教育出版社	网　　址	http://www.hep.edu.cn
社　　址	北京市西城区德外大街4号		http://www.hep.com.cn
邮政编码	100120	网上订购	http://www.hepmall.com.cn
印　　刷	固安县铭成印刷有限公司		http://www.hepmall.com
开　　本	787mm×960mm　1/16		http://www.hepmall.cn
印　　张	20.5	版　　次	1979年8月第1版
字　　数	360千字		2016年3月第5版
购书热线	010-58581118	印　　次	2023年12月第11次印刷
咨询电话	400-810-0598	定　　价	32.10元

第五版前言

徐芝纶院士编著的《弹性力学》(上、下册)在国内具有广泛的影响,是一部经典的力学教材。第四版自 2006 年出版以来,已有近十年的时间了。为了适应科学技术的发展,反映教学实践中的经验,现修订出版第五版。

第五版的修订工作是在高等教育出版社的支持下进行的,河海大学工程力学系曾专门组织召开座谈会,并广泛征求国内有关高校从事弹性力学教学的教师意见,经多次讨论研究,形成了本次的修订大纲。

本次修订的主要内容如下:

(1) 对弹性力学基本理论和方法进行了强调和说明,特别是对弹性力学的基本概念、基本假定、基本方程、边界条件、圣维南原理的应用、能量原理与变分法等都做了进一步的阐述。

(2) 增加了"弹性力学的发展简史"和"叠加原理"。

(3) 考虑到原书中缺乏变分法专门知识的介绍,增加了"变分法初步";基于许多专业书刊上已普遍使用张量记号的实际情况,增加了"笛卡儿张量简介"。为不影响原书的体系编排,这两部分内容均作为补充材料附在正文后面,供教师讲授或学生参考之用。

(4) 为了加强实践性教学环节,补充了一些习题。

(5) 将"解的唯一性定理"移到第八章,改写了个别章节,对全书的文句进行了完善和修订。

在修订过程中,得到了河海大学两任校长姜弘道教授和王乘教授的关心,王润富教授提出了许多宝贵意见,余天堂教授认真审阅了修订稿,许多院校的教师也以不同方式提出了重要的建议,谨向他们表示深切的谢意。并希望广大教师和学生在今后的使用过程中,对修订版提出意见,以使徐芝纶院士编著的教材得到进一步完善。

本书由河海大学章青具体执笔修订。

章 青
2015 年 12 月

第四版前言

《弹性力学》是徐芝纶教授(1911—1999)为工程力学专业、工科研究生等编著的一部教材,1990 年出版了第三版,至今已有 16 年,为满足教学要求,现修订出版第四版。

第四版在保持第三版的内容、编排和写作风格不变的前提下,进行以下几方面的修订:(1)为方便读者阅读,在正文之前增加了"主要符号表"。(2)按1993 年发布的 GB 3100~3102—93《量和单位》系列国家标准及有关规定。规范使用量和单位的名称、符号及书写规则。(3)重新绘制了全部插图,少数图示有所改进,图注均用宋体字。(4)在反复斟酌的基础上,对个别字、词及表述作了修订,在"能量原理及变分法"一章中增加了余能概念。

第四版的修订工作由王润富(河海大学)、徐慰祖(北京工业大学)、张元直(高等教育出版社)共同完成。

修订不当之处敬请读者指正。

修订者
2006 年 7 月

第三版前言

在安排本书第三版的内容时,对总的体系未加更改,对次序的先后也只作了很小的变动。

由于国内的大专院校和设计单位都已普遍使用电子计算机(至少已普遍使用微型机),用手工进行的松弛计算已经失去了实用价值,所以第三版中取消了这方面的内容。

平面问题的位移差分解,与应力函数差分解相比,具有较广泛的适用性,但是,对同样的精度要求说来,方程较多是其缺点。由于电子计算机的使用,这一缺点已无关重要,因此,第三版中增加了位移差分解的内容。

兄弟院校的几位同志建议,增加"解答的唯一性"和"功的互等定理"。还有同志认为,既然空间轴对称问题的应力函数等同于勒夫位移函数,前者就不必介绍了。编者采纳了这两方面的建议。

为了便于教学,第三版中对文句和插图作了不少的修改,对例题和习题也作了一些调整。

徐芝纶

1987 年 5 月

第二版前言

本书在 1979 年出版以后,曾蒙若干兄弟院校的教师作为教材试用,并先后提出不少宝贵的意见和建议。现在已经按照这些意见和建议进行了修改,择要说明如下。

原书中关于楔形坝体温度应力的一般分析,数学运算较繁,在有限单元法广泛应用于坝体应力分析以后,已经失去了应用价值。原书中关于等截面直杆弯曲问题的解答,虽然属于古典弹性力学上的重大成就,但在工程上很少有人应用。因此,在修订版中删去了这两方面的内容。

修订版在平面问题的基本理论中增加了"斜方向的应变"这一节,是为了适应结构实验分析方面的需要;在薄板小挠度弯曲问题的边界条件中,增加了弹性支承边的边界条件,因为弹性支承是板壳理论中的一个重要概念,而且在很多的板壳结构中,支承构件的弹性也是必须加以考虑的。

原书中关于平面问题应力函数以及应力和位移的复变函数表示,沿用过去文献中的传统推导方法,引用了几个人为的调和函数,显得曲折而不自然。在修订版中,放弃了这些调和函数而用共轭复变数进行推导,比较直观,容易为学生接受。

等曲率扁壳的简化计算,是我国的力学工作者们在 50 年代末期和 60 年代初期的重大贡献,至今还不失为国际上的先进成果。因此,在修订版中稍许增多了这方面的内容。

此外,在很多的章节中,文字叙述和数学推导作了某些修改,习题也有些调整。

恳切希望兄弟院校的教师继续对本书进行严格的审查,把发现的缺点和错误及时通知本人,以便再度加以修改或更正,使本书成为比较合用的一部教材。

徐芝纶

1982 年 4 月

第一版前言

本书是为高等学校工科力学专业编写的弹性力学教材。

全书分上下两册,上册先讲平面问题,再讲空间问题,下册先讲薄板问题,再讲薄壳问题。这样安排,大致符合由浅入深、由易到难、循序渐进的原则。

为了训练学生理论推导和实际运算的能力,每章之后都附有难易程度不同的习题,任课教师可按照专业教学计划的要求和学生课外学时的多少,适当布置。

在大多数章的最后,列出了参考教材的目录,以使学生在阅读了这些教材以后,能够更全面、深入地掌握该章的内容。

内容索引和人名对照表,附在下册的书后。

本书承主审人北京航空学院王德荣同志和武汉建筑材料工业学院王龙甫同志,以及同济大学、大连工学院、太原工学院、华北水利水电学院、西南交通大学、天津大学参加审稿的同志提出了宝贵的意见,特此表示衷心的感谢。

徐芝纶

1978 年 10 月

主要符号表

弹性力学

坐标　直角坐标 x,y,z；圆柱坐标 ρ,φ,z；极坐标 ρ,φ；球坐标 r,θ,φ。

体力分量　f_x,f_y,f_z（直角坐标系）；f_ρ,f_φ,f_z（圆柱坐标系）；f_ρ,f_φ（极坐标系）。

面力分量　$\bar{f}_x,\bar{f}_y,\bar{f}_z$（直角坐标系）；$\bar{f}_\rho,\bar{f}_\varphi,\bar{f}_z$（圆柱坐标系）；$\bar{f}_\rho,\bar{f}_\varphi$（极坐标系）。

位移分量　u,v,w（直角坐标系）；u_ρ,u_φ,w（圆柱坐标系）；u_ρ,u_φ（极坐标系）。

边界约束分量　$\bar{u},\bar{v},\bar{w}$（直角坐标系）。

方向余弦　l,m,n（直角坐标系）。

应力分量　正应力 σ，切应力 τ；全应力 $\boldsymbol{p}$；斜面应力分量 p_x,p_y,p_z（直角坐标系）；σ_N,τ_N；体积应力 Θ。

应变分量　正应变 ε，切应变 γ；体应变 θ。

势能和功　应变能 V_ε，外力势能 V，总势能 E_p，功 W，动能 E_k，应变余能 V_c。

艾里应力函数 Φ，扭转应力函数 Φ。

弹性模量 E，切变模量 G，体积模量 K，泊松比 μ。

质量 m，密度 ρ，重力加速度 g。

温度场和温度应力

温度 T，绝热温升 θ。

热量 Q，热流密度 q。

比热容 c，线胀系数 α。

导热系数（热导率）λ，导温系数（热扩散率）a，运流放热系数（表面传热系数）α。

薄板力学

挠度 w，振型函数 W，振动频率 ω，抗弯刚度 D。

中面内力(薄膜内力) 拉压力,平错力(纵向剪力)F_{Tx},F_{Ty},$F_{Txy}=F_{Tyx}$(直角坐标系);$F_{T\rho}$,$F_{T\varphi}$,$F_{T\rho\varphi}=F_{T\varphi\rho}$(极坐标系)。

平板内力 弯矩,扭矩 M_x,M_y,$M_{xy}=M_{yx}$(直角坐标系);M_ρ,M_φ,$M_{\rho\varphi}=M_{\varphi\rho}$(极坐标系)。

横向剪力,总剪力 F_{Sx},F_{Sy};F_{Sx}^t,F_{Sy}^t(直角坐标系)。$F_{S\rho}$,$F_{S\varphi}$;$F_{S\rho}^t$,$F_{S\varphi}^t$(极坐标系)。

薄壳力学

正交曲线坐标 α,β,γ。坐标线上微分线段 ds_1,ds_2,ds_3。

位移 u_1,u_2,u_3;中面位移 u,v,w。

正应变 e_1,e_2,e_3;切应变 e_{23},e_{31},e_{12}。

中面正应变 $\varepsilon_1,\varepsilon_2$。中面切应变 ε_{12}。中面主曲率 k_1,k_2。中面主曲率改变 χ_1,χ_2。中面扭率改变 χ_{12}。壳体的中面荷载 q_1,q_2,q_3。

中面内力(薄膜内力) 拉压力 F_{T1},F_{T2};平错力 F_{T12},F_{T21}。总平错力 F_{T12}^t,F_{T21}^t。

平板内力 弯矩 M_1,M_2;扭矩 M_{12},M_{21}。

横向剪力 F_{S1},F_{S2}。总剪力 F_{S1}^t,F_{S2}^t。

量纲

国际单位制(SI)采用的基本量为,长度(L),质量(M),时间(T),电流(I),热力学温度(Θ),物质的量(N),发光强度(J)。

目 录

（下　册）

第十三章　薄板的小挠度弯曲问题及其经典解法

§13-1　有关概念及计算假定

在弹性力学里,两个平行面和垂直于这两个平行面的柱面所围成的物体,称为平板,或简称为板,如图 13-1 所示。这两个平行面称为板面,而这个柱面称为侧面或板边。两个板面之间的距离 δ 称为板的厚度,而平分厚度 δ 的平面称为板的中间平面,简称为中面。如果板的厚度 δ 远小于中面的最小尺寸 b(例如小于 $b/8$ 至 $b/5$),这个板就称为薄板,否则就称为厚板。

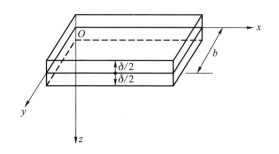

图 13-1

对于薄板的弯曲问题,已经引用一些计算假定从而建立了一套完整的理论,可以用来较简便地计算工程上的问题。对于厚板,虽然也有这样或那样的计算方案被提出来,但还不便应用于工程实际问题。

当薄板受有一般荷载时,总可以把每一个荷载分解为两个分荷载,一个是平行于中面的所谓纵向荷载,另一个是垂直于中面的所谓横向荷载。对于纵向荷载,可以认为它们沿薄板厚度均匀分布,因而它们所引起的应力、应变和位移,可以按平面应力问题进行计算,如第二章至第七章中所述。横向荷载将使薄板弯曲,它们所引起的应力、应变和位移,可以按薄板弯曲问题进行计算。

当薄板弯曲时,中面所弯成的曲面,称为薄板的弹性曲面,而中面内各点在垂直于中面方向的位移,即横向位移,称为挠度。

本章中只讲述薄板的小挠度弯曲理论,也就是只讨论这样的薄板:它虽然很薄,但仍然具有相当的弯曲刚度,因而它的挠度远小于它的厚度。如果薄板的弯曲刚度较小,以致挠度与厚度属于同阶大小,则须另行建立所谓大挠度弯曲理论,见第十八章。

薄板的弯曲问题属于空间问题。为了建立薄板的小挠度弯曲理论,除了引用弹性力学的基本假定,还补充提出了三个计算假定(这些假定已被大量的实验所证实)。取薄板的中面为 xy 面,如图 13-1 所示,这三个计算假定可以陈述如下:

(1)垂直于中面方向的正应变,即 ε_z,可以不计。取 $\varepsilon_z=0$,则由几何方程得 $\dfrac{\partial w}{\partial z}=0$,从而得

$$w=w(x,y)。 \tag{13-1}$$

这就是说,在板内所有的点,位移分量 w 只是 x 和 y 的函数而与 z 无关。因此,在中面的任一根法线上,薄板沿厚度方向的所有各点都具有相同的位移 w,也就是挠度。

由于作出了上述假定,必须放弃如下与 ε_z 有关的物理方程:

$$\varepsilon_z=\frac{\sigma_z-\mu(\sigma_x+\sigma_y)}{E}。$$

这样才能容许 $\varepsilon_z=0$,而同时又容许 $\sigma_z-\mu(\sigma_x+\sigma_y)\neq0$,如下一节中所见。

(2)应力分量 τ_{zx}、τ_{zy} 和 σ_z 远小于其余三个应力分量,因而是次要的,它们所引起的应变可以不计(注意:它们本身却是维持平衡所必需的,不能不计)。

因为不计 τ_{zx} 及 τ_{zy} 所引起的应变,所以有

$$\gamma_{zx}=0, \qquad \gamma_{yz}=0。$$

于是由几何方程得

$$\frac{\partial u}{\partial z}+\frac{\partial w}{\partial x}=0, \qquad \frac{\partial w}{\partial y}+\frac{\partial v}{\partial z}=0,$$

从而得

$$\frac{\partial u}{\partial z}=-\frac{\partial w}{\partial x}, \qquad \frac{\partial v}{\partial z}=-\frac{\partial w}{\partial y}。 \tag{13-2}$$

与上相似,必须放弃如下与 γ_{zx} 及 γ_{yz} 有关的物理方程:

$$\gamma_{zx}=\frac{2(1+\mu)}{E}\tau_{zx}, \qquad \gamma_{yz}=\frac{2(1+\mu)}{E}\tau_{yz}。$$

这样才能容许 γ_{zx} 及 γ_{yz} 等于零,而又容许 τ_{zx} 及 τ_{zy} 不等于零,如下一节中所见。

由于 $\varepsilon_z=0$,$\gamma_{zx}=0$,$\gamma_{yz}=0$,可见中面的法线在薄板弯曲时保持不伸缩,依然为直线,并且成为变形后弹性曲面的法线。

因为不计 σ_z 所引起的应变,加上必须放弃的物理方程,所以薄板小挠度弯曲问题的物理方程为

$$\left.\begin{array}{l} \varepsilon_x = \dfrac{1}{E}(\sigma_x - \mu\sigma_y), \\[2mm] \varepsilon_y = \dfrac{1}{E}(\sigma_y - \mu\sigma_x), \\[2mm] \gamma_{xy} = \dfrac{2(1+\mu)}{E}\tau_{xy}. \end{array}\right\} \tag{13-3}$$

这就是说,薄板小挠度弯曲问题中的物理方程和薄板平面应力问题中的物理方程是相同的。

(3) 薄板中面内的各点都没有平行于中面的位移,即

$$(u)_{z=0} = 0, \qquad (v)_{z=0} = 0. \tag{13-4}$$

因为 $\varepsilon_x = \dfrac{\partial u}{\partial x}, \varepsilon_y = \dfrac{\partial v}{\partial y}, \gamma_{xy} = \dfrac{\partial v}{\partial x} + \dfrac{\partial u}{\partial y}$,所以由上式得出

$$(\varepsilon_x)_{z=0} = 0, \qquad (\varepsilon_y)_{z=0} = 0, \qquad (\gamma_{xy})_{z=0} = 0.$$

这就是说,中面内无应变发生,中面的任意一部分,虽然弯曲成为弹性曲面的一部分,但它在 xy 面上的投影形状却保持不变。

薄板小挠度弯曲问题所引用的三个计算假定是由基尔霍夫首先提出的,材料力学研究梁的弯曲问题时,也采用了与上相似的计算假定。

§13-2 弹性曲面的微分方程

薄板的小挠度弯曲问题是按位移求解的,取为基本未知函数的是薄板的挠度 $w(x,y)$。因此,要把所有的其他物理量都用挠度来表示,并建立求解 $w(x,y)$ 的微分方程,即所谓弹性曲面微分方程。

首先把应变分量 ε_x、ε_y、γ_{xy} 用 w 来表示。将方程(13-2)对 z 进行积分,积分时注意 w 只是 x 和 y 的函数,不随 z 而变,即得

$$u = -\frac{\partial w}{\partial x}z + f_1(x,y), \qquad v = -\frac{\partial w}{\partial y}z + f_2(x,y),$$

其中的 f_1 和 f_2 是任意函数。应用计算假定得到的方程(13-4),得 $f_1(x,y) = 0$,$f_2(x,y) = 0$。于是纵向位移

$$u = -\frac{\partial w}{\partial x}z, \qquad v = -\frac{\partial w}{\partial y}z.$$

　　上式表明,薄板内在 x 和 y 方向的位移沿板厚方向呈线性分布,在上下板面处最大,在中面处为零。

　　利用几何方程,把应变分量 ε_x、ε_y、γ_{xy} 用 w 表示如下:

$$\left.\begin{aligned}\varepsilon_x &= \frac{\partial u}{\partial x} = -\frac{\partial^2 w}{\partial x^2}z,\\\varepsilon_y &= \frac{\partial v}{\partial y} = -\frac{\partial^2 w}{\partial y^2}z,\\\gamma_{xy} &= \frac{\partial v}{\partial x}+\frac{\partial u}{\partial y} = -2\frac{\partial^2 w}{\partial x \partial y}z_{\circ}\end{aligned}\right\} \tag{13-5}$$

由此可见,应变分量 ε_x,ε_y 和 γ_{xy} 也是沿板厚方向按线性分布,在中面上为零,在板面处达到极值。

　　在这里,由于挠度 w 是微小的,弹性曲面在坐标方向的曲率及扭率可以近似地用 w 表示为

$$\chi_x = -\frac{\partial^2 w}{\partial x^2}, \qquad \chi_y = -\frac{\partial^2 w}{\partial y^2}, \qquad \chi_{xy} = -\frac{\partial^2 w}{\partial x \partial y}, \tag{a}$$

所以式(13-5)也可以改写为

$$\varepsilon_x = \chi_x z, \qquad \varepsilon_y = \chi_y z, \qquad \gamma_{xy} = 2\chi_{xy}z_{\circ} \tag{13-6}$$

因为曲率 χ_x、χ_y 和扭率 χ_{xy} 完全确定了薄板所有各点的应变分量,所以这三者就称为薄板的应变分量。

　　其次,将应力分量 σ_x、σ_y、τ_{xy} 用 w 来表示。由薄板的物理方程(13-3)求解应力分量,得

$$\left.\begin{aligned}\sigma_x &= \frac{E}{1-\mu^2}(\varepsilon_x+\mu\varepsilon_y),\\\sigma_y &= \frac{E}{1-\mu^2}(\varepsilon_y+\mu\varepsilon_x),\\\tau_{xy} &= \frac{E}{2(1+\mu)}\gamma_{xy}_{\circ}\end{aligned}\right\} \tag{b}$$

将式(13-5)代入式(b),即得所需的表达式

$$\left.\begin{aligned}\sigma_x &= -\frac{Ez}{1-\mu^2}\left(\frac{\partial^2 w}{\partial x^2}+\mu\frac{\partial^2 w}{\partial y^2}\right),\\\sigma_y &= -\frac{Ez}{1-\mu^2}\left(\frac{\partial^2 w}{\partial y^2}+\mu\frac{\partial^2 w}{\partial x^2}\right),\\\tau_{xy} &= -\frac{Ez}{1+\mu}\frac{\partial^2 w}{\partial x \partial y}_{\circ}\end{aligned}\right\} \tag{13-7}$$

注意 w 不随 z 变化,可见,这三个应力分量都和 z 成正比,即沿板的厚度方向呈线性分布,在中面上为零,在上下板面处达到极值。这与材料力学中梁的弯曲正应力沿梁高方向的变化规律相同。

再其次,将应力分量 τ_{zx} 及 τ_{zy} 用 w 来表示。在这里,因为不存在纵向荷载,所以有 $f_x = f_y = 0$,而平衡微分方程(8-1)中的前二式可以写成

$$\frac{\partial \tau_{zx}}{\partial z} = -\frac{\partial \sigma_x}{\partial x} - \frac{\partial \tau_{yx}}{\partial y}, \qquad \frac{\partial \tau_{zy}}{\partial z} = -\frac{\partial \sigma_y}{\partial y} - \frac{\partial \tau_{xy}}{\partial x}。$$

将表达式(13-7)代入,并注意 $\tau_{yx} = \tau_{xy}$,即得

$$\frac{\partial \tau_{zx}}{\partial z} = \frac{Ez}{1-\mu^2}\left(\frac{\partial^3 w}{\partial x^3} + \frac{\partial^3 w}{\partial x \partial y^2}\right) = \frac{Ez}{1-\mu^2}\frac{\partial}{\partial x}\nabla^2 w,$$

$$\frac{\partial \tau_{zy}}{\partial z} = \frac{Ez}{1-\mu^2}\left(\frac{\partial^3 w}{\partial y^3} + \frac{\partial^3 w}{\partial y \partial x^2}\right) = \frac{Ez}{1-\mu^2}\frac{\partial}{\partial y}\nabla^2 w。$$

注意 w 不随 z 而变,将上述二式对 z 进行积分,得

$$\tau_{zx} = \frac{Ez^2}{2(1-\mu^2)}\frac{\partial}{\partial x}\nabla^2 w + F_1(x, y),$$

$$\tau_{zy} = \frac{Ez^2}{2(1-\mu^2)}\frac{\partial}{\partial y}\nabla^2 w + F_2(x, y),$$

其中 F_1 及 F_2 是任意函数。但是,在薄板的上、下板面,有边界条件

$$(\tau_{zx})_{z=\pm\frac{\delta}{2}} = 0, \qquad (\tau_{zy})_{z=\pm\frac{\delta}{2}} = 0。$$

应用这些条件求出 $F_1(x, y)$ 及 $F_2(x, y)$ 以后,即得表达式

$$\left.\begin{aligned} \tau_{zx} &= \frac{E}{2(1-\mu^2)}\left(z^2 - \frac{\delta^2}{4}\right)\frac{\partial}{\partial x}\nabla^2 w, \\ \tau_{zy} &= \frac{E}{2(1-\mu^2)}\left(z^2 - \frac{\delta^2}{4}\right)\frac{\partial}{\partial y}\nabla^2 w。 \end{aligned}\right\} \tag{13-8}$$

由式(13-8)可见,这两个切应力沿板厚方向呈抛物线分布,在中面处达到最大,在上下板面处为零。这也与材料力学中梁弯曲时切应力沿梁高方向的分布规律相同。

最后,将应力分量 σ_z 也用 w 来表示。利用平衡微分方程(8-1)中的第三式,取体力分量 $f_z = 0$,得

$$\frac{\partial \sigma_z}{\partial z} = -\frac{\partial \tau_{xz}}{\partial x} - \frac{\partial \tau_{yz}}{\partial y}。 \tag{c}$$

如果体力分量 f_z 并不等于零,可以把薄板每单位面积内的体力和面力都归入到薄板上板面的面力中去,一并用 q 表示,以沿 z 轴的正方向时为正,即

$$q = (\overline{f}_z)_{z=-\frac{\delta}{2}} + (\overline{f}_z)_{z=\frac{\delta}{2}} + \int_{-\frac{\delta}{2}}^{\frac{\delta}{2}} f_z \mathrm{d}z。 \tag{d}$$

这种处理方法与材料力学中对梁的处理相同。

注意 $\tau_{xz} = \tau_{zx}$，$\tau_{yz} = \tau_{zy}$，将表达式（13-8）代入式（c），得

$$\frac{\partial \sigma_z}{\partial z} = \frac{E}{2(1-\mu^2)}\left(\frac{\delta^2}{4} - z^2\right)\nabla^4 w。$$

对 z 进行积分，得

$$\sigma_z = \frac{E}{2(1-\mu^2)}\left(\frac{\delta^2}{4}z - \frac{z^3}{3}\right)\nabla^4 w + F_3(x,y)， \tag{e}$$

其中的 F_3 是任意函数。但是，在薄板的下板面，有边界条件

$$(\sigma_z)_{z=\frac{\delta}{2}} = 0。$$

将式（e）代入，求出 $F_3(x,y)$，再代回式（e），即得表达式

$$\sigma_z = \frac{E}{2(1-\mu^2)}\left[\frac{\delta^2}{4}\left(z - \frac{\delta}{2}\right) - \frac{1}{3}\left(z^3 - \frac{\delta^3}{8}\right)\right]\nabla^4 w$$

$$= -\frac{E\delta^3}{6(1-\mu^2)}\left(\frac{1}{2} - \frac{z}{\delta}\right)^2\left(1 + \frac{z}{\delta}\right)\nabla^4 w。 \tag{13-9}$$

可见，σ_z 沿板厚方向呈三次抛物线规律分布。

现在来导出求解 w 的微分方程。在薄板的上板面，有边界条件

$$(\sigma_z)_{z=-\frac{\delta}{2}} = -q，$$

其中 q 是薄板每单位面积内的横向荷载，包括横向面力及横向体力，如式（d）所示。将表达式（13-9）代入，即得

$$\frac{E\delta^3}{12(1-\mu^2)}\nabla^4 w = q，$$

或

$$D\nabla^4 w = q， \tag{13-10}$$

其中的

$$D = \frac{E\delta^3}{12(1-\mu^2)} \tag{13-11}$$

称为薄板的弯曲刚度，它的量纲是 $\mathrm{L}^2\mathrm{MT}^{-2}$。

方程（13-10）称为薄板的弹性曲面微分方程，或薄板的挠曲微分方程，它是薄板小挠度弯曲问题的基本微分方程。

从上面的推导过程可以看出，除了放弃与 ε_z，γ_{zx}，γ_{zy} 有关的物理方程外，已经考虑并完全满足了弹性力学空间问题的平衡微分方程、几何方程和物理方程，以及薄板上、下板面的应力边界条件，得到了求解挠度 w 的基本微分方程。这样，

在求解薄板的小挠度弯曲问题时,只须按照薄板侧面上(即板边上)的边界条件,由基本微分方程(13-10)求出挠度 w,然后就可以按式(13-7)至式(13-9)求得应力分量。

§13-3　薄板横截面上的内力

在绝大多数的情况下,都很难使得应力分量在薄板的侧面上(板边上)精确地满足应力边界条件,而只能应用圣维南原理,使薄板全厚度上的应力分量所组成的内力整体地满足边界条件。因此,在讨论板边的边界条件之前,先来考察这些应力分量所组成的内力。

从薄板内取出一个平行六面体,它的三边的长度分别为 $\mathrm{d}x$、$\mathrm{d}y$ 和 δ,如图13-2 所示。

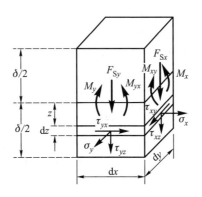

图 13-2

在 x 为常量的横截面上,作用着应力分量 σ_x、τ_{xy} 和 τ_{xz}。因为 σ_x 及 τ_{xy} 都和 z 成正比,且在中面上为零,所以它们在薄板全厚度上的主矢量均等于零,只可能分别合成为弯矩及扭矩。

在该横截面的每单位宽度上,应力分量 σ_x 合成为弯矩

$$M_x = \int_{-\frac{\delta}{2}}^{\frac{\delta}{2}} z\sigma_x \mathrm{d}z。 \tag{a}$$

将式(13-7)中的第一式代入,对 z 进行积分,得

$$M_x = -\frac{E}{1-\mu^2}\left(\frac{\partial^2 w}{\partial x^2}+\mu\frac{\partial^2 w}{\partial y^2}\right)\int_{-\frac{\delta}{2}}^{\frac{\delta}{2}} z^2 \mathrm{d}z$$

$$= -\frac{E\delta^3}{12(1-\mu^2)}\left(\frac{\partial^2 w}{\partial x^2}+\mu\frac{\partial^2 w}{\partial y^2}\right)。$$

与此相似,应力分量 τ_{xy} 将合成为扭矩

$$M_{xy} = \int_{-\frac{\delta}{2}}^{\frac{\delta}{2}} z\tau_{xy}\mathrm{d}z。 \tag{b}$$

将式(13-7)中的第三式代入,对 z 进行积分,得

$$M_{xy} = -\frac{E}{1+\mu}\frac{\partial^2 w}{\partial x\partial y}\int_{-\frac{\delta}{2}}^{\frac{\delta}{2}} z^2\mathrm{d}z = -\frac{E\delta^3}{12(1+\mu)}\frac{\partial^2 w}{\partial x\partial y}。$$

应力分量 τ_{xz} 只可能合成为横向剪力,在每单位宽度上为

$$F_{\mathrm{S}x} = \int_{-\frac{\delta}{2}}^{\frac{\delta}{2}} \tau_{xz}\mathrm{d}z。 \tag{c}$$

将式(13-8)中的第一式代入,对 z 进行积分,得

$$F_{\mathrm{S}x} = \frac{E}{2(1-\mu^2)}\frac{\partial}{\partial x}\nabla^2 w\int_{-\frac{\delta}{2}}^{\frac{\delta}{2}}\left(z^2-\frac{\delta^2}{4}\right)\mathrm{d}z$$

$$= -\frac{E\delta^3}{12(1-\mu^2)}\frac{\partial}{\partial x}\nabla^2 w。$$

同样,在 y 为常量的横截面上,每单位宽度内的 σ_y、τ_{yx} 和 τ_{yz} 也分别合成为如下的弯矩、扭矩和横向剪力:

$$M_y = \int_{-\frac{\delta}{2}}^{\frac{\delta}{2}} z\sigma_y\mathrm{d}z = -\frac{E\delta^3}{12(1-\mu^2)}\left(\frac{\partial^2 w}{\partial y^2}+\mu\frac{\partial^2 w}{\partial x^2}\right), \tag{d}$$

$$M_{yx} = \int_{-\frac{\delta}{2}}^{\frac{\delta}{2}} z\tau_{yx}\mathrm{d}z = -\frac{E\delta^3}{12(1+\mu)}\frac{\partial^2 w}{\partial x\partial y} = M_{xy}, \tag{e}$$

$$F_{\mathrm{S}y} = \int_{-\frac{\delta}{2}}^{\frac{\delta}{2}} \tau_{yz}\mathrm{d}z = -\frac{E\delta^3}{12(1-\mu^2)}\frac{\partial}{\partial y}\nabla^2 w。 \tag{f}$$

利用式(13-11),各个内力的表达式可以简写为

$$\left.\begin{aligned}
M_x &= -D\left(\frac{\partial^2 w}{\partial x^2}+\mu\frac{\partial^2 w}{\partial y^2}\right), \\
M_y &= -D\left(\frac{\partial^2 w}{\partial y^2}+\mu\frac{\partial^2 w}{\partial x^2}\right), \\
M_{xy} &= M_{yx} = -D(1-\mu)\frac{\partial^2 w}{\partial x\partial y}, \\
F_{\mathrm{S}x} &= -D\frac{\partial}{\partial x}\nabla^2 w, \qquad F_{\mathrm{S}y} = -D\frac{\partial}{\partial y}\nabla^2 w,
\end{aligned}\right\} \tag{13-12}$$

其中的前三式也可以再改写为

$$M_x = D(\chi_x + \mu \chi_y), \qquad M_y = D(\chi_y + \mu \chi_x), \left.\begin{array}{c}\\\\\end{array}\right\}$$
$$M_{xy} = M_{yx} = D(1-\mu)\chi_{xy}\text{。} \qquad\qquad (13-13)$$

利用本节中导出的公式以及方程(13-10)和式(13-11),从式(13-7)、(13-8)、(13-9)中消去 w,可以得出各个应力分量与弯矩、扭矩、横向剪力或荷载之间的关系如下:

$$\sigma_x = \frac{12M_x}{\delta^3}z, \qquad \sigma_y = \frac{12M_y}{\delta^3}z,$$

$$\tau_{xy} = \tau_{yx} = \frac{12M_{xy}}{\delta^3}z,$$

$$\tau_{xz} = \frac{6F_{Sx}}{\delta^3}\left(\frac{\delta^2}{4}-z^2\right), \qquad \tau_{yz} = \frac{6F_{Sy}}{\delta^3}\left(\frac{\delta^2}{4}-z^2\right),$$

$$\sigma_z = -2q\left(\frac{1}{2}-\frac{z}{\delta}\right)^2\left(1+\frac{z}{\delta}\right)\text{。}$$

$$(13-14)$$

可见,上式中与薄板横截面内力有关的五个应力分量,其表达式与材料力学中梁的弯曲正应力和切应力的公式相似。

注意:以上所提到的内力,都是作用在薄板每单位宽度上的内力,所以弯矩和扭矩的量纲都是 LMT^{-2},而不是 L^2MT^{-2};横向剪力的量纲是 MT^{-2},而不是 LMT^{-2}。

还须注意:内力 M_x、M_{xy}、F_{Sx}、M_y、M_{yx}、F_{Sy} 的正负号决定于表达式(a)至(f),而不能另行规定(也不必另行规定)。按照坐标 z 及应力分量的正负号规定,图13-2中所示的内力是正的,相反的内力则是负的。

正应力 σ_x 及 σ_y 分别与弯矩 M_x 及 M_y 成正比,称为弯应力;切应力 τ_{xy} 与扭矩 M_{xy} 成正比,称为扭应力;切应力 τ_{xz} 及 τ_{yz} 分别与横向剪力 F_{Sx} 及 F_{Sy} 成正比,称为横向切应力;正应力 σ_z 与荷载 q 成正比,称为挤压应力。

在薄板弯曲问题中,一定荷载引起的弯应力和扭应力,在数值上最大,因而是主要的应力;横向切应力在数值上较小,是次要的应力;挤压应力在数值上更小,是更次要的应力。因此,在计算薄板的内力时,主要是计算弯矩和扭矩,横向剪力一般都无须计算。根据这个理由,在一般的工程手册中,只给出弯矩和扭矩的计算公式或计算图表,而并不提到横向剪力。又由于目前在钢筋混凝土建筑结构的设计中,大都按照两向的弯矩来配置两向的钢筋,而并不考虑扭矩的作用,因此,一般的工程手册中也就不给出扭矩的计算公式和计算图表。

薄板的挠曲微分方程(13-10),也可以根据"内力与荷载成平衡"的条件导出如下。试考虑薄板的任一微分块,它的中面的尺寸为 dx 及 dy,如图13-3

所示。为简单起见,图中只画出该微分块的中面,并将荷载及横截面上的内力画在中面上。荷载及剪力用力矢表示;弯矩及扭矩,按照右手螺旋法则,用矩矢表示。

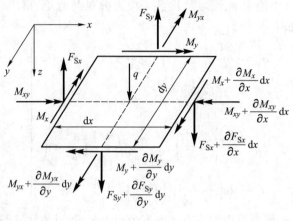

图 13-3

显然,对于图 13-3 所示的空间一般力系,x 方向和 y 方向力的平衡以及绕 z 轴的力矩的平衡已经满足。现在,以通过微分块中心而平行于 y 轴及 x 轴的直线为矩轴,分别写出力矩的平衡方程,简化以后,略去微量,得到

$$F_{Sx} = \frac{\partial M_x}{\partial x} + \frac{\partial M_{yx}}{\partial y}, \qquad F_{Sy} = \frac{\partial M_y}{\partial y} + \frac{\partial M_{xy}}{\partial x}。 \qquad (13-15)$$

再写出 z 方向的力的平衡方程,简化以后,略去微量,得到

$$\frac{\partial F_{Sx}}{\partial x} + \frac{\partial F_{Sy}}{\partial y} + q = 0。 \qquad (g)$$

将式(13-15)代入,注意 $M_{yx} = M_{xy}$,即得用弯矩、扭矩及横向荷载表示的平衡微分方程

$$\frac{\partial^2 M_x}{\partial x^2} + 2\frac{\partial^2 M_{xy}}{\partial x \partial y} + \frac{\partial^2 M_y}{\partial y^2} + q = 0。 \qquad (13-16)$$

将上式中的弯矩及扭矩按照式(13-12)用 w 表示,就将又一次得出弹性曲面的微分方程(13-10),即

$$D \nabla^4 w = q。$$

这样推导比较简单,同时也能明确表示,弹性曲面微分方程是薄板在横向的平衡方程,即薄板每单位面积所受的弹性力(内力)与荷载(外力)成平衡。但是,由于这样推导时没有把横向剪力用 w 表示,所以得不出横向切应力与横向剪力之间的关系式。

§13-4　边界条件　扭矩的等效剪力

在§13-2中已经指出,求解薄板的小挠度弯曲问题,首先要在板边的边界条件下由微分方程(13-10)求出挠度 w。

本节中以图13-4所示的矩形薄板为例,说明板边几种常见的边界条件。假定矩形薄板 $OABC$ 的 OA 边是固定边, OC 边是简支边, AB 边和 BC 边是自由边。

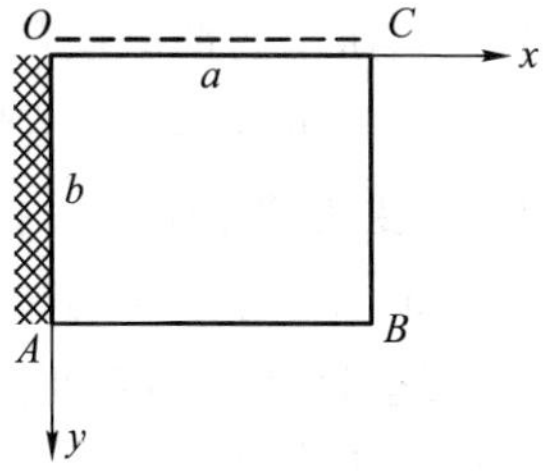

沿着固定边 $OA(x=0)$,薄板的挠度 w 等于零,弹性曲面在 x 方向的斜率 $\dfrac{\partial w}{\partial x}$(也就是绕 y 轴的转角)也等于零,所以边界条件是

图 13-4

$$(w)_{x=0}=0, \qquad \left(\frac{\partial w}{\partial x}\right)_{x=0}=0。 \qquad (13\text{-}17)$$

注意:因为前一个边界条件已经保证 $\dfrac{\partial w}{\partial y}$ 在该边界上等于零,所以 $\left(\dfrac{\partial w}{\partial y}\right)_{x=0}=0$ 并不是一个独立的条件。

如果这个固定边由于支座沉陷而发生挠度及转角,则上列二式的右边将不等于零而分别等于已知的挠度及转角(它们一般是 y 的函数)。

沿着简支边 $OC(y=0)$,薄板的挠度 w 等于零,弯矩 M_y 也等于零,所以边界条件是

$$(w)_{y=0}=0, \qquad (M_y)_{y=0}=0。 \qquad (\text{a})$$

利用式(13-12)中的第二式,条件(a)可以全部用 w 表示为

$$(w)_{y=0}=0, \qquad \left(\frac{\partial^2 w}{\partial y^2}+\mu\frac{\partial^2 w}{\partial x^2}\right)_{y=0}=0。 \qquad (\text{b})$$

但是,如果前一条件得到满足,即挠度 w 在整个边界上都等于零,则 $\dfrac{\partial^2 w}{\partial x^2}$ 也在整个边界上都等于零,所以简支边 OC 上的边界条件(b)可以简写为

$$(w)_{y=0}=0, \qquad \left(\frac{\partial^2 w}{\partial y^2}\right)_{y=0}=0。 \qquad (13\text{-}18)$$

如果这个简支边由于支座沉陷而发生挠度,并且还受有分布的力矩荷载(它们一般是 x 的函数),则边界条件(a)中二式的右边将不等于零,而分别等于

已知挠度和已知力矩荷载。这样,式(b)及式(13-18)都不适用,但仍然可以通过式(13-12)把边界条件用 w 来表示。

沿着自由边,例如 AB 边($y=b$),薄板的弯矩 M_y 和扭矩 M_{yx} 以及横向剪力 F_{Sy} 都等于零,因而有三个边界条件

$$(M_y)_{y=b}=0, \qquad (M_{yx})_{y=b}=0, \qquad (F_{Sy})_{y=b}=0。 \tag{c}$$

但是,薄板的挠曲微分方程(13-10)是四阶的椭圆型偏微分方程,根据偏微分方程理论,在每个边界上,只需要两个边界条件。为此,基尔霍夫指出,薄板任一边界上的扭矩都可以变换为等效的横向剪力,和原来的横向剪力合并,因而式(c)中后二式所示的两个条件可以归并为一个条件,分析如下。

暂时假定 AB 边为任意边界(不一定是自由边),在其一段微小长度 $EF=\mathrm{d}x$ 上面,有扭矩 $M_{yx}\mathrm{d}x$ 作用着,如图 13-5a 所示。将这个扭矩 $M_{yx}\mathrm{d}x$ 变换为等效的两个力 M_{yx},一个在 E 点,向下,另一个在 F 点,向上,如图 13-5b 所示。根据圣维南原理,这样的等效变换,只会显著影响这一小段边界近处的应力,而其余各处的应力不会受到显著的影响。同样,在相邻的微小长度 $FG=\mathrm{d}x$ 上面,扭矩 $\left(M_{yx}+\dfrac{\partial M_{yx}}{\partial x}\mathrm{d}x\right)\mathrm{d}x$ 也可以变换为两个力 $M_{yx}+\dfrac{\partial M_{yx}}{\partial x}\mathrm{d}x$,一个在 F 点,向下,另一个在 G 点,向上。这样,在 F 点的两个力合成为向下的 $\dfrac{\partial M_{yx}}{\partial x}\mathrm{d}x$,从而边界 AB 上的分布扭矩就变换为等效的分布剪力 $\dfrac{\partial M_{yx}}{\partial x}$。因此,在边界 AB 上($y=b$),总的分布剪力(也就等于分布反力)是

$$F_{Sy}^{t}=F_{Sy}+\frac{\partial M_{yx}}{\partial x}。$$

此外,由图 13-5b 可见,在 A 点和 B 点,还有未被抵消的集中剪力(也就是有集中反力)

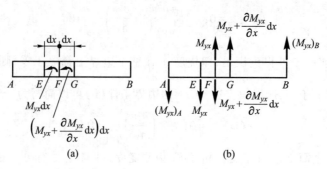

图 13-5

$$F_{SAB} = (M_{yx})_A, \qquad F_{SBA} = (M_{yx})_B \circ \tag{d}$$

现在，如果 AB 是自由边，按照以上所述的变换，它的边界条件(c)就可以改写为

$$(M_y)_{y=b} = 0, \qquad (F_{Sy}^t)_{y=b} = \left(F_{Sy} + \frac{\partial M_{yx}}{\partial x} \right)_{y=b} = 0, \tag{e}$$

其中前一个条件仍然表示弯矩等于零，而后一个条件则表示总的分布剪力等于零，即分布反力等于零(但是 F_{Sy} 和 M_{yx} 并不必分别等于零)。通过式(13-12)，自由边 AB 的边界条件(e)可以改用 w 表示成为

$$\left(\frac{\partial^2 w}{\partial y^2} + \mu \frac{\partial^2 w}{\partial x^2} \right)_{y=b} = 0, \qquad \left[\frac{\partial^3 w}{\partial y^3} + (2-\mu) \frac{\partial^3 w}{\partial x^2 \partial y} \right]_{y=b} = 0 \circ \tag{13-19}$$

如果在这个自由边上有分布的力矩荷载 M 和分布的横向荷载 F_v(它们一般是 x 的函数)，则(e)中两式的右边将不等于零，而分别等于 M 及 F_v。这时，边界条件(13-19)将不适用，但也不难利用表达式(13-12)导出用 w 表示的边界条件。

同样，沿着边界 $BC(x=a)$，扭矩 M_{xy} 也可以变换为等效的分布剪力 $\dfrac{\partial M_{xy}}{\partial y}$，而总的分布剪力为

$$F_{Sx}^t = F_{Sx} + \frac{\partial M_{xy}}{\partial y} \circ \tag{13-20}$$

此外，在 C 点和 B 点，还分别有集中剪力(即集中反力)

$$F_{SCB} = (M_{xy})_C, \qquad F_{SBC} = (M_{xy})_B \circ \tag{f}$$

因此，如果 BC 是自由边，则边界条件也可以变换成为

$$(M_x)_{x=a} = 0, \qquad (F_{Sx}^t)_{x=a} = \left(F_{Sx} + \frac{\partial M_{xy}}{\partial y} \right)_{x=a} = 0, \tag{g}$$

或再通过表达式(13-12)改用挠度 w 表示成为

$$\left(\frac{\partial^2 w}{\partial x^2} + \mu \frac{\partial^2 w}{\partial y^2} \right)_{x=a} = 0, \qquad \left[\frac{\partial^3 w}{\partial x^3} + (2-\mu) \frac{\partial^3 w}{\partial x \partial y^2} \right]_{x=a} = 0 \circ \tag{13-21}$$

当然，如果这个自由边上有分布的力矩荷载 M 及分布的横向荷载 F_v(它们一般是 y 的函数)，则(g)中两式的右边就不等于零，而分别等于 M 及 F_v，边界条件(13-21)就要作相应的修改。

在两边相交的一点，例如图13-4中的 B 点，由式(d)中的第二式及式(f)中的第二式可见，总的集中反力为

$$F_{SB} = F_{SBA} + F_{SBC} = (M_{yx})_B + (M_{xy})_B = 2(M_{xy})_B, \tag{h}$$

或通过表达式(13-12)中的第三式改写为

$$F_{SB} = -2D(1-\mu)\left(\frac{\partial^2 w}{\partial x \partial y}\right)_B 。 \tag{13-22}$$

注意：由式（d）、式（f）及式（h）等可见，集中剪力或集中反力的正负号决定于角点处的扭矩的正负号，而不能另行规定（也不必另行规定）。据此，F_{SA} 及 F_{SC} 以沿 z 轴的正向时为正，而 F_{SO} 及 F_{SB} 以沿 z 轴的负向时为正。

现在，假定 B 点是自由边 AB 和自由边 BC 的交点，而在 B 点也没有支柱对薄板施以上述集中反力，则 B 点显然还应有角点条件 $F_{SB} = 0$，即

$$\left(\frac{\partial^2 w}{\partial x \partial y}\right)_B = \left(\frac{\partial^2 w}{\partial x \partial y}\right)_{x=a,y=b} = 0 。 \tag{13-23}$$

读者试证：如果在 B 点有集中荷载 F，沿 z 轴的正方向，则在该点将有角点条件

$$\left(\frac{\partial^2 w}{\partial x \partial y}\right)_B = \left(\frac{\partial^2 w}{\partial x \partial y}\right)_{x=a,y=b} = \frac{F}{2D(1-\mu)} 。$$

假定 B 点是自由边 AB 和自由边 BC 的交点，但在 B 点有支柱承受反力，则在 B 点有角点条件

$$(w)_B = (w)_{x=a,y=b} = 0 ， \tag{13-24}$$

或者有角点条件

$$(w)_B = (w)_{x=a,y=b} = \zeta ，$$

其中 ζ 为支柱上端的沉陷。在这种情况下，解出 $w(x,y)$ 以后，支柱反力可用式 (13-22) 求得。

绝大多数的板边，是支承在梁上而且与梁刚连，成为薄板的所谓弹性支承边。显然，如果梁的弯曲刚度和扭转刚度都很大，则板边可以当做固定边；如果两者都很小，则板边可以当做自由边；如果梁的弯曲刚度很大而扭转刚度很小，则板边可以当做简支边。

在有些情况下，梁的扭转刚度很小，但弯曲刚度既不很大也不很小。这时，板边的边界条件之一是弯矩等于零，而第二个边界条件是：板边的分布剪力等于梁所受的分布荷载。例如，设图 13-4 中 $x=0$ 的边界是这样一种边界，则上述第二个边界条件是

$$(F_{Sx}^{t})_{x=0} = p ， \tag{i}$$

其中 p 是梁所受的分布荷载（薄板对梁所施的分布力），以沿 z 轴的正向时为正。

由于板边与梁刚连，梁的挠度就等于薄板的挠度 w，按照材料力学中关于梁的理论，有

$$EI\left(\frac{\partial^4 w}{\partial y^4}\right)_{x=0} = p ， \tag{j}$$

其中 EI 是梁的弯曲刚度。于是由式（i）及式（j）得到

$$\left[-F_{Sx}^{t}+EI\frac{\partial^4 w}{\partial y^4}\right]_{x=0}=0_{\circ}$$

将式(13-20)代入,再将 F_{Sx} 及 M_{xy} 用 w 表示,即得边界条件

$$\left[\frac{\partial^3 w}{\partial x^3}+(2-\mu)\frac{\partial^3 w}{\partial x\partial y^2}+\frac{EI}{D}\frac{\partial^4 w}{\partial y^4}\right]_{x=0}=0_{\circ}$$

与上相似,设图 13-4 中 $x=a$ 的边界也是这样一个边界,则得出边界条件

$$\left[\frac{\partial^3 w}{\partial x^3}+(2-\mu)\frac{\partial^3 w}{\partial x\partial y^2}-\frac{EI}{D}\frac{\partial^4 w}{\partial y^4}\right]_{x=a}=0_{\circ}$$

读者试针对 y 为常量的边界导出与上相似的边界条件。

§13-5 简 单 例 题

作为例题,设有边界固定的椭圆形薄板受均匀分布的荷载 q_0 作用,如图 13-6 所示。其边界方程为

$$\frac{x^2}{a^2}+\frac{y^2}{b^2}-1=0_{\circ} \tag{a}$$

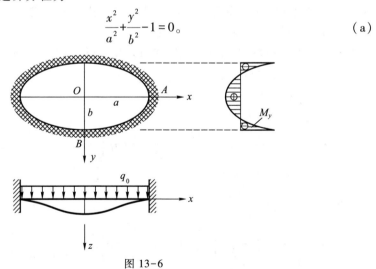

图 13-6

试取挠度的表达式为

$$w=m\left(\frac{x^2}{a^2}+\frac{y^2}{b^2}-1\right)^2, \tag{b}$$

其中的 m 是任意常数。

由式(b)及式(a)可见,在薄板的边界上有 $w=0$,同时,在板边上又有

$$\frac{\partial w}{\partial x} = \frac{4mx}{a^2}\left(\frac{x^2}{a^2}+\frac{y^2}{b^2}-1\right) = 0,$$

$$\frac{\partial w}{\partial y} = \frac{4my}{b^2}\left(\frac{x^2}{a^2}+\frac{y^2}{b^2}-1\right) = 0。$$

这样，w 对椭圆板边界法线方向的导数在板边上的值为

$$\frac{\partial w}{\partial n} = \frac{\partial w}{\partial x}\frac{\partial x}{\partial n}+\frac{\partial w}{\partial y}\frac{\partial y}{\partial n} = 0。$$

因此，式(b)给出的挠度能满足问题的全部边界条件。

将式(b)代入弹性曲面的微分方程(13-10)，得

$$D\left(\frac{24m}{a^4}+\frac{16m}{a^2b^2}+\frac{24m}{b^4}\right) = q_0, \tag{c}$$

由式(c)求出 m，再代入式(b)，得

$$w = \frac{q_0\left(\dfrac{x^2}{a^2}+\dfrac{y^2}{b^2}-1\right)^2}{8D\left(\dfrac{3}{a^4}+\dfrac{2}{a^2b^2}+\dfrac{3}{b^4}\right)}。 \tag{d}$$

这就是固定边椭圆薄板在均布荷载 q_0 作用下的挠度表达式，它已经满足了基本微分方程和边界条件，因而是正确解答。

有了挠度表达式(d)，就可以按照式(13-12)求得内力。例如，按照式(13-12)中的前二式，由式(d)得到弯矩

$$M_x = -D\left(\frac{\partial^2 w}{\partial x^2}+\mu\frac{\partial^2 w}{\partial y^2}\right)$$

$$= -\frac{q_0}{2\left(\dfrac{3}{a^4}+\dfrac{2}{a^2b^2}+\dfrac{3}{b^4}\right)}\left[\left(\frac{3x^2}{a^4}+\frac{y^2}{a^2b^2}-\frac{1}{a^2}\right)+\mu\left(\frac{3y^2}{b^4}+\frac{x^2}{a^2b^2}-\frac{1}{b^2}\right)\right], \tag{e}$$

$$M_y = -D\left(\frac{\partial^2 w}{\partial y^2}+\mu\frac{\partial^2 w}{\partial x^2}\right)$$

$$= -\frac{q_0}{2\left(\dfrac{3}{a^4}+\dfrac{2}{a^2b^2}+\dfrac{3}{b^4}\right)}\left[\left(\frac{3y^2}{b^4}+\frac{x^2}{a^2b^2}-\frac{1}{b^2}\right)+\mu\left(\frac{3x^2}{a^4}+\frac{y^2}{a^2b^2}-\frac{1}{a^2}\right)\right]。 \tag{f}$$

在板的中心点 O，得到

$$(M_x)_{x=0,y=0} = \frac{q_0a^2\left(1+\mu\dfrac{a^2}{b^2}\right)}{2\left(3+2\dfrac{a^2}{b^2}+3\dfrac{a^4}{b^4}\right)}, \tag{g}$$

$$(M_y)_{x=0,y=0} = \frac{q_0 b^2\left(1+\mu\dfrac{b^2}{a^2}\right)}{2\left(3+2\dfrac{b^2}{a^2}+3\dfrac{b^4}{a^4}\right)}。 \tag{h}$$

在椭圆板长轴的端点 A，得到

$$(M_x)_{x=a,y=0} = -\frac{q_0 a^2}{\left(3+2\dfrac{a^2}{b^2}+3\dfrac{a^4}{b^4}\right)}。 \tag{i}$$

在椭圆板短轴的端点 B，得到

$$(M_y)_{x=0,y=b} = -\frac{q_0 b^2}{\left(3+2\dfrac{b^2}{a^2}+3\dfrac{b^4}{a^4}\right)}。 \tag{j}$$

假定 a 大于 b，则式（h）及式（j）所示的弯矩就是薄板中最大及最小的弯矩，而 M_y 沿 y 轴的变化大致如图 13-6 所示。

命 a 趋于无限大，则椭圆薄板成为跨度为 $2b$ 的平面应变情况下的固端梁。在式（f）中命 a 趋于无限大，即得这一固端梁的弯矩表达式

$$M_y = -\frac{q_0 b^2}{6}\left(\frac{3y^2}{b^2}-1\right)。$$

在梁的中央及两端，弯矩分别为

$$(M_y)_{y=0} = \frac{q_0 b^2}{6} = \frac{q_0(2b)^2}{24},$$

$$(M_y)_{y=\pm b} = -\frac{q_0 b^2}{3} = -\frac{q_0(2b)^2}{12},$$

和材料力学中的解答相同。

读者试证，在圆形薄板中（$b=a$），弯矩、扭矩及横向剪力的最大绝对值分别为

$$\frac{q_0 a^2}{8}, \qquad \frac{(1-\mu)q_0 a^2}{16}, \qquad \frac{q_0 a}{2},$$

而应力分量的最大绝对值为

$$|(\sigma_x)_{max}| = |(\sigma_y)_{max}| = \frac{3}{4}q_0\frac{a^2}{\delta^2},$$

$$|(\tau_{xy})_{max}| = |(\tau_{yx})_{max}| = \frac{3}{8}(1-\mu)q_0\frac{a^2}{\delta^2},$$

$$|(\tau_{xz})_{max}| = |(\tau_{yz})_{max}| = \frac{3}{4}q_0\frac{a}{\delta},$$

$$|(\sigma_z)_{\max}| = q_0 \, .$$

作为另一个例题,设有四边简支的矩形薄板,如图 13-7 所示,其角点 B 由于支承构件的沉陷而发生挠度 $w_B = \zeta$。不计支承构件的弯曲变形,则 BC 边及 AB 边保持为直线,而它们的挠度将为

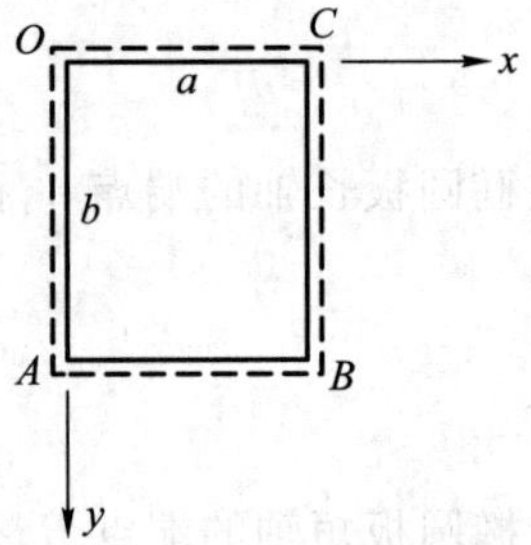

$$(w)_{x=a} = \frac{\zeta}{b} y, \qquad (w)_{y=b} = \frac{\zeta}{a} x \, . \qquad (k)$$

这也就是薄板挠度在 BC 边和 AB 边的边界条件,在这两个边,还有薄板弯矩的边界条件

$$(M_x)_{x=a} = 0, \qquad (M_y)_{y=b} = 0 \, . \qquad (l)$$

在 OA 边及 OC 边,边界条件为

$$\left. \begin{array}{ll} (w)_{x=0} = 0, & (w)_{y=0} = 0, \\ (M_x)_{x=0} = 0, & (M_y)_{y=0} = 0 \, . \end{array} \right\} \qquad (m)$$

取薄板挠度的表达式为

$$w = \frac{\zeta}{ab} xy, \qquad (n)$$

则有

图 13-7

$$\left. \begin{array}{l} M_x = -D\left(\dfrac{\partial^2 w}{\partial x^2} + \mu \dfrac{\partial^2 w}{\partial y^2}\right) = 0, \\[3mm] M_y = -D\left(\dfrac{\partial^2 w}{\partial y^2} + \mu \dfrac{\partial^2 w}{\partial x^2}\right) = 0, \\[3mm] M_{xy} = M_{yx} = -D(1-\mu)\dfrac{\partial^2 w}{\partial x \partial y} = -\dfrac{D(1-\mu)\zeta}{ab}, \\[3mm] F_{Sx} = -D\dfrac{\partial}{\partial x}\nabla^2 w = 0, \\[3mm] F_{Sy} = -D\dfrac{\partial}{\partial y}\nabla^2 w = 0, \\[3mm] F_{Sx}^{t} = F_{Sx} + \dfrac{\partial M_{xy}}{\partial y} = 0, \\[3mm] F_{Sy}^{t} = F_{Sy} + \dfrac{\partial M_{yx}}{\partial x} = 0 \, . \end{array} \right\} \qquad (o)$$

可见边界条件 (k)、(l)、(m) 都能满足。此外,由于这里有 $q = 0$(薄板不受荷载)而且 $\nabla^4 w = 0$,所以薄板弹性曲面的微分方程 (13-10) 也能满足。于是可见,式 (n) 所示的挠度就是正确解答,式 (o) 所示的内力也就是实际内力。

注意,虽然分布反力 F'_{Sx} 及 F'_{Sy} 都等于零,但集中反力是存在的。按照式 (13-22),得到

$$F_{SB} = -2D(1-\mu)\left(\frac{\partial^2 w}{\partial x \partial y}\right)_B = -\frac{2D(1-\mu)\zeta}{ab}。$$

可见,薄板在 B 点受有与 ζ 方向相同的反力 $2D(1-\mu)\zeta/ab$。同样可见,薄板还在 O 点受有同样大小的与 ζ 同向的反力,并在 A 点及 C 点还受有同样大小的与 ζ 反向的反力。

§13-6　四边简支矩形薄板的纳维解

考虑图 13-7 所示的四边简支的矩形薄板,受任意分布的荷载 $q(x,y)$ 作用。当并无支座沉陷时,其边界条件为

$$(w)_{x=0} = 0, \qquad \left(\frac{\partial^2 w}{\partial x^2}\right)_{x=0} = 0,$$

$$(w)_{x=a} = 0, \qquad \left(\frac{\partial^2 w}{\partial x^2}\right)_{x=a} = 0,$$

$$(w)_{y=0} = 0, \qquad \left(\frac{\partial^2 w}{\partial y^2}\right)_{y=0} = 0,$$

$$(w)_{y=b} = 0, \qquad \left(\frac{\partial^2 w}{\partial y^2}\right)_{y=b} = 0。$$

纳维把挠度 w 的表达式取为如下的重三角级数:

$$w = \sum_{m=1}^{\infty}\sum_{n=1}^{\infty} A_{mn}\sin\frac{m\pi x}{a}\sin\frac{n\pi y}{b}, \tag{a}$$

其中的 m 和 n 都是任意正整数。显然,上述边界条件都能满足。将式(a)代入弹性曲面的微分方程(13-10),得到

$$\pi^4 D \sum_{m=1}^{\infty}\sum_{n=1}^{\infty}\left(\frac{m^2}{a^2}+\frac{n^2}{b^2}\right)^2 A_{mn}\sin\frac{m\pi x}{a}\sin\frac{n\pi y}{b} = q(x,y)。 \tag{b}$$

为了求出系数 A_{mn},可将式(b)右边的 $q(x,y)$ 展为与左边同样的重三角级数,即

$$q(x,y) = \sum_{m=1}^{\infty}\sum_{n=1}^{\infty} C_{mn}\sin\frac{m\pi x}{a}\sin\frac{n\pi y}{b}。 \tag{c}$$

现在来求出式(c)中的系数 C_{mn}。将式(c)的左右两边都乘以 $\sin\dfrac{i\pi x}{a}$，其中的 i 为任意正整数，然后对 x 从 0 到 a 积分，注意

$$\int_0^a \sin\frac{m\pi x}{a}\sin\frac{i\pi x}{a}\mathrm{d}x = \begin{cases} 0, & (m \neq i) \\ a/2, & (m = i) \end{cases}$$

就得到

$$\int_0^a q(x,y)\sin\frac{i\pi x}{a}\mathrm{d}x = \frac{a}{2}\sum_{n=1}^{\infty}C_{in}\sin\frac{n\pi y}{b}。$$

再将此式的左右两边都乘以 $\sin\dfrac{j\pi y}{b}$，其中的 j 也是任意正整数，然后对 y 从 0 到 b 积分，注意

$$\int_0^b \sin\frac{n\pi y}{b}\sin\frac{j\pi y}{b}\mathrm{d}y = \begin{cases} 0, & (n \neq j) \\ b/2, & (n = j) \end{cases}$$

就得到

$$\int_0^a\int_0^b q(x,y)\sin\frac{i\pi x}{a}\sin\frac{j\pi y}{b}\mathrm{d}x\mathrm{d}y = \frac{ab}{4}C_{ij}。$$

因为 i 和 j 是任意正整数，可以分别换写为 m 和 n，所以上式可以改写为

$$\int_0^a\int_0^b q(x,y)\sin\frac{m\pi x}{a}\sin\frac{n\pi y}{b}\mathrm{d}x\mathrm{d}y = \frac{ab}{4}C_{mn}。$$

解出 C_{mn}，代入式(c)，得到 $q(x,y)$ 的展式

$$q(x,y) = \frac{4}{ab}\sum_{m=1}^{\infty}\sum_{n=1}^{\infty}\left[\int_0^a\int_0^b q(x,y)\sin\frac{m\pi x}{a}\sin\frac{n\pi y}{b}\mathrm{d}x\mathrm{d}y\right] \times \sin\frac{m\pi x}{a}\sin\frac{n\pi y}{b}。$$

$$(13\text{-}25)$$

与式(b)对比，即得

$$A_{mn} = \frac{4\displaystyle\int_0^a\int_0^b q(x,y)\sin\dfrac{m\pi x}{a}\sin\dfrac{n\pi y}{b}\mathrm{d}x\mathrm{d}y}{\pi^4 abD\left(\dfrac{m^2}{a^2}+\dfrac{n^2}{b^2}\right)^2}。 \tag{d}$$

将 A_{mn} 代入式(a)，得到挠度的表达式为

$$w = \sum_{m=1}^{\infty}\sum_{n=1}^{\infty}\frac{4\displaystyle\int_0^a\int_0^b q(x,y)\sin\dfrac{m\pi x}{a}\sin\dfrac{n\pi y}{b}\mathrm{d}x\mathrm{d}y}{\pi^4 abD\left(\dfrac{m^2}{a^2}+\dfrac{n^2}{b^2}\right)^2}\sin\frac{m\pi x}{a}\sin\frac{n\pi y}{b}。$$

$$(13\text{-}26)$$

式(13-26)称为纳维解,由此,还可以由式(13-12)求出内力。

当薄板受均布荷载时,$q(x,y)$成为常量q_0,式(d)中的积分式成为

$$\int_0^a \int_0^b q_0 \sin \frac{m\pi x}{a} \sin \frac{n\pi y}{b} dx dy$$

$$= q_0 \int_0^a \sin \frac{m\pi x}{a} dx \int_0^b \sin \frac{n\pi y}{b} dy$$

$$= \frac{q_0 ab}{\pi^2 mn}(1 - \cos m\pi)(1 - \cos n\pi)。$$

于是,由式(d)得到

$$A_{mn} = \frac{4q_0(1-\cos m\pi)(1-\cos n\pi)}{\pi^6 Dmn\left(\dfrac{m^2}{a^2}+\dfrac{n^2}{b^2}\right)^2},$$

或

$$A_{mn} = \frac{16q_0}{\pi^6 Dmn\left(\dfrac{m^2}{a^2}+\dfrac{n^2}{b^2}\right)^2}。\quad (m=1,3,5,\cdots;n=1,3,5,\cdots)$$

代入式(a),即得挠度的表达式

$$w = \frac{16q_0}{\pi^6 D} \sum_{m=1,3,5,\cdots}^{\infty} \sum_{n=1,3,5,\cdots}^{\infty} \frac{\sin \dfrac{m\pi x}{a} \sin \dfrac{n\pi y}{b}}{mn\left(\dfrac{m^2}{a^2}+\dfrac{n^2}{b^2}\right)^2},$$

由此可以用式(13-12)求得内力。

当薄板在任意一点(ξ,η)受集中荷载F时,可以用微分面积$dxdy$上的均布荷载$\dfrac{F}{dxdy}$来代替分布载荷$q(x,y)$。于是,式(d)中的$q(x,y)$除了在(ξ,η)处的微分面积上等于$\dfrac{F}{dxdy}$以外,在其余各处都等于零。因此,式(d)成为

$$A_{mn} = \frac{4}{\pi^4 abD\left(\dfrac{m^2}{a^2}+\dfrac{n^2}{b^2}\right)^2} \frac{F}{dxdy} \sin \frac{m\pi \xi}{a} \sin \frac{n\pi \eta}{b} dx dy$$

$$= \frac{4F}{\pi^4 abD\left(\dfrac{m^2}{a^2}+\dfrac{n^2}{b^2}\right)^2} \sin \frac{m\pi \xi}{a} \sin \frac{n\pi \eta}{b}。$$

代入式(a),即得挠度的表达式

$$w = \frac{4F}{\pi^4 abD} \sum_{m=1}^{\infty} \sum_{n=1}^{\infty} \frac{\sin\dfrac{m\pi\xi}{a}\sin\dfrac{m\pi\eta}{b}}{\left(\dfrac{m^2}{a^2}+\dfrac{n^2}{b^2}\right)^2} \sin\frac{m\pi x}{a}\sin\frac{n\pi y}{b},\qquad (\text{e})$$

由此可以用式(13-12)求得内力的表达式。

值得指出：当 x 及 y 分别等于 ξ 及 η 时，各个内力的级数表达式都不收敛（这是可以预见的，因为在集中荷载的作用处，应力是无限大，从而内力也是无限大），但挠度的级数表达式(e)仍然收敛于有限大的确定值。

显然，如果在式(e)中命 x 和 y 等于常量而把 ξ 和 η 当做变量，并取 $F=1$，则该式将成为 (x,y) 点的挠度的影响函数，它表明单位横向荷载在薄板上移动时，该点的挠度变化规律。同样，在由式(e)对 x 及 y 求导而得到的内力表达式中，命 x 和 y 等于常量并取 $F=1$，则各该表达式将成为在 (x,y) 点的各该内力的影响函数。

本节中所述的解法，它的优点是：不论荷载如何，级数的运算都比较简单。它的缺点是只适用于四边简支的矩形薄板，而且简支边不能受力矩荷载，也不能有沉陷引起的挠度。它的另一个缺点是级数解答收敛很慢，在计算内力时，有时要计算很多项，才能达到工程上所需的精度。

§13-7　矩形薄板的莱维解与一般解法

对于有一个对边为简支而另一对边为任意支承的矩形薄板，莱维提出了如下的解法。

设图 13-8 所示的矩形薄板具有两个简支边 $x=0$ 及 $x=a$，其余两边 $y=\pm b/2$ 是任意边，承受任意横向荷载 $q(x,y)$。莱维把挠度 w 的表达式取为如下的单三角级数：

$$w = \sum_{m=1}^{\infty} Y_m \sin\frac{m\pi x}{a},\qquad (\text{a})$$

其中 Y_m 是 y 的任意函数，而 m 为任意正整数。极易看出，级数(a)能满足 $x=0$ 及 $x=a$ 两边的边界条件。因此，只须选择函数 Y_m，使式(a)能满足弹性曲面的微分方程，即

$$\nabla^4 w = q(x,y)/D,\qquad (\text{b})$$

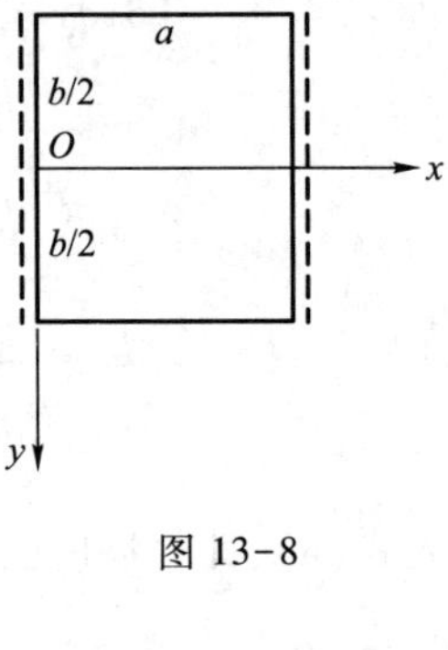

图 13-8

并在 $y=\pm b/2$ 的两边上满足边界条件。

将式(a)代入式(b),得

$$\sum_{m=1}^{\infty}\left[\frac{\mathrm{d}^4 Y_m}{\mathrm{d}y^4} - 2\left(\frac{m\pi}{a}\right)^2 \frac{\mathrm{d}^2 Y_m}{\mathrm{d}y^2} + \left(\frac{m\pi}{a}\right)^4 Y_m\right]\sin\frac{m\pi x}{a} = \frac{q(x,y)}{D}。 \qquad (\mathrm{c})$$

现在,将式(c)右边的 $q(x,y)/D$ 展为 $\sin\dfrac{m\pi x}{a}$ 的级数。按照傅里叶级数展开的法则,得

$$\frac{q(x,y)}{D} = \frac{2}{a}\sum_{m=1}^{\infty}\left[\int_0^a \frac{q(x,y)}{D}\sin\frac{m\pi x}{a}\mathrm{d}x\right]\sin\frac{m\pi x}{a}。$$

与式(c)对比,可见有

$$\frac{\mathrm{d}^4 Y_m}{\mathrm{d}y^4} - 2\left(\frac{m\pi}{a}\right)^2 \frac{\mathrm{d}^2 Y_m}{\mathrm{d}y^2} + \left(\frac{m\pi}{a}\right)^4 Y_m = \frac{2}{aD}\int_0^a q(x,y)\sin\frac{m\pi x}{a}\mathrm{d}x。 \qquad (\mathrm{d})$$

这一常微分方程的解答可以写成

$$Y_m = A_m\cosh\frac{m\pi y}{a} + B_m\frac{m\pi y}{a}\sinh\frac{m\pi y}{a} +$$
$$C_m\sinh\frac{m\pi y}{a} + D_m\frac{m\pi y}{a}\cosh\frac{m\pi y}{a} + f_m(y)。 \qquad (\mathrm{e})$$

其中 $f_m(y)$ 是任意一个特解,可以按照式(d)右边积分以后的结果来选择;A_m、B_m、C_m、D_m 是任意常数,决定于 $y=\pm b/2$ 两边的边界条件。将上式代入式(a),即得挠度 w 的表达式

$$w = \sum_{m=1}^{\infty}\left[A_m\cosh\frac{m\pi y}{a} + B_m\frac{m\pi y}{a}\sinh\frac{m\pi y}{a} + C_m\sinh\frac{m\pi y}{a} + \right.$$
$$\left. D_m\frac{m\pi y}{a}\cosh\frac{m\pi y}{a} + f_m(y)\right]\sin\frac{m\pi x}{a}。 \qquad (13-27)$$

式(13-27)称为莱维解。

作为例题,设图 13-8 中的矩形薄板是四边简支的,受有均布荷载 q_0。这时,微分方程(d)的右边成为

$$\frac{2q_0}{aD}\int_0^a \sin\frac{m\pi x}{a}\mathrm{d}x = \frac{2q_0}{\pi Dm}(1-\cos m\pi)。$$

于是微分方程(d)的特解可以取为

$$f_m(y) = \left(\frac{a}{m\pi}\right)^4 \frac{2q_0}{\pi Dm}(1-\cos m\pi) = \frac{2q_0 a^4}{\pi^5 Dm^5}(1-\cos m\pi)。$$

代入式(13-27),并注意薄板的挠度 w 应当是 y 的偶函数,因而有 $C_m=0,D_m=0$,即得

$$w = \sum_{m=1}^{\infty}\left[A_m\cosh\frac{m\pi y}{a} + B_m\frac{m\pi y}{a}\sinh\frac{m\pi y}{a} + \right.$$

$$\left. \frac{2q_0 a^4}{\pi^5 Dm^5}(1-\cos m\pi)\right]\sin\frac{m\pi x}{a}。 \tag{f}$$

应用边界条件

$$(w)_{y=\pm b/2}=0, \qquad \left(\frac{\partial^2 w}{\partial y^2}\right)_{y=\pm b/2}=0,$$

由式(f)得出决定 A_m 及 B_m 的联立方程

$$\left.\begin{array}{l}\cosh\alpha_m A_m + \alpha_m\sinh\alpha_m B_m + \dfrac{4q_0 a^4}{\pi^5 Dm^5}=0,\\[2mm]\cosh\alpha_m(A_m+2B_m) + \alpha_m\sinh\alpha_m B_m=0,\end{array}\right\} \quad (m=1,3,5,\cdots)$$

以及

$$\left.\begin{array}{l}\cosh\alpha_m A_m + \alpha_m\sinh\alpha_m B_m=0,\\[2mm]\cosh\alpha_m(A_m+2B_m) + \alpha_m\sinh\alpha_m B_m=0,\end{array}\right\} \quad (m=2,4,6,\cdots)$$

其中 $\alpha_m=\dfrac{m\pi b}{2a}$。求得 A_m 及 B_m,得出

$$A_m=-\frac{2(2+\alpha_m\tanh\alpha_m)q_0 a^4}{\pi^5 Dm^5\cosh\alpha_m}, \qquad B_m=\frac{2q_0 a^4}{\pi^5 Dm^5\cosh\alpha_m}; \quad (m=1,3,5,\cdots)$$

以及

$$A_m=0, \qquad B_m=0。 \quad (m=2,4,6,\cdots)$$

将求出的系数代入式(f),得挠度 w 的最后表达式

$$w = \frac{4q_0 a^4}{\pi^5 D}\sum_{m=1,3,5,\cdots}^{\infty}\left(\frac{1}{m^5}\right)\left(1 - \frac{2+\alpha_m\tanh\alpha_m}{2\cosh\alpha_m}\cosh\frac{2\alpha_m y}{b} + \right.$$

$$\left. \frac{\alpha_m}{2\cosh\alpha_m}\frac{2y}{b}\sinh\frac{2\alpha_m y}{b}\right)\sin\frac{m\pi x}{a}, \tag{g}$$

并可以从而求得内力的表达式。

最大挠度发生在薄板的中心。将 $x=\dfrac{a}{2}$ 及 $y=0$ 代入式(g),即得

$$w_{\max} = \frac{4q_0 a^4}{\pi^5 D}\sum_{m=1,3,5,\cdots}^{\infty}\frac{(-1)^{\frac{m-1}{2}}}{m^5}\left(1 - \frac{2+\alpha_m\tanh\alpha_m}{2\cosh\alpha_m}\right)。$$

这个表达式中的级数收敛很快。例如,对于正方形薄板,$b=a$,$\alpha_m=\dfrac{m\pi}{2}$,得出

$$w_{\max} = \frac{4q_0 a^4}{\pi^5 D}(0.314-0.004+\cdots) = 0.004\ 06\frac{q_0 a^4}{D}。$$

在级数中仅取两项,就得到很精确的结果。但是,在其他各点的挠度表达式中,级数收敛就没有这样快。在内力的表达式中,级数收敛得还要慢一些。

矩形薄板的莱维解与纳维解相比,虽然求解过程要稍繁烦一些,但莱维解的适用范围要更广泛,板的边界约束不限于四边简支,并且解的收敛性也比纳维解好。

应用本节所述的莱维解法,可以求得四边简支的矩形薄板在受各种横向荷载时的解答,以及它在某一边界上受分布弯矩或发生沉陷时的解答,此外,在§13-5中已经给出这种薄板在某一角点发生沉陷时的解答。于是可以得出矩形薄板的一个一般解法,说明如下。

采用结构力学中的力法,位移法,或混合法,以四边简支的矩形薄板为基本系。对于任一固定边,以该边上的分布弯矩为一个未知函数(具有待定系数的级数);对于任一自由边,以该边上的挠度为一个未知函数(具有待定系数的级数);对于两自由边相交而又无支柱的角点,还须以该角点的沉陷为一个未知值。应用上面所述的解答,求出固定边上的法向斜率,自由边上的分布反力,以及二自由边交点处的集中反力(当然是用上述待定系数及未知值以及已知荷载来表示)。命固定边上的法向斜率等于零,自由边上的分布反力等于零,两自由边交点处的集中反力等于零,即得足够的方程来求解各个待定系数及未知值,从而求得薄板最后的挠度、斜率、内力和反力。当然,求解时的运算是很繁的。在工程设计中,一般总是利用现成的图表,或是采用各种数值解法来进行计算。

对于在各种边界条件下承受各种横向荷载的矩形薄板,很多专著和手册中给出了关于挠度和弯矩的表格或图线,可供工程设计之用。为了节省篇幅,对于只具有简支边和固定边而不具有自由边的矩形薄板,在弯矩的表格或图线中大都只给出泊松比等于某一指定数值时的弯矩。但是,我们极易由此求得泊松比等于任一其他数值时的弯矩,说明如下。

薄板的弹性曲面微分方程可以写成

$$\nabla^4(Dw) = q。$$

固定边及简支边的边界条件不外乎如下的形式:

$$(Dw)_{x=x_1} = 0, \qquad \left(\frac{\partial}{\partial x}Dw\right)_{x=x_1} = 0, \qquad \left(\frac{\partial^2}{\partial x^2}Dw\right)_{x=x_1} = 0;$$

$$(Dw)_{y=y_1} = 0, \qquad \left(\frac{\partial}{\partial y}Dw\right)_{y=y_1} = 0, \qquad \left(\frac{\partial^2}{\partial y^2}Dw\right)_{y=y_1} = 0。$$

把 Dw 看做基本未知函数,则显然可见,Dw 的微分方程及边界条件中都不包含泊松比,因而 Dw 的解答不会包含泊松比,于是 $\dfrac{\partial^2}{\partial x^2}Dw$ 及 $\dfrac{\partial^2}{\partial y^2}Dw$ 都不随泊松比而变。

现在,根据式(13-12),当泊松比为 μ 时,弯矩为

$$M_x = -\frac{\partial^2}{\partial x^2}Dw - \mu\frac{\partial^2}{\partial y^2}Dw , \qquad M_y = -\frac{\partial^2}{\partial y^2}Dw - \mu\frac{\partial^2}{\partial x^2}Dw ; \tag{h}$$

当泊松比为 μ' 时,弯矩为

$$M'_x = -\frac{\partial^2}{\partial x^2}Dw - \mu'\frac{\partial^2}{\partial y^2}Dw , \qquad M'_y = -\frac{\partial^2}{\partial y^2}Dw - \mu'\frac{\partial^2}{\partial x^2}Dw 。 \tag{i}$$

由式(h)解出 $\dfrac{\partial^2}{\partial x^2}Dw$ 及 $\dfrac{\partial^2}{\partial y^2}Dw$,然后代入式(i),得到关系式

$$\left.\begin{aligned} M'_x &= \frac{1}{1-\mu^2}\left[\,(1-\mu\mu')M_x + (\mu'-\mu)M_y\,\right], \\ M'_y &= \frac{1}{1-\mu^2}\left[\,(1-\mu\mu')M_y + (\mu'-\mu)M_x\,\right]。 \end{aligned}\right\} \tag{j}$$

于是可见,如果已知泊松比为 μ 时的弯矩 M_x 及 M_y,就很容易求得泊松比为 μ' 时的弯矩 M'_x 及 M'_y。在 $\mu=0$ 的情况下(表格或图线所示的 M_x 及 M_y 是取 $\mu=0$ 而算出的),上式简化为

$$M'_x = M_x + \mu'M_y , \qquad M'_y = M_y + \mu'M_x 。 \tag{k}$$

注意,如果薄板具有自由边,则由于自由边的边界条件方程中包含着泊松比,因而 Dw 的解答将随泊松比而变。于是,式(h)中的 Dw 与式(i)中的 Dw 一般并不相同,因而就得不出关系式(j)及式(k)。

§13-8　圆形薄板的弯曲

求解圆形薄板的弯曲问题时,和求解圆形边界的平面问题时一样,用极坐标比较方便,这时,把挠度 w 和横向荷载 q 都看做是极坐标 ρ 和 φ 的函数,即 $w = w(\rho,\varphi)$,$q = q(\rho,\varphi)$。进行与§4-3中相同的运算,可以得出下列变换式:

$$\left.\begin{aligned} \frac{\partial w}{\partial x} &= \cos\varphi\,\frac{\partial w}{\partial \rho} - \frac{\sin\varphi}{\rho}\,\frac{\partial w}{\partial \varphi}, \\ \frac{\partial w}{\partial y} &= \sin\varphi\,\frac{\partial w}{\partial \rho} + \frac{\cos\varphi}{\rho}\,\frac{\partial w}{\partial \varphi}, \end{aligned}\right\} \tag{a}$$

$$
\begin{aligned}
\frac{\partial^2 w}{\partial x^2} &= \cos^2 \varphi \, \frac{\partial^2 w}{\partial \rho^2} - \frac{2\sin \varphi \cos \varphi}{\rho} \, \frac{\partial^2 w}{\partial \rho \partial \varphi} + \frac{\sin^2 \varphi}{\rho} \, \frac{\partial w}{\partial \rho} + \\
&\quad \frac{2\sin \varphi \cos \varphi}{\rho^2} \, \frac{\partial w}{\partial \varphi} + \frac{\sin^2 \varphi}{\rho^2} \, \frac{\partial^2 w}{\partial \varphi^2}, \\
\frac{\partial^2 w}{\partial y^2} &= \sin^2 \varphi \, \frac{\partial^2 w}{\partial \rho^2} + \frac{2\sin \varphi \cos \varphi}{\rho} \, \frac{\partial^2 w}{\partial \rho \partial \varphi} + \frac{\cos^2 \varphi}{\rho} \, \frac{\partial w}{\partial \rho} - \\
&\quad \frac{2\sin \varphi \cos \varphi}{\rho^2} \, \frac{\partial w}{\partial \varphi} + \frac{\cos^2 \varphi}{\rho^2} \, \frac{\partial^2 w}{\partial \varphi^2}, \\
\frac{\partial^2 w}{\partial x \partial y} &= \sin \varphi \cos \varphi \, \frac{\partial^2 w}{\partial \rho^2} + \frac{\cos^2 \varphi - \sin^2 \varphi}{\rho} \, \frac{\partial^2 w}{\partial \rho \partial \varphi} - \frac{\sin \varphi \cos \varphi}{\rho} \, \frac{\partial w}{\partial \rho} - \\
&\quad \frac{\cos^2 \varphi - \sin^2 \varphi}{\rho^2} \, \frac{\partial w}{\partial \varphi} - \frac{\sin \varphi \cos \varphi}{\rho^2} \, \frac{\partial^2 w}{\partial \varphi^2},
\end{aligned}
\right\}
\tag{b}
$$

$$
\nabla^2 w = \frac{\partial^2 w}{\partial \rho^2} + \frac{1}{\rho} \, \frac{\partial w}{\partial \rho} + \frac{1}{\rho^2} \, \frac{\partial^2 w}{\partial \varphi^2}。
\tag{c}
$$

应用式(c),弹性曲面的微分方程(13-10)可以变换为

$$
D\left(\frac{\partial^2}{\partial \rho^2} + \frac{1}{\rho} \, \frac{\partial}{\partial \rho} + \frac{1}{\rho^2} \, \frac{\partial^2}{\partial \varphi^2} \right)\left(\frac{\partial^2 w}{\partial \rho^2} + \frac{1}{\rho} \, \frac{\partial w}{\partial \rho} + \frac{1}{\rho^2} \, \frac{\partial^2 w}{\partial \varphi^2} \right) = q。
\tag{13-28}
$$

在 ρ 为常量的横截面上,应力分量 σ_ρ、$\tau_{\rho\varphi}$ 和 $\tau_{\rho z}$ 分别合成为弯矩 M_ρ、扭矩 $M_{\rho\varphi}$ 和横向剪力 $F_{\mathrm{S}\rho}$;在 φ 为常量的横截面上,应力分量 σ_φ、$\tau_{\varphi\rho}$ 和 $\tau_{\varphi z}$ 分别合成为弯矩 M_φ、扭矩 $M_{\varphi\rho}$ 和横向剪力 $F_{\mathrm{S}\varphi}$。作用于薄板任一微分块的上述各个内力,可用力矢和矩矢表示,如图 13-9 所示。

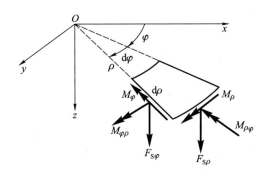

图 13-9

现在,把 x 轴转到该微分块处的 ρ 方向,使该微分块的 φ 坐标成为零,则该微分块处的 σ_ρ、σ_φ、$\tau_{\rho\varphi}$、$\tau_{\varphi\rho}$、$\tau_{\rho z}$、$\tau_{\varphi z}$ 分别成为该处的 σ_x、σ_y、τ_{xy}、τ_{yx}、τ_{xz}、τ_{yz},而该处

的 M_ρ、M_φ、$M_{\rho\varphi}$、$M_{\varphi\rho}$、$F_{S\rho}$、$F_{S\varphi}$ 分别成为该处的 M_x、M_y、M_{xy}、M_{yx}、F_{Sx}、F_{Sy}。于是,利用变换式(b)和式(a),命 $\varphi=0$,即由式(13-12)得到

$$
\left.
\begin{aligned}
M_\rho &= (M_x)_{\varphi=0} = -D\left(\frac{\partial^2 w}{\partial x^2}+\mu\frac{\partial^2 w}{\partial y^2}\right)_{\varphi=0} \\
&= -D\left[\frac{\partial^2 w}{\partial \rho^2}+\mu\left(\frac{1}{\rho}\frac{\partial w}{\partial \rho}+\frac{1}{\rho^2}\frac{\partial^2 w}{\partial \varphi^2}\right)\right], \\
M_\varphi &= (M_y)_{\varphi=0} = -D\left(\frac{\partial^2 w}{\partial y^2}+\mu\frac{\partial^2 w}{\partial x^2}\right)_{\varphi=0} \\
&= -D\left[\left(\frac{1}{\rho}\frac{\partial w}{\partial \rho}+\frac{1}{\rho^2}\frac{\partial^2 w}{\partial \varphi^2}\right)+\mu\frac{\partial^2 w}{\partial \rho^2}\right], \\
M_{\rho\varphi} &= M_{\varphi\rho} = (M_{xy})_{\varphi=0} = -D(1-\mu)\left(\frac{\partial^2 w}{\partial x\partial y}\right)_{\varphi=0} \\
&= -D(1-\mu)\left(\frac{1}{\rho}\frac{\partial^2 w}{\partial \rho\partial \varphi}-\frac{1}{\rho^2}\frac{\partial w}{\partial \varphi}\right), \\
F_{S\rho} &= (F_{Sx})_{\varphi=0} = -D\left(\frac{\partial}{\partial x}\nabla^2 w\right)_{\varphi=0} = -D\frac{\partial}{\partial \rho}\nabla^2 w, \\
F_{S\varphi} &= (F_{Sy})_{\varphi=0} = -D\left(\frac{\partial}{\partial y}\nabla^2 w\right)_{\varphi=0} \\
&= -D\frac{1}{\rho}\frac{\partial}{\partial \varphi}\nabla^2 w,
\end{aligned}
\right\}
\tag{13-29}
$$

其中的 $\nabla^2 w$ 如式(c)所示。

通过这样的变换,式(13-14)就成为

$$
\left.
\begin{aligned}
\sigma_\rho &= \frac{12M_\rho}{\delta^3}z, \qquad \sigma_\varphi = \frac{12M_\varphi}{\delta^3}z, \\
\tau_{\rho\varphi} &= \tau_{\varphi\rho} = \frac{12M_{\rho\varphi}}{\delta^3}z, \\
\tau_{\rho z} &= \frac{6F_{S\rho}}{\delta^3}\left(\frac{\delta^2}{4}-z^2\right), \qquad \tau_{\varphi z} = \frac{6F_{S\varphi}}{\delta^3}\left(\frac{\delta^2}{4}-z^2\right), \\
\sigma_z &= -2q\left(\frac{1}{2}-\frac{z}{\delta}\right)^2\left(1+\frac{z}{\delta}\right)。
\end{aligned}
\right\}
\tag{13-30}
$$

现在来给出圆板的边界条件(坐标原点取在圆板的中心)。

设 $\rho=a$ 处有固定边,则该边界上的挠度 w 等于零,薄板弹性曲面沿法向的

斜率(即转角)$\dfrac{\partial w}{\partial \rho}$也等于零,即

$$(w)_{\rho=a}=0, \qquad \left(\frac{\partial w}{\partial \rho}\right)_{\rho=a}=0。 \tag{13-31}$$

如果这个固定边由于支座沉陷而发生挠度及法向斜率,则上列二式的右边将不等于零而分别等于已知的挠度及斜率(一般为 φ 的函数)。

设 $\rho=a$ 处有简支边,则该边界的挠度 w 等于零,弯矩 M_ρ 也等于零,即

$$(w)_{\rho=a}=0, \qquad (M_\rho)_{\rho=a}=0。 \tag{13-32}$$

如果这个简支边由于支座沉陷而发生挠度,并且还受有分布的力矩荷载 M,则上列二式的右边将不等于零,而分别等于已知的挠度及力矩荷载 M(一般均为 φ 的函数)。

和 §13-4 中相似,在 ρ 为常量的截面上,扭矩 $M_{\rho\varphi}$ 可以变换为等效的剪力 $\dfrac{1}{\rho}\dfrac{\partial M_{\rho\varphi}}{\partial \varphi}$,与横向剪力 $F_{S\rho}$ 合并而成为总的剪力

$$F_{S\rho}^{t}=F_{S\rho}+\frac{1}{\rho}\frac{\partial M_{\rho\varphi}}{\partial \varphi}。 \tag{13-33}$$

在圆板中,由于 ρ 为常量的截面是一个连续而不折的截面,所以不存在集中剪力 F_S。

这样,设 $\rho=a$ 处有自由边,则该处的边界条件成为

$$(M_\rho)_{\rho=a}=0, \qquad (F_{S\rho}^{t})_{\rho=a}=\left(F_{S\rho}+\frac{1}{\rho}\frac{\partial M_{\rho\varphi}}{\partial \varphi}\right)_{\rho=a}=0, \tag{13-34}$$

其中前一个条件仍然表示弯矩等于零,而后一个条件则表示总的分布剪力等于零。如果这个自由边上受有分布的力矩荷载 M 及横向荷载 F_v,则上列二式的右边将不等于零而分别等于 M 及 F_v(一般均为 φ 的函数)。

在以上的边界条件中,可以通过式(13-29)把内力改用 w 来表示,从而把边界条件直接用 w 来表示。

§13-9　圆形薄板的轴对称弯曲

如果圆形薄板的边界情况是绕 z 轴对称的,它所受的横向荷载也是绕 z 轴对称的(q 只是 ρ 的函数),则该薄板的弹性曲面也将是绕 z 轴对称的(w 只是 ρ 的函数)。这时,弹性曲面的微分方程(13-28)将简化为

$$D\left(\frac{\mathrm{d}^2}{\mathrm{d}\rho^2}+\frac{1}{\rho}\frac{\mathrm{d}}{\mathrm{d}\rho}\right)\left(\frac{\mathrm{d}^2w}{\mathrm{d}\rho^2}+\frac{1}{\rho}\frac{\mathrm{d}w}{\mathrm{d}\rho}\right)=q。 \tag{13-35}$$

式(13-35)也可以改写为下面的形式

$$\frac{D}{\rho}\frac{\mathrm{d}}{\mathrm{d}\rho}\left\{\rho\frac{\mathrm{d}}{\mathrm{d}\rho}\left[\frac{1}{\rho}\frac{\mathrm{d}}{\mathrm{d}\rho}\left(\rho\frac{\mathrm{d}w}{\mathrm{d}\rho}\right)\right]\right\}=q。 \tag{a}$$

对上式积分四次,便得到圆形薄板轴对称弯曲问题的挠度解答

$$w=C_1\ln\rho+C_2\rho^2\ln\rho+C_3\rho^2+C_4+w_1, \tag{13-36}$$

其中的 w_1 是任意一个特解,选择为

$$w_1=\frac{1}{D}\int\frac{1}{\rho}\int\rho\int\frac{1}{\rho}\int q\rho\,\mathrm{d}\rho^4。 \tag{b}$$

C_1、C_2、C_3、C_4 是任意常数,决定于边界条件。

对于受均布荷载 $q=q_0$ 的圆形薄板,由式(b)可得特解 $w_1=\dfrac{q_0}{64D}\rho^4$,再由式(13-36)得到挠度解答

$$w=C_1\ln\rho+C_2\rho^2\ln\rho+C_3\rho^2+C_4+\frac{q_0}{64D}\rho^4。 \tag{c}$$

如果圆板在中心处有圆孔,则圆板具有内外两个边界,则可由内外边界处的各两个边界条件来决定常数 C_1 至 C_4。

如果圆板在中心处无孔,则圆板只有一个外边界,边界条件只有两个。所缺的两个条件可由中心处的条件来补足。第一个条件是,不论圆板中心处的情况如何,该处的挠度都不应为无限大,即

$$(w)_{\rho=0}\neq\infty。$$

于是由式(13-36)可见,必须取 $C_1=0$。第二个条件则须决定于圆板中心处的支承或荷载的情况。如果在中心处既无支座又无集中荷载,则该处的内力应为有限大,即

$$(M_\rho)_{\rho=0}\neq\infty,\qquad (M_\varphi)_{\rho=0}\neq\infty,\qquad (F_{S\rho})_{\rho=0}\neq\infty,$$

而这些条件的共同要求是 $C_2=0$。如果在中心处有连杆支座,则有中心条件

$$(w)_{\rho=0}=\zeta\ 或\ (w)_{\rho=0}=0,$$

其中 ζ 为中心处的已知挠度(等于支座沉陷)。这时,中心处的内力将为无限大。如果在中心处并无支座,但有集中荷载,则 $F_{S\rho}$ 为已知(它可由圆板中心部分的平衡条件得来),而这一条件可以通过式(13-29)中的第四式化为 w 的条件。这时,中心处的内力也将为无限大。

如果圆板所受的荷载沿径向并不连续,而有间断之处,则须将该板划分成若干区段,使每一区段内的荷载沿径向均无间断。以图 13-10 所示的圆板为例,

必须将它分为 OA、AB、BC 及 CD 四个区段,因为荷载在 A、B、C 三处是间断的。这时,可以按照式(13-36),对四个区段分别写出挠度的四个表达式,每一表达式中各有按分布荷载选取的特解项及四个任意常数。于是总共有 16 个待定的任意常数,要求有 16 个方程来求解。

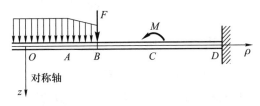

图 13-10

在 O 点有两个中心条件,在 D 点有两个边界条件。在 A、B、C 三处中的每一处,都可以有四个条件:在 A 点,两边的 w、$\dfrac{\mathrm{d}w}{\mathrm{d}\rho}$、$M_\rho$、$F_{S\rho}$ 都是相等的;在 B 点,两边的 w、$\dfrac{\mathrm{d}w}{\mathrm{d}\rho}$、$M_\rho$ 相等,但两边的 $F_{S\rho}$ 相差以 F(单位环向长度上的荷载);在 C 点,两边的 w、$\dfrac{\mathrm{d}w}{\mathrm{d}\rho}$、$F_{S\rho}$ 相等,但两边的 M_ρ 相差以 M(单位环向长度上的力矩荷载)。于是总共可以建立 16 个方程,用来确定 16 个常数。当然,如果圆板在中心处有圆孔,则中心条件可换为孔边的边界条件。

这样来求解,虽然总可以求得解答,但运算工作量是相当大的。对这种问题,宜用变分法求解,见 § 14-5 至 § 14-8。有的手册中给出了这种问题的解答,可供查用。

§ 13-10 圆形薄板轴对称弯曲问题的实例

首先分析无孔圆板受均布荷载的问题。相应于均布荷载 q_0,在上节已经得到如下形式的挠度解答

$$w = C_1 \ln \rho + C_2 \rho^2 \ln \rho + C_3 \rho^2 + C_4 + \frac{q_0 \rho^4}{64D}。 \tag{a}$$

由于在薄板的中心并没有孔,所以常数 C_1 和 C_2 都应当等于零,否则在薄板的中心($\rho = 0$),挠度及内力将成为无限大。于是得

$$w = C_3\rho^2 + C_4 + \frac{q_0\rho^4}{64D}, \qquad \frac{\mathrm{d}w}{\mathrm{d}\rho} = 2C_3\rho + \frac{q_0\rho^3}{16D}, \tag{b}$$

并由式(13-29)得到

$$\left.\begin{array}{l} M_\rho = -2(1+\mu)DC_3 - \dfrac{3+\mu}{16}q_0\rho^2, \\[3mm] M_\varphi = -2(1+\mu)DC_3 - \dfrac{1+3\mu}{16}q_0\rho^2, \\[3mm] M_{\rho\varphi} = M_{\varphi\rho} = 0, \qquad F_{S\varphi} = 0_\circ \end{array}\right\} \tag{c}$$

剪力 $F_{S\rho}$ 可以较简单地根据平衡条件得来,而不必利用式(13-29)。任意常数 C_3 和 C_4 决定于边界条件。

设半径为 a 的薄板具有固定边,则边界条件为

$$(w)_{\rho=a} = 0, \qquad \left(\frac{\mathrm{d}w}{\mathrm{d}\rho}\right)_{\rho=a} = 0_\circ$$

于是由式(b)得

$$a^2 C_3 + C_4 + \frac{q_0 a^4}{64D} = 0, \qquad 2a C_3 + \frac{q_0 a^3}{16D} = 0_\circ$$

解出 C_3 及 C_4,即可由式(b)及式(c)得到

$$\left.\begin{array}{l} w = \dfrac{q_0 a^4}{64D}\left(1 - \dfrac{\rho^2}{a^2}\right)^2, \\[4mm] M_\rho = \dfrac{q_0 a^2}{16}\left[(1+\mu) - (3+\mu)\dfrac{\rho^2}{a^2}\right], \\[4mm] M_\varphi = \dfrac{q_0 a^2}{16}\left[(1+\mu) - (1+3\mu)\dfrac{\rho^2}{a^2}\right]_\circ \end{array}\right\} \tag{d}$$

此外,取出半径为 ρ 的中间部分的薄板,由平衡条件可以得到

$$2\pi\rho F_{S\rho} + q_0\pi\rho^2 = 0,$$

从而得出

$$F_{S\rho} = -\frac{q_0\rho}{2}_\circ \tag{e}$$

在薄板的中心,由式(d)得

$$\left.\begin{array}{l} (w)_{\rho=0} = \dfrac{q_0 a^4}{64D}, \\[4mm] (M_\rho)_{\rho=0} = (M_\varphi)_{\rho=0} = \dfrac{(1+\mu)q_0 a^2}{16}_\circ \end{array}\right\} \tag{13-37}$$

在边界上,由式(d)及式(e)得

$$(M_\rho)_{\rho=a} = -\frac{q_0 a^2}{8}, \qquad (F_{S\rho})_{\rho=a} = -\frac{q_0 a}{2}. \tag{13-38}$$

设半径为 a 的薄板具有简支边,则边界条件为

$$(w)_{\rho=a} = 0, \qquad (M_\rho)_{\rho=a} = 0.$$

于是由式(b)及式(c)得

$$a^2 C_3 + C_4 + \frac{q_0 a^4}{64D} = 0,$$

$$-2(1+\mu)DC_3 - \frac{(3+\mu)q_0 a^2}{16} = 0.$$

由此求出 C_3 及 C_4,再代回式(b)及式(c),即得

$$\left.\begin{array}{l} w = \dfrac{q_0 a^4}{64D}\left(1 - \dfrac{\rho^2}{a^2}\right)\left(\dfrac{5+\mu}{1+\mu} - \dfrac{\rho^2}{a^2}\right), \\[3mm] \dfrac{\mathrm{d}w}{\mathrm{d}\rho} = -\dfrac{q_0 a^3}{16D}\left(\dfrac{3+\mu}{1+\mu} - \dfrac{\rho^2}{a^2}\right)\dfrac{\rho}{a}, \\[3mm] M_\rho = \dfrac{(3+\mu)q_0 a^2}{16}\left(1 - \dfrac{\rho^2}{a^2}\right), \\[3mm] M_\varphi = \dfrac{q_0 a^2}{16}\left[(3+\mu) - (1+3\mu)\dfrac{\rho^2}{a^2}\right]. \end{array}\right\} \tag{f}$$

剪力 $F_{S\rho}$ 仍然如式(e)所示。

在薄板的中心,由式(f)得

$$\left.\begin{array}{l} (w)_{\rho=0} = \dfrac{(5+\mu)q_0 a^4}{64(1+\mu)D}, \\[3mm] (M_\rho)_{\rho=0} = (M_\varphi)_{\rho=0} = \dfrac{(3+\mu)q_0 a^2}{16}. \end{array}\right\} \tag{13-39}$$

在边界上,由式(f)及式(e)得

$$\left.\begin{array}{l} \left(\dfrac{\mathrm{d}w}{\mathrm{d}\rho}\right)_{\rho=a} = -\dfrac{q_0 a^3}{8(1+\mu)D}, \\[3mm] (F_{S\rho})_{\rho=a} = -\dfrac{q_0 a}{2}. \end{array}\right\} \tag{13-40}$$

其次,设有半径为 a 的简支边圆形薄板,不受横向荷载,但在边界上受有均布力矩荷载 M。这时,由于 q 等于零,因而特解 w_1 可以取为零。假定薄板中心

并没有孔,则常数 C_1 及 C_2 仍然等于零。于是由式(13-36)得

$$w = C_3\rho^2 + C_4, \qquad \frac{\mathrm{d}w}{\mathrm{d}\rho} = 2C_3\rho, \tag{g}$$

并由式(13-29)得

$$M_\rho = M_\varphi = -2(1+\mu)DC_3。 \tag{h}$$

边界条件是

$$(w)_{\rho=a} = 0, \qquad (M_\rho)_{\rho=a} = M。$$

将式(g)中的第一式及式(h)代入,求出 C_3 及 C_4,即得

$$w = \frac{Ma^2}{2(1+\mu)D}\left(1 - \frac{\rho^2}{a^2}\right),$$

$$\frac{\mathrm{d}w}{\mathrm{d}\rho} = -\frac{Ma}{(1+\mu)D}\frac{\rho}{a},$$

$$M_\rho = M_\varphi = M。$$

最后,设有内半径为 a 而外半径为 b 的圆环形薄板,内边界简支而外边界自由,在外边界上受有均布力矩荷载 M,如图 13-11 所示。因为薄板不受横向荷载,所以特解 w_1 可以取为零,于是有

$$w = C_1\ln\rho + C_2\rho^2\ln\rho + C_3\rho^2 + C_4。 \tag{i}$$

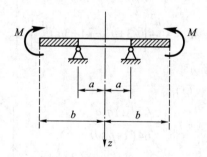

图 13-11

应用式(13-29)及式(13-33),可由上式得出

$$\left. \begin{aligned}
M_\rho &= -D\left[-(1-\mu)\frac{C_1}{\rho^2} + (3+\mu)C_2 + 2(1+\mu)C_2\ln\rho + 2(1+\mu)C_3\right], \\
M_\varphi &= -D\left[(1-\mu)\frac{C_1}{\rho^2} + (1+3\mu)C_2 + 2(1+\mu)C_2\ln\rho + 2(1+\mu)C_3\right], \\
F_{\mathrm{S}\rho}^{\mathrm{t}} &= F_{\mathrm{S}\rho} = -\frac{4DC_2}{\rho}。
\end{aligned} \right\} \tag{j}$$

内外两边界处的四个边界条件为

$$(w)_{\rho=a}=0, \qquad (M_\rho)_{\rho=a}=0,$$

$$(M_\rho)_{\rho=b}=M, \qquad (F_{S\rho}^t)_{\rho=b}=0。$$

将式(i)及式(j)代入,求出 C_1 至 C_4,再代回式(i)及式(j),即得解答如下:

$$w=-\frac{Ma^2\left(\dfrac{\rho^2}{a^2}-1+2\,\dfrac{1+\mu}{1-\mu}\ln\dfrac{\rho}{a}\right)}{2(1+\mu)D\left(1-\dfrac{a^2}{b^2}\right)},$$

$$M_\rho=M\,\frac{1-\dfrac{a^2}{\rho^2}}{1-\dfrac{a^2}{b^2}}, \qquad M_\varphi=M\,\frac{1+\dfrac{a^2}{\rho^2}}{1-\dfrac{a^2}{b^2}},$$

$$F_{S\rho}^t=F_{S\rho}=0。$$

§13-11 圆形薄板受线性变化荷载的作用

当圆形薄板在其一面上受有线性分布荷载作用时,这种横向荷载可以用图形 $ABDC$ 表示,如图 13-12 所示。这种荷载总可以分解为两部分:一部分是与薄板中心处集度相同的均布荷载 q_0,如图形 $ABFE$ 所示;另一部分是反对称荷载

$$q=q_1\,\frac{x}{a}, \qquad\qquad (a)$$

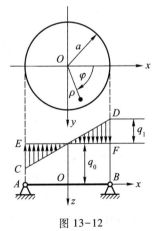

图 13-12

如图形 $CEFD$ 所示。前一部分荷载所引起的挠度和内力,已在前一节中加以讨论;现在来讨论后一部分荷载所引起的挠度和内力。

将反对称荷载的表达式(a)用极坐标表示为

$$q=\frac{q_1}{a}\rho\cos\varphi,$$

然后代入弹性曲面的微分方程(13-28),得

$$\left(\frac{\partial^2}{\partial\rho^2}+\frac{1}{\rho}\frac{\partial}{\partial\rho}+\frac{1}{\rho^2}\frac{\partial^2}{\partial\varphi^2}\right)\left(\frac{\partial^2 w}{\partial\rho^2}+\frac{1}{\rho}\frac{\partial w}{\partial\rho}+\frac{1}{\rho^2}\frac{\partial^2 w}{\partial\varphi^2}\right)=\frac{q_1}{aD}\rho\cos\varphi_{\circ} \tag{b}$$

显然,这一微分方程的特解可以取为 $w_1=m\rho^5\cos\varphi$ 的形式,其中 m 是常数。将 $w=w_1$ 代入式(b),得 $m=\dfrac{q_1}{192aD}$,从而得特解

$$w_1=\frac{q_1}{192aD}\rho^5\cos\varphi_{\circ} \tag{c}$$

为了求出补充解 w_2,根据特解(c)的形式,并考虑到挠度对称于 Oxz 坐标平面而反对称于 Oyz 平面的特性,假设

$$w_2=f(\rho)\cos\varphi_{\circ} \tag{d}$$

将 $w=w_2$ 代入式(b)的齐次微分方程

$$\left(\frac{\partial^2}{\partial\rho^2}+\frac{1}{\rho}\frac{\partial}{\partial\rho}+\frac{1}{\rho^2}\frac{\partial^2}{\partial\varphi^2}\right)\left(\frac{\partial^2 w}{\partial\rho^2}+\frac{1}{\rho}\frac{\partial w}{\partial\rho}+\frac{1}{\rho^2}\frac{\partial^2 w}{\partial\varphi^2}\right)=0,$$

得

$$\cos\varphi\left(\frac{\mathrm{d}^2}{\mathrm{d}\rho^2}+\frac{1}{\rho}\frac{\mathrm{d}}{\mathrm{d}\rho}-\frac{1}{\rho^2}\right)\left(\frac{\mathrm{d}^2 f}{\mathrm{d}\rho^2}+\frac{1}{\rho}\frac{\mathrm{d}f}{\mathrm{d}\rho}-\frac{f}{\rho^2}\right)=0_{\circ}$$

删去因子 $\cos\varphi$,求解这一微分方程,得

$$f(\rho)=C_1\rho+C_2\rho^3+\frac{C_3}{\rho}+C_4\rho\ln\rho_{\circ} \tag{e}$$

于是由式(c)、式(d)、式(e)得挠度 w 的全解

$$w=w_1+w_2=\frac{q_1\rho^5\cos\varphi}{192aD}+\left(C_1\rho+C_2\rho^3+\frac{C_3}{\rho}+C_4\rho\ln\rho\right)\cos\varphi_{\circ} \tag{f}$$

由于薄板的中心并没有孔,为了薄板中心的挠度及内力不致成为无限大,必须取 $C_3=C_4=0$。于是式(f)简化为

$$w=\frac{q_1\rho^5\cos\varphi}{192aD}+(C_1\rho+C_2\rho^3)\cos\varphi_{\circ} \tag{g}$$

假定薄板的边界是固定边,则边界条件要求

$$(w)_{\rho=a}=0, \qquad \left(\frac{\partial w}{\partial\rho}\right)_{\rho=a}=0_{\circ}$$

将式(g)代入,求出常数 C_1 及 C_2,再代回式(g),整理以后,即得挠度的表达式

$$w=\frac{q_1 a^4}{192D}\left(1-\frac{\rho^2}{a^2}\right)^2\frac{\rho}{a}\cos\varphi,$$

从而由式(13-29)得出内力的表达式

$$M_\rho = -\frac{q_1 a^2}{48}\left[\left(5\frac{\rho^2}{a^2}-3\right)+\mu\left(\frac{\rho^2}{a^2}-1\right)\right]\frac{\rho}{a}\cos\varphi,$$

$$M_\varphi = -\frac{q_1 a^2}{48}\left[\left(\frac{\rho^2}{a^2}-1\right)+\mu\left(5\frac{\rho^2}{a^2}-3\right)\right]\frac{\rho}{a}\cos\varphi,$$

$$M_{\rho\varphi}=M_{\varphi\rho}=-\frac{(1-\mu)q_1 a^2}{48}\left(1-\frac{\rho^2}{a^2}\right)\frac{\rho}{a}\sin\varphi,$$

$$F_{S\rho}=\frac{q_1 a}{24}\left(2-9\frac{\rho^2}{a^2}\right)\cos\varphi, \qquad F_{S\varphi}=\frac{q_1 a}{24}\left(3\frac{\rho^2}{a^2}-2\right)\sin\varphi。$$

如果薄板的边界是简支边,则边界条件要求

$$(w)_{\rho=a}=0, \qquad (M_\rho)_{\rho=a}=0。$$

将式(13-29)中 M_ρ 的表达式代入,得

$$(w)_{\rho=a}=0, \qquad \left[\frac{\partial^2 w}{\partial\rho^2}+\mu\left(\frac{1}{\rho}\frac{\partial w}{\partial\rho}+\frac{1}{\rho^2}\frac{\partial^2 w}{\partial\varphi^2}\right)\right]_{\rho=a}=0。$$

将式(g)代入,求出常数 C_1 及 C_2,再代回式(g),即得

$$w=\frac{q_1 a^4}{192D}\left(1-\frac{\rho^2}{a^2}\right)\left(\frac{7+\mu}{3+\mu}-\frac{\rho^2}{a^2}\right)\frac{\rho}{a}\cos\varphi,$$

从而得出

$$M_\rho=\frac{q_1 a^2}{48}(5+\mu)\left(1-\frac{\rho^2}{a^2}\right)\frac{\rho}{a}\cos\varphi,$$

$$M_\varphi=\frac{q_1 a^2}{48}\left[\frac{(5+\mu)(1+3\mu)}{3+\mu}-(1+5\mu)\frac{\rho^2}{a^2}\right]\frac{\rho}{a}\cos\varphi,$$

$$M_{\rho\varphi}=M_{\varphi\rho}=-\frac{(1-\mu)q_1 a^2}{48}\left(\frac{5+\mu}{3+\mu}-\frac{\rho^2}{a^2}\right)\frac{\rho}{a}\sin\varphi,$$

$$F_{S\rho}=\frac{q_1 a}{24}\left(2\frac{5+\mu}{3+\mu}-9\frac{\rho^2}{a^2}\right)\cos\varphi,$$

$$F_{S\varphi}=\frac{q_1 a}{24}\left(3\frac{\rho^2}{a^2}-2\frac{5+\mu}{3+\mu}\right)\sin\varphi。$$

将本节中所得的解答与前一节中关于圆形薄板受均布荷载时的解答相叠加,即得圆形薄板受线性变化荷载作用时的解答。

§13-12　变厚度矩形薄板

在§13-3中,曾经针对等厚度薄板导出了如下用挠度表示弯矩和扭矩的表达式:

$$\left.\begin{array}{l} M_x = -D\left(\dfrac{\partial^2 w}{\partial x^2} + \mu\,\dfrac{\partial^2 w}{\partial y^2}\right), \\[3mm] M_y = -D\left(\dfrac{\partial^2 w}{\partial y^2} + \mu\,\dfrac{\partial^2 w}{\partial x^2}\right), \\[3mm] M_{xy} = -(1-\mu)D\,\dfrac{\partial^2 w}{\partial x \partial y}, \end{array}\right\} \tag{a}$$

其中的弯曲刚度 D 是常量。从上式的推导过程中可以看出,如果薄板的厚度是变化的,只要变化比较平缓,而且平分厚度的中面仍然是平面,则上式仍然成立,但必须把其中的弯曲刚度 D 看做是 x 和 y 的函数,即

$$D = D(x, y)。$$

将式(a)代入平衡方程(13-16),得到

$$\frac{\partial^2}{\partial x^2}\left[D\left(\frac{\partial^2 w}{\partial x^2} + \mu\,\frac{\partial^2 w}{\partial y^2}\right)\right] + 2(1-\mu)\frac{\partial^2}{\partial x \partial y}\left[D\,\frac{\partial^2 w}{\partial x \partial y}\right] +$$

$$\frac{\partial^2}{\partial y^2}\left[D\left(\frac{\partial^2 w}{\partial y^2} + \mu\,\frac{\partial^2 w}{\partial x^2}\right)\right] = q,$$

它可以改写成为

$$\nabla^2(D\nabla^2 w) - (1-\mu)\left(\frac{\partial^2 D}{\partial x^2}\frac{\partial^2 w}{\partial y^2} - 2\frac{\partial^2 D}{\partial x \partial y}\frac{\partial^2 w}{\partial x \partial y} + \frac{\partial^2 D}{\partial y^2}\frac{\partial^2 w}{\partial x^2}\right) = q,$$

还可以再改写成为

$$D\nabla^4 w + 2\frac{\partial D}{\partial x}\frac{\partial}{\partial x}\nabla^2 w + 2\frac{\partial D}{\partial y}\frac{\partial}{\partial y}\nabla^2 w + \nabla^2 D\nabla^2 w -$$

$$(1-\mu)\left(\frac{\partial^2 D}{\partial x^2}\frac{\partial^2 w}{\partial y^2} - 2\frac{\partial^2 D}{\partial x \partial y}\frac{\partial^2 w}{\partial x \partial y} + \frac{\partial^2 D}{\partial y^2}\frac{\partial^2 w}{\partial x^2}\right) = q。 \tag{13-41}$$

这是挠度 w 的变系数微分方程。随着薄板厚度的不同变化规律,该微分方程的系数将取不同的函数形式,也就要求我们采用不同的方法来求解。下面将考察薄板厚度沿某一方向线性变化的情况。虽然这是一种特殊情况,但却是工程上比较常见的。

假定厚度 δ 沿 y 方向线性变化,如图 13-13 所示。命 $y=b/2$ 处的厚度为 δ_0,相应的弯曲刚度为

$$D_0 = \frac{E\delta_0^3}{12(1-\mu^2)}。\qquad (b)$$

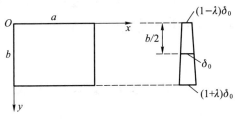

图 13-13

于是,在任意一点,厚度可以表示成为

$$\delta = \left[1+\lambda\left(\frac{2y}{b}-1\right)\right]\delta_0,\qquad (c)$$

其中 $-1 \leqslant \lambda \leqslant 1$,而弯曲刚度可以表示成为

$$D = \frac{E\delta^3}{12(1-\mu^2)} = \frac{E}{12(1-\mu^2)}\left[1+\lambda\left(\frac{2y}{b}-1\right)\right]^3\delta_0^3$$

$$= D_0\left[1+\lambda\left(\frac{2y}{b}-1\right)\right]^3。\qquad (d)$$

现在,把挠度 w 看成是位置坐标 x、y 和参数 λ 的函数,写成如下关于 λ 的多项式:

$$w = \sum_{n=0,1,2,\cdots} w_n\lambda^n,\qquad (e)$$

其中 w_n 只是 x 和 y 的函数,不随 λ 而变。将式(d)及式(e)代入微分方程(13-41),可以得出 λ 的一个代数方程。因为这个方程在 λ 等于从 -1 到 1 的任意数值时都应成立,所以在这个方程中,λ 的所有各次幂的系数都应当等于零。这样就得出如下一系列的常微分方程:

$$\nabla^4 w_0 = \frac{q}{D_0},\qquad (f)$$

$$\nabla^4 w_1 = -3\left[\frac{4}{b}\frac{\partial}{\partial y}\nabla^2 w_0 + \left(\frac{2y}{b}-1\right)\nabla^4 w_0\right],\qquad (g)$$

$$\nabla^4 w_2 = -3\left[\frac{4}{b}\frac{\partial}{\partial y}\nabla^2 w_1 + \left(\frac{2y}{b}-1\right)\nabla^4 w_1\right] - 3\left\{\frac{8}{b^2}\left[\nabla^2 w_0 - (1-\mu)\frac{\partial^2}{\partial x^2}w_0\right] + \right.$$

$$\frac{8}{b}\left(\frac{2y}{b}-1\right)\frac{\partial}{\partial y}\nabla^2 w_0+\left(\frac{2y}{b}-1\right)^2\nabla^4 w_0\Big\},\tag{h}$$

…………

在求解问题时，可以首先在边界条件下由微分方程（f）解出 w_0；然后将 w_0 代入微分方程（g），在边界条件下解出 w_1；再将 w_0 及 w_1 代入微分方程（h），在边界条件下解出 w_2，等等。最后，将求出的各个 w_n 一并代入式（e），即得所求的解答。

§13-13　变厚度圆形薄板

本节将只讨论变厚度轴对称圆形薄板受轴对称荷载时的情况。可以说，只有在这样的轴对称情况下，用经典方法求解才是可能的。

首先来导出用内力表示的平衡方程。图 13-14 表示薄板的一个微分块的中面，荷载及横向剪力用力矢表示，弯矩用矩矢表示。以微分块中心的切向线为矩轴，立出力矩的平衡方程，得到

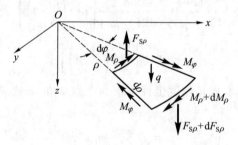

图 13-14

$$(M_\rho+\mathrm{d}M_\rho)(\rho+\mathrm{d}\rho)\,\mathrm{d}\varphi-M_\rho\rho\mathrm{d}\varphi-F_{S\rho}\rho\mathrm{d}\varphi\mathrm{d}\rho-M_\varphi\mathrm{d}\rho\mathrm{d}\varphi=0。$$

简化以后，除以 $\rho\mathrm{d}\rho\mathrm{d}\varphi$，再略去微量，即得

$$\frac{\mathrm{d}M_\rho}{\mathrm{d}\rho}+\frac{M_\rho-M_\varphi}{\rho}=F_{S\rho}。\tag{13-42}$$

在轴对称的情况下，式（13-29）中的前两式成为

$$\left.\begin{array}{l}M_\rho=-D\left(\dfrac{\mathrm{d}^2 w}{\mathrm{d}\rho^2}+\dfrac{\mu}{\rho}\dfrac{\mathrm{d}w}{\mathrm{d}\rho}\right),\\[3mm]M_\varphi=-D\left(\dfrac{1}{\rho}\dfrac{\mathrm{d}w}{\mathrm{d}\rho}+\mu\dfrac{\mathrm{d}^2 w}{\mathrm{d}\rho^2}\right)。\end{array}\right\}\tag{a}$$

用 θ 代表径向线段的转角冠以负号，即

$$\theta = -\frac{\mathrm{d}w}{\mathrm{d}\rho}, \tag{b}$$

则式（a）可以改写为

$$M_\rho = D\left(\frac{\mathrm{d}\theta}{\mathrm{d}\rho} + \mu\,\frac{\theta}{\rho}\right), \qquad M_\varphi = D\left(\frac{\theta}{\rho} + \mu\,\frac{\mathrm{d}\theta}{\mathrm{d}\rho}\right), \tag{c}$$

其中的弯曲刚度 D 必须看做是 ρ 的函数，即 $D = D(\rho)$。

将式（c）代入式（13-42），整理以后，得到

$$\frac{\mathrm{d}^2\theta}{\mathrm{d}\rho^2} + \left(\frac{1}{\rho} + \frac{1}{D}\frac{\mathrm{d}D}{\mathrm{d}\rho}\right)\frac{\mathrm{d}\theta}{\mathrm{d}\rho} + \left(\frac{\mu}{D}\frac{\mathrm{d}D}{\mathrm{d}\rho} - \frac{1}{\rho}\right)\frac{\theta}{\rho} = \frac{F_{S\rho}}{D}。 \tag{13-43}$$

这是 θ 的变系数二阶常微分方程。在边界条件下求出 θ 的解答以后，即可按照式（c）求得弯矩。

这里将考虑工程上比较常遇到的两种情况，分别如图 13-15a 及图13-15b 所示。

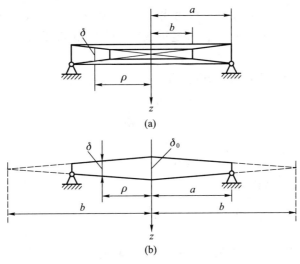

图 13-15

在图 13-15a 中，薄板的变厚度 δ 与径向坐标成正比，也就是 $\delta = c\rho$。于是，薄板的弯曲刚度为

$$D = \frac{E\delta^3}{12(1-\mu^2)} = \frac{Ec^3\rho^3}{12(1-\mu^2)},$$

从而有

$$\frac{\mathrm{d}D}{\mathrm{d}\rho} = \frac{Ec^3\rho^2}{4(1-\mu^2)}, \qquad \frac{1}{D}\frac{\mathrm{d}D}{\mathrm{d}\rho} = \frac{3}{\rho}。$$

代入微分方程(13-43),整理以后,得到

$$\frac{\mathrm{d}^2\theta}{\mathrm{d}\rho^2}+\frac{4}{\rho}\frac{\mathrm{d}\theta}{\mathrm{d}\rho}+\frac{3\mu-1}{\rho^2}\theta=\frac{12(1-\mu^2)F_{S\rho}}{Ec^3\rho^3}\,。$$

引用量纲为一的坐标 $r=\rho/a$,则上式成为

$$\frac{\mathrm{d}^2\theta}{\mathrm{d}r^2}+\frac{4}{r}\frac{\mathrm{d}\theta}{\mathrm{d}r}+\frac{3\mu-1}{r^2}\theta=\frac{12(1-\mu^2)F_{S\rho}}{Ec^3ar^3}\,。 \tag{13-44}$$

常微分方程(13-44)的解答是

$$\theta=C_1r^m+C_2r^n+\theta_0\,。 \tag{13-45}$$

式中的 θ_0 是任意一个特解,可以根据已知的 $F_{S\rho}$ 来选取;指数 m 及 n 为

$$m=-\frac{3}{2}+\sqrt{\frac{9}{4}-(3\mu-1)}\,,\qquad n=-\frac{3}{2}-\sqrt{\frac{9}{4}-(3\mu-1)}\,。 \tag{13-46}$$

任意常数 C_1 及 C_2 确定于内外两边界的边界条件。外边界的边界条件可能是 θ 为已知(固定边),或者是 M_ρ 为已知(简支边),内边界的边界条件是 M_ρ 为已知(自由边),而 M_ρ 的边界条件可以用式(c)中的第一式变换成为 θ 的边界条件。如果内外两个边界都是支承边(固定边或简支边),则 $F_{S\rho}$ 为未知,读者试考虑如何处理。

在 $\mu=1/3$ 的特殊情况下,微分方程(13-44)简化为

$$\frac{\mathrm{d}^2\theta}{\mathrm{d}r^2}+\frac{4}{r}\frac{\mathrm{d}\theta}{\mathrm{d}r}=\frac{32F_{S\rho}}{3Ec^3ar^3}\,,$$

而式(13-46)给出

$$m=0,\qquad n=-3\,。$$

于是解答(13-45)简化为

$$\theta=C_1+\frac{C_2}{r^3}+\theta_0\,。 \tag{13-47}$$

不论荷载如何,边界条件如何,解答都将是比较简单的。

在图13-15b中,薄板的变厚度为

$$\delta=\delta_0\left(1-\frac{\rho}{b}\right)\,。$$

引用量纲为一的坐标 $r=\rho/b$,则上式成为

$$\delta=\delta_0(1-r)\,,$$

而薄板的弯曲刚度为

$$D=\frac{E\delta^3}{12(1-\mu^2)}=D_0(1-r)^3\,, \tag{d}$$

其中

$$D_0 = \frac{E\delta_0^3}{12(1-\mu^2)} \text{。}$$

微分方程(13-43)成为

$$\frac{\mathrm{d}^2\theta}{\mathrm{d}r^2} + \left(\frac{1}{r} + \frac{1}{D}\frac{\mathrm{d}D}{\mathrm{d}r}\right)\frac{\mathrm{d}\theta}{\mathrm{d}r} + \left(\frac{\mu}{D}\frac{\mathrm{d}D}{\mathrm{d}r} - \frac{1}{r}\right)\frac{\theta}{r} = \frac{F_{\mathrm{s}\rho}b^2}{D} \text{。}$$

将式(d)代入,整理以后,得到

$$\frac{\mathrm{d}^2\theta}{\mathrm{d}r^2} + \left(\frac{1}{r} - \frac{3}{1-r}\right)\frac{\mathrm{d}\theta}{\mathrm{d}r} - \left(\frac{1}{r} + \frac{3\mu}{1-r}\right)\frac{\theta}{r} = \frac{F_{\mathrm{s}\rho}b^2}{D_0(1-r)^3} \text{。} \tag{e}$$

只有当 $\mu = 1/3$ 时,微分方程(e)才有不太复杂的解答。这时,该方程成为

$$\frac{\mathrm{d}^2\theta}{\mathrm{d}r^2} + \frac{1-4r}{r(1-r)}\frac{\mathrm{d}\theta}{\mathrm{d}r} - \frac{1}{r^2(1-r)}\theta = \frac{F_{\mathrm{s}\rho}b^2}{D_0(1-r)^3} \text{,}$$

而它的解答是

$$\theta = C_1\left(\frac{1+2r}{r}\right) + C_2\frac{3r-2r^2}{(1-r)^2} + \theta_0 \text{。} \tag{13-48}$$

特解 θ_0 可以根据已知的 $F_{\mathrm{s}\rho}$ 来选取;常数 C_1 及 C_2 确定于 $\rho = a$ 处的边界条件和薄板中央的条件

$$(\theta)_{\rho=0} = 0, \quad 即 \quad (\theta)_{r=0} = 0 \text{。}$$

§ 13-14　文克勒地基上的基础板

放置在弹性地基上的薄板,在工程上是常常遇到的。当薄板承受横向荷载而发生挠度时,弹性地基将对薄板作用一定的分布反力,即所谓弹性抗力。最简单的弹性地基计算模型是文克勒地基模型。该模型认为,地基对薄板所施反力的集度 p,是和薄板的挠度 w 成正比而方向相反,即

$$p = -kw, \tag{13-49}$$

其中的比例常数 k 称为基床系数或地基模量,它的量纲是 $\mathrm{L}^{-2}\mathrm{M}\mathrm{T}^{-2}$。这样,薄板所受横向分布力的总集度将为 $q+p$,因而薄板弹性曲面的微分方程须改变成为

$$D\nabla^4 w = q + p = q - kw \text{,}$$

或

$$\nabla^4 w + \frac{k}{D}w = \frac{q}{D} \text{。} \tag{13-50}$$

计算时需用的其他表达式和方程,则无须加以改变。

对于如图 13-7 所示的四边简支的矩形薄板,仍然可以应用纳维解法,将挠度的表达式取为

$$w = \sum_{m=1}^{\infty} \sum_{n=1}^{\infty} A_{mn} \sin\frac{m\pi x}{a}\sin\frac{n\pi y}{b}, \tag{a}$$

并将荷载 $q(x,y)$ 也展为同一形式的级数,如式(13-25)所示,即

$$q(x,y) = \frac{4}{ab}\sum_{m=1}^{\infty}\sum_{n=1}^{\infty}\left[\int_0^a\int_0^b q(x,y)\sin\frac{m\pi x}{a}\sin\frac{n\pi y}{b}\mathrm{d}x\mathrm{d}y\right]\sin\frac{m\pi x}{a}\sin\frac{n\pi y}{b} \text{。} \tag{b}$$

将式(a)及式(b)代入微分方程(13-50),即得

$$A_{mn} = \frac{\dfrac{4}{ab}\int_0^a\int_0^b q(x,y)\sin\dfrac{m\pi x}{a}\sin\dfrac{n\pi y}{b}\mathrm{d}x\mathrm{d}y}{\pi^4 D\left(\dfrac{m^2}{a^2}+\dfrac{n^2}{b^2}\right)^2+k} \text{。} \tag{c}$$

当薄板受均布荷载时,$q(x,y)$ 成为常量 q_0,由式(c)求出系数 A_{mn},然后代入式(a),就得到解答

$$w = \frac{16q_0}{\pi^2}\sum_{m=1,3,5,\cdots}^{\infty}\sum_{n=1,3,5,\cdots}^{\infty}\frac{\sin\dfrac{m\pi x}{a}\sin\dfrac{n\pi y}{b}}{mn\left[\pi^4 D\left(\dfrac{m^2}{a^2}+\dfrac{n^2}{b^2}\right)^2+k\right]} \text{。}$$

当薄板在任意一点 (ξ,η) 受集中荷载 F 时,可以与上相似地得到

$$w = \frac{4F}{ab}\sum_{m=1}^{\infty}\sum_{n=1}^{\infty}\frac{\sin\dfrac{m\pi\xi}{a}\sin\dfrac{n\pi\eta}{b}}{\pi^4 D\left(\dfrac{m^2}{a^2}+\dfrac{n^2}{b^2}\right)^2+k}\sin\frac{m\pi x}{a}\sin\frac{n\pi y}{b} \text{。}$$

对于如图 13-8 所示的具有两个简支边 $x=0$ 及 $x=a$ 的矩形薄板,仍然可以应用莱维解法,将挠度的表达式取为

$$w = \sum_{m=1}^{\infty} Y_m \sin\frac{m\pi x}{a}, \tag{d}$$

并将荷载 $q(x,y)$ 展为同一形式的级数,即

$$q(x,y) = \frac{2}{a}\sum_{m=1}^{\infty}\left[\int_0^a q(x,y)\sin\frac{m\pi x}{a}\mathrm{d}x\right]\sin\frac{m\pi x}{a} \text{。} \tag{e}$$

将式(d)及式(e)代入式(13-50),得到

$$\frac{\mathrm{d}^4 Y_m}{\mathrm{d}y^4} - 2\left(\frac{m\pi}{a}\right)^2 \frac{\mathrm{d}^2 Y_m}{\mathrm{d}y^2} + \left(\frac{m^4\pi^4}{a^4} + \frac{k}{D}\right) Y_m = \frac{2}{aD}\int_0^a q(x,y)\sin\frac{m\pi x}{a}\mathrm{d}x \, \text{。} \quad (\text{f})$$

这一常微分方程的解答可以写成

$$Y_m = A_m \cosh \alpha_m y \cos \beta_m y + B_m \sinh \alpha_m y \sin \beta_m y + C_m \cosh \alpha_m y \sin \beta_m y +$$
$$D_m \sinh \alpha_m y \cos \beta_m y + f_m(y) , \quad (\text{g})$$

其中的 $f_m(y)$ 是任意一个特解,可以按照式(f)右边积分的结果来选择;A_m、B_m、C_m、D_m 是任意常数,而

$$\alpha_m = \left[\frac{1}{2}\left(\sqrt{\frac{m^4\pi^4}{a^4} + \frac{k}{D}} + \frac{m^2\pi^2}{a^2}\right)\right]^{1/2},$$

$$\beta_m = \left[\frac{1}{2}\left(\sqrt{\frac{m^4\pi^4}{a^4} + \frac{k}{D}} - \frac{m^2\pi^2}{a^2}\right)\right]^{1/2} \, \text{。}$$

利用 $y = \pm b/2$ 处的四个边界条件确定了 A_m、B_m、C_m、D_m,即可由式(g)得出 Y_m,从而由式(d)得出挠度的解答。

对于具有其他各种边界情况的矩形薄板,也可以用四边简支的矩形薄板为基本系,采用结构力学中的力法、位移法或混合法求解,如§13-7中所述,但计算工作量较大。用差分法求解则比较简便,见§14-4。

当文克勒地基上薄板的全部边界均为自由边时,它将具有一个重要的特性——在线性变化的横向荷载作用下,薄板的弯曲内力全都等于零,证明如下。

首先,假定薄板只具有分段垂直于坐标轴的折线边界,如图 13-16 所示。薄板所受的横向荷载可以表示成为

$$q = A + Bx + Cy , \quad (\text{h})$$

而弹性曲面的微分方程(13-50)成为

$$\nabla^4 w + \frac{k}{D}w = \frac{A+Bx+Cy}{D} \, \text{。} \quad (\text{i})$$

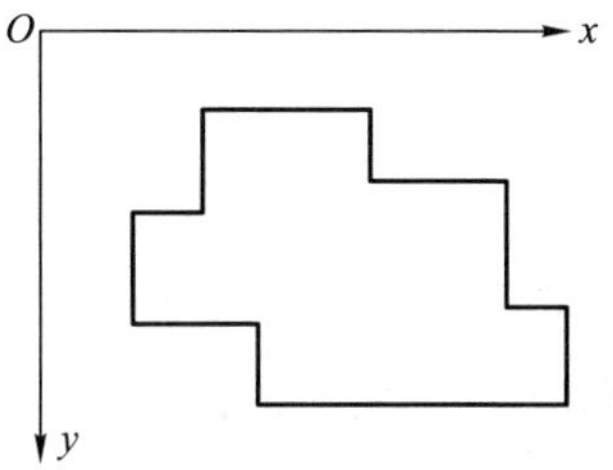

在 x 为常量的边界上,有边界条件

$$\frac{\partial^2 w}{\partial x^2} + \mu\frac{\partial^2 w}{\partial y^2} = 0, \qquad \frac{\partial^3 w}{\partial x^3} + (2-\mu)\frac{\partial^3 w}{\partial x \partial y^2} = 0 \, \text{。}$$

在 y 为常量的边界上,有边界条件

$$\frac{\partial^2 w}{\partial y^2} + \mu\frac{\partial^2 w}{\partial x^2} = 0, \qquad \frac{\partial^3 w}{\partial y^3} + (2-\mu)\frac{\partial^3 w}{\partial x^2 \partial y} = 0 \, \text{。}$$

在分段边界的交点,还有角点条件

图 13-16

$$\frac{\partial^2 w}{\partial x \partial y} = 0 。$$

现在,试取挠度的表达式为

$$w = \frac{q}{k} = \frac{A + Bx + Cy}{k}, \tag{j}$$

则微分方程(i)以及所有的边界条件和角点条件都能满足。因此,式(j)所示的 w 就是正确解答,而且由此求得的弯曲内力全都等于零。

当薄板具有任意的折线或曲线边界时,总可以先用分段很短的、x 或 y 为常量的折线边界来代替实际边界,证明弯曲内力全都等于零,然后命分段无限缩短而趋于实际边界,也就可以证明弯曲内力仍然全都等于零。

§13-15　薄板的温度应力

当薄板的温度有所改变时,就要在物理方程中考虑变温的影响。这样,薄板的物理方程将成为

$$\varepsilon_x = \frac{1}{E}(\sigma_x - \mu\sigma_y) + \alpha T, \qquad \varepsilon_y = \frac{1}{E}(\sigma_y - \mu\sigma_x) + \alpha T, \qquad \gamma_{xy} = \frac{2(1+\mu)}{E}\tau_{xy},$$

其中的 α 是线胀系数,$T = T(x, y, z)$ 是薄板中任意一点的变温。求解应力分量,得到

$$\sigma_x = \frac{E}{1-\mu^2}(\varepsilon_x + \mu\varepsilon_y) - \frac{E\alpha T}{1-\mu},$$

$$\sigma_y = \frac{E}{1-\mu^2}(\varepsilon_y + \mu\varepsilon_x) - \frac{E\alpha T}{1-\mu},$$

$$\tau_{xy} = \tau_{yx} = \frac{E}{2(1+\mu)}\gamma_{xy} 。$$

将式(13-5)代入,即得

$$\sigma_x = -\frac{Ez}{1-\mu^2}\left(\frac{\partial^2 w}{\partial x^2} + \mu\frac{\partial^2 w}{\partial y^2}\right) - \frac{E\alpha T}{1-\mu},$$

$$\sigma_y = -\frac{Ez}{1-\mu^2}\left(\frac{\partial^2 w}{\partial y^2} + \mu\frac{\partial^2 w}{\partial x^2}\right) - \frac{E\alpha T}{1-\mu},$$

$$\tau_{xy} = \tau_{yx} = -\frac{Ez}{1+\mu}\frac{\partial^2 w}{\partial x \partial y} 。$$

与 § 13-3 类似,对上式沿 z 方向进行积分,可得出薄板横截面上的弯矩及扭矩的表达式

$$M_x = -D\left(\frac{\partial^2 w}{\partial x^2} + \mu\,\frac{\partial^2 w}{\partial y^2}\right) - \frac{E\alpha}{1-\mu}\int_{-\delta/2}^{\delta/2} Tz\mathrm{d}z,$$

$$M_y = -D\left(\frac{\partial^2 w}{\partial y^2} + \mu\,\frac{\partial^2 w}{\partial x^2}\right) - \frac{E\alpha}{1-\mu}\int_{-\delta/2}^{\delta/2} Tz\mathrm{d}z,$$

$$M_{xy} = M_{yx} = -D(1-\mu)\,\frac{\partial^2 w}{\partial x\partial y}\circ$$

这些表达式可以改写成为

$$\left.\begin{array}{l} M_x = -D\left(\dfrac{\partial^2 w}{\partial x^2}+\mu\,\dfrac{\partial^2 w}{\partial y^2}\right)-M_T, \\[3mm] M_y = -D\left(\dfrac{\partial^2 w}{\partial y^2}+\mu\,\dfrac{\partial^2 w}{\partial x^2}\right)-M_T, \\[3mm] M_{xy} = M_{yx} = -D(1-\mu)\,\dfrac{\partial^2 w}{\partial x\partial y}\circ \end{array}\right\} \tag{13-51}$$

其中的

$$M_T = \frac{E\alpha}{1-\mu}\int_{-\delta/2}^{\delta/2} Tz\mathrm{d}z, \tag{a}$$

称为变温的等效弯矩,它是 x 和 y 的已知函数。

为了把横向剪力用 w 表示,只须将式(13-51)代入平衡方程(13-15)。这样就得到

$$\left.\begin{array}{l} F_{Sx} = -D\,\dfrac{\partial}{\partial x}\,\nabla^2 w - \dfrac{\partial M_T}{\partial x}, \\[3mm] F_{Sy} = -D\,\dfrac{\partial}{\partial y}\,\nabla^2 w - \dfrac{\partial M_T}{\partial y}\circ \end{array}\right\} \tag{13-52}$$

据此,又可将分布反力用 w 表示如下:

$$\left.\begin{array}{l} F_{Sx}^t = -D\left[\dfrac{\partial^3 w}{\partial x^3}+(2-\mu)\,\dfrac{\partial^3 w}{\partial x\partial y^2}\right] - \dfrac{\partial M_T}{\partial x}, \\[3mm] F_{Sy}^t = -D\left[\dfrac{\partial^3 w}{\partial y^3}+(2-\mu)\,\dfrac{\partial^3 w}{\partial x^2\partial y}\right] - \dfrac{\partial M_T}{\partial y}\circ \end{array}\right\} \tag{13-53}$$

现在,将式(13-51)代入平衡方程(13-16),取 $q=0$,就得出薄板在变温作用下的弹性曲面微分方程

$$D\nabla^4 w = -\nabla^2 M_T\circ$$

这一方程可以改写为

$$D\nabla^4 w = q_T,\qquad\qquad(13\text{-}54)$$

其中的

$$q_T = -\nabla^2 M_T = -\frac{E\alpha}{1-\mu}\nabla^2\int_{-\delta/2}^{\delta/2} Tz\mathrm{d}z,\qquad\qquad(\mathrm{b})$$

称为变温的等效横向荷载,它也是 x 和 y 的已知函数。

如果变温 T 沿薄板的横向没有变化,即 T 只是 x 和 y 的函数而与 z 无关,则有

$$\int_{-\delta/2}^{\delta/2} Tz\mathrm{d}z = T\int_{-\delta/2}^{\delta/2} z\mathrm{d}z = 0。$$

于是由式(a)可见有 $M_T = 0$,并由式(b)可见有 $q_T = 0$。这时,把挠度的解答取为 $w = 0$,可以满足弹性曲面微分方程(13-54)以及一切边界条件,从而有 $M_x = M_y = M_{xy} = 0$。这就是说,薄板既不发生挠度,也没有任何弯矩或扭矩(当然也就没有横向剪力),而只有平面应力。这种问题是第六章中讨论过的问题。

只有当变温 T 沿薄板的横向有变化时,即当 T 随 z 变化时,才会发生挠度和弯曲内力。在工程实际问题中,通常都假定薄板的变温 T 沿横向是线性变化的。这样,命薄板下面及上面的变温分别为 T' 及 T''(它们只是 x 和 y 的函数,但可以是不同的函数),则有

$$T = \frac{T''+T'}{2} - (T''-T')\frac{z}{\delta}。$$

代入式(a),得到等效弯矩

$$\begin{aligned}M_T &= \frac{E\alpha}{1-\mu}\int_{-\delta/2}^{\delta/2}\left[\frac{T''+T'}{2} - (T''-T')\frac{z}{\delta}\right]z\mathrm{d}z\\ &= \frac{E\alpha}{1-\mu}\frac{\delta^2}{12}(T'-T'') = \frac{(1+\mu)D\alpha(T'-T'')}{\delta}。\end{aligned}\qquad(13\text{-}55)$$

代入式(b),得到等效横向荷载

$$q_T = -\frac{(1+\mu)D\alpha}{\delta}\nabla^2(T'-T'')。\qquad\qquad(13\text{-}56)$$

由此可见,为了求得薄板中由变温引起的弯曲内力,可以先用式(13-55)求出 M_T,并用式(13-56)求出 q_T,然后在边界条件下由微分方程(13-54)求解 w。但在这里必须注意:在建立边界条件时,不可忽略内力表达式中与 M_T 有关的项。有了挠度 w,即可用式(13-51)求得弯矩及扭矩,并用式(13-52)求得横向剪力。

习　　题

13-1　如图 13-17 所示的矩形薄板 $OABC$，其 OA 边及 OC 边为简支边，AB 边及 BC 边为自由边，在 B 点受有沿 z 方向的集中荷载 F。试证 $w=mxy$ 能满足一切条件，并求出挠度、内力及反力。

答案：　$w=\dfrac{Fxy}{2(1-\mu)D}$，　　　$M_x=M_y=0$，　　　$M_{xy}=-\dfrac{F}{2}$，

$F_{Sx}^{t}=F_{Sy}^{t}=F_{Sx}=F_{Sy}=0$，　　　$F_{SA}=F_{SC}=-F$（与荷载反向），　　　$F_{SO}=-F$（与荷载同向）。

13-2　半椭圆形薄板 $AOBC$，如图 13-18 所示，直线边界 AOB 为简支边，曲线边界 ACB 为固定边，受有横向荷载 $q=\dfrac{q_1}{a}x$，其中 q_1 为常量。试证

$$w=mx\left(\frac{x^2}{a^2}+\frac{y^2}{b^2}-1\right)^2$$

能满足一切条件，并求出挠度及内力。

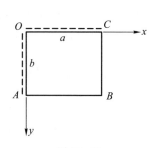

图 13-17

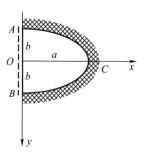

图 13-18

答案：　$w_{max}=\dfrac{2\sqrt{5}\,q_1 a^4}{375\left(5+2\dfrac{a^2}{b^2}+\dfrac{a^4}{b^4}\right)D}$，　　　$(M_x)_{x=a,y=0}=-\dfrac{q_1 a^2}{3\left(5+2\dfrac{a^2}{b^2}+\dfrac{a^4}{b^4}\right)}$。

13-3　矩形薄板 $OABC$，如图 13-19 所示，OA 边及 BC 边为简支边，OC 边及 AB 边为自由边，不受横向荷载，但在两个简支边上受大小相等而方向相反的均布力矩荷载 M。试证：为了薄板弯成柱面，即 $w=f(x)$，必须在自由边上施以均布力矩荷载 μM。试求挠度、内力及反力。

答案：　$w=\dfrac{M}{2D}x(a-x)$，　　　$M_x=M$，　　　$M_y=\mu M$，

$M_{xy}=M_{yx}=0$，　　　$F_{Sx}^{t}=F_{Sy}^{t}=0$，　　　$F_S=0$。

13-4　图 13-20 所示的四边简支的矩形薄板，受有荷载

$$q=q_0\sin\frac{\pi x}{a}\sin\frac{\pi y}{b}。$$

试证 $w = m\sin\dfrac{\pi x}{a}\sin\dfrac{\pi y}{b}$ 能满足一切条件,并求出挠度及内力。

答案: $\quad w_{\max} = \dfrac{q_0 a^4}{\pi^4\left(1+\dfrac{a^2}{b^2}\right)^2 D}$, $\qquad M_{\max} = \dfrac{q_0 a^2\left(1+\mu\,\dfrac{a^2}{b^2}\right)}{\pi^2\left(1+\dfrac{a^2}{b^2}\right)^2}$。

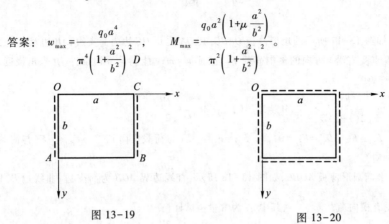

图 13-19   图 13-20

13-5 　正方形薄板,边长为 a,四边简支,在中点受集中荷载 F。试求最大挠度。

答案: $\quad 0.011\,6 Fa^2/D$。

13-6 　四边简支的正方形薄板,边长为 a,受均布荷载 q_0。试由 §13-7 中的表达式(g)导出弯矩、剪力、反力的表达式,求出它们的最大值,并求出角点处的集中反力。取 $\mu = 0.3$。

答案: 　最大弯矩为 $0.047\,9q_0 a^2$,最大剪力为 $0.338q_0 a$,最大反力为 $0.420q_0 a$,集中反力为 $0.065q_0 a^2$,与荷载同向。

13-7 　圆形薄板,半径为 a,边界自由,在一面上受锥形分布的横向荷载,由另一面上的均布反力维持平衡,如图 13-21 所示。试求弯矩及剪力。

答案: $\quad M_\rho = \dfrac{13+7\mu}{360}q_0 a^2 - \dfrac{3+\mu}{24}q_0\rho^2 + \dfrac{4+\mu}{45a}q_0\rho^3$, $\qquad M_\varphi = \dfrac{13+7\mu}{360}q_0 a^2 - \dfrac{1+3\mu}{24}q_0\rho^2 + \dfrac{1+4\mu}{45a}q_0\rho^3$,

$$F_{S\rho} = -\dfrac{q_0\rho}{3}\left(1-\dfrac{\rho}{a}\right)。$$

13-8 　圆形薄板,半径为 a,边界固定,在中心受集中荷载 F,如图 13-22 所示。试求薄板的挠度及内力。

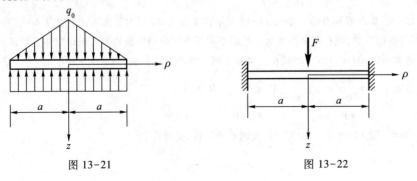

图 13-21   图 13-22

答案：　$w=\dfrac{Fa^2}{16\pi D}\left(1-\dfrac{\rho^2}{a^2}+2\dfrac{\rho^2}{a^2}\ln\dfrac{\rho}{a}\right)$，　　　$M_\rho=-\dfrac{F}{4\pi}\left[1+(1+\mu)\ln\dfrac{\rho}{a}\right]$，

$M_\varphi=-\dfrac{F}{4\pi}\left[\mu+(1+\mu)\ln\dfrac{\rho}{a}\right]$，　　　$F_{S\rho}=-\dfrac{F}{2\pi\rho}$。

13-9　图 13-23 所示的圆形薄板，半径为 a，边界固定，中心有连杆支座，设连杆支座发生沉陷 ζ。试求薄板的挠度及内力。

答案：　$w=\zeta\left(1-\dfrac{\rho^2}{a^2}+2\dfrac{\rho^2}{a^2}\ln\dfrac{\rho}{a}\right)$，

$M_\rho=-\dfrac{4D\zeta}{a^2}\left[1+(1+\mu)\ln\dfrac{\rho}{a}\right]$，

$M_\varphi=-\dfrac{4D\zeta}{a^2}\left[\mu+(1+\mu)\ln\dfrac{\rho}{a}\right]$，

$F_{S\rho}=-\dfrac{8D\zeta}{a^2\rho}$。

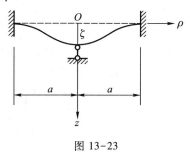

图 13-23

13-10　圆形薄板，半径为 a，边界简支，中心有连杆支座，如图 13-24 所示。设板边受有均布力矩荷载 M，试求挠度及内力。

答案：　$w=\dfrac{M\rho^2}{(3+\mu)D}\ln\dfrac{a}{\rho}$，　　　$M_\rho=M\left[1+\dfrac{2(1+\mu)}{3+\mu}\ln\dfrac{\rho}{a}\right]$，

$M_\varphi=\dfrac{M}{3+\mu}\left[(1+3\mu)+2(1+\mu)\ln\dfrac{\rho}{a}\right]$，　　　$F_{S\rho}=\dfrac{4M}{(3+\mu)\rho}$。

13-11　图 13-25 所示圆环形薄板，内半径为 a 而外半径为 b，内边界简支而外边界自由，在内边界上受有均布力矩荷载 M。试求挠度、弯矩及剪力。

答案：　$w=\dfrac{Ma^2}{2(1+\mu)D\left(\dfrac{b^2}{a^2}-1\right)}\left(\dfrac{\rho^2}{a^2}-1+2\dfrac{1+\mu}{1-\mu}\dfrac{b^2}{a^2}\ln\dfrac{\rho}{a}\right)$，

$M_\rho=M\dfrac{\dfrac{b^2}{\rho^2}-1}{\dfrac{b^2}{a^2}-1}$，　　　$M_\varphi=-M\dfrac{\dfrac{b^2}{\rho^2}+1}{\dfrac{b^2}{a^2}-1}$，　　　$F_{S\rho}=0$。

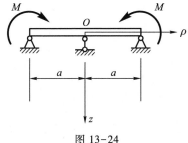

图 13-24

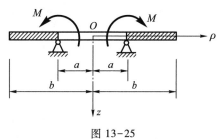

图 13-25

13-12　设图 13-15a 所示的圆板厚度 $\delta = c\rho$，泊松比 $\mu = 1/3$，沿着 $\rho = b$ 的自由边受有均匀分布的横向荷载，而总荷载为 F。试求板内的弯矩。

答案：$M_\rho = \dfrac{5F}{12\pi}\left[\dfrac{\dfrac{\rho^2}{a^2}}{1+\dfrac{b}{a}+\dfrac{b^2}{a^2}}-1+\dfrac{\dfrac{b}{a}\left(1+\dfrac{b}{a}\right)}{\left(1+\dfrac{b}{a}+\dfrac{b^2}{a^2}\right)\dfrac{\rho}{a}}\right]$，　$M_\varphi = \dfrac{F}{12\pi}\left(\dfrac{15\dfrac{\rho^2}{a^2}}{1+\dfrac{b}{a}+\dfrac{b^2}{a^2}}+1\right)$。

13-13　设图 13-15b 中所示的圆板泊松比 $\mu = 1/3$，在其边界上受有均匀分布的力矩荷载 M。试求板内的径向线段的转角和弯矩。

答案：$\theta = \dfrac{3Mb\left(3-2\dfrac{\rho}{b}\right)\dfrac{\rho}{b}}{2D_0\left(6-4\dfrac{a}{b}+\dfrac{a^2}{b^2}\right)\left(1-\dfrac{\rho}{b}\right)^2}$，

$$M_\rho = M\dfrac{6-4\dfrac{\rho}{b}+\dfrac{\rho^2}{b^2}}{6-4\dfrac{a}{b}+\dfrac{a^2}{b^2}}，\qquad M_\varphi = M\dfrac{6-8\dfrac{\rho}{b}+3\dfrac{\rho^2}{b^2}}{6-4\dfrac{a}{b}+\dfrac{a^2}{b^2}}。$$

参 考 教 材

[1]　铁木辛柯,沃诺斯基.板壳理论[M].《板壳理论》翻译组,译.北京:科学出版社,1977:第三章,第五章,第六章,第九章.

[2]　寿楠椿.弹性薄板弯曲[M].北京:高等教育出版社,1986.

第十四章 用差分法及变分法解薄板的小挠度弯曲问题

§14-1 差分公式内力及反力的差分表示

在求解薄板的小挠度弯曲问题时,基本未知函数是挠度 w,而 w 只是中面内各点的 x 和 y 两个坐标的函数。因此,可以在薄板的中面上织成网格,根据弹性曲面微分方程和边界条件的差分形式,求出挠度在各结点处的数值,从而求得内力在各结点处的数值,以及边界上各结点处的反力数值。

对于图 14-1 所示的正方形网格,利用第七章中已经导出的差分公式,极易推出挠度 w 在典型结点 0 处的一阶至四阶导数的差分公式如下:

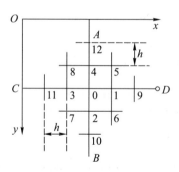

图 14-1

$$\left.\begin{aligned}
\left(\frac{\partial w}{\partial x}\right)_0 &= \frac{1}{2h}(w_1 - w_3), \\
\left(\frac{\partial w}{\partial y}\right)_0 &= \frac{1}{2h}(w_2 - w_4),
\end{aligned}\right\} \tag{14-1}$$

$$\left.\begin{aligned}
\left(\frac{\partial^2 w}{\partial x^2}\right)_0 &= \frac{1}{h^2}(w_1 - 2w_0 + w_3), \\
\left(\frac{\partial^2 w}{\partial y^2}\right)_0 &= \frac{1}{h^2}(w_2 - 2w_0 + w_4), \\
\left(\frac{\partial^2 w}{\partial x \partial y}\right)_0 &= \frac{1}{4h^2}(w_6 + w_8 - w_5 - w_7),
\end{aligned}\right\} \tag{14-2}$$

$$\left.\begin{aligned}
\left(\frac{\partial^3 w}{\partial x^3}\right)_0 &= \frac{1}{2h^3}(w_9 - 2w_1 + 2w_3 - w_{11}), \\
\left(\frac{\partial^3 w}{\partial y^3}\right)_0 &= \frac{1}{2h^3}(w_{10} - 2w_2 + 2w_4 - w_{12}), \\
\left(\frac{\partial^3 w}{\partial x \partial y^2}\right)_0 &= \frac{1}{2h^3}[(w_5 + w_6 - w_7 - w_8) + 2(w_3 - w_1)], \\
\left(\frac{\partial^3 w}{\partial x^2 \partial y}\right)_0 &= \frac{1}{2h^3}[(w_7 + w_6 - w_5 - w_8) + 2(w_4 - w_2)],
\end{aligned}\right\} \tag{14-3}$$

$$\left.\begin{aligned}
\left(\frac{\partial^4 w}{\partial x^4}\right)_0 &= \frac{1}{h^4}[6w_0 - 4(w_1 + w_3) + (w_9 + w_{11})], \\
\left(\frac{\partial^4 w}{\partial y^4}\right)_0 &= \frac{1}{h^4}[6w_0 - 4(w_2 + w_4) + (w_{10} + w_{12})], \\
\left(\frac{\partial^4 w}{\partial x^2 \partial y^2}\right)_0 &= \frac{1}{h^4}[4w_0 - 2(w_1 + w_2 + w_3 + w_4) + \\
&\quad (w_5 + w_6 + w_7 + w_8)]_\circ
\end{aligned}\right\} \tag{14-4}$$

利用上面的差分公式及式(13-12),可将薄板在典型结点 0 处的内力用附近结点处的挠度表示如下:

$$\left.\begin{aligned}
(M_x)_0 &= \frac{D}{h^2}[(2+2\mu)w_0 - (w_1 + w_3) - \mu(w_2 + w_4)], \\
(M_y)_0 &= \frac{D}{h^2}[(2+2\mu)w_0 - (w_2 + w_4) - \mu(w_1 + w_3)],
\end{aligned}\right\} \tag{14-5}$$

$$(M_{xy})_0 = \frac{(1-\mu)D}{4h^2}[(w_5 + w_7) - (w_6 + w_8)], \tag{14-6}$$

$$\left.\begin{aligned}
(F_{Sx})_0 &= \frac{D}{2h^3}[4(w_1 - w_3) - w_5 - w_6 + w_7 + w_8 - w_9 + w_{11}], \\
(F_{Sy})_0 &= \frac{D}{2h^3}[4(w_2 - w_4) + w_5 - w_6 - w_7 + w_8 - w_{10} + w_{12}]_\circ
\end{aligned}\right\} \tag{14-7}$$

为了计算内力时的方便,在图 14-2 和图 14-3 中示出各个内力的计算图式。

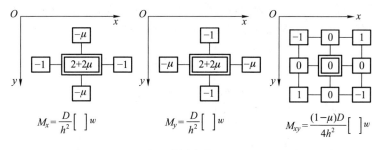

$$M_x = \frac{D}{h^2}\big[\quad\big]w \qquad M_y = \frac{D}{h^2}\big[\quad\big]w \qquad M_{xy} = \frac{(1-\mu)D}{4h^2}\big[\quad\big]w$$

图 14-2

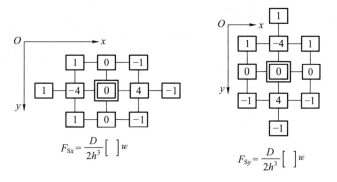

$$F_{Sx} = \frac{D}{2h^3}\big[\quad\big]w \qquad\qquad F_{Sy} = \frac{D}{2h^3}\big[\quad\big]w$$

图 14-3

现在把薄板边界上的分布反力 F_{Sx}^t 及 F_{Sy}^t 也用结点挠度来表示。设图 14-1 中的 AB 线表示薄板的一个边界,则对于该边界上的典型结点 0,由式(13-20) 得分布反力为

$$\left(F_{Sx}^t\right)_0 = \left(F_{Sx} + \frac{\partial M_{xy}}{\partial y}\right)_0 ,$$

或按照式(13-12)改用挠度表示为

$$\left(F_{Sx}^t\right)_0 = -D\left[\frac{\partial}{\partial x}\nabla^2 w + (1-\mu)\frac{\partial^3 w}{\partial x \partial y^2}\right]_0 = -D\left[\frac{\partial^3 w}{\partial x^3} + (2-\mu)\frac{\partial^3 w}{\partial x \partial y^2}\right]_0 。$$

利用差分公式(14-3)中的第一式及第三式,可得

$$\left(F_{Sx}^t\right)_0 = -\frac{D}{2h^3}\big[w_9 - 2w_1 + 2w_3 - w_{11} +$$
$$(2-\mu)(w_5 + w_6 - w_7 - w_8 + 2w_3 - 2w_1)\big] 。$$

整理以后,即得

$$\left(F_{Sx}^t\right)_0 = \frac{D}{2h^3}\big[(6-2\mu)(w_1 - w_3) - (2-\mu)(w_5 +$$

$$w_6 - w_7 - w_8) - w_9 + w_{11}]。\tag{14-8}$$

对于 y 为常量的边界,例如,设图 14-1 中的 CD 线表示薄板的一个边界,同样可得分布反力 F_{Sy}^t,在该边界上典型结点 0 处的差分表示:

$$(F_{Sy}^t)_0 = \frac{D}{2h^3}[(6-2\mu)(w_2-w_4)-(2-\mu)(w_7+$$

$$w_6-w_5-w_8)-w_{10}+w_{12}]。\tag{14-9}$$

分布反力的计算图式如图 14-4 所示。

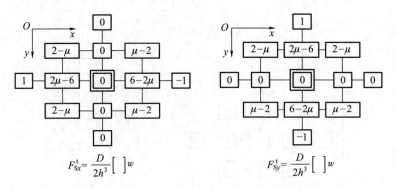

图 14-4

§14-2 差分方程及边界条件

薄板小挠度弯曲问题的基本微分方程是 $\nabla^4 w = q/D$。因此,在图 14-1 中的典型结点 0 处,有 $(\nabla^4 w)_0 = q_0/D$,即

$$\left(\frac{\partial^4 w}{\partial x^4}+2\frac{\partial^4 w}{\partial x^2 \partial y^2}+\frac{\partial^4 w}{\partial y^4}\right)_0 = \frac{q_0}{D}。\tag{a}$$

将表达式(14-4)代入,即得典型结点 0 处的差分方程

$$20w_0-8(w_1+w_2+w_3+w_4)+2(w_5+w_6+w_7+w_8)+$$

$$(w_9+w_{10}+w_{11}+w_{12}) = \frac{q_0 h^4}{D}。\tag{14-10}$$

对于每一个具有未知挠度的结点,都可以建立这样一个差分方程,用来联立求解这些未知的结点挠度。为了便于建立差分方程,图 14-5 示出差分方程的图式。

如果薄板只有固定边和简支边而没有自由边,则边界结点处的 w 都已知为零,而边界外一行虚结点处的 w 可用边界内一行结点处的 w 来表示。例如,设

图 14-1 中的 AB 线代表一个固定边,结点 3 在边界之内而结点 1 为边界之外的虚结点,则在边界上的结点 0 处有边界条件

$$\left(\frac{\partial w}{\partial x}\right)_0 = \frac{w_1 - w_3}{2h} = 0 。 \qquad (b)$$

由此可见,有简单的边界条件表达式

$$w_1 = w_3 。 \qquad (14\text{-}11)$$

同样,如果图 14-1 中的 CD 线代表一个固定边,结点 4 在边界之内而结点 2 为边界之外的虚结点,则有简单的边界条件表达式

$$w_2 = w_4 。 \qquad (14\text{-}12)$$

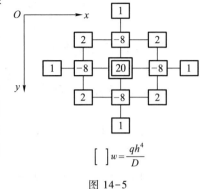

$$\left[\ \right] w = \frac{qh^4}{D}$$

图 14-5

这就是说,固定边外一行虚结点处的挠度,就等于边界内一行相对结点处的挠度。

　　实际计算表明,边界条件表达式(14-11)及(14-12)的精度较低,有时引起很大的误差。为了导出较精确的边界条件表达式,对于固定边 AB,假定 w 在网线 11-3-0-1 上按三次式变化,即

$$w = A + B\left(\frac{x}{h}\right) + C\left(\frac{x}{h}\right)^2 + D\left(\frac{x}{h}\right)^3 。$$

以边界结点 0 为原点,则有已知条件

$$(w)_{x=0} = 0, \qquad \left(\frac{\partial w}{\partial x}\right)_{x=0} = 0,$$

$$(w)_{x=-h} = w_3, \qquad (w)_{x=-2h} = w_{11} 。$$

由此可求得 $A = 0, B = 0, C = 2w_3 - \dfrac{w_{11}}{4}, D = w_3 - \dfrac{w_{11}}{4}$,从而得出

$$w = \left(2w_3 - \frac{w_{11}}{4}\right)\left(\frac{x}{h}\right)^2 + \left(w_3 - \frac{w_{11}}{4}\right)\left(\frac{x}{h}\right)^3 。 \qquad (c)$$

命 $x = h$,即得较精确的边界条件表达式

$$w_1 = 3w_3 - \frac{w_{11}}{2} 。 \qquad (14\text{-}13)$$

同样,对于固定边 CD,可得

$$w_2 = 3w_4 - \frac{w_{12}}{2} 。 \qquad (14\text{-}14)$$

设图 14-1 中的 AB 线代表一个简支边,则在边界结点 0 处有边界条件

$$\left(\frac{\partial^2 w}{\partial x^2}\right)_0 = \frac{w_1 - 2w_0 + w_3}{h^2} = 0。$$

因为 $w_0 = 0$,所以有边界条件表达式

$$w_1 = -w_3。 \tag{14-15}$$

同样,如果图 14-1 中的 CD 线代表一个简支边,则将有

$$w_2 = -w_4。 \tag{14-16}$$

这就是说,简支边外一行虚结点处的挠度,就等于边界内一行相对结点处的挠度,而符号相反。

如果薄板具有自由边,则自由边上各结点处的挠度 w 也须取为未知值,因此就要为这些结点列出式(14-10)型的差分方程。这些方程中将包含边界外两行虚结点处的 w,但是,利用自由边的边界条件,可以立出数目与虚结点数目相等的关系式,从而把虚结点处的 w 用边界上及边界内各结点处的 w 来表示。

现在以图 14-1 中的网格来说明。设图中的 AB 线表示某一个自由边,则边界上的结点例如 0 处的挠度 w_0 也须取为未知值。在为结点 0 写出的差分方程中,将包含边界外两行虚结点处的挠度如 w_5、w_1、w_6、w_9。但是,在边界结点 0 处,有边界条件

$$(M_x)_0 = 0, \qquad (F_{Sx}^t)_0 = 0。 \tag{d}$$

利用前一条件,可将边界外一行虚结点处的挠度,例如 w_1,用边界上及边界内各结点处的挠度来表示;利用后一条件,又可将边界外第二行虚结点处的挠度,例如 w_9,用边界外第一行、边界上及边界内各结点处的挠度来表示,从而只用边界上及边界内各结点处的挠度来表示。

设图 14-1 中的 AB 线和 CD 线是两个自由边,则在为角点 0 写出的差分方程中所包含的 w_6,无法用边界条件进行如上的处理。但是,在角点 0 处,还可以立出角点条件 $F_{S0} = 0$,从而有

$$(M_{xy})_0 = 0。 \tag{e}$$

利用这一条件,可将 w_6 用 w_5、w_7、w_8 来表示。当然,如果在角点 0 处有支柱,则有 $w_0 = 0$,因而无须为角点 0 建立差分方程。这样就可以使得所有的差分方程中只包含边界上及边界内各结点处的未知 w 值,从而联立求解这些 w 值。有了各结点处的 w 值,就可以求得各结点处的内力及反力。

在建立边界条件(d)及(e)时,以及求出内力和反力时,参阅图 14-2 及图 14-4 所示的图式来进行,是比较方便的。

§14-3 差分法例题

作为第一个例题,设有正方形薄板,边长为 a,四边固定,如图 14-6 所示,受有均布荷载 q_0,试用 4×4 的网格求解($h=a/4$)。由于对称,只有 3 个独立的未知值,即 w_1、w_2、w_3。

利用图 14-5 中的图式,并应用较简单的边界条件表达式(14-11)及(14-12),为内结点 1、2、3 建立差分方程如下:

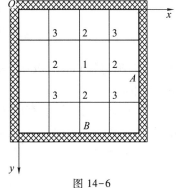

图 14-6

$$20w_1-8(4w_2)+2(4w_3)=\left(\frac{a}{4}\right)^4\left(\frac{q_0}{D}\right),$$

$$20w_2-8(w_1+2w_3)+2(2w_2)+(w_2+w_2)=\left(\frac{a}{4}\right)^4\left(\frac{q_0}{D}\right),$$

$$20w_3-8(2w_2)+2(w_1)+(2w_3+2w_3)=\left(\frac{a}{4}\right)^4\left(\frac{q_0}{D}\right)。$$

简化以后,联立求解,得到

$$w_1=0.001\ 80\ \frac{q_0a^4}{D},\qquad w_2=0.001\ 21\ \frac{q_0a^4}{D},\qquad w_3=0.000\ 82\ \frac{q_0a^4}{D},$$

其中最大的挠度 $0.001\ 80\ \dfrac{q_0a^4}{D}$ 比精确值 $0.001\ 26\ \dfrac{q_0a^4}{D}$ 大出了 43%。

现在,为了提高解答的精度,改用较精确的边界条件表达式(14-13)及(14-14)。于是差分方程成为

$$20w_1-8(4w_2)+2(4w_3)=\left(\frac{a}{4}\right)^4\left(\frac{q_0}{D}\right),$$

$$20w_2-8(w_1+2w_3)+2(2w_2)+w_2+\left(3w_2-\frac{w_1}{2}\right)=\left(\frac{a}{4}\right)^4\left(\frac{q_0}{D}\right),$$

$$20w_3-8(2w_2)+2w_1+2w_3+2\left(3w_3-\frac{w_2}{2}\right)=\left(\frac{a}{4}\right)^4\left(\frac{q_0}{D}\right)。$$

简化以后,联立求解,得到

$$w_1=0.001\ 40\ \frac{q_0a^4}{D},\qquad w_2=0.000\ 90\ \frac{q_0a^4}{D},\qquad w_3=0.000\ 59\ \frac{q_0a^4}{D},$$

其中的最大挠度 $0.001\,40\dfrac{q_0a^4}{D}$ 比精确值只大出 11%。

取 $\mu=0.3$，利用图 14-2 中的图式计算弯矩，得到

$$(M_x)_1=(M_y)_1=\frac{D}{h^2}\big[\,(2+2\mu)\,w_1-2w_2-2\mu w_2\,\big]$$

$$=\frac{D}{(a/4)^2}(2+2\mu)\,(w_1-w_2)=0.020\,8q_0a^2,$$

$$(M_x)_A=(M_y)_B=\frac{D}{h^2}\Big[\,-w_2-\Big(3w_2-\frac{w_1}{2}\Big)\Big]$$

$$=\frac{D}{(a/4)^2}\Big(\frac{w_1}{2}-4w_2\Big)=-0.046\,4q_0a^2。$$

前者与精确解答 $0.023\,0q_0a^2$ 只相差 9.6%，后者与精确解答 $-0.051\,3q_0a^2$ 也只相差 9.6%。

作为第二个例题，设有四边简支的正方形薄板，边长为 a，承受三棱柱形的分布荷载，其最大集度为 q_0，如图 14-7 所示，用 4×4 的网格进行计算。由于对称，只有 4 个独立的未知挠度，即 w_1、w_2、w_3、w_4。需要用到的结点荷载集度为

$$q_1=q_2=q_0,\qquad q_3=q_4=\frac{1}{2}q_0。$$

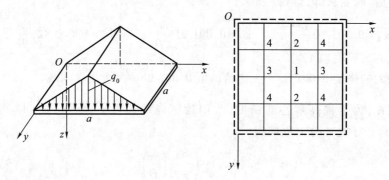

图 14-7

利用图 14-5 中的图式，并应用边界条件(14-15)及(14-16)，为结点 1、2、3、4 建立差分方程如下：

$$20w_1-8(2w_2+2w_3)+2(4w_4)=\Big(\frac{a}{4}\Big)^4\frac{q_0}{D},$$

$$20w_2-8(w_1+2w_4)+2(2w_3)+(w_2-w_2)=\Big(\frac{a}{4}\Big)^4\frac{q_0}{D},$$

$$20w_3 - 8(w_1 + 2w_4) + 2(2w_2) + (w_3 - w_3) = \left(\frac{a}{4}\right)^4 \frac{q_0}{2D},$$

$$20w_4 - 8(w_2 + w_3) + 2(w_1) + (2w_4 - 2w_4) = \left(\frac{a}{4}\right)^4 \frac{q_0}{2D}。$$

由此得到该 4 个结点处的挠度为

$$w_1 = 0.002\,928\,\frac{q_0 a^4}{D}, \qquad w_2 = 0.002\,135\,\frac{q_0 a^4}{D},$$

$$w_3 = 0.002\,013\,\frac{q_0 a^4}{D}, \qquad w_4 = 0.001\,464\,\frac{q_0 a^4}{D},$$

其中的最大挠度 $w_{max} = w_1 = 0.002\,928\,\dfrac{q_0 a^4}{D}$，比精确解答 $0.002\,627\,\dfrac{q_0 a^4}{D}$ 大出 11.5%。

作为第三个例题，设有矩形薄板，上边自由，其余三边固定，受有静水压力，其最大集度为 q_0，如图 14-8 所示。用 2×3 的网格进行计算，取 $\mu = 0.2$。首先利用图 14-5 中的图式，并应用边界条件(14-13)及(14-14)，得出相应于 w_1、w_2、w_3 的差分方程如下：

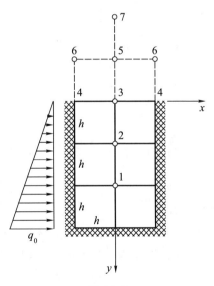

图 14-8

$$\left.\begin{array}{l} 20w_1 - 8w_2 + w_3 + 3(3w_1) - \dfrac{w_2}{2} = \dfrac{2}{3}q_0\dfrac{h^4}{D}, \\[3mm] 20w_2 - 8(w_1 + w_3) + w_5 + 2(3w_2) = \dfrac{1}{3}q_0\dfrac{h^4}{D}, \\[3mm] 20w_3 - 8(w_2 + w_5) + 2(2w_6) + w_1 + w_7 + 2(3w_3) = 0。 \end{array}\right\} \qquad (a)$$

下面把方程(a)中的虚结点挠度 w_5、w_6、w_7，通过自由边的边界条件用 w_1、w_2、w_3 来表示。

由边界条件 $(M_y)_3=0$，利用图 14-2 中 M_y 的图式，得到

$$(2+2\times0.2)w_3-w_2-w_5=0,$$

从而得

$$w_5=2.4w_3-w_2。 \tag{b}$$

由边界条件 $(M_y)_4=0$，利用图 14-2 中 M_y 的图式，并利用边界条件(14-13)，得到

$$-w_6-0.2w_3-0.2(3w_3)=0,$$

从而得

$$w_6=-0.8w_3。 \tag{c}$$

由边界条件 $(F_{Sy}^t)_3=0$，利用图 14-4 中 F_{Sy}^t 的图式，得到

$$(6-2\times0.2)w_2-w_1+(2\times0.2-6)w_5+2(2-0.2)w_6+w_7=0,$$

从而得

$$w_7=w_1-5.6w_2+5.6w_5-3.6w_6。$$

再将式(b)及式(c)代入，即得

$$w_7=w_1-11.2w_2+16.32w_3。 \tag{d}$$

最后将(b)、(c)、(d)三式一并代入差分方程(a)，即可求解 w_1、w_2、w_3，从而求得内力。当然，如果要求得到足够精确的解答，则须改用较密的网格。

§14-4　差分法中对若干问题的处理

(一) 关于集中荷载的问题

当某一结点 0 受有集中荷载 F_0 时，通常就把该荷载作为均匀分布在 h^2 的面积上，于是该结点处的荷载集度为 $q_0=F_0/h^2$。这样，差分方程(14-10)就成为

$$20w_0-8(w_1+w_2+w_3+w_4)+2(w_5+w_6+w_7+w_8)+$$
$$(w_9+w_{10}+w_{11}+w_{12})=\frac{h^2}{D}F_0。 \tag{14-17}$$

对于自由边上结点 0 处的集中荷载 F_0，则须取 $q_0=F_0/0.5h^2=2F_0/h^2$；对于二自由边交点处的集中荷载 F_0(假定无支柱)，则须取 $q_0=F_0/0.25h^2=4F_0/h^2$。

当集中荷载不在某一结点时，如图 14-9 所示，可先将该荷载 F 向网线上的

A 点及 B 点分解,得到 $F_A = \dfrac{d}{h}F$,$F_B = \dfrac{c}{h}F$,然后再将 F_A 向结点 1 及 2 分解,F_B 向结点 3 及 4 分解,得出

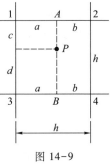

图 14-9

$$F_1 = \frac{bd}{h^2}F, \qquad F_2 = \frac{ad}{h^2}F, \qquad F_3 = \frac{bc}{h^2}F, \qquad F_4 = \frac{ac}{h^2}F。$$

$$(14-18)$$

如上所述的处理方法,当然要对挠度及内力引起一定的误差。但是,对于集中荷载的附近,本来就不可能求得较精确的解答,而且,根据实际计算的结果,这样的处理只是在荷载附近引起显著的误差。在离开荷载较远之处,误差是可以不计的。同时也显然可见,此项误差将随着网格的加密而逐渐减小。

(二)关于变集度的分布荷载

在荷载集度为连续变化而且变化不大之处,只须将差分方程(14-10)中的 q_0 取为荷载在结点 0 处的集度,如以上所述。但在集度变化较大或甚至并不连续之处,为了减小计算误差,就要对荷载集度加以适当的处理。一种处理方法是加权平均法:设分布荷载在图 14-10a 中结点 a、b、c、$\cdots$、j 等处的集度为 p_a、p_b、p_c、$\cdots$、p_j 等,就取

$$q_a = \frac{1}{n^2+4n+4}\left[\, n^2 p_a + n(p_b+p_c+p_d+p_e) + (p_f+p_g+p_i+p_j)\,\right], \qquad (14-19)$$

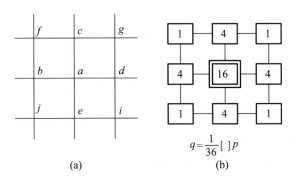

图 14-10

其中的 n 为正整数,它反映加权的大小。当 $n=1$ 时,上式给出的 q_a 就是分布荷载在 9 个结点处的集度的算术平均值;n 的数值越大,p_a 的加权就越大;当 n 值很大时,q_a 就趋近于 p_a。根据大量的计算结果,最好的数值为 $n=4$。这样,式(14-19)就成为

$$q_a = \frac{1}{36}\left[16p_a + 4(p_b+p_c+p_d+p_e) + (p_f+p_g+p_i+p_j)\right], \qquad (14\text{-}20)$$

其计算图式如图 14-10b 所示。

现在以 §14-3 中的第二个例题为例。按照图 14-10b，结点荷载集度应取为

$$q_1 = q_2 = \frac{1}{36}\left[(4+16+4)q_0 + 2(1+4+1)\frac{q_0}{2}\right] = \frac{5}{6}q_0,$$

$$q_3 = q_4 = \frac{1}{36}\left[(4+16+4)\frac{q_0}{2} + (1+4+1)q_0\right] = \frac{1}{2}q_0.$$

列出差分方程，求解以后，得到

$$w_{max} = w_1 = 0.002\ 626\ \frac{q_0 a^4}{D},$$

与精确解答 $0.002\ 627\ \dfrac{q_0 a^4}{D}$ 几乎完全一致。

此外还有一个简单的处理方法，那就是，把结点领域内的全部荷载除以领域面积，作为该结点处的荷载集度（这一处理方法显然也适用于自由边上的结点，以及二自由边相交处的结点）。仍以 §14-3 中的第二个例题为例，则有

$$q_1 = q_2 = \frac{\frac{1}{2}\left(q_0 + \frac{3}{4}q_0\right)h^2}{h^2} = \frac{7}{8}q_0,$$

$$q_3 = q_4 = \frac{\frac{1}{2}\left(\frac{3}{4}q_0 + \frac{1}{4}q_0\right)h^2}{h^2} = \frac{1}{2}q_0.$$

列出差分方程，求解以后，得到

$$w_{max} = w_1 = 0.002\ 70\ \frac{q_0 a^4}{D},$$

比精确解答也只大出 2.8%。

（三）关于文克勒地基上的基础板

在 §13-14 中，已经针对文克勒地基上的基础板导出弹性曲面的微分方程如下：

$$\nabla^4 w + \frac{k}{D}w = \frac{q}{D}.$$

据此，在图 14-1 的典型结点 0 处，有

$$\left(\frac{\partial^4 w}{\partial x^4}\right)_0 + 2\left(\frac{\partial^4 w}{\partial x^2 \partial y^2}\right)_0 + \left(\frac{\partial^4 w}{\partial y^4}\right)_0 + \frac{k}{D}w_0 = \frac{q_0}{D}.$$

将差分公式(14-4)代入,即得差分方程

$$\left(20+\frac{kh^4}{D}\right)w_0-8(w_1+w_2+w_3+w_4)+2(w_5+w_6+w_7+w_8)+$$

$$(w_9+w_{10}+w_{11}+w_{12})=\frac{q_0h^4}{D}\,。 \tag{14-21}$$

计算时需用的其他表达式及方程,都无须加以改变。

(四) 关于连续板的问题

对于多节间的连续板,也可以应用§13-7中所述关于矩形板的一般解法,但运算很繁,不如用差分法。

进行计算时,宜在薄板与支承梁的接触面中线上布置一根网线,如图14-11a中的2-0-4。先考虑支承梁以左部分的薄板,如图14-11b所示,并布置虚结点 a。结点3处的差分方程中将含有 w_a。为了将 w_a 用实际结点处的挠度表示,建立如下关系式:

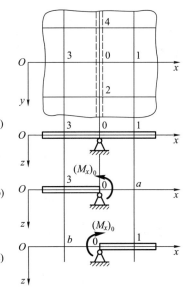

$$\left(\frac{\partial w}{\partial x}\right)_0=\frac{w_a-w_3}{2h}, \tag{a}$$

$$(M_x)_0=-D\left[\left(\frac{\partial^2 w}{\partial x^2}\right)_0+\mu\left(\frac{\partial^2 w}{\partial y^2}\right)_0\right]\,。 \tag{b}$$

假定支承梁的弯曲刚度很大,它的挠度可以不计,则有

$$\left(\frac{\partial^2 w}{\partial y^2}\right)_0=0, \qquad w_0=0\,。$$

于是,式(b)简化为

$$(M_x)_0=-D\left(\frac{\partial^2 w}{\partial x^2}\right)_0=-D\frac{w_a+w_3-2w_0}{h^2}$$

$$=-\frac{D}{h^2}(w_a+w_3)\,。 \tag{c}$$

再来考虑支承梁以右部分的薄板,如图14-11c所示,并布置虚结点 b,亦可得关系式

$$\left(\frac{\partial w}{\partial x}\right)_0'=\frac{w_1-w_b}{2h}, \tag{d}$$

$$(M_x)_0'=-\frac{D}{h^2}(w_b+w_1)\,。 \tag{e}$$

由于薄板在支承梁之上是连续的,所以有

图 14-11

$$\left(\frac{\partial w}{\partial x}\right)_0 = \left(\frac{\partial w}{\partial x}\right)'_0, \qquad (M_x)_0 = (M_x)'_0。$$

将(a)、(c)、(d)、(e)四式代入,整理以后,将得到

$$w_a + w_b = w_1 + w_3,$$
$$w_a - w_b = w_1 - w_3。$$

联立求解 w_a 及 w_b,即得极为简单的结果

$$w_a = w_1, \qquad w_b = w_3。$$

这就是说,实际结点 1 及 3 可以分别代替虚结点 a 及 b。这也就是说,完全可以在结点 1 及 3 和通常一样地建立差分方程,只要取 $w_0 = w_2 = w_4 = 0$。

(五)关于变厚度板的问题

用差分法计算变厚度薄板时,可以利用相应于微分方程(13-41)的差分方程,但因这种差分方程形式非常复杂,因而计算工作量较大。如果薄板厚度的变化并不剧烈,就可以采用一个简易的计算方案:在某一结点建立差分方程时,用该结点处的弯曲刚度,而不计弯曲刚度的改变率。据此,在微分方程(13-41)中略去 D 对于坐标的导数,利用差分公式(14-4),则差分方程简化为

$$20w_0 - 8(w_1 + w_2 + w_3 + w_4) + 2(w_5 + w_6 + w_7 + w_8) +$$
$$(w_9 + w_{10} + w_{11} + w_{12}) = \frac{q_0}{D_0}h^4。 \tag{f}$$

图 14-5 所示的图式仍然适用。

作为例题,设有四边简支的正方形薄板,如图 14-12 所示,其在结点 1 处的弯曲刚度为 D_1,而 $D_2 = 0.75D_1$,$D_3 = 0.60D_1$,荷载为均匀分布的 q_0,取 $\mu = 0.3$。

按照式(f),利用图 14-5 中的图式,列出差分方程如下:

$$20w_1 - 8(4w_2) + 2(4w_3) = \frac{q_0}{D_1}h^4,$$

$$20w_2 - 8(w_1 + 2w_3) + 2(2w_2) = \frac{q_0}{0.75D_1}h^4,$$

$$20w_3 - 8(2w_2) + 2w_1 = \frac{q_0}{0.60D_1}h^4。$$

求解以后,得出

$$w_{max} = w_1 = 1.407 q_0 h^4 / D_1,$$
$$w_2 = 1.042 q_0 h^4 / D_1, \qquad w_3 = 0.776 q_0 h^4 / D_1,$$
$$M_{max} = (M_x)_1 = \frac{D_1}{h^2}\left[(2 + 2\times0.3)w_1 - 2w_2 -\right.$$

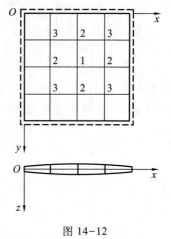

图 14-12

$2(0.3)w_2] = 0.949q_0h^2$。

与精确的差分解答相比，w_{max}小了 4%，M_{max}大出了 8%。

（六）关于温度应力的问题

在求解薄板的温度应力问题时，由于弯矩及分布反力的表达式中含有 M_T 的项，如式（13-51）和式（13-53）所示，因而内力边界条件与 M_T 有关。这就使得一些经典解法不能适用。

例如，对 $x=a$ 的简支边说来，即使该边界并没有因为支座沉陷而发生的挠度，也不受有分布的力矩荷载，由边界条件有

$$(w)_{x=a} = 0, \qquad \left(-D\frac{\partial^2 w}{\partial x^2} - M_T\right)_{x=a} = 0,$$

但是并不能由此得到

$$\left(\frac{\partial^2 w}{\partial x^2}\right)_{x=a} = 0。$$

这就使得纳维解法和莱维解法都不适用。

如果用差分法求解，则弹性曲面的微分方程（13-54）以及一切边界条件，化为差分形式以后，仍然很容易处理。因此，对于薄板的温度应力问题，总是宜用差分法求解。

（七）关于曲线边界的问题

对于具有曲线边界或斜交边界的薄板，最方便的办法是将边界改换成为分段垂直于坐标轴的折线边界，然后再进行计算。这样，边界附近的挠度和内力可能有较大的误差，因而要求采用较密的网格。但是，对于距边界稍远之处说来，即使网格不密，误差也不会很大。以图 14-13 所示的固定边圆板受均布荷载 q_0 时的问题为例。取网格间距为圆板半径的三分之一，即 $h=a/3$，计算圆板的四分之一，而将圆边界改换成为折线边界 $ABCDEFG$。按照图 14-5 中的图式为结点 1、2、3、4、5 列出差分方程，应用边界条件（14-13）和（14-14），得到

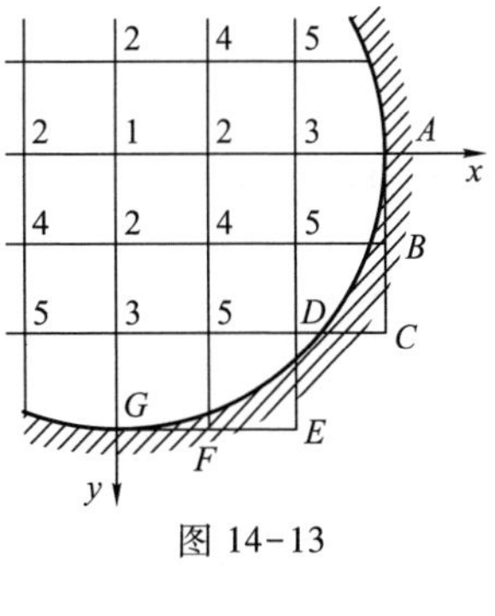

图 14-13

$$20w_1 - 32w_2 + 8w_4 + 4w_3 = \frac{q_0}{D}\left(\frac{a}{3}\right)^4,$$

$$20w_2 - 8w_1 - 8w_3 - 16w_4 + 4w_2 + 4w_5 + w_2 + 2w_5 = \frac{q_0}{D}\left(\frac{a}{3}\right)^4,$$

$$20w_3 - 8w_2 - 16w_5 + 4w_4 + w_1 + \left(3w_3 - \frac{w_2}{2}\right) = \frac{q_0}{D}\left(\frac{a}{4}\right)^4,$$

$$20w_4 - 16w_2 - 16w_5 + 2w_1 + 4w_3 + 2w_4 = \frac{q_0}{D}\left(\frac{a}{4}\right)^4,$$

$$20w_5 - 8w_3 - 8w_4 + 2w_2 + 2w_5 + w_2 + w_5 + \left(3w_5 - \frac{w_4}{2}\right) + \left(3w_5 - \frac{w_3}{2}\right) = \frac{q_0}{D}\left(\frac{a}{4}\right)^4。$$

简化以后,联立求解,得到(以 $q_0 a^4/D$ 为单位)

$$w_1 = 0.017\ 37, \qquad w_2 = 0.013\ 89, \qquad w_3 = 0.005\ 70,$$

$$w_4 = 0.010\ 84, \qquad w_5 = 0.003\ 84。$$

其中的最大挠度比式(13-37)给出的精确数值大出 11.2%。

取 $\mu = 0.3$,应用图 14-2 中的图式,可以得出

$$(M_x)_1 = 0.081\ 4q_0 a^2, \qquad (M_x)_A = -0.142\ 7q_0 a^2。$$

与 §13-10 中的精确解答相比,前者相当精确,后者的误差为 14%。

§14-5   里茨法的应用

本节中将说明,如何把 §11-3 中所述的里茨法应用于薄板的小挠度弯曲问题。

在薄板的小挠度弯曲问题中,按照计算假定,是不计应变分量 ε_z、γ_{yz}、γ_{zx} 的,于是应变能的表达式简化为

$$V_\varepsilon = \frac{1}{2}\int_V (\sigma_x \varepsilon_x + \sigma_y \varepsilon_y + \tau_{xy}\gamma_{xy})\,\mathrm{d}V。 \tag{a}$$

上式中的应力分量和应变分量,已在 §13-2 中用挠度 w 表示如下:

$$\sigma_x = -\frac{Ez}{1-\mu^2}\left(\frac{\partial^2 w}{\partial x^2} + \mu\frac{\partial^2 w}{\partial y^2}\right), \qquad \varepsilon_x = -z\frac{\partial^2 w}{\partial x^2},$$

$$\sigma_y = -\frac{Ez}{1-\mu^2}\left(\frac{\partial^2 w}{\partial y^2} + \mu\frac{\partial^2 w}{\partial x^2}\right), \qquad \varepsilon_y = -z\frac{\partial^2 w}{\partial y^2},$$

$$\tau_{xy} = -\frac{Ez}{1+\mu}\frac{\partial^2 w}{\partial x\partial y}, \qquad \gamma_{xy} = -2z\frac{\partial^2 w}{\partial x\partial y}。$$

代入式(a),整理以后,得

$$V_\varepsilon = \frac{E}{2(1-\mu^2)}\int_V z^2\left\{(\nabla^2 w)^2 - 2(1-\mu)\left[\frac{\partial^2 w}{\partial x^2}\frac{\partial^2 w}{\partial y^2} - \left(\frac{\partial^2 w}{\partial x\partial y}\right)^2\right]\right\}\mathrm{d}V。$$

注意,上式右边波纹括号中的各项都不随 z 而变,将上式中的 $\mathrm{d}V$ 用 $\mathrm{d}x\mathrm{d}y\mathrm{d}z$ 代替,同时改用多重积分记号,对 z 从 $-\delta/2$ 到 $\delta/2$ 进行积分,并应用公式(13-11),

即得

$$V_\varepsilon = \frac{1}{2} \iint_A D \left\{ (\nabla^2 w)^2 - 2(1-\mu) \left[\frac{\partial^2 w}{\partial x^2} \frac{\partial^2 w}{\partial y^2} - \left(\frac{\partial^2 w}{\partial x \partial y} \right)^2 \right] \right\} dx dy。 \quad (\text{b})$$

式中的弯曲刚度 D，在变厚度板的情况下，将是 x 和 y 的函数，因为 δ 将是 x 和 y 的函数；A 是板面的面积。

在等厚度的薄板中，D 是常量，式（b）可以改写为

$$V_\varepsilon = \frac{D}{2} \iint_A \left\{ (\nabla^2 w)^2 - 2(1-\mu) \left[\frac{\partial^2 w}{\partial x^2} \frac{\partial^2 w}{\partial y^2} - \left(\frac{\partial^2 w}{\partial x \partial y} \right)^2 \right] \right\} dx dy, \quad (14-22)$$

或再改写为

$$V_\varepsilon = \frac{D}{2} \iint_A (\nabla^2 w)^2 dx dy - (1-\mu) D \iint_A \left[\frac{\partial^2 w}{\partial x^2} \frac{\partial^2 w}{\partial y^2} - \left(\frac{\partial^2 w}{\partial x \partial y} \right)^2 \right] dx dy。 \quad (\text{c})$$

式（c）中的第二个积分可以变换为

$$\iint_A \left[\frac{\partial^2 w}{\partial x^2} \frac{\partial^2 w}{\partial y^2} - \left(\frac{\partial^2 w}{\partial x \partial y} \right)^2 \right] dx dy = \iint_A \left[\frac{\partial}{\partial x} \left(\frac{\partial w}{\partial x} \frac{\partial^2 w}{\partial y^2} \right) - \frac{\partial}{\partial y} \left(\frac{\partial w}{\partial x} \frac{\partial^2 w}{\partial x \partial y} \right) \right] dx dy。$$

按照格林定理，有

$$\iint_A \left[\frac{\partial}{\partial x} P(x,y) - \frac{\partial}{\partial y} Q(x,y) \right] dx dy = \int_s \left[Q(x,y) dx + P(x,y) dy \right]。$$

于是，可由上式得

$$\iint_A \left[\frac{\partial^2 w}{\partial x^2} \frac{\partial^2 w}{\partial y^2} - \left(\frac{\partial^2 w}{\partial x \partial y} \right)^2 \right] dx dy = \int_s \left[\frac{\partial w}{\partial x} \frac{\partial^2 w}{\partial x \partial y} dx + \frac{\partial w}{\partial x} \frac{\partial^2 w}{\partial y^2} dy \right], \quad (\text{d})$$

其中右边的线积分是沿薄板的边界 s 进行的。

如果薄板的全部边界都是固定边，则不论边界的形状如何，在边界上都有 $\dfrac{\partial w}{\partial x} = 0$。于是式（d）的右边成为零，左边也就等于零，而式（c）简化为

$$V_\varepsilon = \frac{D}{2} \iint_A (\nabla^2 w)^2 dx dy。 \quad (14-23)$$

如果一个矩形薄板没有自由边，而只有固定边和简支边，则在 x 为常量的边界上有 $dx = 0$ 及 $\dfrac{\partial^2 w}{\partial y^2} = 0$，在 y 为常量的边界上有 $dy = 0$ 及 $\dfrac{\partial w}{\partial x} = 0$。于是式（d）的右边成为零，左边也就等于零，而式（c）仍然简化为式（14-23）。

按照薄板小挠度弯曲问题中的计算假定及几何方程，位移分量 u 和 v 可以用挠度 w 表示，不必取为基本未知函数，因而只有 w 这唯一的基本未知函数。现在，把 w 的表达式设定为

$$w = \sum_m C_m w_m, \quad (14-24)$$

其中的 C_m 为互不依赖的 m 个待定系数；w_m 为满足薄板位移边界条件（即约束条件）的设定函数。这样，不论 C_m 如何取值，上式所示的挠度 w 总能满足位移边界条件。注意，挠度 w 的变分只是由系数 C_m 的变分来实现；至于设定的函数 w_m，则仅随坐标而变，与上述变分完全无关。

为了决定系数 C_m，须应用式（11-10）中的第三式，即

$$\frac{\partial V_\varepsilon}{\partial C_m} = \int_V f_z w_m \mathrm{d}V + \int_S \bar{f}_z w_m \mathrm{d}S。 \tag{e}$$

注意，在薄板的弯曲问题中，体力及面力都归入作用在板面上的荷载 q，再注意到受已知面力的边界面积 S 即为板面的面积 A，并且在板面上有 $\mathrm{d}S = \mathrm{d}x\mathrm{d}y$，并改用多重积分记号，可见式（e）成为

$$\frac{\partial V_\varepsilon}{\partial C_m} = \iint_A q w_m \mathrm{d}x\mathrm{d}y。 \tag{14-25}$$

由此可以得出 C_m 的 m 个线性方程，用来确定 C_m，从而由式（14-24）得出挠度 w，再从而求得薄板的内力。

对于圆形薄板，须将上列公式改用极坐标表示。为此，除了把微分面积 $\mathrm{d}x\mathrm{d}y$ 改用 $\rho\mathrm{d}\varphi\mathrm{d}\rho$ 表示以外，再用 §13-8 中的方法将 w 的各个二阶导数向极坐标中变换。这样，式（b）将变换为

$$V_\varepsilon = \frac{1}{2}\iint_A D\left\{ (\nabla^2 w)^2 - 2(1-\mu)\left[\frac{\partial^2 w}{\partial \rho^2}\left(\frac{1}{\rho}\frac{\partial w}{\partial \rho} + \frac{1}{\rho^2}\frac{\partial^2 w}{\partial \varphi^2} \right) - \left(\frac{1}{\rho}\frac{\partial^2 w}{\partial \rho\partial\varphi} - \frac{1}{\rho^2}\frac{\partial w}{\partial\varphi} \right)^2 \right] \right\}\rho\mathrm{d}\rho\mathrm{d}\varphi, \tag{f}$$

其中

$$\nabla^2 w = \frac{\partial^2 w}{\partial \rho^2} + \frac{1}{\rho}\frac{\partial w}{\partial \rho} + \frac{1}{\rho^2}\frac{\partial^2 w}{\partial \varphi^2}。$$

关于等厚度薄板的应变能公式（14-22），将变换为

$$V_\varepsilon = \frac{D}{2}\iint_A\left\{ (\nabla^2 w)^2 - 2(1-\mu)\left[\frac{\partial^2 w}{\partial \rho^2}\left(\frac{1}{\rho}\frac{\partial w}{\partial \rho} + \frac{1}{\rho^2}\frac{\partial^2 w}{\partial \varphi^2} \right) - \left(\frac{1}{\rho}\frac{\partial^2 w}{\partial \rho\partial\varphi} - \frac{1}{\rho^2}\frac{\partial w}{\partial\varphi} \right)^2 \right] \right\}\rho\mathrm{d}\rho\mathrm{d}\varphi。 \tag{14-26}$$

表达式（14-24）保持不变，但 w_m 应表示成为 ρ 和 φ 的函数，而方程（14-25）变换为

$$\frac{\partial V_\varepsilon}{\partial C_m} = \iint_A q w_m \rho\mathrm{d}\rho\mathrm{d}\varphi。 \tag{14-27}$$

注意：式（14-25）及式（14-27）右边的积分式，都表示荷载在位移 w_m 上所做的功。因此，有时可以不必进行积分而直接由功的计算得到该积分式的值。

在轴对称问题中,横向荷载及挠度都只是 ρ 的函数,即

$$q = q(\rho), \qquad w = w(\rho)。$$

于是应变能的表达式(14-26)简化为

$$V_\varepsilon = \frac{D}{2} \iint_A \left[\rho \left(\frac{\mathrm{d}^2 w}{\mathrm{d}\rho^2} \right)^2 + \frac{1}{\rho} \left(\frac{\mathrm{d}w}{\mathrm{d}\rho} \right)^2 + 2\mu \frac{\mathrm{d}w}{\mathrm{d}\rho} \frac{\mathrm{d}^2 w}{\mathrm{d}\rho^2} \right] \mathrm{d}\rho \, \mathrm{d}\varphi。$$

注意 $w = w(\rho)$,而 $\int_0^{2\pi} \mathrm{d}\varphi = 2\pi$,则上式可以再简化为

$$V_\varepsilon = \pi D \int \left[\rho \left(\frac{\mathrm{d}^2 w}{\mathrm{d}\rho^2} \right)^2 + \frac{1}{\rho} \left(\frac{\mathrm{d}w}{\mathrm{d}\rho} \right)^2 + 2\mu \frac{\mathrm{d}w}{\mathrm{d}\rho} \frac{\mathrm{d}^2 w}{\mathrm{d}\rho^2} \right] \mathrm{d}\rho。 \qquad (14-28)$$

方程(14-27)则简化为

$$\frac{\partial V_\varepsilon}{\partial C_m} = 2\pi \int q w_m \rho \, \mathrm{d}\rho。 \qquad (14-29)$$

当圆板的全部边界均为固定边时,对于外半径为 a 而内半径为 b 的圆板,有

$$\int \frac{\mathrm{d}w}{\mathrm{d}\rho} \frac{\mathrm{d}^2 w}{\mathrm{d}\rho^2} \mathrm{d}\rho = \frac{1}{2} \int_a^b \mathrm{d}\left[\left(\frac{\mathrm{d}w}{\mathrm{d}\rho} \right)^2 \right] = \frac{1}{2} \left[\left(\frac{\mathrm{d}w}{\mathrm{d}\rho} \right)^2_{\rho=a} - \left(\frac{\mathrm{d}w}{\mathrm{d}\rho} \right)^2_{\rho=b} \right] = 0;$$

对于无孔的圆板,也将得到同样的结果,因为这时有 $\left(\dfrac{\mathrm{d}w}{\mathrm{d}\rho} \right)_{\rho=0} = 0$。于是,式(14-28)简化为

$$V_\varepsilon = \pi D \int \left[\rho \left(\frac{\mathrm{d}^2 w}{\mathrm{d}\rho^2} \right)^2 + \frac{1}{\rho} \left(\frac{\mathrm{d}w}{\mathrm{d}\rho} \right)^2 \right] \mathrm{d}\rho。 \qquad (14-30)$$

在用里茨法计算薄板问题时,必须把边界条件明确区分为位移边界条件和内力边界条件。固定边上已知挠度的条件和已知法向斜率的条件,两者都是位移边界条件。自由边上已知弯矩的条件和已知分布剪力的条件,两者都是内力边界条件。在简支边上,已知挠度的条件是位移边界条件,但已知弯矩的条件则是内力边界条件。应用里茨法时,只要求设定的挠度表达式满足位移边界条件,而不一定要满足内力边界条件。但是,如果也能满足一部分或全部内力边界条件,则往往可以提高计算结果的精度。同时也应指出:在设定挠度表达式时,应当尽可能不要使它在任一边界上满足某种实际上不存在的边界条件。例如,不要使得固定边上的弯矩或反力等于零,不要使得简支边上的法向斜率或反力等于零,也不要使得自由边上的挠度或法向斜率等于零。如果这种条例在某一边界上没有被遵守,则该边界附近的位移和内力将有较大的误差。

§14-6 里茨法应用举例

作为第一个例题，设有矩形薄板，边长为 a 及 b，如图 14-14 所示，上下两边简支，左边固定，右边自由，受有均布荷载 q_0。取坐标轴如图所示，则位移边界条件为

$$(w)_{x=0}=0,\qquad \left(\frac{\partial w}{\partial x}\right)_{x=0}=0,$$

$$(w)_{y=0}=0,\qquad (w)_{y=b}=0。$$

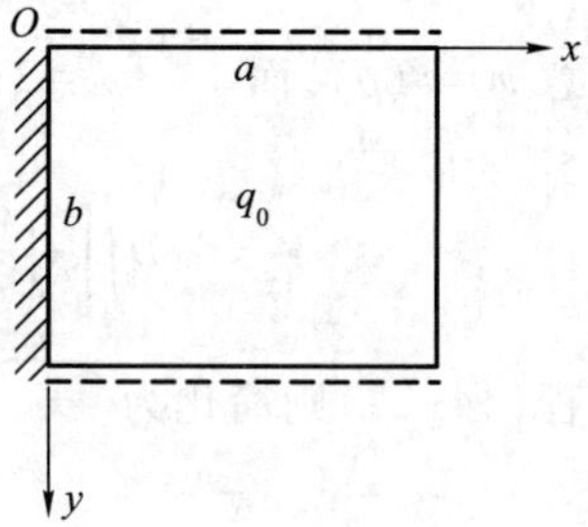

图 14-14

将挠度的表达式取为

$$w=C_1w_1=C_1\left(\frac{x}{a}\right)^2\sin\frac{\pi y}{b},\qquad\text{(a)}$$

则上列位移边界条件都能满足。同时，式(a)在薄板的上下两边还满足了内力边界条件，即弯矩等于零。可是，式(a)在薄板的左边满足了实际上不存在的边界条件，即分布剪力等于零，这将在该边界附近引起较大的误差。

按照式(a)求挠度 w 对于坐标的二阶导数，得到

$$\frac{\partial^2 w}{\partial x^2}=\frac{2}{a^2}C_1\sin\frac{\pi y}{b},$$

$$\frac{\partial^2 w}{\partial y^2}=-\frac{\pi^2}{a^2b^2}C_1x^2\sin\frac{\pi y}{b},$$

$$\frac{\partial^2 w}{\partial x\partial y}=\frac{2\pi}{a^2b}C_1x\cos\frac{\pi y}{b}。$$

代入式(14-22)，注意对 x 积分的极限是从 0 到 a，对 y 积分的极限是从 0 到 b，得到

$$\begin{aligned}V_\varepsilon &= \frac{D}{2}\int_0^a\int_0^b\left[\left(\frac{2}{a^2}C_1\sin\frac{\pi y}{b}-\frac{\pi^2}{a^2b^2}C_1x^2\sin\frac{\pi y}{b}\right)^2-\right.\\ &\quad\left.2(1-\mu)\left(-\frac{2\pi^2}{a^4b^2}C_1^2x^2\sin^2\frac{\pi y}{b}-\frac{4\pi^2}{a^4b^2}C_1^2x^2\cos^2\frac{\pi y}{b}\right)\right]\mathrm{d}x\mathrm{d}y\\ &=\frac{DC_1^2}{2}\left[2+\left(\frac{4}{3}-2\mu\right)\left(\frac{\pi a}{b}\right)^2+\frac{1}{10}\left(\frac{\pi a}{b}\right)^4\right]\frac{b}{a^3},\end{aligned}$$

从而得到

$$\frac{\partial V_\varepsilon}{\partial C_1} = C_1 D \left[2 + \left(\frac{4}{3} - 2\mu \right) \left(\frac{\pi a}{b} \right)^2 + \frac{1}{10} \left(\frac{\pi a}{b} \right)^4 \right] \frac{b}{a^3} \circ \qquad (b)$$

另一方面,由式(a)得到

$$\iint_A q w_m \mathrm{d}x\mathrm{d}y = \int_0^a \int_0^b q_0 \left(\frac{x}{a} \right)^2 \sin \frac{\pi y}{b} \mathrm{d}x\mathrm{d}y = \frac{2}{3\pi} q_0 ab \circ \qquad (c)$$

将式(b)及式(c)代入式(14-25),求出 C_1,再代入式(a),即得

$$w = \frac{2 q_0 a^2 x^2 \sin \dfrac{\pi y}{b}}{3\pi D \left[2 + \left(\dfrac{4}{3} - 2\mu \right) \left(\dfrac{\pi a}{b} \right)^2 + \dfrac{1}{10} \left(\dfrac{\pi a}{b} \right)^4 \right]} \circ$$

当 $b = a$ 而 $\mu = 0.3$ 时,自由边中点 $(a, b/2)$ 处的挠度为

$$w = 0.011\,2 \frac{q_0 a^4}{D} \circ \qquad (d)$$

与精确解答相比,只有 1% 的误差。

如果该薄板所受的荷载不是分布荷载,而是在坐标为 ξ 及 η 的一点处的集中荷载 F,则可计算该荷载在 w_m 上所做的功,以代替 $\iint_A q w_m \mathrm{d}x\mathrm{d}y$。这个功的数量等于

$$F(w_1)_{x=\xi, y=\eta} = F \left(\frac{\xi}{a} \right)^2 \sin \frac{\pi \eta}{b} \circ$$

于是有

$$\frac{\partial V_\varepsilon}{\partial C_1} = F \left(\frac{\xi}{a} \right)^2 \sin \frac{\pi \eta}{b} \circ$$

将式(b)代入,求出 C_1,再代入式(a),即得

$$w = \frac{F \xi^2 \sin \dfrac{\pi \eta}{b} x^2 \sin \dfrac{\pi y}{b}}{ab D \left[2 + \left(\dfrac{4}{3} - 2\mu \right) \left(\dfrac{\pi a}{b} \right)^2 + \dfrac{1}{10} \left(\dfrac{\pi a}{b} \right)^4 \right]} \circ$$

作为另一个例题,设有半径为 a 的固定边圆板,在半径为 b 的中心圆面积上受均布荷载 q_0,如图 14-15 所示。这是一个轴对称问题。取挠度的表达式为

$$w = \left(1 - \frac{\rho^2}{a^2} \right)^2 \left[C_1 + C_2 \left(1 - \frac{\rho^2}{a^2} \right) + C_3 \left(1 - \frac{\rho^2}{a^2} \right)^2 + \cdots \right], \qquad (e)$$

可以满足位移边界条件

$$(w)_{\rho=a} = 0, \qquad \left(\frac{\mathrm{d}w}{\mathrm{d}\rho} \right)_{\rho=a} = 0,$$

并且反映了位移的轴对称条件

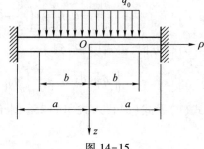

图 14-15

$$\left(\frac{\mathrm{d}w}{\mathrm{d}\rho}\right)_{\rho=0}=0。$$

现在,试在式(e)中只取一个待定系数,也就是取

$$w=C_1 w_1 = C_1\left(1-\frac{\rho^2}{a^2}\right)^2。 \qquad (f)$$

求出 w 的一阶及二阶导数

$$\frac{\mathrm{d}w}{\mathrm{d}\rho}=-\frac{4C_1}{a^2}\left(1-\frac{\rho^2}{a^2}\right)\rho,\qquad \frac{\mathrm{d}^2 w}{\mathrm{d}\rho^2}=-\frac{4C_1}{a^2}\left(1-3\frac{\rho^2}{a^2}\right)。$$

代入式(14-30),注意积分的区间是从 0 到 a,得到

$$V_\varepsilon = \pi D \int_0^a \left\{\rho\left[\frac{4C_1}{a^2}\left(1-3\frac{\rho^2}{a^2}\right)\right]^2 + \frac{1}{\rho}\left[\frac{4C_1}{a^2}\left(1-\frac{\rho^2}{a^2}\right)\rho\right]^2\right\}\mathrm{d}\rho = \frac{32\pi D C_1^2}{3a^2},$$

从而得出

$$\frac{\partial V_\varepsilon}{\partial C_m}=\frac{\partial V_\varepsilon}{\partial C_1}=\frac{64\pi D C_1}{3a^2}。 \qquad (g)$$

另一方面,由式(f)得

$$2\pi\int q w_m \rho\,\mathrm{d}\rho = 2\pi\int_0^b q_0\left(1-\frac{\rho^2}{a^2}\right)^2\rho\,\mathrm{d}\rho = \frac{\pi q_0 b^2}{3}\left(3-3\frac{b^2}{a^2}+\frac{b^4}{a^4}\right)。 \qquad (h)$$

将式(g)及式(h)代入式(14-29),求出 C_1,再将求得的 C_1 代入式(f),即得挠度的解答

$$w=\frac{q_0 a^4}{64D}\left(3-3\frac{b^2}{a^2}+\frac{b^4}{a^4}\right)\frac{b^2}{a^2}\left(1-\frac{\rho^2}{a^2}\right)^2。$$

当整个薄板受均布荷载 q_0 时,$b/a=1$,由上式得

$$w=\frac{q_0 a^4}{64D}\left(1-\frac{\rho^2}{a^2}\right)^2,$$

与 §13-9 中的精确解答完全相同。

当圆板的边界为简支边时,对于轴对称问题,取挠度的表达式为

$$w=\left(1-\frac{\rho^2}{a^2}\right)\left[C_1+C_2\left(1-\frac{\rho^2}{a^2}\right)+C_3\left(1-\frac{\rho^2}{a^2}\right)^2+\cdots\right], \qquad (i)$$

可以满足位移边界条件

$$(w)_{\rho=a}=0,$$

并反映了位移的轴对称条件

$$\left(\frac{\mathrm{d}w}{\mathrm{d}\rho}\right)_{\rho=0}=0 \text{。}$$

但是,由于式(i)不能满足内力边界条件

$$\left(M_\rho\right)_{\rho=a}=0 \text{,}$$

为了采用里茨法求得工程上可用的解答,具体计算时,在式(i)中至少要取两个待定系数 C_1 及 C_2。

§14-7 伽辽金法的应用

本节中将说明,如何将§11-3中所述的伽辽金法应用于薄板的小挠度弯曲问题。

在伽辽金法中,仍然把薄板的挠度表达式设定为

$$w=\sum_m C_m w_m \text{。} \tag{a}$$

但是,现在的 w_m 必须同时满足位移边界条件和内力边界条件,也就是必须满足薄板的全部边界条件。同时还应当注意,设定式(a)时,应当尽可能不要使其在任何边界上满足实际上不存在的位移边界条件或内力边界条件,以免得出精度较差甚至不合理的结果。

为了导出决定系数 C_m 的方程,须应用§11-3中的方程

$$\int_V\left(\frac{\partial\sigma_z}{\partial z}+\frac{\partial\tau_{zx}}{\partial x}+\frac{\partial\tau_{zy}}{\partial y}+f_z\right)w_m\mathrm{d}V=0 \text{。} \tag{b}$$

在薄板的弯曲问题中,体力是归入横向荷载 q 的,因此,在式(b)中应当取 $f_z=0$。此外,再注意 w_m 只是 x 和 y 的函数,不随 z 而变,再将上式中的 $\mathrm{d}V$ 用 $\mathrm{d}x\mathrm{d}y\mathrm{d}z$ 代替,同时改用多重积分记号,则式(b)可以写成

$$\iint_A\left[\int_{-\delta/2}^{\delta/2}\left(\frac{\partial\sigma_z}{\partial z}+\frac{\partial\tau_{zx}}{\partial x}+\frac{\partial\tau_{zy}}{\partial y}\right)\mathrm{d}z\right]w_m\mathrm{d}x\mathrm{d}y=0 \text{。} \tag{c}$$

式中的 A 是板面的面积。

现在来进行上式中对 z 的积分。首先,有

$$\int_{-\delta/2}^{\delta/2}\left(\frac{\partial\sigma_z}{\partial z}\right)\mathrm{d}z=\sigma_z\Big|_{z=-\delta/2}^{z=\delta/2}=0-(-q)=q \text{。} \tag{d}$$

其次,利用式(13-8),得到

$$\int_{-\delta/2}^{\delta/2}\left(\frac{\partial\tau_{zx}}{\partial x}+\frac{\partial\tau_{zy}}{\partial y}\right)\mathrm{d}z=\int_{-\delta/2}^{\delta/2}\frac{E}{2(1-\mu^2)}\left(z^2-\frac{\delta^2}{4}\right)\nabla^4w\mathrm{d}z$$

$$= \frac{E}{2(1-\mu^2)} \nabla^4 w \int_{-\delta/2}^{\delta/2} \left(z^2 - \frac{\delta^2}{4} \right) dz$$

$$= \frac{E}{2(1-\mu^2)} \nabla^4 w \left(-\frac{\delta^3}{6} \right) = -D\nabla^4 w_。 \tag{e}$$

将式(d)及式(e)代入式(c),得到

$$\iint_A (q - D \nabla^4 w) w_m dx dy = 0,$$

也就是

$$\iint_A D(\nabla^4 w) w_m dx dy = \iint_A q w_m dx dy, \tag{14-31}$$

其中的弯曲刚度 D 可以是 x 和 y 的函数。由此可得 m 个方程,用来求解系数 C_m。

用极坐标求解问题时,要把方程(14-31)改用极坐标表示。这样就得到

$$\iint_A D(\nabla^4 w) w_m \rho d\rho d\varphi = \iint_A q w_m \rho d\rho d\varphi, \tag{14-32}$$

其中 D 可以是 ρ 和 φ 的函数,而

$$\nabla^4 w = \left(\frac{\partial^2}{\partial \rho^2} + \frac{1}{\rho} \frac{\partial}{\partial \rho} + \frac{1}{\rho^2} \frac{\partial^2}{\partial \varphi^2} \right)^2 w_。$$

对于轴对称问题,方程(14-32)简化为

$$\int D(\nabla^4 w) w_m \rho d\rho = \int q w_m \rho d\rho, \tag{14-33}$$

其中 D 可以是 ρ 的函数,而

$$\nabla^4 w = \left(\frac{d^2}{d\rho^2} + \frac{1}{\rho} \frac{d}{d\rho} \right)^2 w_。 \tag{14-34}$$

§14-8　伽辽金法应用举例

作为第一个例题,设有等厚度矩形薄板,四边固定,如图 14-16 所示,受有均布荷载 q_0。取坐标轴如图所示,则边界条件为

$$(w)_{x=\pm a} = 0, \qquad \left(\frac{\partial w}{\partial x} \right)_{x=\pm a} = 0,$$

$$(w)_{y=\pm b} = 0, \qquad \left(\frac{\partial w}{\partial y} \right)_{y=\pm b} = 0_。$$

注意问题的对称性,将挠度的表达式取为

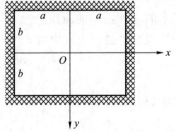

图 14-16

$$w = \sum_m C_m w_m$$

$$= (x^2 - a^2)^2 (y^2 - b^2)^2 (C_1 + C_2 x^2 + C_3 y^2 + \cdots)。 \qquad (a)$$

可见,不论系数 C_m 取任何值,都能满足全部边界条件。

假定在式(a)中只取一个系数,也就是取

$$w = C_1 w_1 = C_1 (x^2 - a^2)^2 (y^2 - b^2)^2。 \qquad (b)$$

于是得

$$w_m = w_1 = (x^2 - a^2)^2 (y^2 - b^2)^2,$$

$$\nabla^4 w = \frac{\partial^4 w}{\partial x^4} + \frac{\partial^4 w}{\partial y^4} + 2 \frac{\partial^4 w}{\partial x^2 \partial y^2}$$

$$= 8 [3(y^2 - b^2)^2 + 3(x^2 - a^2)^2 + 4(3x^2 - a^2)(3y^2 - b^2)] C_1。$$

代入方程(14-31),注意 $q = q_0$,并注意问题的对称性,得到

$$4D \int_0^a \int_0^b 8 [3(y^2 - b^2)^2 + 3(x^2 - a^2)^2 + 4(3x^2 - a^2)(3y^2 - b^2)] \times$$

$$C_1 (x^2 - a^2)^2 (y^2 - b^2)^2 \mathrm{d}x \mathrm{d}y = 4q_0 \int_0^a \int_0^b (x^2 - a^2)^2 (y^2 - b^2)^2 \mathrm{d}x \mathrm{d}y。$$

积分以后,求解 C_1,再代回式(b),即得

$$w = \frac{7q_0 (x^2 - a^2)^2 (y^2 - b^2)^2}{128 \left(a^4 + b^4 + \dfrac{4}{7} a^2 b^2 \right) D}。 \qquad (c)$$

对于正方形薄板,命 $b = a$,得到

$$w = \frac{49 q_0 a^4}{2\,304 D} \left(1 - \frac{x^2}{a^2} \right)^2 \left(1 - \frac{y^2}{a^2} \right)^2。$$

最大挠度为

$$w_{\max} = (w)_{x=y=0} = \frac{49 q_0 a^4}{2\,304 D} = 0.021\,3 \frac{q_0 a^4}{D},$$

比精确值 $0.020\,2 q_0 a^4 / D$ 大出 5%。

也可以不用多项式而用三角级数,把挠度设定为

$$w = \sum_m \sum_n C_{mn} \left(1 + \cos \frac{m\pi x}{a} \right) \left(1 + \cos \frac{n\pi y}{b} \right)。 \qquad (d)$$

$$(m = 1, 3, 5, \cdots, \quad n = 1, 3, 5, \cdots)$$

这也可以满足全部边界条件。假定在式(d)中只取一个系数 C_{11},也就是取

$$w = C_{11} \left(1 + \cos \frac{\pi x}{a} \right) \left(1 + \cos \frac{\pi y}{b} \right),$$

进行与上相同的运算,则得

$$w = \frac{4q_0 a^4 \left(1+\cos\dfrac{\pi x}{a}\right)\left(1+\cos\dfrac{\pi y}{b}\right)}{\pi^4 D\left(3+2\dfrac{a^2}{b^2}+3\dfrac{a^4}{b^4}\right)} 。$$

对于正方形薄板,命 $b=a$,得到

$$w = \frac{q_0 a^4}{2\pi^4 D}\left(1+\cos\frac{\pi x}{a}\right)\left(1+\cos\frac{\pi y}{b}\right) 。$$

最大挠度为

$$w_{max} = (w)_{x=y=0} = \frac{2q_0 a^4}{\pi^4 D} = 0.020\ 5\frac{q_0 a^4}{D},$$

比精确值 $0.020\ 2q_0 a^4/D$ 只大出 1.5%。

作为第二个例题,试考察图 14-15 中的等厚度圆形薄板。把挠度表达式仍然取为

$$w = C_1 w_1 = C_1\left(1-\frac{\rho^2}{a^2}\right)^2 。 \tag{e}$$

求出

$$\nabla^4 w = \left(\frac{\mathrm{d}^2}{\mathrm{d}\rho^2}+\frac{1}{\rho}\ \frac{\mathrm{d}}{\mathrm{d}\rho}\right)^2 w = \frac{64C_1}{a^4},$$

连同 $w_m = w_1 = \left(1-\dfrac{\rho^2}{a^2}\right)^2$ 代入方程(14-33),即得

$$D\int_0^a \frac{64C_1}{a^4}\left(1-\frac{\rho^2}{a^2}\right)^2 \rho\,\mathrm{d}\rho = \int_0^b q_0\left(1-\frac{\rho^2}{a^2}\right)^2 \rho\,\mathrm{d}\rho 。$$

积分以后,求出 C_1,再代入式(e),得到

$$w = \frac{q_0 a^4}{64D}\left(3-3\frac{b^2}{a^2}+\frac{b^4}{a^4}\right)\frac{b^2}{a^2}\left(1-\frac{\rho^2}{a^2}\right)^2,$$

和用里茨法求出的解答完全相同。

§14-9 主应力与主弯矩

对于薄板的任何一个小挠度弯曲问题,不论用什么方法求得横截面上的弯矩和扭矩以后,都同样可以用式(13-14)求得应力分量

$$\left.\begin{array}{l}\sigma_x = \dfrac{12M_x}{\delta^3}z, \qquad \sigma_y = \dfrac{12M_y}{\delta^3}z, \\[4mm] \tau_{xy} = \tau_{yx} = \dfrac{12M_{xy}}{\delta^3}z。\end{array}\right\} \qquad (a)$$

现在就可以用§2-3中的式(2-7)求得主应力

$$\left.\begin{array}{l}\sigma_1 \\ \sigma_2\end{array}\right\} = \dfrac{\sigma_x + \sigma_y}{2} \pm \sqrt{\left(\dfrac{\sigma_x - \sigma_y}{2}\right)^2 + \tau_{xy}^2}, \qquad (b)$$

并用式(2-8)求得主应力 σ_1 与 x 轴所成的角度

$$\alpha_1 = \arctan \dfrac{\sigma_1 - \sigma_x}{\tau_{xy}}。\qquad (c)$$

各个应力分量和主应力 σ_1 如图 14-17 所示。

主应力在薄板全厚度上的合成称为主弯矩:

$$M_1 = \int_{-\delta/2}^{\delta/2} \sigma_1 z\mathrm{d}z, \qquad M_2 = \int_{-\delta/2}^{\delta/2} \sigma_2 z\mathrm{d}z。\qquad (d)$$

注意,式(d)所示的 M_1、M_2 与 σ_1、σ_2 之间的关系,完全等同于 M_x、M_y 与 σ_x、σ_y 之间的关系。因此,套用式(a)的前二式,可将主应力用主弯矩表示为

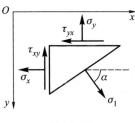

图 14-17

$$\left.\begin{array}{l}\sigma_1 = \dfrac{12M_1}{\delta^3}z, \\[4mm] \sigma_2 = \dfrac{12M_2}{\delta^3}z。\end{array}\right\} \qquad (e)$$

将式(e)及式(a)分别代入式(b)的左右两边,约简以后,即得

$$\left.\begin{array}{l}M_1 \\ M_2\end{array}\right\} = \dfrac{M_x + M_y}{2} \pm \sqrt{\left(\dfrac{M_x - M_y}{2}\right)^2 + M_{xy}^2}。\qquad (14\text{-}35)$$

再将式(e)中的 σ_1 以及式(a)中的 σ_x 和 τ_{xy} 代入式(c),约简以后,又可得

$$\alpha_1 = \arctan \dfrac{M_1 - M_x}{M_{xy}}。\qquad (14\text{-}36)$$

利用式(14-35)及(14-36),可以不必计算应力而直接由 M_x、M_y、M_{xy} 求得主弯矩的大小以及主弯矩作用面的法线方向。

如果在解题时用的是极坐标,则显然可见,由 M_ρ、M_φ、$M_{\rho\varphi}$ 求 M_1、M_2、α_1 时可以套用式(14-35)及(14-36),即

$$\left.\begin{array}{c} M_1 \\ M_2 \end{array}\right\} = \frac{M_\rho + M_\varphi}{2} \pm \sqrt{\left(\frac{M_\rho - M_\varphi}{2}\right)^2 + M_{\rho\varphi}^2}\, ,$$

$$\alpha_1 = \arctan \frac{M_1 - M_\rho}{M_{\rho\varphi}}\, ,$$

$$(14\text{-}37)$$

但其中的 α_1 应为 M_1 作用面的法线方向与 ρ 方向所成的角度。顺便指出:在轴对称问题中,由于 $M_{\rho\varphi}=0$,所以由式(14-37)中的第一式可见,M_ρ 和 M_φ 就是主弯矩,而主应力就是由 M_ρ 和 M_φ 算出的弯应力。

严格说来,对于均质薄板,应当按照主应力来校核强度;对于钢筋混凝土薄板,应当按照主弯矩来配置钢筋。但是,在一般的工程设计中,为了简便,往往就按照应力分量来校核均质薄板的强度;对于钢筋混凝土薄板,则按照矩形薄板中的 M_x 和 M_y 来配置 x 及 y 方向的钢筋,或者按照圆形薄板中的 M_ρ 和 M_φ 来配置 ρ 及 φ 方向的钢筋。但是,在某些比较特殊的情况下,这样简单处理的结果可能是很不合理的。

例如,设有矩形混凝土薄板 $OABC$,如图14-18a所示,其 AB 边及 BC 边为自由边,OA 边及 OC 边为简支边,在 B 点近处受有沿 z 方向的集中载荷 F。由习题13-1已知,弯矩及扭矩分别为 $M_x = M_y = 0$,$M_{xy} = -F/2$。由于这些内力都是常量,因此,该薄板的任何一个沿坐标方向的矩形小块,其受力情况都相同,如图中左上方的矩形小块所示。应用式(14-35)及式(14-36),得到

$$M_1 = F/2, \qquad M_2 = -F/2,$$

$$\alpha_1 = \arctan(-1) = -45° \text{ 或 } 135°。$$

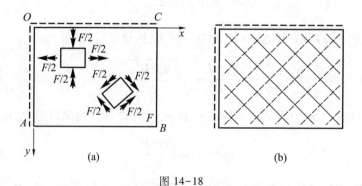

图 14-18

可见,该薄板的任何一个与坐标轴成45°的矩形小块,其受力情况如图中右下方的矩形小块所示。

根据以上的分析,应在薄板中配置如图14-18b所示的钢筋。图中实线表

示上层钢筋,虚线表示下层钢筋。每单位宽度内的钢筋数量都相同,决定于 $F/2$ 的数值。但是,如果按照 M_x 及 M_y 配置钢筋,则将得出"无需受力钢筋"的结论,这显然是不正确的。

习　　题

14-1　图 14-19 所示的正方形薄板,边长为 a,四边简支,受有均布荷载 q_0。试用差分法求出最大挠度及最大弯矩,并与习题 13-6 中的精确解答进行对比。采用 4×4 的网格,即 $h = a/4$。取 $\mu = 0.3$。

答案：　$w_{max} = \dfrac{33q_0a^4}{8\ 192D} = 0.004\ 03\ \dfrac{q_0a^4}{D}$,

$(M_x)_{max} = (M_y)_{max} = \dfrac{9(1+\mu)}{256}q_0a^2 = 0.045\ 7q_0a^2$。

14-2　正方形薄板,边长为 a,两对边固定,另两对边简支,如图 14-20 所示,受有均布荷载 q_0。试用差分法求解,算出最大挠度。采用 4×4 的网格,即 $h = a/4$。

答案：　对固定边采用简单的边界条件时,$w_{max} = 0.002\ 47\ \dfrac{q_0a^4}{D}$;

对固定边采用较精确的边界条件时,$w_{max} = 0.002\ 05\ \dfrac{q_0a^4}{D}$。

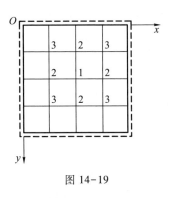

图 14-19

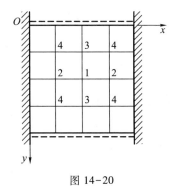

图 14-20

14-3　设有两跨连续板,板宽与跨度均为 a,如图 14-21 所示,左右两边简支,上下两边固定,在左边一跨上受均布荷载 q_0,试用图示的网格求解,对固定边用较精确的边界条件。

答案：　$w_1 = 0.001\ 59\ \dfrac{q_0a^4}{D}$, 　　$w_2 = 0.001\ 52\ \dfrac{q_0a^4}{D}$,

$w_3 = -0.000\ 13\ \dfrac{q_0a^4}{D}$, 　　$w_4 = -0.000\ 06\ \dfrac{q_0a^4}{D}$。

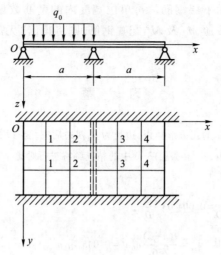

图 14-21

14-4　试用里茨法计算 §14-8 中的矩形薄板问题。

14-5　试分别用里茨法及伽辽金法计算 §14-3 中的第二个例题,设定挠度的表达式为

$$w = C_1 w_1 = C_1 \sin \frac{\pi x}{a} \sin \frac{\pi y}{a}。$$

答案:　$w_{\max} = \dfrac{8q_0 a^4}{\pi^7 D} = 0.002\,65\,\dfrac{q_0 a^4}{D}$。

14-6　圆形薄板,半径为 a,边界固定,受横向荷载 $q = q_0 \rho / a$,如图 14-22 所示。试取挠度的表达式为

$$w = C_1 w_1 = C_1 \left(1 - \frac{\rho^2}{a^2}\right)^2,$$

用伽辽金法求出最大挠度,并与精确解答 $\dfrac{q_0 a^4}{150 D}$ 进行对比。

答案:　$w_{\max} = \dfrac{q_0 a^4}{140 D}$。

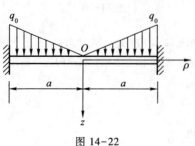

图 14-22

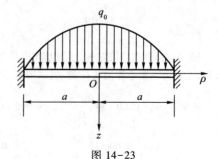

图 14-23

14-7 圆形薄板，半径为 a，边界固定，受横向荷载 $q = q_0\left(1 - \dfrac{\rho^2}{a^2}\right)$，如图 14-23 所示。试

取挠度表达式如上题所示，用伽辽金法求解，求出最大挠度，并与精确解答 $\dfrac{7q_0a^4}{576D}$ 进行对比。

答案： $w_{max} = \dfrac{3q_0a^4}{256D} = 0.011\ 7\ \dfrac{q_0a^4}{D}$。

参 考 教 材

［1］ 徐芝纶.弹性力学中的差分方法［M］.北京:高等教育出版社,1989:第三章,第四章中的
§4.5 及 §4.6.

［2］ 王磊,李家宝.结构分析的有限差分法［M］.北京:人民交通出版社,1982.

［3］ 列宾逊 Л C.弹性力学问题的变分解法［M］.叶开沅,卢文达,译.北京:科学出版社,
1958:第五章.

第十五章 薄板的振动问题

§15-1 薄板的自由振动

关于薄板的振动问题,这里将只讨论薄板在垂直于中面方向的所谓横向振动,因为这是工程实际中的重要问题。至于薄板在平行于中面方向的所谓纵向振动,由于它在工程实际中无关紧要,而且在数学上也难以处理,所以不加讨论。

首先来讨论薄板的自由振动。

薄板自由振动的一般问题是这样提出的:在一定的横向荷载作用下处于平衡位置的薄板,受到干扰力的作用而偏离这一位置,当干扰力被除去以后,在该平衡位置附近作微幅振动。(1)试求薄板振动的频率,特别是最低频率。(2)设已知薄板的初始条件,即已知初挠度及初速度,试求薄板在任一瞬时的挠度。当然,如果求得薄板在任一瞬时的挠度,就极易求得薄板在该瞬时的内力。

设薄板在平衡位置的挠度为 $w_e = w_e(x,y)$,这时,薄板所受的横向静荷载为 $q = q(x,y)$。按照薄板的弹性曲面微分方程,有

$$D \nabla^4 w_e = q。 \tag{a}$$

式(a)表示:薄板每单位面积上所受的弹性力 $D \nabla^4 w_e$ 和它所受的横向荷载 q 相平衡。

设薄板在振动过程中的任一瞬时 t 的挠度为 $w_t = w_t(x,y,t)$,则薄板每单位面积上在该瞬时所受的弹性力 $D \nabla^4 w_t$,将与横向荷载 q 及惯性力 q_i 相平衡,即

$$D \nabla^4 w_t = q + q_i。 \tag{b}$$

注意薄板的加速度是 $\dfrac{\partial^2 w_t}{\partial t^2}$,因而每单位面积上的惯性力是

$$q_i = -\overline{m} \frac{\partial^2 w_t}{\partial t^2},$$

其中,$\overline{m}$ 为薄板每单位面积内的质量(包括薄板本身的质量和随同薄板振动的质量),则式(b)可以改写为

$$D \nabla^4 w_t = q - \overline{m} \frac{\partial^2 w_t}{\partial t^2}。 \tag{c}$$

将式(c)与式(a)相减,得到

$$D \nabla^4 (w_t - w_e) = -\overline{m} \frac{\partial^2 w_t}{\partial t^2}。$$

由于 w_e 不随时间改变, $\dfrac{\partial^2 w_e}{\partial t^2} = 0$,所以上式可以改写为

$$D \nabla^4 (w_t - w_e) = -\overline{m} \frac{\partial^2}{\partial t^2}(w_t - w_e)。 \tag{d}$$

在以下的分析中,为了简便,把薄板的挠度不从平面位置量起,而从平衡位置量起。于是,薄板在任一瞬时的挠度为 $w = w_t - w_e$,而式(d)成为

$$D \nabla^4 w = -\overline{m} \frac{\partial^2 w}{\partial t^2},$$

或

$$\nabla^4 w + \frac{\overline{m}}{D} \frac{\partial^2 w}{\partial t^2} = 0。 \tag{15-1}$$

这就是薄板自由振动的微分方程。

现在来试求微分方程(15−1)如下形式的解答:

$$w = \sum_{m=1}^{\infty} w_m = \sum_{m=1}^{\infty} (A_m \cos \omega_m t + B_m \sin \omega_m t) W_m(x,y)。 \tag{15-2}$$

在这里,薄板上每一点 (x,y) 的挠度,被表示成为无数多个简谐振动下的挠度相叠加,而每一个简谐振动的频率是 ω_m。另一方面,薄板在每一瞬时 t 的挠度,则被表示成为无数多种振型下的挠度相叠加,而每一种振型下的挠度是由振型函数 $W_m(x,y)$ 表示的。

为了求出各种振型下的振型函数 W_m,以及与之相应的频率 ω_m,取

$$w = (A \cos \omega t + B \sin \omega t) W(x,y),$$

代入自由振动微分方程(15−1),然后消去因子 $(A \cos \omega t + B \sin \omega t)$,得出所谓振型微分方程

$$\nabla^4 W - \frac{\omega^2 \overline{m}}{D} W = 0。 \tag{15-3}$$

如果可以由这一微分方程求得 W 的满足边界条件的非零解,即可由关系式

$$\omega^2 = \frac{D}{\overline{m}} \frac{\nabla^4 W}{W} \tag{e}$$

求得相应的频率 ω。这个频率就是薄板自由振动的频率,称为自然频率或固有

频率,它们完全决定于薄板的固有特性,而与外来因素无关。

实际上,只有当薄板每单位面积内的振动质量$\overline{m}$为常量时,才有可能求得函数形式的解答。这时,命

$$\frac{\omega^2 \overline{m}}{D} = \gamma^4,\tag{15-4}$$

则振型微分方程(15-3)简化为常系数微分方程

$$\nabla^4 W - \gamma^4 W = 0。\tag{15-5}$$

现在就可能比较简便地求得W的满足边界条件的、函数形式的非零解,从而求得相应的γ值,然后再用式(15-4)求出相应的频率。将求出的那些振型函数及相应的频率取为W_m及ω_m,代入表达式(15-2),就有可能利用初始条件求得该表达式中的系数A_m及B_m。

设初始条件为

$$(w)_{t=0} = w_0(x,y),$$

$$\left(\frac{\partial w}{\partial t}\right)_{t=0} = v_0(x,y),$$

则由式(15-2)得

$$\sum_{m=1}^{\infty} A_m W_m(x,y) = w_0(x,y),$$

$$\sum_{m=1}^{\infty} B_m \omega_m W_m(x,y) = v_0(x,y)。$$

于是可见,为了求得A_m及B_m,须将已知的初挠度w_0及初速度v_0展为W_m的级数,这在数学处理上是比较困难的。因此,只有在特殊简单的情况下,才有可能求得薄板自由振动的完整解答,即任一瞬时的挠度。在绝大多数的情况下,只可能求得振型函数及相应的频率,这也是工程上所关心的主要问题。

§15-2　四边简支矩形薄板的自由振动

当矩形薄板的四边均为简支边时,如图 15-1a 所示,可以较简单地得出自由振动的完整解答。取振型函数为

$$W = \sin\frac{m\pi x}{a}\sin\frac{n\pi y}{b},\tag{a}$$

其中m及n为整数,可以满足边界条件。代入振型微分方程(15-5),得到

$$\left[\pi^4\left(\frac{m^2}{a^2}+\frac{n^2}{b^2}\right)^2-\gamma^4\right]\sin\frac{m\pi x}{a}\sin\frac{n\pi y}{b}=0。$$

为了使这一条件在薄板中面上的所有各点都能满足,也就是在 x 和 y 取任意值时都能满足,必须有

$$\pi^4\left(\frac{m^2}{a^2}+\frac{n^2}{b^2}\right)^2-\gamma^4=0,$$

由此得

$$\gamma^4=\pi^4\left(\frac{m^2}{a^2}+\frac{n^2}{b^2}\right)^2。\tag{b}$$

将式(b)代入式(15-4),得出求自然频率的公式

$$\omega^2=\frac{D\gamma^4}{m}=\pi^4\left(\frac{m^2}{a^2}+\frac{n^2}{b^2}\right)^2\frac{D}{m}。\tag{c}$$

命 m 及 n 取不同的整数值,可以求得相应于不同振型的自然频率

$$\omega_{mn}=\pi^2\left(\frac{m^2}{a^2}+\frac{n^2}{b^2}\right)\sqrt{\frac{D}{m}}。\tag{15-6}$$

当薄板以这一频率振动时,振型函数为

$$W_{mn}=\sin\frac{m\pi x}{a}\sin\frac{n\pi y}{b},$$

而薄板的挠度为

$$w=(A_{mn}\cos\omega_{mn}t+B_{mn}\sin\omega_{mn}t)\sin\frac{m\pi x}{a}\sin\frac{n\pi y}{b}。\tag{d}$$

当 $m=n=1$ 时,由式(15-6)得到薄板的最低自然频率

$$\omega_{\min}=\omega_{11}=\pi^2\left(\frac{1}{a^2}+\frac{1}{b^2}\right)\sqrt{\frac{D}{m}}。$$

与此相应,薄板振动的振型函数为

$$W_{11}=\sin\frac{\pi x}{a}\sin\frac{\pi y}{b},$$

而薄板在 x 方向和 y 方向都只有一个正弦半波。最大挠度发生在薄板的中央 $(x=a/2,y=b/2)$。

当 $m=2$ 而 $n=1$ 时,自然频率为

$$\omega_{21}=\pi^2\left(\frac{4}{a^2}+\frac{1}{b^2}\right)\sqrt{\frac{D}{m}}。$$

相应的振型函数为

$$W_{21} = \sin\frac{2\pi x}{a}\sin\frac{\pi y}{b}。$$

薄板在 x 方向有两个正弦半波,而在 y 方向只有一个正弦半波。对称轴 $x = a/2$ 是一根节线(挠度为零的线,亦即在薄板振动时保持静止的线),如图 15-1b 所示,图中的有阴线部分及空白部分表示相反方向的挠度。

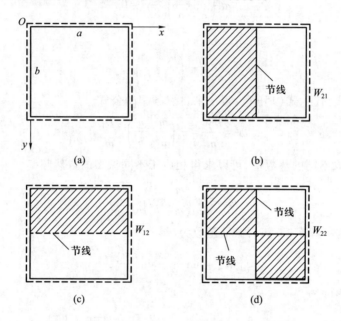

图 15-1

当 $m = 1$ 而 $n = 2$ 时,得到

$$\omega_{12} = \pi^2\left(\frac{1}{a^2}+\frac{4}{b^2}\right)\sqrt{\frac{D}{\bar{m}}}, \qquad W_{12} = \sin\frac{\pi x}{a}\sin\frac{2\pi y}{b},$$

$y = b/2$ 是一根节线,如图 15-1c 所示。当 $m = n = 2$ 时,得到

$$\omega_{22} = \pi^2\left(\frac{4}{a^2}+\frac{4}{b^2}\right)\sqrt{\frac{D}{\bar{m}}}, \qquad W_{22} = \sin\frac{2\pi x}{a}\sin\frac{2\pi y}{b},$$

$x = a/2$ 和 $y = b/2$ 是两根节线,如图 15-1d 所示。余类推。

薄板在自由振动中任一瞬时的总挠度,可以写成如式(d)形式的挠度表达式的总和,即

$$w = \sum_{m=1}^{\infty}\sum_{n=1}^{\infty}(A_{mn}\cos\omega_{mn}t + B_{mn}\sin\omega_{mn}t)\sin\frac{m\pi x}{a}\sin\frac{n\pi y}{b}。 \qquad (e)$$

为了把式(e)中的系数 A_{mn} 及 B_{mn} 用已知的初挠度 w_0 及初速度 v_0 来表示,首先要

把 w_0 及 v_0 表示成为振型函数的级数:

$$
\left.
\begin{aligned}
w_0 &= \sum_{m=1}^{\infty} \sum_{n=1}^{\infty} C_{mn} W_{mn} = \sum_{m=1}^{\infty} \sum_{n=1}^{\infty} C_{mn} \sin \frac{m\pi x}{a} \sin \frac{n\pi y}{b}, \\
v_0 &= \sum_{m=1}^{\infty} \sum_{n=1}^{\infty} D_{mn} W_{mn} = \sum_{m=1}^{\infty} \sum_{n=1}^{\infty} D_{mn} \sin \frac{m\pi x}{a} \sin \frac{n\pi y}{b}.
\end{aligned}
\right\} \quad (\mathrm{f})
$$

按照级数展开的公式(13-25),有

$$
\left.
\begin{aligned}
C_{mn} &= \frac{4}{ab} \int_0^a \int_0^b w_0 \sin \frac{m\pi x}{a} \sin \frac{n\pi y}{b} \mathrm{d}x\mathrm{d}y, \\
D_{mn} &= \frac{4}{ab} \int_0^a \int_0^b v_0 \sin \frac{m\pi x}{a} \sin \frac{n\pi y}{b} \mathrm{d}x\mathrm{d}y.
\end{aligned}
\right\} \quad (15\text{-}7)
$$

另一方面,根据初始条件

$$
(w)_{t=0} = w_0, \qquad \left(\frac{\partial w}{\partial t}\right)_{t=0} = v_0,
$$

由式(e)及式(f)得

$$
\sum_{m=1}^{\infty} \sum_{n=1}^{\infty} A_{mn} \sin \frac{m\pi x}{a} \sin \frac{n\pi y}{b} = \sum_{m=1}^{\infty} \sum_{n=1}^{\infty} C_{mn} \sin \frac{m\pi x}{a} \sin \frac{n\pi y}{b},
$$

$$
\sum_{m=1}^{\infty} \sum_{n=1}^{\infty} \omega_{mn} B_{mn} \sin \frac{m\pi x}{a} \sin \frac{n\pi y}{b} = \sum_{m=1}^{\infty} \sum_{n=1}^{\infty} D_{mn} \sin \frac{m\pi x}{a} \sin \frac{n\pi y}{b},
$$

由此得

$$
A_{mn} = C_{mn}, \qquad B_{mn} = \frac{D_{mn}}{\omega_{mn}}.
$$

代入式(e),即得完整的解答如下:

$$
w = \sum_{m=1}^{\infty} \sum_{n=1}^{\infty} \left(C_{mn} \cos \omega_{mn} t + \frac{D_{mn}}{\omega_{mn}} \sin \omega_{mn} t \right) \sin \frac{m\pi x}{a} \sin \frac{n\pi y}{b}, \quad (15\text{-}8)
$$

其中的系数 C_{mn} 及 D_{mn} 如式(15-7)所示。

如果矩形薄板的边界并非全为简支边,就不可能求得自由振动的完整解答。

§15-3　对边简支矩形薄板的自由振动

当矩形薄板的对边为简支边时(其余两边可以是任意边),虽然不可能求得自由振动的完整解答,但是可以求得振型微分方程的函数形式的非零解,从而求得薄板自然频率的精确值。

设薄板的 $x=0$ 及 $x=a$ 的两边为简支边,如图 15-2 所示。取振型函数为

$$W=Y_m \sin \frac{m\pi x}{a},\qquad\text{(a)}$$

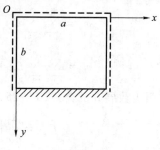

图 15-2

其中的 Y_m 只是 y 的函数,可以满足该两简支边的边界条件。将式(a)代入振型微分方程(15-5),得出常微分方程

$$\frac{\mathrm{d}^4 Y_m}{\mathrm{d}y^4}-\frac{2m^2\pi^2}{a^2}\frac{\mathrm{d}^2 Y_m}{\mathrm{d}y^2}+\left(\frac{m^4\pi^4}{a^4}-\gamma^2\right)Y_m=0,\quad\text{(b)}$$

它的特征方程是

$$r^4-\frac{2m^2\pi^2}{a^2}r^2+\left(\frac{m^4\pi^4}{a^4}-\gamma^4\right)=0,$$

而这个代数方程的四个根是

$$\pm\sqrt{\frac{m^2\pi^2}{a^2}+\gamma^2}\,,\qquad\pm\sqrt{\frac{m^2\pi^2}{a^2}-\gamma^2}\,。\qquad\text{(c)}$$

在大多数的情况下,$\gamma^2>m^2\pi^2/a^2$,而式(c)所示的四个根是两实两虚,可以写成

$$\pm\sqrt{\gamma^2+\frac{m^2\pi^2}{a^2}}\,,\qquad\pm\mathrm{i}\sqrt{\gamma^2-\frac{m^2\pi^2}{a^2}}\,。$$

注意 $\gamma^2=\omega\sqrt{m/D}$,取正实数

$$\left.\begin{aligned}\alpha&=\sqrt{\gamma^2+\frac{m^2\pi^2}{a^2}}=\sqrt{\omega\sqrt{\frac{\overline{m}}{D}}+\frac{m^2\pi^2}{a^2}}\,,\\[2mm]\beta&=\sqrt{\gamma^2-\frac{m^2\pi^2}{a^2}}=\sqrt{\omega\sqrt{\frac{\overline{m}}{D}}-\frac{m^2\pi^2}{a^2}}\,,\end{aligned}\right\}\qquad\text{(d)}$$

则上述四个根成为 $\pm\alpha$ 及 $\pm\mathrm{i}\beta$,而微分方程(b)的解答可以写成

$$Y_m=C_1\cosh\alpha y+C_2\sinh\alpha y+C_3\cos\beta y+C_4\sin\beta y,$$

从而得振型函数的表达式

$$W=(C_1\cosh\alpha y+C_2\sinh\alpha y+C_3\cos\beta y+C_4\sin\beta y)\sin\frac{m\pi x}{a}。\qquad\text{(15-9)}$$

在少数情况下,$\gamma^2<m^2\pi^2/a^2$,而式(c)所示的四个根都是实根。这时,取正实数

$$\left. \begin{array}{l} \alpha = \sqrt{\dfrac{m^2\pi^2}{a^2}+\gamma^2} = \sqrt{\dfrac{m^2\pi^2}{a^2}+\omega\sqrt{\dfrac{\overline{m}}{D}}}\;, \\[4mm] \beta' = \sqrt{\dfrac{m^2\pi^2}{a^2}-\gamma^2} = \sqrt{\dfrac{m^2\pi^2}{a^2}-\omega\sqrt{\dfrac{\overline{m}}{D}}}\;, \end{array} \right\} \qquad (\mathrm{e})$$

则振型函数的表达式成为

$$W = (C_1\cosh\,\alpha y + C_2\sinh\,\alpha y + C_3\cosh\,\beta' y + C_4\sinh\,\beta' y)\sin\dfrac{m\pi x}{a}\,。\quad(15\text{-}10)$$

不论在哪一种情况下,都可由边界 $y=0$ 及 $y=b$ 处的四个边界条件得出 C_1 至 C_4 的一组四个齐次线性方程。相应于薄板的任何振动,振型函数 W 必须具有某一个非零解,因而系数 C_1 至 C_4 不能都等于零。于是,可以命上述齐次线性方程组的系数行列式等于零,从而得到一个计算自然频率的方程。

例如,设 $y=0$ 的一边为简支边而 $y=b$ 的一边为固定边,如图 15-2 所示,则有如下的四个边界条件:

$$(W)_{y=0}=0, \qquad \left(\dfrac{\partial^2 W}{\partial y^2}\right)_{y=0}=0,$$

$$(W)_{y=b}=0, \qquad \left(\dfrac{\partial W}{\partial y}\right)_{y=b}=0\,。$$

将式(15-9)代入,得到 C_1 至 C_4 的齐次线性方程组

$$C_1+C_3=0,$$

$$\alpha^2 C_1-\beta^2 C_3=0,$$

$$\cosh\,\alpha b C_1+\sinh\,\alpha b C_2+\cos\,\beta b C_3+\sin\,\beta b C_4=0,$$

$$\alpha\sinh\,\alpha b C_1+\alpha\cosh\,\alpha b C_2-\beta\sin\,\beta b C_3+\beta\cos\,\beta b C_4=0\,。$$

命这一方程组的系数行列式等于零,即

$$\begin{vmatrix} 1 & 0 & 1 & 0 \\ \alpha^2 & 0 & -\beta^2 & 0 \\ \cosh\,\alpha b & \sinh\,\alpha b & \cos\,\beta b & \sin\,\beta b \\ \alpha\sinh\,\alpha b & \alpha\cosh\,\alpha b & -\beta\sin\,\beta b & \beta\cos\,\beta b \end{vmatrix}=0\,。$$

展开以后,进行一些简化,最后可得出 $\beta\tanh\,\alpha b-\alpha\tan\,\beta b=0$,或

$$\dfrac{\tanh\,\alpha b}{\alpha b}-\dfrac{\tan\,\beta b}{\beta b}=0\,。$$

利用式(d),上列方程可以改写为

$$\dfrac{\tanh\sqrt{\omega b^2\sqrt{\overline{m}/D}+m^2\pi^2 b^2/a^2}}{\sqrt{\omega b^2\sqrt{\overline{m}/D}+m^2\pi^2 b^2/a^2}}$$

$$-\frac{\tan\sqrt{\omega b^2 \sqrt{\overline{m}/D}-m^2\pi^2 b^2/a^2}}{\sqrt{\omega b^2 \sqrt{\overline{m}/D}-m^2\pi^2 b^2/a^2}}=0_\circ \tag{f}$$

对于一定的边长 a 和 b ,可取 $m=1,2,3,\cdots$,用试算法求得 $\omega b^2\sqrt{\overline{m}/D}$ 的实根,即可求得自然频率 ω 。

用如上所述方法求得的最低自然频率,可以表示为

$$\omega_{\min}=\frac{k}{b^2}\sqrt{\frac{D}{\overline{m}}}, \tag{g}$$

其中的 k 是量纲为一的系数,它依赖于边长比值 a/b 。算得的 k 值如下表所示。

a/b	0.5	0.75	1.0	1.25	1.5	2.0	3.0
k	51.67	30.67	23.65	20.53	18.90	17.33	16.25

这样进行计算,虽然可以求得自然频率的精确值,但代数运算和数值计算都是比较繁的。因此,在工程实践中计算矩形板的自然频率,特别是最低自然频率,不论边界条件如何,都宜用差分法或能量法,分别见 §15-5 及 §15-6。

§15-4　圆形薄板的自由振动

对于圆形薄板的自由振动,也可以与上相同地进行分析,但须将用到的各个方程向极坐标中变换。在极坐标中,薄板的自由振动微分方程仍然可以写成式(15-1)的形式,即

$$\nabla^4 w+\frac{\overline{m}}{D}\frac{\partial^2 w}{\partial t^2}=0, \tag{a}$$

但其中 $w=w(\rho,\varphi,t)$,而

$$\nabla^4=\left(\frac{\partial^2}{\partial\rho^2}+\frac{1}{\rho}\frac{\partial}{\partial\rho}+\frac{1}{\rho^2}\frac{\partial^2}{\partial\varphi^2}\right)^2_\circ$$

现在,仍然把微分方程(a)的解答取为无数多简谐振动的叠加,即

$$w=\sum_{m=1}^\infty w_m=\sum_{m=1}^\infty (A_m\cos\omega_m t+B_m\sin\omega_m t)W_m(\rho,\varphi), \tag{b}$$

其中 ω_m 为各个简谐振动的频率,而 W_m 为相应的振型函数。

为了求出各种振型的振型函数 W_m ,以及与之相应的频率 ω_m ,取

$$w = (A\cos \omega t + B\sin \omega t) W(\rho, \varphi)。$$ （c）

代入微分方程（a），仍然将得出振型微分方程

$$\nabla^4 W - \frac{\omega^2 \overline{m}}{D} W = 0,$$

或

$$\nabla^4 W - \gamma^4 W = 0。$$ （d）

微分方程（d）可以改写为

$$(\nabla^2 + \gamma^2)(\nabla^2 - \gamma^2) W = 0,$$

也就是

$$\left(\frac{\partial^2}{\partial \rho^2} + \frac{1}{\rho} \frac{\partial}{\partial \rho} + \frac{1}{\rho^2} \frac{\partial^2}{\partial \varphi^2} + \gamma^2 \right) \left(\frac{\partial^2}{\partial \rho^2} + \frac{1}{\rho} \frac{\partial}{\partial \rho} + \frac{1}{\rho^2} \frac{\partial^2}{\partial \varphi^2} - \gamma^2 \right) W = 0。$$ （e）

显然，微分方程

$$\left(\frac{\partial^2}{\partial \rho^2} + \frac{1}{\rho} \frac{\partial}{\partial \rho} + \frac{1}{\rho^2} \frac{\partial^2}{\partial \varphi^2} \pm \gamma^2 \right) W = 0$$ （f）

的解，都将是微分方程（e）的解，因而也是微分方程（d）的解。

取振型函数为如下的形式：

$$W = F(\rho) \cos n\varphi,$$ （g）

其中 $n = 0, 1, 2, \cdots$。相应于 $n = 0$，振型是轴对称的。相应于 $n = 1$ 及 $n = 2$，薄板的环向围线将分别具有一个及两个波，也就是，薄板的中面将分别具有一根或两根径向节线，余类推。将式（g）代入式（f），得常微分方程

$$\frac{\mathrm{d}^2 F}{\mathrm{d}\rho^2} + \frac{1}{\rho} \frac{\mathrm{d}F}{\mathrm{d}\rho} + \left(\pm \gamma^2 - \frac{n^2}{\rho^2} \right) F = 0,$$

或引用量纲为一的变量 $x = \gamma\rho$ 而得

$$x^2 \frac{\mathrm{d}^2 F}{\mathrm{d}x^2} + x \frac{\mathrm{d}F}{\mathrm{d}x} + (\pm x^2 - n^2) F = 0。$$

这一微分方程的解答是

$$F = C_1 J_n(x) + C_2 N_n(x) + C_3 I_n(x) + C_4 K_n(x),$$ （h）

其中 $J_n(x)$ 及 $N_n(x)$ 分别为实宗量的、n 阶的第一种及第二种贝塞尔函数，$I_n(x)$ 及 $K_n(x)$ 分别为虚宗量的、n 阶的第一种及第二种贝塞尔函数。将式（h）代入式（g），即得振型函数如下：

$$W = [C_1 J_n(x) + C_2 N_n(x) + C_3 I_n(x) + C_4 K_n(x)] \cos n\varphi。$$ （15-11）

如果薄板具有圆孔，则在外边界及孔边各有两个边界条件。利用这四个边界条件，可得出 C_1、C_2、C_3、C_4 的一组四个齐次线性方程。命这一方程组的系数行列式等于零，可以得出计算频率的方程，从而求得各阶的自然频率。

如果薄板无孔,则在薄板的中心 $(x = \gamma\rho = 0)$, $N_n(x)$ 及 $K_n(x)$ 成为无限大。为了使 W 不致成为无限大,须在式(15-11)中取 $C_2 = C_4 = 0$。于是式(15-11)简化为

$$W = [C_1 J_n(x) + C_3 I_n(x)] \cos n\varphi。 \tag{15-12}$$

利用板边的两个边界条件,可以得出 C_1 及 C_3 的一组两个齐次线性方程。命方程组的系数行列式等于零,也就得出计算自然频率的方程。

§15-5　用差分法求自然频率

只有在前两节中提到的那几种简单情况下,才可能求得振型微分方程的函数形式的非零解,从而求得薄板自然频率的精确值。在其他的情况下,振型微分方程可以用差分法进行处理,从而求得自然频率的近似值。不须采用很密的网格,就可以求得满足工程上精度要求的自然频率,特别是最低的自然频率。

按照振型微分方程(15-3),在任一典型结点 0,如图 14-1 所示,有

$$(\nabla^4 W)_0 - \frac{\omega^2 \overline{m}}{D} W_0 = 0。$$

利用 §14-1 中的差分公式,可得上列方程的差分形式

$$20 W_0 - 8(W_1 + W_2 + W_3 + W_4) + 2(W_5 + W_6 + W_7 + W_8) +$$

$$(W_9 + W_{10} + W_{11} + W_{12}) - \frac{\omega^2 \overline{m} h^4}{D} W_0 = 0,$$

其中 h 是网格间距。引用量纲为一的常数

$$\lambda = \frac{\omega^2 \overline{m} h^4}{D}, \tag{15-13}$$

则上述差分方程成为

$$(20 - \lambda) W_0 - 8(W_1 + W_2 + W_3 + W_4) + 2(W_5 + W_6 +$$

$$W_7 + W_8) + (W_9 + W_{10} + W_{11} + W_{12}) = 0。 \tag{15-14}$$

应用边界条件以后,这些齐次线性方程中的未知 W 值的数目将等于方程的数目。为了薄板可能发生的自由振动,必须这些 W 值具有非零解,因而上述齐次线性方程的系数行列式必须等于零。这样就得出一个以 λ 为未知值的方程。由这个方程求出 λ,即可用式(15-13)求得自然频率 ω。

例如,对于图 15-3a 所示的简支边正方形薄板,首先用 2×2 的网格,即 $h = a/2$,为结点 a 列出(15-14)型的差分方程,并应用简支边的边界条件,得

$$(20-\lambda)W_a-8(0)+2(0)+(-4W_a)=0,$$

即　　　　　　　　　　　　　$$(16-\lambda)W_a=0。$$

命系数行列式等于零,也就是命唯一的系数等于零,即 $16-\lambda=0$,得到 $\lambda=16$。于是由式(15-13)得

$$\omega=\sqrt{\frac{\lambda D}{mh^4}}=\sqrt{\frac{16D}{mh^4}}=\frac{4}{h^2}\sqrt{\frac{D}{m}}=\frac{16}{a^2}\sqrt{\frac{D}{m}}。\qquad (a)$$

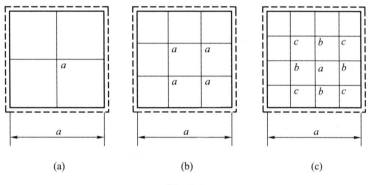

(a)　　　　　　　　　(b)　　　　　　　　　(c)

图 15-3

其次,用 3×3 的网格,即 $h=a/3$,如图 15-3b 所示。假定振型为两向对称,因而四个内结点处的挠度相同,均为 W_a。为任一内结点列出式(15-14)型的差分方程,并应用简支边的边界条件,得

$$(20-\lambda)W_a-8(2W_a)+2(W_a)+2(-W_a)=0。$$

归项以后得

$$(4-\lambda)W_a=0。$$

命 W_a 的系数等于零,得 $\lambda=4$,从而由式(15-13)得

$$\omega=\sqrt{\frac{\lambda D}{mh^4}}=\sqrt{\frac{4D}{mh^4}}=\frac{2}{h^2}\sqrt{\frac{D}{m}}=\frac{18}{a^2}\sqrt{\frac{D}{m}}。\qquad (b)$$

如果不假定振型为对称,则将有四个独立的未知 W 值,得出 λ 的四次方程,但这个方程的最小根仍然是 $\lambda=4$,得出的最低自然频率与上相同。

再其次,用 4×4 的网格,即 $h=a/4$,如图 15-3c 所示。假定振型为四向对称,则仅有三个独立的未知 W 值,即 W_a、W_b、W_c。为 a、b、c 三结点列出式(15-14)型的差分方程,并应用简支边的边界条件,得

$$(20-\lambda)W_a-8(4W_b)+2(4W_c)=0,$$
$$(20-\lambda)W_b-8(W_a+2W_c)+2(2W_b)=0,$$

$$(20-\lambda)W_c - 8(2W_b) + 2(W_a) = 0。$$

简化以后,得

$$
\left.
\begin{aligned}
(20-\lambda)W_a - 32W_b + 8W_c &= 0,\\
-8W_a + (24-\lambda)W_b - 16W_c &= 0,\\
2W_a - 16W_b + (20-\lambda)W_c &= 0。
\end{aligned}
\right\}
\qquad\text{(c)}
$$

命这一方程组的系数行列式等于零,得

$$
\begin{vmatrix}
20-\lambda & -32 & 8\\
-8 & 24-\lambda & -16\\
2 & -16 & 20-\lambda
\end{vmatrix} = 0。
$$

展开以后,得 λ 的三次方程

$$\lambda^3 - 64\lambda^2 + 832\lambda - 1\,024 = 0,$$

它的最小实根是 1.373。于是,得最低自然频率

$$\omega_{\min} = \sqrt{\frac{\lambda D}{\overline{m}h^4}} = \sqrt{\frac{1.373D}{\overline{m}h^4}} = \frac{18.75}{a^2}\sqrt{\frac{D}{\overline{m}}}。 \qquad\text{(d)}$$

在式(15-6)中命 $m=n=1, b=a$,得简支边正方形薄板的最低自然频率的精确值

$$\omega_{\min} = \frac{2\pi^2}{a^2}\sqrt{\frac{D}{\overline{m}}} = \frac{19.74}{a^2}\sqrt{\frac{D}{\overline{m}}}。$$

可见,式(a)、(b)及式(d)给出的最低自然频率分别比精确值小了 19%、9% 及 5%。

为了明确与式(d)所示频率相应的振型,将相应的 λ 值即 1.373 代入式(c)中的任何两个方程,例如前两个方程,得到

$$18.627W_a - 32W_b + 8W_c = 0,$$
$$-8W_a + 22.627W_b - 16W_c = 0。$$

求解 W_b 及 W_c,用 W_a 表示,得

$$W_b = 0.707W_a, \qquad W_c = 0.500W_a。$$

如果将这个解答和 $\lambda = 1.373$ 代入式(c)中的第三个方程,当然也会满足。于是,与式(d)所示频率相应的振型,可由如下的比值反映出来:

$$W_a : W_b : W_c = 1 : 0.707 : 0.500。$$

§15-6　用能量法求自然频率

瑞利曾经提出一个计算薄板最低自然频率的近似法,即所谓能量法,其原理如下:

在§15-1中已经说明,当薄板以某一频率 ω 及振型 $W(x,y)$ 进行自由振动时,它的瞬时挠度可以表示成为

$$w = (A\cos \omega t + B\sin \omega t)W(x,y)。 \tag{a}$$

如果以薄板经过平衡位置的瞬时作为初瞬时($t=0$),则有

$$(w)_{t=0} = AW(x,y) = 0。$$

由此可见,$A=0$。将常数 B 归入 $W(x,y)$,则式(a)简化为

$$w = W(x,y)\sin \omega t。 \tag{b}$$

速度的表达式则成为

$$\frac{\partial w}{\partial t} = W(x,y)\omega\cos \omega t。 \tag{c}$$

为了计算能量时比较简便,假定薄板并不受有静荷载,于是静挠度 w_e 等于零,而薄板的平衡位置就相应于无挠度时的平面状态。这样,由式(b)及式(c)可见,当薄板距平衡位置最远时,即 w 为最大或最小时,有 $\sin \omega t = \pm 1$,$w = \pm W$,$\cos \omega t = 0$,从而有 $\frac{\partial w}{\partial t} = 0$。这时,薄板的动能为零而应变能达到最大值。按照式(14-22)或式(14-23),这个最大应变能是

$$V_{\varepsilon,\max} = \frac{D}{2}\iint_A \left\{ (\nabla^2 W)^2 - 2(1-\mu)\left[\frac{\partial^2 W}{\partial x^2}\frac{\partial^2 W}{\partial y^2} - \left(\frac{\partial^2 W}{\partial x\partial y}\right)^2\right] \right\}\mathrm{d}x\mathrm{d}y,$$
$$\tag{15-15}$$

或者在薄板只有固定边和简支边的情况下,上式简化为

$$V_{\varepsilon,\max} = \frac{D}{2}\iint_A (\nabla^2 W)^2 \mathrm{d}x\mathrm{d}y。 \tag{15-16}$$

当薄板经过平衡位置时,有 $w=0$,$\sin \omega t = 0$,$\cos \omega t = \pm 1$,速度达到最大值 $\pm\omega W$。这时,薄板的应变能为零,而动能达到最大值。按照式(c),这个最大动能是

$$E_{k,\max} = \iint_A \frac{1}{2}\overline{m}\left(\frac{\partial w}{\partial t}\right)^2 \mathrm{d}x\mathrm{d}y = \frac{\omega^2}{2}\iint_A \overline{m}W^2 \mathrm{d}x\mathrm{d}y。 \tag{15-17}$$

根据能量守恒定理,薄板在距平衡位置最远时的应变能应等于它在平衡位

置时的动能：

$$V_{\varepsilon,\max} = E_{k,\max}, \quad 即 \quad V_{\varepsilon,\max} - E_{k,\max} = 0。$$

于是,如果设定薄板的振型函数 W,使其满足边界条件,并且尽可能地符合频率最低的振型,根据这个 W 求出 $V_{\varepsilon,\max}$ 及 $E_{k,\max}$,命 $V_{\varepsilon,\max} = E_{k,\max}$,即可求得最低自然频率。

由于设定的振型函数 W 未必能相应于最低频率的振型,所以这样求得的最低频率可能不够精确。为了求得较精确的最低自然频率,里茨建议把振型函数取为

$$W = \sum_m C_m W_m, \tag{15-18}$$

其中 W_m 是满足边界条件的设定函数,C_m 是互不依赖的待定系数,然后选择系数 C_m,使得 $V_{\varepsilon,\max} - E_{k,\max}$ 为最小,即

$$\frac{\partial}{\partial C_m}(V_{\varepsilon,\max} - E_{k,\max}) = 0。 \tag{15-19}$$

这是关于 C_m 的一组 m 个齐次线性方程。为了 W 具有非零解,必须 C_m 具有非零解,因而该线性方程组的系数行列式必须等于零。这样就得出求解自然频率 ω 的方程。

方程(15-19)可以导出如下：

命

$$Q = \frac{1}{2}\iint_A \overline{m}W^2 \mathrm{d}x\mathrm{d}y,$$

则由式(15-17)及 $E_{k,\max} = V_{\varepsilon,\max}$ 可得

$$Q = E_{k,\max}/\omega^2, \tag{d}$$

$$\omega^2 = V_{\varepsilon,\max}/Q。 \tag{e}$$

为了求得最低频率,按照式(e)命 $\dfrac{\partial \omega^2}{\partial C_m} = 0$,得出

$$\frac{1}{Q}\left(\frac{\partial V_{\varepsilon,\max}}{\partial C_m} - \frac{V_{\varepsilon,\max}}{Q}\frac{\partial Q}{\partial C_m}\right) = 0。$$

将由式(d)得来的 $\dfrac{\partial Q}{\partial C_m} = \dfrac{\partial E_{k,\max}}{\partial C_m}\Big/\omega^2$ 代入,并按照式(e)将 $V_{\varepsilon,\max}/Q$ 用 ω^2 代替,然后删去因子 $1/Q$,即得方程(15-19)。

在理论上,设定的振型函数只须满足位移边界条件,而不一定要满足内力边界条件,因为内力边界条件是平衡条件,而在能量法中,已经用能量关系代替了平衡条件。但是,如果能够同时满足一部分或全部内力边界条件,则求得的最低频率可以具有较好的精度。

对于圆形薄板,宜用极坐标进行分析。为此,振型函数须改用极坐标表示,即

$$W = W(\rho, \varphi)。 \tag{15-20}$$

与此相应,$V_{\varepsilon,\max}$ 也须改用极坐标表示。参阅式(14-26),可得

$$V_{\varepsilon,\max} = \frac{D}{2} \iint_A \left\{ (\nabla^2 W)^2 - 2(1-\mu) \left[\frac{\partial^2 W}{\partial \rho^2} \left(\frac{1}{\rho} \frac{\partial W}{\partial \rho} + \right.\right.\right.$$

$$\left.\left.\left. \frac{1}{\rho^2} \frac{\partial^2 W}{\partial \varphi^2} \right) - \left(\frac{1}{\rho} \frac{\partial^2 W}{\partial \rho \partial \varphi} - \frac{1}{\rho^2} \frac{\partial W}{\partial \varphi} \right)^2 \right] \right\} \rho \, \mathrm{d}\rho \, \mathrm{d}\varphi。 \tag{15-21}$$

当全部边界为固定边时,参阅式(14-23),可得

$$V_{\varepsilon,\max} = \frac{D}{2} \iint_A (\nabla^2 W)^2 \rho \, \mathrm{d}\rho \, \mathrm{d}\varphi。 \tag{15-22}$$

同样 $E_{k,\max}$ 也须改用极坐标表示,成为

$$E_{k,\max} = \frac{\omega^2}{2} \iint_A \overline{m} W^2 \rho \, \mathrm{d}\rho \, \mathrm{d}\varphi。 \tag{15-23}$$

对于圆形薄板的轴对称自由振动,参阅式(14-28),可得

$$V_{\varepsilon,\max} = \pi D \int \left[\rho \left(\frac{\mathrm{d}^2 W}{\mathrm{d}\rho^2} \right)^2 + \frac{1}{\rho} \left(\frac{\mathrm{d}W}{\mathrm{d}\rho} \right)^2 + 2\mu \frac{\mathrm{d}W}{\mathrm{d}\rho} \frac{\mathrm{d}^2 W}{\mathrm{d}\rho^2} \right] \mathrm{d}\rho。 \tag{15-24}$$

当全部边界为固定边时,参阅式(14-30),可得

$$V_{\varepsilon,\max} = \pi D \int \left[\rho \left(\frac{\mathrm{d}^2 W}{\mathrm{d}\rho^2} \right)^2 + \frac{1}{\rho} \left(\frac{\mathrm{d}W}{\mathrm{d}\rho} \right)^2 \right] \mathrm{d}\rho。 \tag{15-25}$$

最大动能的式(15-23)则简化为

$$E_{k,\max} = \pi \omega^2 \int \overline{m} W^2 \rho \, \mathrm{d}\rho。 \tag{15-26}$$

当薄板上尚有集中质量随同薄板振动时,还须按照设定的振型函数 W,求出集中质量的最大动能,计入 $E_{k,\max}$,然后进行计算。

对于用肋条加强了的薄板,即所谓加肋板,仍然可以用能量法求得最低自然频率。计算的步骤同上,但须按照肋条的弯曲刚度和设定的振型函数 W,求出各个肋条的最大应变能,计入 $V_{\varepsilon,\max}$,还须按照肋条的质量分布和设定的 W,求出各个肋条的最大动能,计入 $E_{k,\max}$,然后进行计算。

读者试证:如果在式(15-18)中只取一项,则由式(15-19)可以得到 $V_{\varepsilon,\max} = E_{k,\max}$。

§15-7 用能量法求自然频率举例

作为第一个例题,试考虑图 15-4 所示的固定边矩形薄板,用瑞利法求最低自然频率。把振型函数取为

$$W = (x^2 - a^2)^2 (y^2 - b^2)^2, \tag{a}$$

可以满足位移边界条件。代入式(15-16),得

$$V_{\varepsilon, \max} = \frac{D}{2} 2 \int_0^a \int_0^b (\nabla^2 W)^2 \mathrm{d}x \mathrm{d}y$$

$$= \frac{2^{14} D}{3^2 \times 5^2 \times 7} \left(a^4 + b^4 + \frac{4}{7} a^2 b^2 \right) a^5 b^5 \text{。}$$

将式(a)代入式(15-17),假定 $\overline{m}$ 为常量,得

$$E_{k, \max} = \frac{\omega^2}{2} \overline{m} 2 \int_0^a \int_0^b W^2 \mathrm{d}x \mathrm{d}y = \frac{2^{15} \omega^2 \overline{m}}{3^4 \times 5^2 \times 7^2} a^9 b^9 \text{。}$$

于是,由 $V_{\varepsilon, \max} = E_{k, \max}$ 得出

$$\omega^2 = \frac{63 D}{2 a^4 b^4 \overline{m}} \left(a^4 + b^4 + \frac{4}{7} a^2 b^2 \right),$$

从而得到

$$\omega = \frac{\sqrt{\dfrac{63}{2} \left(1 + \dfrac{4}{7} \dfrac{a^2}{b^2} + \dfrac{a^4}{b^4} \right)}}{a^2} \sqrt{\frac{D}{\overline{m}}} \text{。} \tag{b}$$

对于正方形薄板,$b = a$,得到

$$\omega = \frac{9.000}{a^2} \sqrt{\frac{D}{\overline{m}}} \text{。}$$

与精确解答 $\dfrac{8.996}{a^2} \sqrt{\dfrac{D}{\overline{m}}}$ 几乎一致。

作为第二个例题,考虑四边简支的矩形薄板,如图 15-5 所示,用里茨法求最低自然频率。取振型函数为

$$W = \sum_{m=1}^{\infty} \sum_{n=1}^{\infty} C_{mn} W_{mn} = \sum_{m=1}^{\infty} \sum_{n=1}^{\infty} C_{mn} \sin \frac{m \pi x}{a} \sin \frac{n \pi y}{b}, \tag{c}$$

可以满足位移边界条件(同时也能满足内力边界条件)。代入式(15-16),得

$$V_{\varepsilon,\max} = \frac{\pi^4 abD}{8} \sum_{m=1}^{\infty} \sum_{n=1}^{\infty} C_{mn}^2 \left(\frac{m^2}{a^2} + \frac{n^2}{b^2} \right)^2 。$$

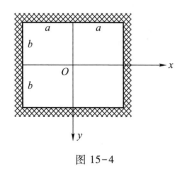

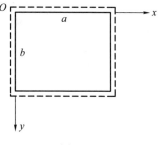

图 15-4   图 15-5

将式(c)代入式(15-17),假定$\overline{m}$为常量,得

$$E_{k,\max} = \frac{\omega^2 \overline{m}}{2} \int_0^a \int_0^b \left[\sum_{m=1}^{\infty} \sum_{n=1}^{\infty} C_{mn} \sin \frac{m\pi x}{a} \sin \frac{n\pi y}{b} \right]^2 \mathrm{d}x\mathrm{d}y$$

$$= \frac{\omega^2 \overline{m} ab}{8} \sum_{m=1}^{\infty} \sum_{n=1}^{\infty} C_{mn}^2 。$$

于是,由$\dfrac{\partial}{\partial C_{mn}}(V_{\varepsilon,\max} - E_{k,\max}) = 0$ 得出

$$\frac{\pi^4 abD}{8} 2C_{mn}\left(\frac{m^2}{a^2} + \frac{n^2}{b^2} \right)^2 - \frac{\omega^2 \overline{m} ab}{8} 2C_{mn} = 0 。$$

命方程的系数行列式等于零(即该系数等于零),得到

$$\omega = \pi^2 \left(\frac{m^2}{a^2} + \frac{n^2}{b^2} \right) \sqrt{\frac{D}{\overline{m}}} ,$$

与§15-2中的精确解答(15-6)相同。

作为第三个例题,试考虑半径为 a 的固定边圆板,用瑞利法求最低自然频率。取振型函数为

$$W = \left(1 - \frac{\rho^2}{a^2} \right)^2 , \tag{d}$$

可以满足边界条件。代入式(15-25),得

$$V_{\varepsilon,\max} = \pi D \int_0^a \left[\rho \left(\frac{\mathrm{d}^2 W}{\mathrm{d}\rho^2} \right)^2 + \frac{1}{\rho} \left(\frac{\mathrm{d}W}{\mathrm{d}\rho} \right)^2 \right] \mathrm{d}\rho = \frac{32}{3a^2} \pi D 。$$

将式(d)代入式(15-26),假定$\overline{m}$为常量,得

$$E_{k,\max} = \pi \omega^2 \, \overline{m} \int_0^a W^2 \rho \, \mathrm{d}\rho = \frac{\pi}{10} \omega^2 \, \overline{m} a^2 \, 。$$

命 $V_{\varepsilon,\max} = E_{k,\max}$，即得

$$\omega = \frac{8\sqrt{15}}{3a^2} \sqrt{\frac{D}{\overline{m}}} = \frac{10.33}{a^2} \sqrt{\frac{D}{\overline{m}}} \, ,$$

比精确解答 $\dfrac{10.22}{a^2}\sqrt{\dfrac{D}{\overline{m}}}$ 只大出 1%。

§15-8 薄板的受迫振动

现在来讨论薄板在动力荷载作用下进行的振动，即所谓受迫振动。薄板的受迫振动微分方程，可以和自由振动微分方程同样地导出如下。

设薄板只受横向静荷载 $q=q(x,y)$ 而不受任何动力荷载，在发生静挠度 $w_e=w_e(x,y)$ 以后处于平衡状态，则薄板每单位面积上所受的弹性力 $D\nabla^4 w_e$ 与静荷载成平衡，即

$$D\nabla^4 w_e = q \, 。 \tag{a}$$

设薄板在动力荷载 $q_t = q_t(x,y,t)$ 的作用下进行振动，而在振动过程中任一瞬时的挠度为 $w_t = w_t(x,y,t)$，则薄板每单位面积上所受的弹性力 $D\nabla^4 w_t$ 将与静荷载 q、动力荷载 q_t 及惯性力 q_i 成平衡，即

$$D\nabla^4 w_t = q + q_t + q_i \, 。 \tag{b}$$

将惯性力 $q_i = -\overline{m}\dfrac{\partial^2 w_t}{\partial t^2}$ 代入式（b）以后，得

$$D\nabla^4 w_t = q + q_t - \overline{m}\frac{\partial^2 w_t}{\partial t^2} \, 。 \tag{c}$$

将式（c）与式（a）相减，得

$$D\nabla^4 (w_t - w_e) = q_t - \overline{m}\frac{\partial^2 w_t}{\partial t^2} \, 。$$

由于 w_e 不随时间而变，$\dfrac{\partial^2 w_e}{\partial t^2} = 0$，所以上式可以改写为

$$D\nabla^4 (w_t - w_e) = q_t - \overline{m}\frac{\partial^2}{\partial t^2}(w_t - w_e) \, 。 \tag{d}$$

注意,$w_t - w_e$ 就是薄板在任一瞬时的、从平衡位置量起的 w,即命 $w = w_t - w_e$,则可由式(d)得

$$D\nabla^4 w = q_t - \overline{m}\frac{\partial^2 w}{\partial t^2},$$

或

$$\nabla^4 w + \frac{\overline{m}}{D}\frac{\partial^2 w}{\partial t^2} = \frac{q_t}{D}。 \qquad (15-27)$$

这就是薄板的受迫振动微分方程。

为了求解薄板的受迫振动问题,必须首先求解该薄板的自由振动问题,求出它的各种振型的振型函数以及相应的自然频率,然后将它所受的动力荷载展为振型函数的级数,即

$$q_t(x,y,t) = \sum_{m=1}^{\infty} F_m(t) W_m(x,y)。 \qquad (15-28)$$

现在,把微分方程(15-27)的解答取为如下的形式:

$$w = \sum_{m=1}^{\infty} w_m = \sum_{m=1}^{\infty} T_m(t) W_m(x,y)。 \qquad (15-29)$$

将式(15-28)及式(15-29)代入式(15-27),得

$$\sum_{m=1}^{\infty} T_m \nabla^4 W_m + \frac{\overline{m}}{D}\sum_{m=1}^{\infty} \frac{\mathrm{d}^2 T_m}{\mathrm{d}t^2}W_m = \frac{1}{D}\sum_{m=1}^{\infty} F_m W_m。 \qquad (e)$$

另一方面,由式(15-5)及式(15-4)可得

$$\nabla^4 W_m = \gamma^4 W_m = \frac{\omega_m^2 \overline{m}}{D}W_m。 \qquad (f)$$

再将式(f)代入式(e)的左边,然后比较两边 W_m 的系数,得

$$\overline{m}\omega_m^2 T_m + \overline{m}\frac{\mathrm{d}^2 T_m}{\mathrm{d}t^2} = F_m,$$

即

$$\frac{\mathrm{d}^2 T_m}{\mathrm{d}t^2} + \omega_m^2 T_m = \frac{1}{\overline{m}}F_m。 \qquad (g)$$

常微分方程(g)的解答可以表示成为

$$T_m = A_m\cos \omega_m t + B_m\sin \omega_m t + \tau_m(t), \qquad (h)$$

其中的 $\tau_m(t)$ 是任一特解。系数 A_m 及 B_m 则须由初始条件来确定,与自由振动的情况下相同。将式(h)代入式(15-29),即得薄板在任一瞬时的挠度

$$w = \sum_{m=1}^{\infty} w_m = \sum_{m=1}^{\infty}\left[A_m\cos \omega_m t + B_m\sin \omega_m t + \tau_m(t)\right]W_m(x,y)。$$

$$(15-30)$$

作为例题,设简支边矩形薄板受有动力荷载

$$q_t = q_0(x,y)\cos \omega t。 \tag{i}$$

这表示:动力荷载的分布形式保持不变,但它的数量却以频率 ω 周期性地随时间变化。

已知简支边矩形薄板的振型函数为

$$W_{mn} = \sin \frac{m\pi x}{a}\sin \frac{n\pi y}{b}。 \tag{j}$$

首先把动力荷载 q_t 的表达式(i)展为振型函数的级数

$$q_t = q_0(x,y)\cos \omega t = \sum_{m=1}^{\infty} \sum_{n=1}^{\infty} C_{mn}\cos \omega t\sin \frac{m\pi x}{a}\sin \frac{n\pi y}{b}, \tag{k}$$

即

$$q_0(x,y) = \sum_{m=1}^{\infty} \sum_{n=1}^{\infty} C_{mn}\sin \frac{m\pi x}{a}\sin \frac{n\pi y}{b}。$$

按照重三角级数的展开公式(13-25),有

$$C_{mn} = \frac{4}{ab} \int_0^a \int_0^b q_0(x,y)\sin \frac{m\pi x}{a}\sin \frac{n\pi y}{b}\mathrm{d}x\mathrm{d}y。 \tag{l}$$

现在,将式(k)及式(j)一并代入式(15-28),并注意到这里的振型函数 W_m 已改用 W_{mn} 表示,故式(15-28)至式(15-30)以及式(e)、(f)、(g)、(h)各式中变量的下标 m 也应改用 mn 表示,求和记号 $\sum_{m=1}^{\infty}$ 也要随之改用 $\sum_{m=1}^{\infty} \sum_{n=1}^{\infty}$ 表示。即可见

$$F_{mn} = C_{mn}\cos \omega t,$$

而常微分方程(g)成为

$$\frac{\mathrm{d}^2 T_{mn}}{\mathrm{d}t^2} + \omega_{mn}^2 T_{mn} = \frac{1}{m}C_{mn}\cos \omega t。$$

这一微分方程的特解可以取为

$$\tau_{mn} = \frac{C_{mn}\cos \omega t}{\overline{m}(\omega_{mn}^2 - \omega^2)}。$$

于是,由式(15-30)得挠度的表达式

$$w = \sum_{m=1}^{\infty} \sum_{n=1}^{\infty} w_{mn} = \sum_{m=1}^{\infty} \sum_{n=1}^{\infty} \left[A_{mn}\cos \omega_{mn}t + B_{mn}\sin \omega_{mn}t + \frac{C_{mn}}{\overline{m}(\omega_{mn}^2 - \omega^2)}\cos \omega t \right] \sin \frac{m\pi x}{a}\sin \frac{n\pi y}{b}, \tag{m}$$

从而得到速度的表达式

$$
\frac{\partial w}{\partial t} = \sum_{m=1}^{\infty} \sum_{n=1}^{\infty} \left[\omega_{mn} (B_{mn} \cos \omega_{mn}t - A_{mn} \sin \omega_{mn}t) - \right.
$$

$$
\left. \frac{C_{mn}}{\overline{m}(\omega_{mn}^2 - \omega^2)} \omega \sin \omega t \right] \sin \frac{m\pi x}{a} \sin \frac{n\pi y}{b}\text{。} \tag{n}
$$

设动力荷载 q_t 开始作用时,薄板是静止地处于平衡位置,则初始条件为

$$
w_0 = (w)_{t=0} = 0, \qquad v_0 = \left(\frac{\partial w}{\partial t} \right)_{t=0} = 0\text{。}
$$

由后一条件得 $B_{mn} = 0$,从而由前一条件得

$$
A_{mn} = -\frac{C_{mn}}{\overline{m}(\omega_{mn}^2 - \omega^2)}\text{。}
$$

代入式(m),即得挠度的最后解答

$$
w = \sum_{m=1}^{\infty} \sum_{n=1}^{\infty} w_{mn} = \sum_{m=1}^{\infty} \sum_{n=1}^{\infty} \frac{C_{mn}}{\overline{m}(\omega_{mn}^2 - \omega^2)} (\cos \omega t - \cos \omega_{mn}t) \sin \frac{m\pi x}{a} \sin \frac{n\pi y}{b},
$$

$$
\tag{o}
$$

其中的系数 C_{mn} 如式(l)所示。

当动力荷载 q_t 的频率 ω 趋于薄板的某一个自然频率 ω_{mn} 时,解答(o)中相应的一项 w_{mn} 将具有 $0/0$ 的形式,不便讨论。因此,利用关系式

$$
\cos \omega t - \cos \omega_{mn}t = 2\sin \frac{(\omega_{mn}+\omega)t}{2} \sin \frac{(\omega_{mn}-\omega)t}{2},
$$

将上述一项变换为

$$
w_{mn} = \frac{C_{mn}}{\overline{m}(\omega_{mn}^2 - \omega^2)} 2\sin \frac{(\omega_{mn}+\omega)t}{2} \times \sin \frac{(\omega_{mn}-\omega)t}{2} \sin \frac{m\pi x}{a} \sin \frac{n\pi y}{b}\text{。}
$$

当 ω 趋于 ω_{mn} 时,这一项成为

$$
w_{mn} = \frac{C_{mn}}{2\overline{m}\omega_{mn}} t\sin(\omega_{mn}t) \sin \frac{m\pi x}{a} \sin \frac{n\pi y}{b},
$$

它具有因子 t,因而随着时间的经过而无限增大,表示共振现象将发生。当然,由于阻尼力的存在,此项振动不会无限增大,但可能增大到一定的数值而使薄板破坏。因此,当设计薄板构件时,和设计其他种类构件时一样,必须使薄板的各阶自然频率不会接近动力荷载的频率,通常是使薄板构件的最低自然频率远大于该构件所可能受到的动力荷载的频率。这就说明,在薄板的振动问题中,最低自然频率的计算是重要的问题。

习　题

15-1　图 15-1a 中的四边简支的矩形薄板，边长为 a 及 b，设其初速度 v_0 为零而初挠度为

$$w_0 = \zeta \sin \frac{\pi x}{a} \sin \frac{\pi y}{b},$$

试导出该薄板自由振动的完整解答。

答案：　$w = \zeta \cos\left[\pi^2 \sqrt{\frac{D}{m}} \left(\frac{1}{a^2} + \frac{1}{b^2} \right) t \right] \sin \frac{\pi x}{a} \sin \frac{\pi y}{b}$。

15-2　矩形薄板，长度为 a 的两边固定，长度为 b 的两边简支，如图 15-6 所示。试导出求解自然频率的方程，并求出 $b = a$ 时的最低自然频率。

提示：注意问题的对称性。

答案：　$\alpha \tanh \frac{\alpha b}{2} + \beta \tan \frac{\beta b}{2} = 0$，　　$\omega_{\min} = \frac{28.9}{a^2} \sqrt{\frac{D}{m}}$。

15-3　圆形薄板，半径为 a，边界固定，如图 15-7 所示，设板作轴对称自由振动，试导出求自然频率的方程，并求出最低自然频率。

答案：　$J_0(\gamma a) I_1(\gamma a) + J_1(\gamma a) I_0(\gamma a) = 0$，　　$\omega_{\min} = \frac{10.22}{a^2} \sqrt{\frac{D}{m}}$。

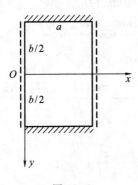

图 15-6

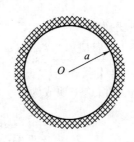

图 15-7

15-4　正方形薄板，边长为 $3h$，如图 15-8 所示，试针对四种不同的边界情况，用 3×3 的网格，计算最低自然频率。对固定边采用较精确的边界条件。

答案：　（a）$\omega_{\min} = \frac{2.33}{h^2} \sqrt{\frac{D}{m}}$，　　（b）$\omega_{\min} = \frac{2.74}{h^2} \sqrt{\frac{D}{m}}$，

　　　　（c）$\omega_{\min} = \frac{2.99}{h^2} \sqrt{\frac{D}{m}}$，　　（d）$\omega_{\min} = \frac{3.32}{h^2} \sqrt{\frac{D}{m}}$。

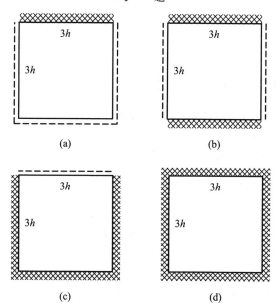

图 15-8

15-5　矩形薄板,两对边简支,两对边固定,如图 15-9 所示。试取振型函数为

$$W = \sin\frac{\pi x}{a}\left(1 - \cos\frac{2\pi y}{b}\right),$$

用能量法求最低自然频率。

　　答案：　$\omega_{\min} = \dfrac{\pi^2}{a^2}\sqrt{1 + \dfrac{8a^2}{3b^2} + \dfrac{16a^4}{3b^4}}\sqrt{\dfrac{D}{m}}$。

15-6　图 15-10 所示矩形薄板,三边简支,一边自由。试取振型函数为

$$W = y\sin\frac{\pi x}{a},$$

用能量法求最低自然频率。

　　答案：　$\omega_{\min} = \dfrac{\pi^2}{a^2}\sqrt{1 + \dfrac{6(1-\mu)a^2}{\pi^2 b^2}}\sqrt{\dfrac{D}{m}}$。

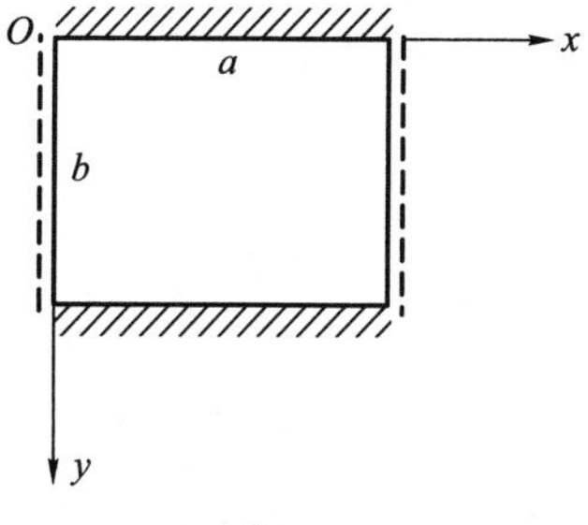

图 15-9

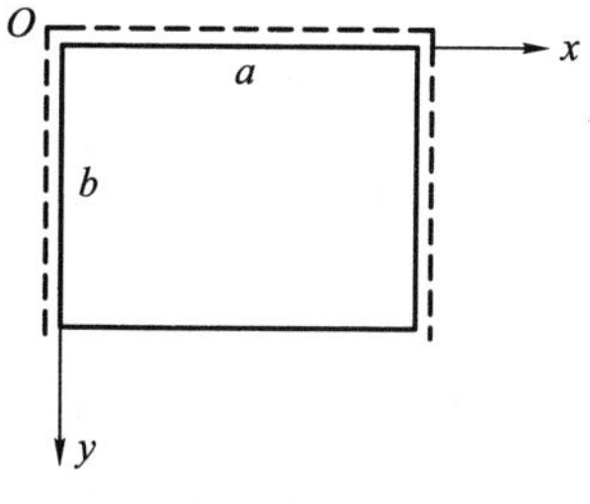

图 15-10

15-7　在习题 15-6 中,假定在自由边的中点还有一个集中质量 M 随着薄板振动,试求最低自然频率。

答案：　$\omega_{min} = \dfrac{\pi^2}{a^2}\sqrt{1+\dfrac{6(1-\mu)a^2}{\pi^2 b^2}}\sqrt{\dfrac{D}{\bar{m}+\dfrac{6M}{ab}}}$。

15-8　在 §15-7 的固定边圆板例题中,假定在薄板中心还有一个集中质量 M 随着薄板振动,试求最低自然频率。

答案：　$\omega_{min} = \dfrac{8\sqrt{15}}{3a^2}\sqrt{\dfrac{D}{\bar{m}+\dfrac{5M}{\pi a^2}}}$。

参 考 教 材

［1］　菲利波夫.弹性系统的振动［M］.俞忽,等,译.北京:建筑工程出版社,1959:第十一章.

［2］　Gorman D J.Free vibration analysis of rectangular plates［M］.Elserier,1982:Chapter 2.

第十六章　薄板的稳定问题

§16-1　薄板受纵横荷载的共同作用

在薄板的小挠度弯曲问题中,假定薄板只受横向荷载,而且假定薄板的挠度很小,可以不计中面内各点平行于中面的位移。这时,薄板的弹性曲面是中面,中面内不发生伸缩和切应变,因而也不受平行于中面的应力。

当薄板在边界上受纵向荷载时,由于板很薄,可以假定只发生平行于中面的应力,而且这些应力不沿薄板的厚度变化。这是薄板在纵向荷载作用下的平面应力问题。这时,薄板每单位宽度上的平面应力将合成为如下的中面内力或薄膜内力:

$$F_{Tx} = \delta\sigma_x, \qquad F_{Ty} = \delta\sigma_y, \atop F_{Txy} = \delta\tau_{xy}, \qquad F_{Tyx} = \delta\tau_{yx}, \Bigg\}　\qquad (a)$$

其中 δ 是薄板的厚度,F_{Tx} 和 F_{Ty} 是拉压力,F_{Txy} 和 F_{Tyx} 称为平错力或纵向剪力,又称为顺剪力。

当薄板同时受横向荷载及纵向荷载时,如果纵向荷载很小,因而中面内力也很小,它对于薄板弯曲的影响可以不计,那么,就可以分别计算两向荷载引起的应力,然后叠加。但是,如果中面内力并非很小,那就必须考虑中面内力对弯曲的影响。下面来导出薄板在这种情况下的弹性曲面微分方程。

试考虑薄板任一微分块的平衡,如图 16-1 所示。为简明起见,只画出该微分块的中面,并将横向荷载以及薄板横截面上的内力用力矢和矩矢表示在中面上。首先,以通过微分块中心而平行于 z 轴的直线为矩轴,写出力矩的平衡方程,略去微量以后,将得出

$$F_{Tyx} = F_{Txy}。 \qquad (b)$$

这也可以根据切应力的互等关系 $\tau_{yx} = \tau_{xy}$ 和式(a)直接导出。其次,将所有各力投射到 x 轴和 y 轴上,列出投影的平衡方程,将得出

$$\frac{\partial F_{Tx}}{\partial x} + \frac{\partial F_{Tyx}}{\partial y} = 0,$$

$$\frac{\partial F_{Ty}}{\partial y} + \frac{\partial F_{Txy}}{\partial x} = 0 。 \tag{16-1}$$

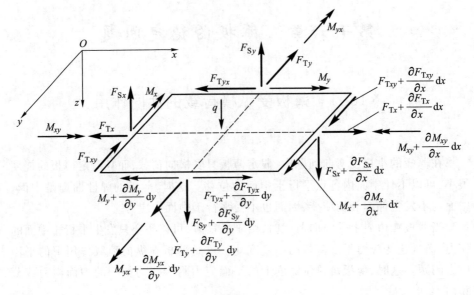

图 16-1

这也可以由平面问题的平衡微分方程和式(a)直接导出。

现在,将所有各力投射到 z 轴上。横向荷载的投影是

$$q\mathrm{d}x\mathrm{d}y 。 \tag{c}$$

横向剪力的投影是

$$\left(F_{Sx} + \frac{\partial F_{Sx}}{\partial x}\mathrm{d}x\right)\mathrm{d}y - F_{Sx}\mathrm{d}y + \left(F_{Sy} + \frac{\partial F_{Sy}}{\partial y}\mathrm{d}y\right)\mathrm{d}x - F_{Sy}\mathrm{d}x$$

$$= \left(\frac{\partial F_{Sx}}{\partial x} + \frac{\partial F_{Sy}}{\partial y}\right)\mathrm{d}x\mathrm{d}y 。 \tag{d}$$

由图 16-2a 可见,左右两边上拉压力的投影是

$$-F_{Tx}\mathrm{d}y\,\frac{\partial w}{\partial x} + \left(F_{Tx} + \frac{\partial F_{Tx}}{\partial x}\mathrm{d}x\right)\mathrm{d}y\,\frac{\partial}{\partial x}\left(w + \frac{\partial w}{\partial x}\mathrm{d}x\right)$$

$$= \left(F_{Tx}\frac{\partial^2 w}{\partial x^2} + \frac{\partial F_{Tx}}{\partial x}\frac{\partial w}{\partial x} + \frac{\partial F_{Tx}}{\partial x}\frac{\partial^2 w}{\partial x^2}\mathrm{d}x\right)\mathrm{d}x\mathrm{d}y ,$$

在略去三阶微量以后得到投影

$$\left(F_{Tx}\frac{\partial^2 w}{\partial x^2} + \frac{\partial F_{Tx}}{\partial x}\frac{\partial w}{\partial x}\right)\mathrm{d}x\mathrm{d}y 。 \tag{e}$$

同样,由前后两边上的拉压力将得到投影

$$\left(F_{Ty}\frac{\partial^2 w}{\partial y^2}+\frac{\partial F_{Ty}}{\partial y}\frac{\partial w}{\partial y}\right)\mathrm{d}x\mathrm{d}y_{\circ} \tag{f}$$

又由图 16-2b 可见,左右两边上平错力的投影是

$$-F_{Txy}\mathrm{d}y\frac{\partial w}{\partial y}+\left(F_{Txy}+\frac{\partial F_{Txy}}{\partial x}\mathrm{d}x\right)\mathrm{d}y\frac{\partial}{\partial y}\left(w+\frac{\partial w}{\partial x}\mathrm{d}x\right)$$

$$=\left(F_{Txy}\frac{\partial^2 w}{\partial x\partial y}+\frac{\partial F_{Txy}}{\partial x}\frac{\partial w}{\partial y}+\frac{\partial F_{Ty}}{\partial x}\frac{\partial^2 w}{\partial x\partial y}\mathrm{d}x\right)\mathrm{d}x\mathrm{d}y,$$

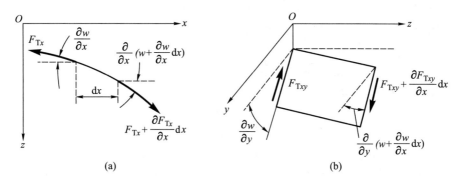

图 16-2

在略去三阶微量以后得到投影

$$\left(F_{Txy}\frac{\partial^2 w}{\partial x\partial y}+\frac{\partial F_{Txy}}{\partial x}\frac{\partial w}{\partial y}\right)\mathrm{d}x\mathrm{d}y_{\circ} \tag{g}$$

同样,由前后两边上的平错力将得到投影

$$\left(F_{Tyx}\frac{\partial^2 w}{\partial x\partial y}+\frac{\partial F_{Tyx}}{\partial y}\frac{\partial w}{\partial x}\right)\mathrm{d}x\mathrm{d}y_{\circ} \tag{h}$$

将式(c)至式(h)所示的各项投影相加,命其总和等于零,然后除以 $\mathrm{d}x\mathrm{d}y$,即得

$$q+\frac{\partial F_{Sx}}{\partial x}+\frac{\partial F_{Sy}}{\partial y}+F_{Tx}\frac{\partial^2 w}{\partial x^2}+\frac{\partial F_{Tx}}{\partial x}\frac{\partial w}{\partial x}+$$

$$F_{Ty}\frac{\partial^2 w}{\partial y^2}+\frac{\partial F_{Ty}}{\partial y}\frac{\partial w}{\partial y}+F_{Txy}\frac{\partial^2 w}{\partial x\partial y}+$$

$$\frac{\partial F_{Txy}}{\partial x}\frac{\partial w}{\partial y}+F_{Tyx}\frac{\partial^2 w}{\partial x\partial y}+\frac{\partial F_{Tyx}}{\partial y}\frac{\partial w}{\partial x}=0,$$

或

$$q+\frac{\partial F_{Sx}}{\partial x}+\frac{\partial F_{Sy}}{\partial y}+F_{Tx}\frac{\partial^2 w}{\partial x^2}+F_{Ty}\frac{\partial^2 w}{\partial y^2}+$$

$$(F_{Txy}+F_{Tyx})\frac{\partial^2 w}{\partial x\partial y}+\left(\frac{\partial F_{Tx}}{\partial x}+\frac{\partial F_{Tyx}}{\partial y}\right)\frac{\partial w}{\partial x}+$$

$$\left(\frac{\partial F_{Ty}}{\partial y}+\frac{\partial F_{Txy}}{\partial x}\right)\frac{\partial w}{\partial y}=0。$$

利用式(b)及式(16-1),式(f)可以简化成为

$$q+\frac{\partial F_{Sx}}{\partial x}+\frac{\partial F_{Sy}}{\partial y}+F_{Tx}\frac{\partial^2 w}{\partial x^2}+2F_{Txy}\frac{\partial^2 w}{\partial x\partial y}+F_{Ty}\frac{\partial^2 w}{\partial y^2}=0。 \tag{i}$$

再利用由式(13-12)中最后二式得来的

$$\frac{\partial F_{Sx}}{\partial x}+\frac{\partial F_{Sy}}{\partial y}=-D\left(\frac{\partial^2}{\partial x^2}+\frac{\partial^2}{\partial y^2}\right)\nabla^2 w=-D\nabla^4 w,$$

式(i)即可再度简化为

$$D\nabla^4 w-\left(F_{Tx}\frac{\partial^2 w}{\partial x^2}+2F_{Txy}\frac{\partial^2 w}{\partial x\partial y}+F_{Ty}\frac{\partial^2 w}{\partial y^2}\right)=q。 \tag{16-2}$$

当薄板受已知横向荷载并在边界上受已知纵向荷载时,可以首先按照平面应力问题由已知纵向荷载求出平面应力 σ_x、σ_y、τ_{xy},从而用式(a)求出中面内力 F_{Tx}、F_{Ty}、F_{Txy},然后根据已知的横向荷载 q 和薄板弯曲问题的边界条件,由微分方程(16-2)求解挠度 w,从而求出薄板的弯曲内力,即弯矩、扭矩、横向剪力。在一般情况下,这种问题的求解是比较繁难的。这里导出微分方程(16-2),主要的目的是将它应用于薄板的压曲问题,如以下几节中所述。

§16-2 薄板的压曲

当薄板在边界上受纵向荷载时,板内将发生一定的中面内力。如果这个中面内力在各个部位、各个方向都不是压力(是拉力,或等于零),则薄板的平面平衡状态是稳定的。这就是说,要使得薄板进入任何弯曲状态,就必须施以横向的干扰力,而且,在这个干扰力被除去以后,薄板将经过一个振动过程而恢复原来的平面平衡状态。

但是,如果纵向荷载所引起的中面内力在某些部位、某些方向是压力,则当纵向荷载超过某一数值(即临界荷载)时,薄板的平面平衡状态将成为不稳定的。这就是说,在薄板受到横向干扰力而弯曲以后,即使干扰力被除去,薄板也

不再恢复原来的平面平衡状态,它将经过振动过程而进入某一个弯曲的平衡状态。这个弯曲的平衡状态却是稳定的,也就是说,如果薄板再度受到横向干扰力而离开这个平衡状态,则当干扰力被除去以后,它将经过一个振动过程而恢复这个弯曲的平衡状态。薄板在纵向荷载作用下处于弯曲的平衡状态,这种现象称为纵弯曲或压曲,又称为屈曲。

在下面的各节中,将只讨论如何求得薄板的临界荷载,而不讨论薄板在超临界荷载下的位移和内力。这是因为,当纵向荷载到达临界值以后,荷载的稍许增大将使得位移和内力增大很多,不但有损于薄板的使用性能,而且可能导致薄板破坏。同时,在这种情况下,由于小挠度弯曲理论不再适用,进行分析也是比较繁难的。

在分析薄板的压曲问题从而求出临界荷载时,总是假定纵向荷载的分布规律(即各个荷载之间的比值)是指定的(但它们的大小是未知的)。这就可以用求解平面问题的任何方法求出平面应力 σ_x、σ_y、τ_{xy},从而求得中面内力 F_{Tx}、F_{Ty}、F_{Txy},用上述未知大小的纵向荷载来表示。然后来考察,为了薄板可能发生压曲,上述纵向荷载的最小数值是多大。这个最小数值就是临界荷载的数值。在进行此项考察时,可以利用前一节中导出的微分方程(16-2)。因为这里只须考虑纵向荷载所引起的内力,并没有任何横向荷载牵涉在内,所以在该微分方程中命 $q=0$,得出如下的薄板压曲微分方程:

$$D\nabla^4 w - \left(F_{Tx}\frac{\partial^2 w}{\partial x^2} + 2F_{Txy}\frac{\partial^2 w}{\partial x \partial y} + F_{Ty}\frac{\partial^2 w}{\partial y^2} \right) = 0。 \qquad (16-3)$$

这是挠度 w 的齐次微分方程,其中的系数 F_{Tx}、F_{Ty}、F_{Txy} 是用已知分布而未知大小的纵向荷载表示的,而所谓"薄板可能发生压曲",是以这一微分方程具有"满足边界条件的非零解"表示的。于是,求临界荷载的问题就成为:为了压曲微分方程(16-3)具有满足边界条件的非零解,纵向荷载的最小数值是多大?这种分析方法称为静力法或平衡法,因为压曲微分方程在本质上是一个静力平衡方程。

§16-3　四边简支矩形薄板在均布压力下的压曲

设有四边简支的矩形薄板,对边承受均布压力,在板边的每单位长度上为 F_x,如图16-3所示。由以前对平面问题的分析极易得知,平面应力为

$$\sigma_x = -\frac{F_x}{\delta}, \qquad \sigma_y = 0, \qquad \tau_{xy} = 0。$$

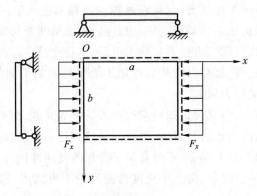

图 16-3

于是得中面内力

$$F_{Tx} = -F_x, \qquad F_{Ty} = 0, \qquad F_{Txy} = 0。$$

代入压曲微分方程(16-3),得出

$$D\nabla^4 w + F_x \frac{\partial^2 w}{\partial x^2} = 0。 \tag{a}$$

　　与在薄板的小挠度弯曲问题中一样,取挠度的表达式为

$$w = \sum_{m=1}^{\infty} \sum_{n=1}^{\infty} A_{mn} \sin \frac{m\pi x}{a} \sin \frac{n\pi y}{b}。 \tag{b}$$

这是满足所有四边的边界条件的。代入式(a),除以 π^4,得到

$$\sum_{m=1}^{\infty} \sum_{n=1}^{\infty} A_{mn} \left[D\left(\frac{m^2}{a^2} + \frac{n^2}{b^2}\right)^2 - F_x \frac{m^2}{\pi^2 a^2} \right] \sin \frac{m\pi x}{a} \sin \frac{n\pi y}{b} = 0。 \tag{c}$$

　　由式(c)可见,如果纵向荷载 F_x 很小,则不论 m 及 n 取任何整数值,方括号内的数值总是大于零,因而所有系数 A_{mn} 都必须等于零。这就表示,式(b)所示的挠度等于零,对应于薄板的平面平衡状态。但当 F_x 增大,使某一个方括号内的数值成为零,因而某一系数 A_{mn} 可以不等于零而式(c)仍能满足时,则薄板可能压曲,而它的挠度将是

$$w = A_{mn} \sin \frac{m\pi x}{a} \sin \frac{n\pi y}{b},$$

式中 m 及 n 分别表示薄板压曲以后沿 x 及 y 方向的正弦半波数目。由此可见,纵向荷载 F_x 的临界值一定满足如下压曲条件:

$$D\left(\frac{m^2}{a^2} + \frac{n^2}{b^2}\right)^2 - F_x \frac{m^2}{\pi^2 a^2} = 0,$$

即

$$F_x = \frac{\pi^2 a^2 D \left(\dfrac{m^2}{a^2} + \dfrac{n^2}{b^2} \right)^2}{m^2} 。 \tag{16-4}$$

现在来进一步考察,在一切满足这种条件的纵向荷载中间,哪一个数值最小,也就是,哪一个是临界荷载。由式(16-4)可见,当 n 增大时,F_x 增大,所以求临界荷载时,应当取 $n=1$。这就表示压曲后的薄板沿 y 方向只有一个正弦半波。于是,在式(16-4)中命 $n=1$,得临界荷载

$$(F_x)_c = \frac{\pi^2 a^2 D}{m^2} \left(\frac{m^2}{a^2} + \frac{1}{b^2} \right)^2 = \frac{\pi^2 D}{b^2} \left(\frac{mb}{a} + \frac{1}{\dfrac{mb}{a}} \right)^2 , \tag{d}$$

或

$$(F_x)_c = k \frac{\pi^2 D}{b^2} , \tag{16-5}$$

式中

$$k = \left(\frac{mb}{a} + \frac{1}{\dfrac{mb}{a}} \right)^2 。 \tag{16-6}$$

依次命 $m=1,2,3,\cdots$,针对 m 的每一数值,由式(16-6)算出 a/b 取不同数值时的 k 值,得出如图 16-4 所示的一组曲线。每根曲线起决定性作用的部分用实线表示(对于一定的 a/b 值,这部分曲线所给出的 k 值小于其他曲线所给出的 k 值)。邻近两曲线的交点极易求出。例如,相应于 $m=1$ 及 $m=2$,有

$$\frac{b}{a} + \frac{1}{\dfrac{b}{a}} = 2 \frac{b}{a} + \frac{1}{2 \dfrac{b}{a}} ,$$

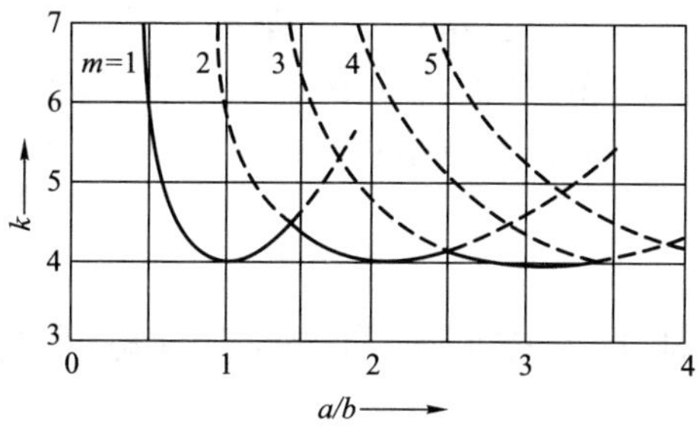

图 16-4

由此得出 $a/b = \sqrt{2}$。同样,相应于 $m=2$ 及 $m=3$,将得出 $a/b = \sqrt{6}$;相应于 $m=3$ 及 $m=4$,将得出 $a/b = \sqrt{12}$;等等。

由图可见,在 $a/b \leqslant \sqrt{2}$ 的范围内,最小临界荷载总是相应于 $m=1$,并由式(d)得其数值为

$$(F_x)_c = \frac{\pi^2 D}{b^2}\left(\frac{b}{a} + \frac{a}{b}\right)^2 \text{。} \tag{16-7}$$

在 $a/b \geqslant \sqrt{2}$ 的情况下,起决定性作用的部分曲线都在 $k = 4.0$ 至 $k = 4.5$ 的范围内,也就是说,临界荷载总是在 $4.0\pi^2 D/b^2$ 和 $4.5\pi^2 D/b^2$ 之间。

现在,设矩形薄板在双向受均布压力,在板边的每单位宽度上分别为 F_x 及 $F_y = \alpha F_x$,如图 16-5 所示。这时的中面内力将为

$$F_{Tx} = -F_x, \qquad F_{Ty} = -\alpha F_x, \qquad F_{Txy} = 0 \text{。}$$

代入压曲微分方程(16-3),得出

$$D\nabla^4 w + F_x\left(\frac{\partial^2 w}{\partial x^2} + \alpha\frac{\partial^2 w}{\partial y^2}\right) = 0 \text{。} \tag{e}$$

仍然取挠度的表达式如式(b)所示,则与上述相似地由式(e)得

$$\sum_{m=1}^{\infty}\sum_{n=1}^{\infty} A_{mn}\left[D\left(\frac{m^2}{a^2} + \frac{n^2}{b^2}\right)^2 - \right.$$

$$\left. \frac{F_x}{\pi^2}\left(\frac{m^2}{a^2} + \alpha\frac{n^2}{b^2}\right)\right]\sin\frac{m\pi x}{a}\sin\frac{n\pi y}{b} = 0,$$

从而得压曲条件

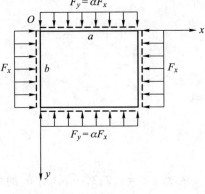

图 16-5

$$F_x = \frac{\pi^2 D}{a^2}\frac{\left(m^2 + n^2\dfrac{a^2}{b^2}\right)^2}{m^2 + \alpha n^2\dfrac{a^2}{b^2}} \text{。} \tag{16-8}$$

对于任何已知的比值 a/b 及 $\alpha = F_y/F_x$,都可以在式(16-8)中命 m 及 n 取不同的整数,求出不同的 F_x 值,从而得到最小的 F_x 值,即临界荷载 $(F_x)_c$。当 F_y 为拉力时,α 取负值,式(16-8)仍然适用。

§16-4　对边简支矩形薄板在均布压力下的压曲

设矩形薄板的对边为简支边,另两边为任意边,在简支边上受均布压力,如图 16-6 所示。压曲微分方程(16-3)依然成为

$$D\nabla^4 w + F_x \frac{\partial^2 w}{\partial x^2} = 0 \text{。} \qquad (\text{a})$$

取挠度的表达式为

$$w = \sum_{m=1}^{\infty} w_m = \sum_{m=1}^{\infty} Y_m \sin\frac{m\pi x}{a}, \qquad (\text{b})$$

式中 Y_m 只是 y 的函数,可以满足左右两边的边界条件。

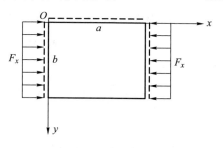

图 16-6

将式(b)代入式(a),通过与前一节中相同的论证,可得出常系数常微分方程

$$\frac{\mathrm{d}^4 Y_m}{\mathrm{d}y^4} - \frac{2m^2\pi^2}{a^2}\frac{\mathrm{d}^2 Y_m}{\mathrm{d}y^2} + \left(\frac{m^4\pi^4}{a^4} - \frac{F_x}{D}\frac{m^2\pi^2}{a^2}\right)Y_m = 0, \qquad (\text{c})$$

它的特征方程是

$$r^4 - \frac{2m^2\pi^2}{a^2}r^2 + \left(\frac{m^4\pi^4}{a^4} - \frac{F_x}{D}\frac{m^2\pi^2}{a^2}\right) = 0,$$

这个代数方程的四个根是

$$\left.\begin{array}{c} \pm\sqrt{\dfrac{m\pi}{a}\left(\dfrac{m\pi}{a}+\sqrt{\dfrac{F_x}{D}}\right)}, \\[2em] \pm\sqrt{\dfrac{m\pi}{a}\left(\dfrac{m\pi}{a}-\sqrt{\dfrac{F_x}{D}}\right)}\text{。} \end{array}\right\} \qquad (\text{d})$$

在绝大多数的情况下,薄板的压曲状态是相应于

$$\frac{F_x}{D} > \frac{m^2\pi^2}{a^2}\text{。}$$

于是可见,式(d)所示的四个根必然是两实两虚,可以写做

$$\pm\sqrt{\frac{m\pi}{a}\left(\sqrt{\frac{F_x}{D}}+\frac{m\pi}{a}\right)},$$

$$\pm\mathrm{i}\sqrt{\frac{m\pi}{a}\left(\sqrt{\frac{F_x}{D}}-\frac{m\pi}{a}\right)}\text{。}$$

取正实数

$$\left.\begin{array}{c} \alpha = \sqrt{\dfrac{m\pi}{a}\left(\sqrt{\dfrac{F_x}{D}}+\dfrac{m\pi}{a}\right)}, \\[2em] \beta = \sqrt{\dfrac{m\pi}{a}\left(\sqrt{\dfrac{F_x}{D}}-\dfrac{m\pi}{a}\right)}\text{。} \end{array}\right\} \qquad (16\text{-}9)$$

则上述四个根成为 ±α 及 ±iβ。于是，Y_m 的解答可以写成

$$Y_m = C_1 \cosh \alpha y + C_2 \sinh \alpha y + C_3 \cos \beta y + C_4 \sin \beta y,$$

而式（b）成为

$$w = \sum_{m=1}^{\infty} w_m = \sum_{m=1}^{\infty} \left(C_1 \cosh \alpha y + C_2 \sinh \alpha y + C_3 \cos \beta y + C_4 \sin \beta y \right) \sin \frac{m\pi x}{a}。$$

$$(16-10)$$

在很少数的情况下，薄板的压曲状态是相应于

$$\frac{F_x}{D} < \frac{m^2 \pi^2}{a^2},$$

而式（d）所示的四个根都是实根。取正实数

$$\left. \begin{array}{l} \alpha = \sqrt{\dfrac{m\pi}{a}\left(\dfrac{m\pi}{a} + \sqrt{\dfrac{F_x}{D}}\right)}, \\[3mm] \beta' = \sqrt{\dfrac{m\pi}{a}\left(\dfrac{m\pi}{a} - \sqrt{\dfrac{F_x}{D}}\right)}, \end{array} \right\}$$

$$(16-11)$$

则式（b）成为

$$w = \sum_{m=1}^{\infty} w_m = \sum_{m=1}^{\infty} \left(C_1 \cosh \alpha y + C_2 \sinh \alpha y + C_3 \cosh \beta' y + C_4 \sinh \beta' y \right) \sin \frac{m\pi x}{a}。$$

$$(16-12)$$

为了薄板的压曲，式（16-10）或式（16-12）中的某一个 w_m 必须具有满足边界条件的非零解。利用 $y=0$ 和 $y=b$ 处的四个边界条件，可以得出 C_1 至 C_4 的一组联立齐次线性方程。如果 C_1 至 C_4 都等于零，该方程组可以满足。但这时将得出 $w_m = 0$，表示薄板保持平面平衡状态。当薄板被压曲时，C_1 至 C_4 不能都等于零，因而只可能是该方程组的系数行列式等于零。命这个行列式等于零，就得到 F_x 的一个方程（总是超越方程）。针对不同的整数 m，解出 F_x，取其最小值，就是该薄板的临界荷载 $(F_x)_c$。

将这样求得的临界荷载表示为

$$(F_x)_c = k \frac{\pi^2 D}{b^2}, \qquad\qquad (e)$$

则其中的 k 是量纲为一的因数，它主要是依赖于边长比值 a/b。当薄板具有自由边时，系数 k 还将与 μ 有关，因为自由边的边界条件是与 μ 有关的。下面摘录一些分析成果，以供读者参考。

例如，设图 16-6 所示的矩形薄板 $y=0$ 的一边是简支边，$y=b$ 的一边是自由边，则算得的临界荷载 $(F_x)_c$ 总是对应于 $m=1$，表示压曲后的薄板沿 x

方向只有一个正弦半波。当 $\mu = 1/4$ 时,式(e)中的系数 k 的数值如下表所示。

a/b	0.5	1.0	1.2	1.4	1.6	1.8	2.0	2.5	3.0
k	4.40	1.44	1.14	0.95	0.84	0.76	0.70	0.61	0.56

又例如,设 $y=0$ 的一边为固定边,$y=b$ 的一边为自由边,如图 16-7a 所示。当边长比值 a/b 较小时,临界荷载是相应于 $m=1$;当边长比值 a/b 较大时,临界荷载是相应于 $m>1$。取 $\mu = 1/4$ 时,相应于临界荷载的 k 值如图 16-7b 中的实线所示。

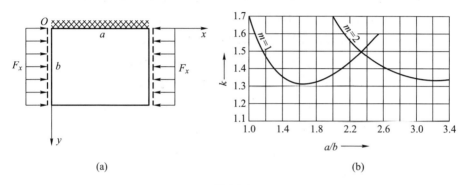

(a)　　　　　　　　　　　　　　　(b)

图 16-7

再例如,当 $y=0$ 及 $y=b$ 的两边均为固定边时,如图 16-8 所示,临界荷载与 μ 无关,求得的 k 值如下表所示。

a/b	0.40	0.45	0.50	0.60	0.70	0.80	0.90	1.00
k	9.44	8.43	7.69	7.05	7.00	7.29	7.83	7.69

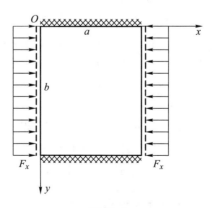

图 16-8

采用上述方法,虽然可以求得临界荷载的精确值,但代数运算和数值计算都是很繁的。因此,在工程实践中,计算矩形薄板的临界荷载时,不论边界条件如何,都宜采用差分法或能量法,分别见§16-6及§16-7。

§16-5 圆形薄板的压曲

在分析圆形薄板的压曲问题时,须应用极坐标中的压曲微分方程。为此,把直角坐标中的压曲微分方程(16-3)向极坐标中进行变换。

在§4-3中,已经导出了应力分量的变换式(4-5),即

$$\sigma_x = \sigma_\rho \cos^2 \varphi + \sigma_\varphi \sin^2 \varphi - 2\tau_{\rho\varphi} \sin \varphi \cos \varphi,$$

$$\sigma_y = \sigma_\rho \sin^2 \varphi + \sigma_\varphi \cos^2 \varphi + 2\tau_{\rho\varphi} \sin \varphi \cos \varphi,$$

$$\tau_{xy} = (\sigma_\rho - \sigma_\varphi) \sin \varphi \cos \varphi + \tau_{\rho\varphi}(\cos^2 \varphi - \sin^2 \varphi)_\circ$$

乘以薄板的厚度 δ,即得中面内力的变换式如下:

$$\left.\begin{array}{l} F_{Tx} = F_{T\rho} \cos^2 \varphi + F_{T\varphi} \sin^2 \varphi - 2F_{T\rho\varphi} \sin \varphi \cos \varphi, \\ F_{Ty} = F_{T\rho} \sin^2 \varphi + F_{T\varphi} \cos^2 \varphi + 2F_{T\rho\varphi} \sin \varphi \cos \varphi, \\ F_{Txy} = (F_{T\rho} - F_{T\varphi}) \sin \varphi \cos \varphi + F_{T\rho\varphi}(\cos^2 \varphi - \sin^2 \varphi), \end{array}\right\} \qquad (a)$$

式中的

$$F_{T\rho} = \delta \sigma_\rho, \qquad F_{T\varphi} = \delta \sigma_\varphi, \qquad F_{T\rho\varphi} = \delta \tau_{\rho\varphi}, \qquad (16-13)$$

是极坐标中的中面内力。此外,在§13-8中已经导出了关于 $\dfrac{\partial^2 w}{\partial x^2}$、$\dfrac{\partial^2 w}{\partial y^2}$、$\dfrac{\partial^2 w}{\partial x \partial y}$、$\nabla^2 w$ 的变换式。现在,将这些变换式一并代入直角坐标中的压曲微分方程(16-3),简化以后,即得极坐标中的压曲微分方程如下:

$$D\left(\frac{\partial^2}{\partial \rho^2} + \frac{1}{\rho}\frac{\partial}{\partial \rho} + \frac{1}{\rho^2}\frac{\partial^2}{\partial \varphi^2}\right)^2 w - \left[F_{T\rho}\frac{\partial^2 w}{\partial \rho^2} + 2F_{T\rho\varphi}\frac{\partial}{\partial \rho}\left(\frac{1}{\rho}\frac{\partial w}{\partial \varphi}\right) + \right.$$

$$\left. F_{T\varphi}\left(\frac{1}{\rho}\frac{\partial w}{\partial \rho} + \frac{1}{\rho^2}\frac{\partial^2 w}{\partial \varphi^2}\right)\right] = 0_\circ \qquad (16-14)$$

利用这一微分方程的满足边界条件的非零解,可以求得临界荷载。

作为例题,设有圆形薄板,沿板边受到均布压力,在板边的每单位长度上为 F_ρ,如图16-9所示。按照平面应力问题进行分析,可得应力分量

$$\sigma_\rho = \sigma_\varphi = -\frac{F_\rho}{\delta}, \qquad \tau_{\rho\varphi} = 0,$$

从而由式(16-13)得中面内力

$$F_{\mathrm{T}\rho}=F_{\mathrm{T}\varphi}=-F_\rho,\qquad F_{\mathrm{T}\rho\varphi}=0。$$

于是,压曲微分方程(16-14)成为

$$D\left(\frac{\partial^2}{\partial\rho^2}+\frac{1}{\rho}\frac{\partial}{\partial\rho}+\frac{1}{\rho^2}\frac{\partial^2}{\partial\varphi^2}\right)^2 w+F_\rho\left(\frac{\partial^2 w}{\partial\rho^2}+\frac{1}{\rho}\frac{\partial w}{\partial\rho}+\frac{1}{\rho^2}\frac{\partial^2 w}{\partial\varphi^2}\right)=0。$$

试为上述偏微分方程取如下形式的解答:

$$w=F(\rho)\cos n\varphi,\qquad(\mathrm{b})$$

式中 $n=0,1,2,\cdots$。相应于 $n=0$,薄板的压曲形式是
轴对称的。相应于 $n=1$ 及 $n=2$,薄板的环向围线将

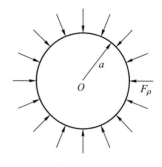

图 16-9

分别具有一个及两个波,余类推。将式(b)代入上述偏微分方程,得到 $F(\rho)$ 的四
阶常微分方程,整理如下:

$$\frac{\mathrm{d}^4 F}{\mathrm{d}\rho^4}+\frac{2}{\rho}\frac{\mathrm{d}^3 F}{\mathrm{d}\rho^3}-\left(\frac{1+2n^2}{\rho^2}-\frac{F_\rho}{D}\right)\frac{\mathrm{d}^2 F}{\mathrm{d}\rho^2}+$$

$$\left(\frac{1+2n^2}{\rho^3}+\frac{1}{\rho}\frac{F_\rho}{D}\right)\frac{\mathrm{d}F}{\mathrm{d}\rho}-\left(\frac{4n^2-n^4}{\rho^4}+\frac{n^2}{\rho^2}\frac{F_\rho}{D}\right)F=0。$$

引用量纲为一的变量 $x=\alpha\rho$,其中 $\alpha=\sqrt{F_\rho/D}$,则上述常微分方程变换为

$$x^4\frac{\mathrm{d}^4 F}{\mathrm{d}x^4}+2x^3\frac{\mathrm{d}^3 F}{\mathrm{d}x^3}-x^2(1+2n^2-x^2)\frac{\mathrm{d}^2 F}{\mathrm{d}x^2}+$$

$$x(1+2n^2+x^2)\frac{\mathrm{d}F}{\mathrm{d}x}-(4n^2-n^4+n^2 x^2)F=0,\qquad(\mathrm{c})$$

它可以改写为

$$x^4\frac{\mathrm{d}^4 F}{\mathrm{d}x^4}+2x^3\frac{\mathrm{d}^3 F}{\mathrm{d}x^3}-(1+2n^2)x^2\frac{\mathrm{d}^2 F}{\mathrm{d}x^2}+$$

$$(1+2n^2)x\frac{\mathrm{d}F}{\mathrm{d}x}-n^2(4-n^2)F+$$

$$x^2\left(x^2\frac{\mathrm{d}^2 F}{\mathrm{d}x^2}+x\frac{\mathrm{d}F}{\mathrm{d}x}-n^2 F\right)=0,\qquad(\mathrm{d})$$

还可以再改写为

$$\left[x^2\frac{\mathrm{d}^2}{\mathrm{d}x^2}-3x\frac{\mathrm{d}}{\mathrm{d}x}+(4-n^2)\right]\left[x^2\frac{\mathrm{d}^2 F}{\mathrm{d}x^2}+x\frac{\mathrm{d}F}{\mathrm{d}x}+(x^2-n^2)F\right]=0。\qquad(\mathrm{e})$$

贝塞尔微分方程

$$x^2\frac{\mathrm{d}^2 F}{\mathrm{d}x^2}+x\frac{\mathrm{d}F}{\mathrm{d}x}+(x^2-n^2)F=0\qquad(\mathrm{f})$$

的解答是

$$F(x) = C_1 J_n(x) + C_2 N_n(x)\,, \tag{g}$$

式中 $J_n(x)$ 及 $N_n(x)$ 分别为实宗量的、n 阶的第一种及第二种贝塞尔函数。由式（f）及式（e）可见，式（g）也是式（e）的解答，因而也是式（c）的解答。

但是，式（d）又指示出另一种可能的解答：

$$F(x) = x^m\,。 \tag{h}$$

代入式（d）以后，得

$$[m^4 - 4m^3 + (4 - 2n^2)m^2 + 4n^2 m - n^2(4 - n^2)]x^m + (m^2 - n^2)x^{m+2} = 0\,。$$

要满足这一方程，必须有

$$\left. \begin{aligned} & m^2 - n^2 = 0\,, \\ & m^4 - 4m^3 + (4 - 2n^2)m^2 + 4n^2 m - n^2(4 - n^2) = 0\,。 \end{aligned} \right\} \tag{i}$$

取 $m = \pm n$，则式（i）中的两式都能满足。于是，由式（g）及式（h）得到

$$F(x) = C_1 J_n(x) + C_2 N_n(x) + C_3 x^n + C_4 x^{-n}\,, \tag{j}$$

从而由式（b）得出

$$w = [C_1 J_n(x) + C_2 N_n(x) + C_3 x^n + C_4 x^{-n}]\cos n\varphi\,。 \tag{16-15}$$

在薄板的中心（$x = \alpha\rho = 0$），w 不能为无限大，但 $N_n(x)$ 及 x^{-n} 在 x 趋于零时将趋于无限大，所以必须取 $C_2 = C_4 = 0$。于是，式（16-15）简化为

$$w = [C_1 J_n(x) + C_3 x^n]\cos n\varphi\,。 \tag{k}$$

利用板边的两个边界条件，可以得出 C_1 及 C_3 的一组两个齐次线性方程。命该方程组的系数行列式等于零，就得到计算临界荷载的方程。

当圆形薄板在中心有圆孔，并在板边及孔边受到不同大小的均布压力时，也可以先由拉梅解答求出中面内力，然后应用压曲微分方程（16-14），利用贝塞尔函数求解，从而求得临界荷载。

§16-6　用差分法求临界荷载

只有在前几节中提到的那几种简单情况下，才可能求得压曲微分方程的函数形式的非零解，从而求得薄板临界荷载的精确值。在其他的情况下，可以用差分法处理压曲微分方程，从而求得临界荷载的近似值。只要采用适当密的网格，总可以使得临界荷载的精确度满足工程上的需要。

按照压曲微分方程（16-3），在任一典型结点 0，有

$$D(\nabla^4 w)_0 - \left[(F_{\mathrm{T}x})_0 \left(\frac{\partial^2 w}{\partial x^2}\right)_0 + \right.$$

$$2(F_{Txy})_0\left(\frac{\partial^2 w}{\partial x\partial y}\right)_0+(F_{Ty})_0\left(\frac{\partial^2 w}{\partial y^2}\right)_0\right]=0\,。$$

利用§14-1中的差分公式，参照图16-10，可得上述方程的差分形式

$$20w_0-8(w_1+w_2+w_3+w_4)+2(w_5+w_6+w_7+w_8)+$$

$$(w_9+w_{10}+w_{11}+w_{12})-\frac{h^2}{D}\big[\,(F_{Tx})_0(w_1+w_3-2w_0)+$$

$$\frac{1}{2}(F_{Txy})_0(w_6+w_8-w_5-w_7)+$$

$$(F_{Ty})_0(w_2+w_4-2w_0)\,\big]=0\,。\qquad(16-16)$$

在应用边界条件以后，这些方程中的未知 w 值的数目将和方程的数目相同。注意这些方程中并没有自由项，可见，它们是一组齐次线性方程。为了这一组方程具有非零解（相应于某种压曲状态），方程组的系数行列式必须等于零。因为系数中的 $(F_{Tx})_0$、$(F_{Ty})_0$、$(F_{Txy})_0$ 全都是用纵向荷载表示的，所以，命系数行列式等于零，就得出一个代数方程，可以用来求得相应于某种压曲状态的纵向荷载。将各种压曲状态下的纵向荷载加以比较，就得出薄板的临界荷载。

作为例题，设有四边简支的矩形薄板，在两个对边上受到按三角形分布的压力，用 4×3 的网格求解，如图16-11所示。由平面应力问题的解答，极易得出各结点处的中面内力为

$$(F_{Tx})_a=-\frac{F}{4},\qquad (F_{Tx})_b=-\frac{F}{2},\qquad (F_{Tx})_c=-\frac{3F}{4},\qquad F_{Ty}=F_{Txy}=0\,。$$

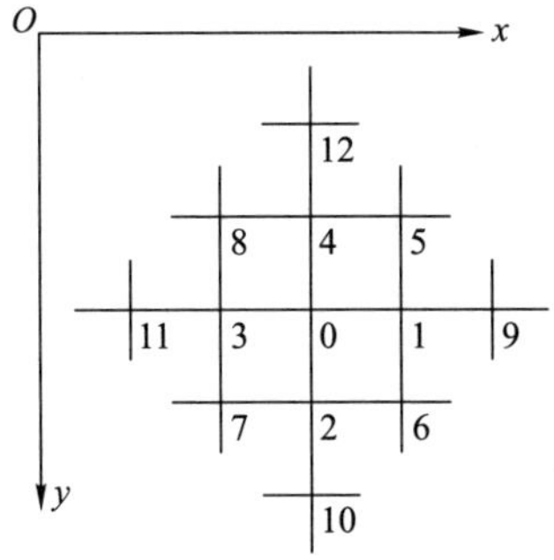

图 16-10

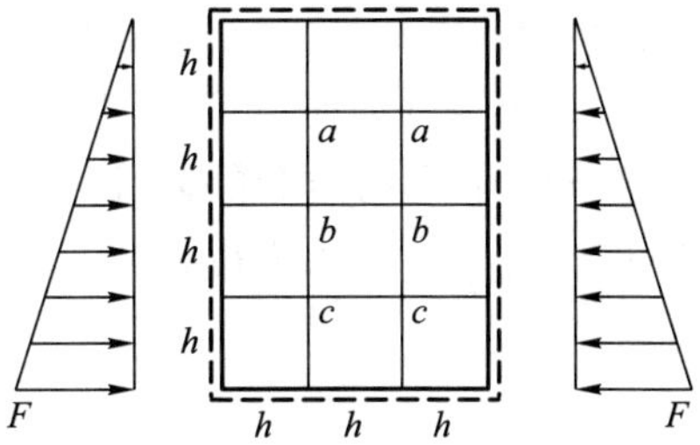

图 16-11

假定临界荷载所对应的压曲状态是对称形式的。于是，这里只有三个独立的结点挠度，取 w_a、w_b 及 w_c。对结点 a、b、c 写出形如式(16-16)的差分方程，并应用边界条件，得

$$20w_a-8(w_a+w_b)+2w_b+(w_c-2w_a)-\frac{h^2}{D}\Big[\Big(-\frac{F}{4}\Big)(w_a-2w_a)\Big]=0,$$

$$20w_b - 8(w_a + w_b + w_c) + 2(w_a + w_c) - w_b - \frac{h^2}{D}\left[\left(-\frac{F}{2}\right)(w_b - 2w_b)\right] = 0,$$

$$20w_c - 8(w_b + w_c) + 2w_b + (w_a - 2w_c) - \frac{h^2}{D}\left[\left(-\frac{3F}{4}\right)(w_c - 2w_c)\right] = 0。$$

简化以后,得

$$(10 - \lambda)w_a - 6w_b + w_c = 0,$$

$$-6w_a + (11 - 2\lambda)w_b - 6w_c = 0,$$

$$w_a - 6w_b + (10 + 3\lambda)w_c = 0,$$

式中

$$\lambda = \frac{Fh^2}{4D}。 \tag{a}$$

命上述方程组的系数行列式等于零,得到 λ 的三次方程

$$6\lambda^3 - 113\lambda^2 + 494\lambda - 441 = 0。$$

这个方程的最小正实根是 $\lambda = 1.202$。于是,由式(a)得临界荷载

$$F = F_c = \frac{4D\lambda}{h^2} = 4.81\frac{D}{h^2},$$

比精确值 $5.2D/h^2$ 小了约 8%。

如果不考虑问题的对称性,仍然采用 4×3 的网格,则将有 6 个独立的未知 w 值,得出 λ 的 6 次方程。这个方程的最小正实根仍然是 $\lambda = 1.202$,因而得出与上述相同的临界荷载。

不论纵向荷载的分布如何,总可以用薄板平面问题的差分解求得各结点处的平面应力,从而求得各结点处的中面内力,用纵向荷载的未知大小来表示。然后,不论边界条件如何,总可以为各结点建立形如式(16-16)的差分方程,并利用边界条件,使差分方程的数目等于未知值的数目。命差分方程组的系数行列式等于零,即可求得临界荷载。

§16-7 用能量法求临界荷载

当薄板在一定分布方式的纵向荷载作用下处于平面平衡状态时,为了判断这个状态是否稳定,只须辨别:如果薄板受到横向干扰力而进入邻近的某一弯曲状态,在干扰力除去以后,它是否恢复原来的平面状态。为此,又只须辨别:当薄板从该平面状态进入弯曲状态时,总势能是增加还是减少。如果总势能增加,就

表示该平面状态下的总势能为极小,对应于稳定平衡;如果总势能减少,就表示该平面状态下的总势能为极大,对应于不稳定平衡;如果总势能保持不变,就表示该平面状态下的平衡是稳定平衡的极限,而相应于这一极限状态的纵向荷载就是临界荷载。总势能之所以保持不变,是因为外力势能的减少恰等于应变能的增加,而外力势能的减少又等于外力所做的功。因此,从能量观点看来,临界荷载可以由这样的条件求得:薄板从平面状态进入邻近的弯曲状态时,纵向荷载所做的功 W 等于应变能的增加。

当薄板从平面状态进入弯曲状态时,和它受横向荷载作用而弯曲时一样,挠度 w 是从零开始的,所以应变能的增加也就是薄板的全部弯曲应变能 V_ε。于是,有

$$W = V_\varepsilon, \qquad 即 \quad V_\varepsilon - W = 0, \tag{16-17}$$

式中的 V_ε 如式(14-22)或式(14-23)所示。

纵向荷载所做的功 W,可以按照该荷载引起的中面内力所做的功来计算。设该荷载在薄板的某一微分块处引起的中面内力为 F_{Tx}、F_{Ty}、F_{Txy},如图16-12所示。左右两边的内力 $F_{Tx}\mathrm{d}y$ 原来相距 $\mathrm{d}x$。在薄板弯曲以后,这个距离成为

$$\left[\mathrm{d}x^2 - \left(\frac{\partial w}{\partial x}\mathrm{d}x \right)^2 \right]^{1/2} = \left[1 - \left(\frac{\partial w}{\partial x} \right)^2 \right]^{1/2} \mathrm{d}x$$

$$\approx \left[1 - \frac{1}{2} \left(\frac{\partial w}{\partial x} \right)^2 \right] \mathrm{d}x$$

$$= \mathrm{d}x - \frac{1}{2} \left(\frac{\partial w}{\partial x} \right)^2 \mathrm{d}x,$$

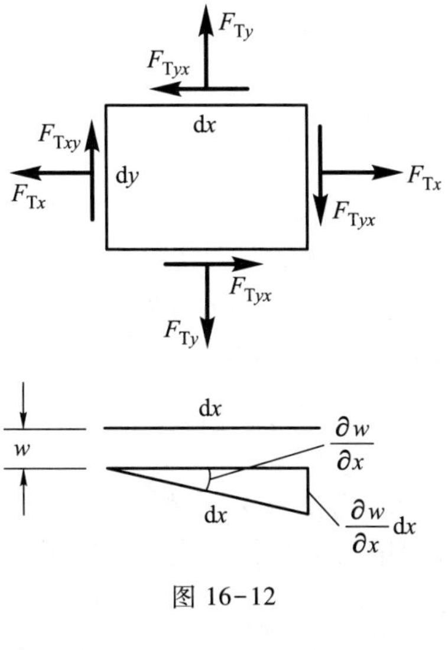

图 16-12

缩短了 $\dfrac{1}{2}\left(\dfrac{\partial w}{\partial x}\right)^2\mathrm{d}x$。于是可见，内力 $F_{\mathrm{T}x}\mathrm{d}y$ 所做的功是

$$\mathrm{d}W_1 = F_{\mathrm{T}x}\mathrm{d}y\left[-\frac{1}{2}\left(\frac{\partial w}{\partial x}\right)^2\mathrm{d}x\right] = -\frac{1}{2}F_{\mathrm{T}x}\left(\frac{\partial w}{\partial x}\right)^2\mathrm{d}x\mathrm{d}y。 \tag{a}$$

同样，该微分块上下两边的内力 $F_{\mathrm{T}y}\mathrm{d}x$ 所做的功是

$$\mathrm{d}W_2 = -\frac{1}{2}F_{\mathrm{T}y}\left(\frac{\partial w}{\partial y}\right)^2\mathrm{d}x\mathrm{d}y。 \tag{b}$$

读者试证：对于平错力 $F_{\mathrm{T}xy}=F_{\mathrm{T}yx}$，算出 45°方向的拉压力和伸缩，然后利用式（a）及式（b），可以得出它们所做的功为

$$\mathrm{d}W_3 = -F_{\mathrm{T}xy}\frac{\partial w}{\partial x}\frac{\partial w}{\partial y}\mathrm{d}x\mathrm{d}y。 \tag{16-18}$$

将以上三部分的功叠加，得出该微分块上全部中面内力所做的功

$$\mathrm{d}W = -\frac{1}{2}\left[F_{\mathrm{T}x}\left(\frac{\partial w}{\partial x}\right)^2 + F_{\mathrm{T}y}\left(\frac{\partial w}{\partial y}\right)^2 + 2F_{\mathrm{T}xy}\frac{\partial w}{\partial x}\frac{\partial w}{\partial y}\right]\mathrm{d}x\mathrm{d}y。$$

于是得出整个薄板内的中面内力所做的功，也就是纵向荷载在压曲过程中所做的功

$$W = -\frac{1}{2}\iint\limits_{A}\left[F_{\mathrm{T}x}\left(\frac{\partial w}{\partial x}\right)^2 + F_{\mathrm{T}y}\left(\frac{\partial w}{\partial y}\right)^2 + 2F_{\mathrm{T}xy}\frac{\partial w}{\partial x}\frac{\partial w}{\partial y}\right]\mathrm{d}x\mathrm{d}y。 \tag{16-19}$$

具体计算临界荷载时，可先求出用纵向荷载表示中面内力的表达式，并设定薄板压曲以后的、满足位移边界条件的挠度表达式，然后按照这些表达式，用式（14-22）或式（14-23）求出 V_ε，并用式（16-19）求出 W。最后命 $V_\varepsilon = W$，即得出用纵向荷载表示的压曲条件，从而求得薄板的临界荷载。

为了使得设定的挠度较好地符合临界荷载下的挠度，从而求得较精确的临界荷载，可以设定挠度的表达式为

$$w = \sum_{m}C_m w_m, \tag{16-20}$$

式中的 w_m 是满足位移边界条件的函数，C_m 是互不依赖的待定系数。选择 C_m 时，可以应用最小势能原理。设薄板在平面状态下的应变能及外力势能均为零，则薄板在压曲状态下的应变能为 V_ε，外力势能为 $V_\mathrm{p}=-W$，而总势能为 $V_\varepsilon + V_\mathrm{p}$，也就是 $V_\varepsilon - W$。于是，由最小势能原理得到

$$\frac{\partial}{\partial C_m}(V_\varepsilon - W) = 0。 \tag{16-21}$$

这将给出 C_m 的 m 个齐次线性方程。为了使 w 具有非零解，C_m 就必须具有非零解，因而这个齐次线性方程组的系数行列式必须等于零。这样就得出求解临界荷载的方程。

对于用肋条加强了的薄板,即加肋板,仍然可以用能量法求得临界荷载。计算的步骤同上,但须按照肋条的弯曲刚度和设定的挠度,求出各个肋条的应变能,归入 V_ε 的表达式。如果肋条还直接受到纵向荷载,则须按照设定的挠度,求出此纵向荷载在薄板压曲过程中所做的功,归入 W 的表达式,然后进行计算。

§16-8 用能量法求临界荷载举例

作为第一个例题,试考虑图 16-3 所示的简支边矩形薄板。中面内力仍然是

$$F_{\mathrm{T}x} = -F_x, \qquad F_{\mathrm{T}y} = 0, \qquad F_{\mathrm{T}xy} = 0。 \qquad (a)$$

仍然取压曲以后的挠度表达式为

$$w = \sum_{m=1}^{\infty} \sum_{n=1}^{\infty} A_{mn} \sin \frac{m\pi x}{a} \sin \frac{n\pi y}{b}。 \qquad (b)$$

将式(b)代入式(14-23),对 x 从 0 到 a 积分,对 y 从 0 到 b 积分,最后得到

$$V_\varepsilon = \frac{\pi^4 abD}{8} \sum_{m=1}^{\infty} \sum_{n=1}^{\infty} A_{mn}^2 \left(\frac{m^2}{a^2} + \frac{n^2}{b^2} \right)^2。 \qquad (c)$$

将式(a)及式(b)代入式(16-19),得到

$$
\begin{aligned}
W &= \frac{F_x}{2} \int_0^a \int_0^b \left(\frac{\partial w}{\partial x} \right)^2 \mathrm{d}x\mathrm{d}y \\
&= \frac{F_x}{2} \int_0^a \int_0^b \left[\sum_{m=1}^{\infty} \sum_{n=1}^{\infty} \frac{m\pi}{a} A_{mn} \cos \frac{m\pi x}{a} \sin \frac{n\pi y}{b} \right]^2 \mathrm{d}x\mathrm{d}y \\
&= \frac{\pi^2 b}{8a} F_x \sum_{m=1}^{\infty} \sum_{n=1}^{\infty} A_{mn}^2 m^2。
\end{aligned}
\qquad (d)
$$

方程(16-21)在这里成为

$$\frac{\partial}{\partial A_{mn}} (V_\varepsilon - W) = 0。$$

将式(c)及式(d)代入,得出

$$\frac{\pi^4 abD}{8} 2A_{mn} \left(\frac{m^2}{a^2} + \frac{n^2}{b^2} \right)^2 - \frac{\pi^2 b}{8a} F_x 2A_{mn} m^2 = 0。$$

命这一方程的系数行列式(即方程的唯一系数)等于零,即得

$$F_x = \frac{\pi^2 a^2 D \left(\dfrac{m^2}{a^2} + \dfrac{n^2}{b^2} \right)^2}{m^2}$$

与 §16-3 中的解答(16-4)相同。

作为第二个例题,设有四边简支的矩形薄板,在对边的中点受到大小相等而方向相反的两个集中力 F 的作用,如图 16-13 所示。首先,在挠度表达式中只取一项:

$$w = A_{11} \sin \frac{\pi x}{a} \sin \frac{\pi y}{b}。 \qquad (\text{e})$$

代入式(14-23)中,得

$$V_\varepsilon = \frac{\pi^4 abD}{8} A_{11}^2 \left(\frac{1}{a^2} + \frac{1}{b^2} \right)^2。$$

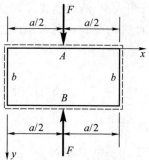

图 16-13

由于本例的平面应力难以给出显式的表达式,中面内力也是如此,因此式(16-19)难以应用。但是,直接计算纵向荷载在薄板压曲时所做的功,却很简单:这个功就等于力 F 乘以距离 AB 的缩短量,即

$$W = F \int_0^b \frac{1}{2} \left(\frac{\partial w}{\partial y} \right)^2_{x=a/2} \mathrm{d}y$$

$$= \frac{F}{2} \int_0^b \frac{\pi^2}{b^2} \left(A_{11} \sin \frac{\pi x}{a} \cos \frac{\pi y}{b} \right)^2_{x=a/2} \mathrm{d}y$$

$$= \frac{\pi^2 F}{2b^2} A_{11}^2 \int_0^b \cos^2 \frac{\pi y}{b} \mathrm{d}y = \frac{\pi^2 F}{4b} A_{11}^2。$$

于是,由 $\frac{\partial}{\partial A_{11}}(V_\varepsilon - W) = 0$ 得到

$$\frac{\pi^4 abD}{8} 2A_{11} \left(\frac{1}{a^2} + \frac{1}{b^2} \right)^2 - \frac{\pi^2 F}{4b} 2A_{11} = 0。$$

命这一方程中 A_{11} 的系数等于零,即得

$$F = F_c = \frac{\pi^2 D}{2a} \left(\frac{a}{b} + \frac{b}{a} \right)^2。 \qquad (\text{f})$$

现在,在挠度表达式中取两项:

$$w = A_{11} \sin \frac{\pi x}{a} \sin \frac{\pi y}{b} + A_{31} \sin \frac{3\pi x}{a} \sin \frac{\pi y}{b}。 \qquad (\text{g})$$

由式(14-23)得

$$V_\varepsilon = \frac{\pi^4 abD}{8} \left[A_{11}^2 \left(\frac{1}{a^2} + \frac{1}{b^2} \right)^2 + A_{31}^2 \left(\frac{9}{a^2} + \frac{1}{b^2} \right)^2 \right]。$$

力 F 所做的功是

$$W = F \int_0^b \frac{1}{2} \left(\frac{\partial w}{\partial y} \right)^2_{x=a/2} \mathrm{d}y$$

$$= \frac{\pi^2 F}{4b} (A_{11} - A_{31})^2 。$$

于是,由 $\dfrac{\partial}{\partial A_{11}}(V_\varepsilon - W) = 0$ 及 $\dfrac{\partial}{\partial A_{31}}(V_\varepsilon - W) = 0$ 得

$$\frac{\pi^4 abD}{8} 2A_{11} \left(\frac{1}{a^2} + \frac{1}{b^2} \right)^2 - \frac{\pi^2 F}{4b} 2(A_{11} - A_{31}) = 0,$$

$$\frac{\pi^4 abD}{8} 2A_{31} \left(\frac{9}{a^2} + \frac{1}{b^2} \right)^2 + \frac{\pi^2 F}{4b} 2(A_{11} - A_{31}) = 0。$$

简化以后得

$$\left[F - \frac{\pi^2 D}{2a} \left(\frac{b}{a} + \frac{a}{b} \right)^2 \right] A_{11} - F A_{31} = 0,$$

$$-F A_{11} + \left[F - \frac{\pi^2 D}{2a} \left(\frac{9b}{a} + \frac{a}{b} \right)^2 \right] A_{31} = 0。$$

命上述方程组的系数行列式等于零,得到

$$\begin{vmatrix} F - \dfrac{\pi^2 D}{2a} \left(\dfrac{b}{a} + \dfrac{a}{b} \right)^2 & -F \\[4mm] -F & F - \dfrac{\pi^2 D}{2a} \left(\dfrac{9b}{a} + \dfrac{a}{b} \right)^2 \end{vmatrix} = 0,$$

从而得出解答

$$F = F_c = \frac{\pi^2 D}{2a} \frac{\left(\dfrac{b}{a} + \dfrac{a}{b} \right)^2 \left(\dfrac{9b}{a} + \dfrac{a}{b} \right)^2}{\left(\dfrac{b}{a} + \dfrac{a}{b} \right)^2 + \left(\dfrac{9b}{a} + \dfrac{a}{b} \right)^2}。 \tag{h}$$

当 $a/b = 1$ 时,由式(f)求得 $F_c = 2\pi^2 D/a$,由式(h)求得 $F_c = 1.92\pi^2 D/a$。如果在挠度表达式中取三项或更多的项,都得出 $F_c = 1.91\pi^2 D/a$。

由这一例题可见,当薄板在两对边上受有任意多个成对的、大小相等而方向相反的纵向荷载时,都不难用能量法求得临界荷载。同样,如果薄板在两对边上受有分布的纵向荷载,只要两对边上的荷载分布方式相同、大小相等而方向相反,也不难求得临界荷载。

作为第三个例题,设有三边简支、一边自由的矩形薄板,在两简支对边上受

均布荷载 F_x,如图 16-14 所示,试用能量法求临界荷载。

取压曲以后的挠度表达式为

$$w = Ay\sin\frac{\pi x}{a},$$

可以满足位移边界条件(未能满足全部内力边界条件)。由此得 w 的一阶及二阶导数为

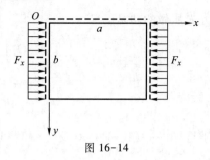

图 16-14

$$\left.\begin{array}{ll}\dfrac{\partial w}{\partial x} = A\dfrac{\pi}{a}y\cos\dfrac{\pi x}{a}, & \dfrac{\partial w}{\partial y} = A\sin\dfrac{\pi x}{a}, \\[3mm] \dfrac{\partial^2 w}{\partial x^2} = -A\dfrac{\pi^2}{a^2}y\sin\dfrac{\pi x}{a}, & \dfrac{\partial^2 w}{\partial y^2} = 0, \\[3mm] \dfrac{\partial^2 w}{\partial x\partial y} = A\dfrac{\pi}{a}\cos\dfrac{\pi x}{a}。 & \end{array}\right\} \tag{i}$$

代入式(14-22),得到

$$V_\varepsilon = \frac{D}{2}\int_0^a\int_0^b\left[A^2\frac{\pi^4}{a^4}y^2\sin^2\frac{\pi x}{a}+2(1-\mu)A^2\frac{\pi^2}{a^2}\cos^2\frac{\pi x}{a}\right]\mathrm{d}x\mathrm{d}y$$

$$= \frac{DA^2\pi^4 b}{12a}\left[\frac{b^2}{a^2}+\frac{6(1-\mu)}{\pi^2}\right]。$$

另一方面,将式(a)及式(i)代入式(16-19),得到

$$W = -\frac{1}{2}\int_0^a\int_0^b(-F_x)\left(A\frac{\pi}{a}y\cos\frac{\pi x}{a}\right)^2\mathrm{d}x\mathrm{d}y = \frac{F_x A^2\pi^2 b^3}{12a}。$$

命 $W = V_\varepsilon$,即得

$$F_x = (F_x)_c = \frac{\pi^2 D}{b^2}\left[\frac{b^2}{a^2}+\frac{6(1-\mu)}{\pi^2}\right]。 \tag{j}$$

当 $\mu = 1/4$ 时,式(j)成为

$$(F_x)_c = \frac{\pi^2 D}{b^2}\left(\frac{b^2}{a^2}+\frac{4.5}{\pi^2}\right) = \left(0.46+\frac{b^2}{a^2}\right)\frac{\pi^2 D}{b^2}。$$

仍然采用表达式

$$(F_x)_c = k\frac{\pi^2 D}{b^2},$$

则

$$k = 0.46+\frac{b^2}{a^2}。$$

算出的 k 值如下表所示,与 §16-4 中给出的 k 值很接近。

a/b	0.5	1.0	1.2	1.4	1.6	1.8	2.0	2.5	3.0
k	4.46	1.46	1.15	0.97	0.85	0.77	0.71	0.62	0.57

习　题

16-1　四边简支的正方形薄板,在对边上受大小相等而方向相反的均布纵向压力,如图 16-15a 所示。为了增强薄板的稳定性,也就是提高它的临界荷载,在薄板的中线上布置一根支承梁,垂直于荷载方向,见图 16-15b,或平行于荷载方向,见图 16-15c。试问临界荷载分别可提高多少?

答案:　分别提高到 1.56 倍及 4.00 倍。

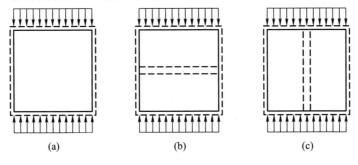

(a)　　　　　　　　(b)　　　　　　　　(c)

图 16-15

16-2　在图 16-5 所示的薄板中,设 $b=a$。试求 $\alpha=1$ 及 $\alpha=\pm 1/2$ 时的临界荷载。

答案:　$\alpha=1$ 时,　　$(F_x)_c = 2\pi^2 \dfrac{D}{a^2}$;

$\alpha=1/2$ 时,　　$(F_x)_c = \dfrac{8}{3}\pi^2 \dfrac{D}{a^2}$;

$\alpha=-1/2$ 时,　　$(F_x)_c = \dfrac{50\pi^2}{7} \dfrac{D}{a^2}$。

16-3　圆形薄板,半径为 a,边界固定,沿板边受均布压力 F_ρ。试利用贝塞尔函数求出临界荷载。

答案:　$(F_\rho)_c = 14.7 \dfrac{D}{a^2}$。

16-4　正方形薄板,边长为 a,四边简支,双向受同样大小的均布压力 F。试分别以 3×3 及 4×4 的网格用差分法求临界荷载。

答案:　用 3×3 的网格时,　　$F_c = 18.0 \dfrac{D}{a^2}$;　　用 4×4 的网格时,　　$F_c = 18.7 \dfrac{D}{a^2}$。

16-5 矩形薄板,对边简支,另外两边固定,在简支边上受均布压力 F_x,如图 16-8 所示。试取压曲以后的挠度表达式为

$$w = A\sin\frac{m\pi x}{a}\left(1-\cos\frac{2\pi y}{b}\right),$$

用能量法求临界荷载,并将计算结果与 §16-4 中例题的成果进行对比。

答案: $(F_x)_c = \dfrac{\pi^2 D}{b^2}\left[\left(\dfrac{mb}{a}\right)^2 + \dfrac{16}{3}\left(\dfrac{a}{mb}\right)^2 + \dfrac{8}{3}\right]$, 命 $(F_x)_c = k\dfrac{\pi^2 D}{b^2}$,

则其中的 k 值如下表所示。

a/b	0.4	0.5	0.6	0.7	0.8	0.9	1.0
k	9.77	8.00	7.37	7.32	7.64	8.22	8.00

16-6 四边简支的矩形薄板,受四个集中荷载,如图 16-16 所示。试取压曲以后的挠度表达式为

$$w = A\sin\frac{\pi x}{a}\sin\frac{\pi y}{b},$$

用能量法求临界荷载。

答案: $F_c = \dfrac{\pi^2}{3a}\left(\dfrac{a}{b}+\dfrac{b}{a}\right)^2 D$。

16-7 试证明:设圆板发生轴对称的压曲,则纵向荷载在压曲过程中所做的功为

$$W = -\pi \int F_{T\rho}\left(\frac{\mathrm{d}w}{\mathrm{d}\rho}\right)^2 \rho\mathrm{d}\rho 。$$

16-8 圆形薄板,半径为 a,边界固定,沿板边受均布压力 F_ρ,试取压曲以后的挠度表达式为

$$w = C\left(1-\frac{\rho^2}{a^2}\right)^2,$$

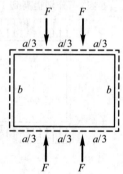

图 16-16

利用习题 16-7 中的公式,用能量法求出临界荷载,并与习题 16-3 中的结果进行对比。

答案: $(F_\rho)_c = 16.0\dfrac{D}{a^2}$。

参 考 教 材

[1] 铁木辛柯,盖莱.弹性稳定理论[M].2 版.张福范,译.北京:科学出版社,1965:第九章.

第十七章 各向异性板

§17-1 各向异性体的物理方程

一个弹性体,如果它在各个方向的弹性都相同,就称为各向同性体;如果它在各个方向的弹性并不完全相同,就称为各向异性体;如果它在任何两个方向的弹性都不相同,就称为极端各向异性体。

在极端各向异性体中,不论坐标轴放在什么方向,每一个应力分量一般都将引起全部 6 个应变分量。因此,按照广义胡克定律,即,应变分量和引起该应变分量的应力分量成正比,物理方程将取如下的普遍形式:

$$
\left.
\begin{aligned}
\varepsilon_x &= a_{11}\sigma_x + a_{12}\sigma_y + a_{13}\sigma_z + a_{14}\tau_{yz} + a_{15}\tau_{zx} + a_{16}\tau_{xy}, \\
\varepsilon_y &= a_{21}\sigma_x + a_{22}\sigma_y + a_{23}\sigma_z + a_{24}\tau_{yz} + a_{25}\tau_{zx} + a_{26}\tau_{xy}, \\
\varepsilon_z &= a_{31}\sigma_x + a_{32}\sigma_y + a_{33}\sigma_z + a_{34}\tau_{yz} + a_{35}\tau_{zx} + a_{36}\tau_{xy}, \\
\gamma_{yz} &= a_{41}\sigma_x + a_{42}\sigma_y + a_{43}\sigma_z + a_{44}\tau_{yz} + a_{45}\tau_{zx} + a_{46}\tau_{xy}, \\
\gamma_{zx} &= a_{51}\sigma_x + a_{52}\sigma_y + a_{53}\sigma_z + a_{54}\tau_{yz} + a_{55}\tau_{zx} + a_{56}\tau_{xy}, \\
\gamma_{xy} &= a_{61}\sigma_x + a_{62}\sigma_y + a_{63}\sigma_z + a_{64}\tau_{yz} + a_{65}\tau_{zx} + a_{66}\tau_{xy}.
\end{aligned}
\right\}
\tag{17-1}
$$

式中的系数 a_{ij} 是弹性常数,它们表示单位应力分量引起的应变分量。例如,系数 a_{12} 表示单位 σ_y 引起的 ε_x,等等。在这里,仍然假定弹性体是均匀的,并且是完全弹性的,所以各个弹性常数都不随位置坐标而变,并且也不随应力的大小而变。但是,一般来说,它们都将随坐标轴方向的改变而改变。

从式(17-1)看来,好像这里有 36 个弹性常数。但是,通过能量分析,或者通过实验量测,都可以证明这些弹性常数之间具有互等关系 $a_{ij} = a_{ji}$。于是物理方程(17-1)可以改写如下:

$$
\left.
\begin{aligned}
\varepsilon_x &= a_{11}\sigma_x + a_{12}\sigma_y + a_{13}\sigma_z + a_{14}\tau_{yz} + a_{15}\tau_{zx} + a_{16}\tau_{xy}, \\
\varepsilon_y &= a_{12}\sigma_x + a_{22}\sigma_y + a_{23}\sigma_z + a_{24}\tau_{yz} + a_{25}\tau_{zx} + a_{26}\tau_{xy}, \\
\varepsilon_z &= a_{13}\sigma_x + a_{23}\sigma_y + a_{33}\sigma_z + a_{34}\tau_{yz} + a_{35}\tau_{zx} + a_{36}\tau_{xy}, \\
\gamma_{yz} &= a_{14}\sigma_x + a_{24}\sigma_y + a_{34}\sigma_z + a_{44}\tau_{yz} + a_{45}\tau_{zx} + a_{46}\tau_{xy}, \\
\gamma_{zx} &= a_{15}\sigma_x + a_{25}\sigma_y + a_{35}\sigma_z + a_{45}\tau_{yz} + a_{55}\tau_{zx} + a_{56}\tau_{xy}, \\
\gamma_{xy} &= a_{16}\sigma_x + a_{26}\sigma_y + a_{36}\sigma_z + a_{46}\tau_{yz} + a_{56}\tau_{zx} + a_{66}\tau_{xy}.
\end{aligned}
\right\}
\tag{17-2}
$$

可见,即使是极端各向异性体,也只有 21 个独立的弹性常数。

如果弹性体在对称于某一平面的两个方向具有相同的弹性,则该平面称为弹性体的一个弹性对称面,而垂直于弹性对称面的方向称为它的一个弹性主向。这时,以弹性对称面为 xy 面,z 轴沿弹性主向,则由对称性可见,应力分量 σ_x、σ_y、σ_z、τ_{xy} 都不会引起应变分量 γ_{yz} 和 γ_{zx},因为上述四个应力分量是对称于 xy 面的,而上述两个应变分量是反对称于 xy 面的。于是,有 $a_{14}=a_{24}=a_{34}=a_{46}=0$,$a_{15}=a_{25}=a_{35}=a_{56}=0$,因而物理方程(17-2)简化为

$$
\left.
\begin{aligned}
\varepsilon_x &= a_{11}\sigma_x + a_{12}\sigma_y + a_{13}\sigma_z + a_{16}\tau_{xy}, \\
\varepsilon_y &= a_{12}\sigma_x + a_{22}\sigma_y + a_{23}\sigma_z + a_{26}\tau_{xy}, \\
\varepsilon_z &= a_{13}\sigma_x + a_{23}\sigma_y + a_{33}\sigma_z + a_{36}\tau_{xy}, \\
\gamma_{yz} &= a_{44}\tau_{yz} + a_{45}\tau_{zx}, \\
\gamma_{zx} &= a_{45}\tau_{yz} + a_{55}\tau_{zx}, \\
\gamma_{xy} &= a_{16}\sigma_x + a_{26}\sigma_y + a_{36}\sigma_z + a_{66}\tau_{xy}。
\end{aligned}
\right\}
\tag{17-3}
$$

现在,独立的弹性常数只有 13 个。当然,在均匀体中,平行于弹性对称面的任一平面,也是一个弹性对称面;平行于弹性主向的任一方向也是一个弹性主向。

如果弹性体具有互相正交的三个弹性对称面,也就是具有互相正交的三个弹性主向,则该弹性体称为正交各向异性体。这时,以该三个弹性对称面为坐标面,也就是以该三个弹性主向为坐标方向,则根据与上述相似的论证,物理方程(17-2)可进一步简化为

$$
\left.
\begin{aligned}
\varepsilon_x &= a_{11}\sigma_x + a_{12}\sigma_y + a_{13}\sigma_z, & \gamma_{yz} &= a_{44}\tau_{yz}, \\
\varepsilon_y &= a_{12}\sigma_x + a_{22}\sigma_y + a_{23}\sigma_z, & \gamma_{zx} &= a_{55}\tau_{zx}, \\
\varepsilon_z &= a_{13}\sigma_x + a_{23}\sigma_y + a_{33}\sigma_z, & \gamma_{xy} &= a_{66}\tau_{xy}。
\end{aligned}
\right\}
\tag{17-4}
$$

现在,独立的弹性常数只有 9 个,正应变只与正应力有关,切应变只与相应的切应力有关。

§17-2 各向异性板的平面应力问题

设有很薄的等厚度薄板,只在板边上受平行于板面并且不沿厚度变化的面力,同时,体力也平行于板面,并且不沿厚度变化。假定薄板的中面(以及和它平行的任一平面)是弹性对称面,并且以中面为 xy 面。和 §2-1 中同样地进行论证,仍然可见在整个薄板中都有

$$\sigma_z = 0, \qquad \tau_{yz} = \tau_{zy} = 0, \qquad \tau_{zx} = \tau_{xz} = 0, \qquad (a)$$

而且应力分量 σ_x、σ_y、τ_{xy} 仍然只是 x 和 y 的函数,不随 z 变化。可见,这样的问题仍然是平面应力问题。

平衡微分方程仍然是

$$\frac{\partial \sigma_x}{\partial x} + \frac{\partial \tau_{xy}}{\partial y} + f_x = 0, \qquad \frac{\partial \sigma_y}{\partial y} + \frac{\partial \tau_{xy}}{\partial x} + f_y = 0。 \qquad (b)$$

如果体力分量 f_x 和 f_y 都是常量,则应力分量

$$\sigma_x = \frac{\partial^2 \Phi}{\partial y^2} - f_x x, \qquad \sigma_y = \frac{\partial^2 \Phi}{\partial x^2} - f_y y, \qquad \tau_{xy} = \tau_{yx} = -\frac{\partial^2 \Phi}{\partial x \partial y} \qquad (c)$$

仍然满足平衡微分方程(b),其中 $\Phi = \Phi(x, y)$ 是艾里应力函数。

几何方程仍然是

$$\varepsilon_x = \frac{\partial u}{\partial x}, \qquad \varepsilon_y = \frac{\partial v}{\partial y}, \qquad \gamma_{xy} = \frac{\partial v}{\partial x} + \frac{\partial u}{\partial y}。 \qquad (d)$$

在消去位移分量以后,仍然得到应变协调方程

$$\frac{\partial^2 \varepsilon_x}{\partial y^2} + \frac{\partial^2 \varepsilon_y}{\partial x^2} = \frac{\partial^2 \gamma_{xy}}{\partial x \partial y}。 \qquad (e)$$

将式(a)代入式(17-3)中的第一式、第二式及第六式,得到各向异性板的物理方程

$$\left. \begin{array}{l} \varepsilon_x = a_{11}\sigma_x + a_{12}\sigma_y + a_{16}\tau_{xy}, \\ \varepsilon_y = a_{12}\sigma_x + a_{22}\sigma_y + a_{26}\tau_{xy}, \\ \gamma_{xy} = a_{16}\sigma_x + a_{26}\sigma_y + a_{66}\tau_{xy}。 \end{array} \right\} \qquad (17-5)$$

将式(17-5)代入式(e),然后将式(c)代入,即得用应力函数 Φ 表示的相容方程

$$a_{22}\frac{\partial^4 \Phi}{\partial x^4} - 2a_{26}\frac{\partial^4 \Phi}{\partial x^3 \partial y} + (2a_{12} + a_{66})\frac{\partial^4 \Phi}{\partial x^2 \partial y^2} - 2a_{16}\frac{\partial^4 \Phi}{\partial x \partial y^3} + a_{11}\frac{\partial^4 \Phi}{\partial y^4} = 0。 \qquad (17-6)$$

由相容方程(17-6)可见,把应力函数 Φ 取为 x 和 y 的不超过三次幂的多项式,总可以满足这个相容方程在这种情况下,考虑到应力边界条件与弹性常数无关,所以对于应力边界问题,各向异性板中的应力分量 σ_x、σ_y、τ_{xy} 都和各向同性板中完全一样。

例如,如果不计体力,取 $\Phi = qy^2/2$,就得到薄板在 x 方向受均匀拉压力 q 时的应力分量

$$\sigma_x = q, \qquad \sigma_y = 0, \qquad \tau_{xy} = \tau_{yx} = 0; \qquad (17-7)$$

取 $\Phi = qx^2/2$,就得到薄板在 y 方向受均匀拉压力 q 时的应力分量

$$\sigma_x = 0, \qquad \sigma_y = q, \qquad \tau_{xy} = \tau_{yx} = 0;$$

取 $\Phi = -qxy$,就得到薄板在 x 和 y 方向受均匀剪力 q 时的应力分量

$$\sigma_x = 0, \qquad \sigma_y = 0, \qquad \tau_{xy} = \tau_{yx} = q;$$

取 $\Phi = My^3/(6I)$，就得到纯弯曲情况下的应力分量

$$\sigma_x = \frac{M}{I}y, \qquad \sigma_y = 0, \qquad \tau_{xy} = \tau_{yx} = 0。$$

注意：虽然应力分量和各向同性板中完全相同，但应变及位移却和各向同性板中并不完全相同。

如果应力函数 Φ 中包含了四次幂或四次幂以上的项，则由于相容方程(17-6)中包含着弹性常数，所以应力分量一般将与弹性常数有关，当然也就和各向同性板中并不相同。

§17-3　各向异性板的小挠度弯曲问题

实验结果表明，尽管薄板是各向异性的，只要它的中面（以及与中面平行的各平面）是弹性对称面，而且挠度远小于厚度，则 §13-1 中所述薄板小挠度弯曲理论中的假定，都仍然是可用的。因此，可以和 §13-1 中完全一样地导出下列几何方程：

$$\varepsilon_x = -z\frac{\partial^2 w}{\partial x^2}, \qquad \varepsilon_y = -z\frac{\partial^2 w}{\partial y^2}, \qquad \gamma_{xy} = -2z\frac{\partial^2 w}{\partial x \partial y}。 \tag{17-8}$$

但是，物理方程却将和各向同性板中不同，需要重新进行推导。在物理方程(17-3)的第一式、第二式及第六式中，按照假定，不计 σ_z 引起的应变，得到各向异性板的简化后的物理方程

$$\left.\begin{aligned}
\varepsilon_x &= a_{11}\sigma_x + a_{12}\sigma_y + a_{16}\tau_{xy}, \\
\varepsilon_y &= a_{12}\sigma_x + a_{22}\sigma_y + a_{26}\tau_{xy}, \\
\gamma_{xy} &= a_{16}\sigma_x + a_{26}\sigma_y + a_{66}\tau_{xy},
\end{aligned}\right\} \tag{a}$$

和平面应力问题中的物理方程(17-5)相同。求解应力分量，然后利用几何方程(17-8)，可将应力分量用挠度 w 表示如下：

$$\left.\begin{aligned}
\sigma_x &= -z\left(B_{11}\frac{\partial^2 w}{\partial x^2} + B_{12}\frac{\partial^2 w}{\partial y^2} + 2B_{16}\frac{\partial^2 w}{\partial x \partial y}\right), \\
\sigma_y &= -z\left(B_{12}\frac{\partial^2 w}{\partial x^2} + B_{22}\frac{\partial^2 w}{\partial y^2} + 2B_{26}\frac{\partial^2 w}{\partial x \partial y}\right), \\
\tau_{xy} &= -z\left(B_{16}\frac{\partial^2 w}{\partial x^2} + B_{26}\frac{\partial^2 w}{\partial y^2} + 2B_{66}\frac{\partial^2 w}{\partial x \partial y}\right),
\end{aligned}\right\} \tag{17-9}$$

式中

$$B_{11} = \frac{a_{22}a_{66}-a_{26}^2}{\Delta}, \qquad B_{22} = \frac{a_{11}a_{66}-a_{16}^2}{\Delta},$$

$$B_{66} = \frac{a_{11}a_{22}-a_{12}^2}{\Delta}, \qquad B_{12} = \frac{a_{16}a_{26}-a_{12}a_{66}}{\Delta}, \qquad (17\text{-}10)$$

$$B_{16} = \frac{a_{12}a_{26}-a_{22}a_{16}}{\Delta}, \qquad B_{26} = \frac{a_{12}a_{16}-a_{11}a_{26}}{\Delta},$$

而

$$\Delta = \begin{vmatrix} a_{11} & a_{12} & a_{16} \\ a_{12} & a_{22} & a_{26} \\ a_{16} & a_{26} & a_{66} \end{vmatrix}。$$

现在,利用式(17-9),可将弯矩及扭矩用挠度 w 表示为

$$M_x = \int_{-\delta/2}^{\delta/2} \sigma_x z\mathrm{d}z = -\left(D_{11}\frac{\partial^2 w}{\partial x^2} + D_{12}\frac{\partial^2 w}{\partial y^2} + 2D_{16}\frac{\partial^2 w}{\partial x\partial y} \right),$$

$$M_y = \int_{-\delta/2}^{\delta/2} \sigma_y z\mathrm{d}z = -\left(D_{12}\frac{\partial^2 w}{\partial x^2} + D_{22}\frac{\partial^2 w}{\partial y^2} + 2D_{26}\frac{\partial^2 w}{\partial x\partial y} \right), \qquad (17\text{-}11)$$

$$M_{xy} = \int_{-\delta/2}^{\delta/2} \tau_{xy} z\mathrm{d}z = -\left(D_{16}\frac{\partial^2 w}{\partial x^2} + D_{26}\frac{\partial^2 w}{\partial y^2} + 2D_{66}\frac{\partial^2 w}{\partial x\partial y} \right),$$

式中的常数

$$D_{ij} = B_{ij}\frac{\delta^3}{12} \qquad (17\text{-}12)$$

统称为各向异性板的弯扭刚度。

薄板的平衡方程与弹性常数无关,因此,以前针对各向同性板而导出的平衡方程

$$\frac{\partial^2 M_x}{\partial x^2} + 2\frac{\partial^2 M_{xy}}{\partial x\partial y} + \frac{\partial^2 M_y}{\partial y^2} + q = 0 \qquad (17\text{-}13)$$

也适用于各向异性板。将式(17-11)代入式(17-13),即得各向异性板在横向荷载作用下的弹性曲面微分方程

$$D_{11}\frac{\partial^4 w}{\partial x^4} + 4D_{16}\frac{\partial^4 w}{\partial x^3\partial y} + 2(D_{12}+2D_{66})\frac{\partial^4 w}{\partial x^2\partial y^2} + 4D_{26}\frac{\partial^4 w}{\partial x\partial y^3} + D_{22}\frac{\partial^4 w}{\partial y^4} = q, \quad (17\text{-}14)$$

可以用来在边界条件下求解薄板的挠度 w,从而用式(17-11)求得弯矩和扭矩,并用式(17-9)求得弯应力及扭应力。通过方程(17-11)及(13-15),不难把横向剪力也用 w 来表示。

对于正交各向异性板,将 x 轴及 y 轴也放在弹性主向(三个坐标面都成为弹性对称面),则物理方程如式(17-4)所示。取出其中的第一式、第二式及第六式,按照薄板小挠度弯曲问题中的假定,不计 σ_z 引起的应变,得到

$$\varepsilon_x = a_{11}\sigma_x + a_{12}\sigma_y, \qquad \varepsilon_y = a_{12}\sigma_x + a_{22}\sigma_y, \qquad \gamma_{xy} = a_{66}\tau_{xy}。 \tag{b}$$

在工程文献中,一般都将式(b)改写为

$$\varepsilon_x = \frac{\sigma_x - \mu_1\sigma_y}{E_1}, \qquad \varepsilon_y = \frac{\sigma_y - \mu_2\sigma_x}{E_2}, \qquad \gamma_{xy} = \frac{\tau_{xy}}{G}, \tag{c}$$

由于式(17-4)或式(b)具有对称性,因此有 $\mu_1/E_1 = \mu_2/E_2$。求解应力分量,得

$$\sigma_x = \frac{E_1\varepsilon_x + \mu_1 E_2\varepsilon_y}{1 - \mu_1\mu_2}, \qquad \sigma_y = \frac{E_2\varepsilon_y + \mu_2 E_1\varepsilon_x}{1 - \mu_1\mu_2}, \qquad \tau_{xy} = G\gamma_{xy}。$$

将几何方程(17-8)代入,得

$$\left.\begin{aligned}
\sigma_x &= -\frac{z}{1-\mu_1\mu_2}\left(E_1\frac{\partial^2 w}{\partial x^2} + \mu_1 E_2\frac{\partial^2 w}{\partial y^2}\right), \\
\sigma_y &= -\frac{z}{1-\mu_1\mu_2}\left(E_2\frac{\partial^2 w}{\partial y^2} + \mu_2 E_1\frac{\partial^2 w}{\partial x^2}\right), \\
\tau_{xy} &= -z\left(2G\frac{\partial^2 w}{\partial x \partial y}\right)。
\end{aligned}\right\} \tag{17-15}$$

于是,可以得出用 w 表示弯矩及扭矩的表达式如下:

$$\left.\begin{aligned}
M_x &= \int_{-\delta/2}^{\delta/2}\sigma_x z\,\mathrm{d}z = -D_1\left(\frac{\partial^2 w}{\partial x^2} + \mu_2\frac{\partial^2 w}{\partial y^2}\right), \\
M_y &= \int_{-\delta/2}^{\delta/2}\sigma_y z\,\mathrm{d}z = -D_2\left(\frac{\partial^2 w}{\partial y^2} + \mu_1\frac{\partial^2 w}{\partial x^2}\right), \\
M_{xy} &= \int_{-\delta/2}^{\delta/2}\tau_{xy} z\,\mathrm{d}z = -2D_k\frac{\partial^2 w}{\partial x \partial y},
\end{aligned}\right\} \tag{17-16}$$

式中

$$D_1 = \frac{E_1\delta^3}{12(1-\mu_1\mu_2)}, \qquad D_2 = \frac{E_2\delta^3}{12(1-\mu_1\mu_2)}, \qquad D_k = \frac{G\delta^3}{12}。 \tag{17-17}$$

在这里,D_1 及 D_2 是薄板在弹性主向的弯曲刚度,D_k 是薄板在弹性主向的扭转刚度,三者都称为主刚度。

将表达式(17-16)代入平衡方程(17-13),即得正交各向异性板在横向荷载作用下的弹性曲面微分方程

$$D_1\frac{\partial^4 w}{\partial x^4} + D_2\frac{\partial^4 w}{\partial y^4} + 2D_3\frac{\partial^4 w}{\partial x^2 \partial y^2} = q。 \tag{17-18}$$

式中

$$D_3 = \mu_2 D_1 + 2D_k = \mu_1 D_2 + 2D_k。 \tag{17-19}$$

微分方程(17-18)可以用来在边界条件下求得薄板的挠度 w,从而用式(17-16)求得弯矩和扭矩,并用式(17-15)求得弯应力及扭应力。

§17-4 构造上正交各向异性的薄板

由前一节中可见,为了计算通常所理解的正交各向异性板(用正交各向异性材料制成的均质薄板),需要已知这种材料的弹性常数 E_1、E_2、μ_1、μ_2、G,其中

$$\frac{\mu_1}{E_1} = \frac{\mu_2}{E_2}。 \tag{17-20}$$

这样就可以用式(17-17)算出主刚度 D_1、D_2、D_k,并用式(17-19)算出 D_3。弹性常数 E_1、E_2、μ_1、μ_2、G 可以用实验方法直接求得,而关系式(17-20)可以用来检验实验结果的精度。

讨论各向异性板的平面应力问题和弯曲问题,不仅是为了计算那些用各向异性材料制成的薄板,更重要的是为了计算一些由于构造上的原因而表现为各向异性的薄板。

一块钢筋混凝土板,由于两向配筋率不同,将表现轻度的各向异性,于是可以把它当作一块均质的正交各向异性板,而参照两向配筋的数量来决定它的主刚度。当然,把一块非均质的板当作一块均质各向异性板来计算,无论怎样来计算主刚度,总归是近似的,不可能有完全合理的计算方法,因而也不可能得出很精确的主刚度。下面介绍比较简单而又通用的半经验公式。

命 E_s 为钢筋的弹性模量,E_c 为混凝土的弹性模量,μ 为混凝土的泊松比,$n = E_s/E_c$。按照胡拜尔的近似推导,上述正交各向异性板的刚度可以按照下列公式进行计算:

$$\left.\begin{aligned} D_1 &= \frac{E_c}{1-\mu^2}\left[I_{cx} + (n-1)I_{sx}\right], \\[2ex] D_2 &= \frac{E_c}{1-\mu^2}\left[I_{cy} + (n-1)I_{sy}\right], \\[2ex] D_3 &= \sqrt{D_1 D_2}, \quad D_k = \frac{1-\mu}{2}\sqrt{D_1 D_2}, \end{aligned}\right\} \tag{17-21}$$

式中 I_{cx} 及 I_{sx} 分别为全薄板截面及钢筋截面对于 x 为常量的中性轴的惯性矩;I_{cy} 及 I_{sy} 分别为全薄板截面及钢筋截面对于 y 为常量的中性轴的惯性矩。

对于各向同性材料构成的各种波纹板和折皱板,也可以采用类似的方法,把它们变换成为两向刚度不同的正交各向异性板,然后进行计算。例如,对于图17-1 所示的波纹板,如果把薄板横截面的中心线作为正弦曲线,即

$$z = f\sin\frac{\pi x}{l},$$

则按照赛代尔的分析,计算刚度的近似公式为

$$
\left.
\begin{aligned}
D_1 &= \frac{l}{s} \frac{E\delta^3}{12(1-\mu^2)}, \\[2mm]
D_2 &= \frac{Ef^2\delta}{2}\left[1 - \frac{0.81}{1+\frac{5}{8}\left(\dfrac{f}{l}\right)^2}\right], \\[2mm]
D_3 &= \frac{s}{l} \frac{E\delta^3}{12(1+\mu)},
\end{aligned}
\right\}
\tag{17-22}
$$

式中 E 及 μ 分别为薄板的弹性模量及泊松比,δ 为薄板的厚度,f 为正弦曲线的高度,l 及 s 分别为正弦曲线半波的弦长及弧长。弧长 s 可以按下列近似公式计算:

$$s = l\left(1+\frac{\pi^2 f^2}{4l^2}\right)。$$

在这里,扭转刚度 D_k 没有适当的公式可用,因而扭矩 M_{xy} 无法计算。但是,在一般的设计中,都只须计算弯矩,而不必计算扭矩。以下的几种情形也与此相同。

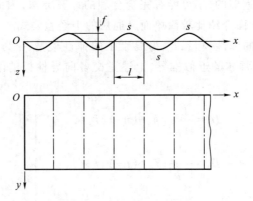

图 17-1

对于加肋板,虽然可以用变分法计算它们在横向荷载作用下的挠度和内力,也可以用能量法计算它们的自然频率和临界荷载,但计算是很繁的。现在,把肋

条的刚度归入薄板的刚度,从而把具有肋条的各向同性板变换成为不具有肋条的各向异性板,则计算大为简化。

如果薄板在其两面具有同样布置的、和 y 轴平行的肋条,如图 17-2 所示,就可以用下列公式计算它的主刚度:

$$\left.\begin{aligned} D_1 = D_3 &= \frac{E\delta^3}{12(1-\mu^2)}, \\ D_2 &= \frac{E\delta^3}{12(1-\mu^2)} + \frac{E'I_2}{a_2}, \end{aligned}\right\} \qquad (17-23)$$

式中 δ 是薄板的厚度,E 和 μ 是薄板的弹性模量和泊松比,E' 是肋条的弹性模量,I_2 是肋条的截面惯性矩,a_2 是肋条的间距。在这里,把肋条的弯曲刚度 $E'I_2$ 平均分配在宽度 a_2 的范围内,归入薄板的弯曲刚度。因此,肋条的间距必须远小于薄板的纵向尺寸,而且各个肋条的弯曲刚度大致相同,肋条的间距也大致均匀,否则就可能引起很大的误差。

如果薄板在平行于 x 轴和 y 轴的两方向都有肋条(仍然是在薄板的两面同样布置的),则主刚度可用下列公式计算:

$$\left.\begin{aligned} D_1 &= \frac{E\delta^3}{12(1-\mu^2)} + \frac{E'I_1}{a_1}, \\ D_2 &= \frac{E\delta^3}{12(1-\mu^2)} + \frac{E'I_2}{a_2}, \\ D_3 &= \frac{E\delta^3}{12(1-\mu^2)}, \end{aligned}\right\} \qquad (17-24)$$

式中 I_1 及 a_1 相应于和 x 轴平行的肋条,I_2 及 a_2 相应于和 y 轴平行的肋条。

如果肋条只安置在薄板的一面,如图 17-3 所示,那就只能非常粗略地估算加肋板的刚度,最简单的公式是

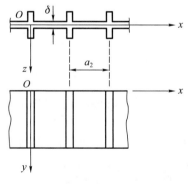

图 17-2

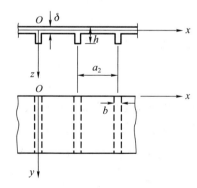

图 17-3

$$D_1 = \frac{E\delta^3}{12\left[1-\left(1-\dfrac{\delta^3}{h^3}\right)\dfrac{b}{a_2}\right]},$$

$$D_2 = \frac{EI}{a_2}, \quad D_k = \frac{G\delta^3}{12} + \frac{C}{2a_2},$$

$$D_3 = 2D_k,$$

$$(17-25)$$

式中 E 和 G 分别为材料的拉压弹性模量和切变模量(假定薄板和肋条的弹性常数相同),I 是宽度为 a_2 的 T 形截面的惯性矩,C 是一根肋条的抗扭刚度,其他的记号如图 17-3 所示。

对于构造上各向异性的薄板,在求出弯曲内力以后,如果还要求出应力,就必须用到应力与内力之间的关系式。但是,这种关系式不可能通过理论分析来建立,而只能根据实验或经验来建立。

§17-5 正交各向异性板小挠度弯曲问题的经典解法

在各向异性板中,只有正交各向异性板是可能用经典方法求解的。

首先考虑四边简支的矩形薄板,如图 17-4 所示。假定薄板的弹性主向和边界平行,取坐标轴如图所示。边界条件是

$$(w)_{x=0}=0, \quad (M_x)_{x=0}=0,$$

$$(w)_{x=a}=0, \quad (M_x)_{x=a}=0,$$

$$(w)_{y=0}=0, \quad (M_y)_{y=0}=0,$$

$$(w)_{y=b}=0, \quad (M_y)_{y=b}=0_{\circ}$$

仍然把挠度的表达式取为

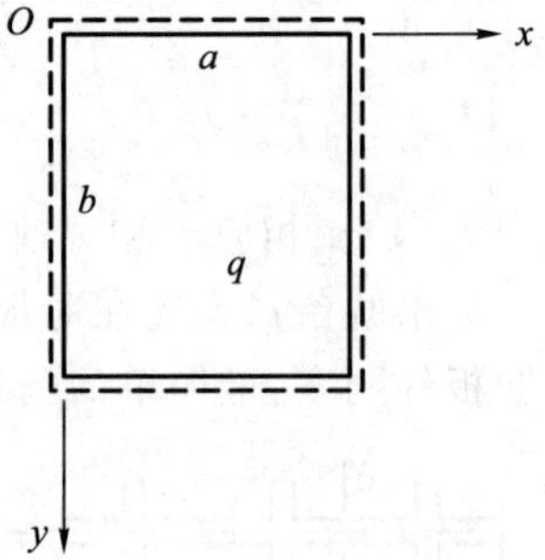

图 17-4

$$w = \sum_{m=1}^{\infty} \sum_{n=1}^{\infty} A_{mn} \sin\frac{m\pi x}{a}\sin\frac{n\pi y}{b}, \quad (a)$$

则上述关于挠度的边界条件可以满足;参阅式(17-16)中的前二式,可见上述关于弯矩的边界条件也可以满足。

将横向荷载 $q=q(x,y)$ 展为与式(a)同一形式的重三角级数,仍然得到

$$q = \frac{4}{ab}\sum_{m=1}^{\infty}\sum_{n=1}^{\infty}\left[\int_0^a\int_0^b q\sin\frac{m\pi x}{a}\sin\frac{n\pi y}{b}\mathrm{d}x\mathrm{d}y\right]\times\sin\frac{m\pi x}{a}\sin\frac{n\pi y}{b}_{\circ} \quad (b)$$

将式(a)及式(b)代入正交各向异性板的弹性曲面微分方程(17-18),得

$$D_1 \frac{\partial^4 w}{\partial x^4} + 2D_3 \frac{\partial^4 w}{\partial x^2 \partial y^2} + D_2 \frac{\partial^4 w}{\partial y^4} = q,$$

再将方程两边 $\sin\dfrac{m\pi x}{a}\sin\dfrac{n\pi y}{b}$ 的系数进行对比,就得到

$$A_{mn} = \frac{4\int_0^a\int_0^b q\sin\dfrac{m\pi x}{a}\sin\dfrac{n\pi y}{b}\mathrm{d}x\mathrm{d}y}{\pi^4 ab\left(D_1\dfrac{m^4}{a^4} + 2D_3\dfrac{m^2 n^2}{a^2 b^2} + D_2\dfrac{n^4}{b^4}\right)}\text{。} \tag{c}$$

当 $D_1 = D_2 = D_3 = D$ 时,式(c)简化为

$$A_{mn} = \frac{4\int_0^a\int_0^b q\sin\dfrac{m\pi x}{a}\sin\dfrac{n\pi y}{b}\mathrm{d}x\mathrm{d}y}{\pi^4 abD\left(\dfrac{m^2}{a^2} + \dfrac{n^2}{b^2}\right)^2},$$

和§13-6中关于各向同性板的解答相同。

　　注意:如果薄板并不是正交各向异性板,而只是一般的各向异性板,或者,虽然薄板是正交各向异性板,但薄板的边界并不是沿着弹性主向,因而坐标轴也就不是沿着弹性主向,那么,不管边界如何,将式(a)及式(b)代入一般各向异性板的弹性曲面微分方程(17-14)以后,方程两边的级数不同,就无法比较系数,因而也就无从求得 A_{mn},于是就不可能求得解答。

　　现在来考虑有两对边简支的正交各向异性矩形板,如图17-5所示。假定薄板的弹性主向和边界平行,并取图示坐标轴。左右两个简支边的边界条件是

$$\left.\begin{array}{l}(w)_{x=0} = 0, \quad (M_x)_{x=0} = 0, \\ (w)_{x=a} = 0, \quad (M_x)_{x=a} = 0\text{。}\end{array}\right\} \tag{d}$$

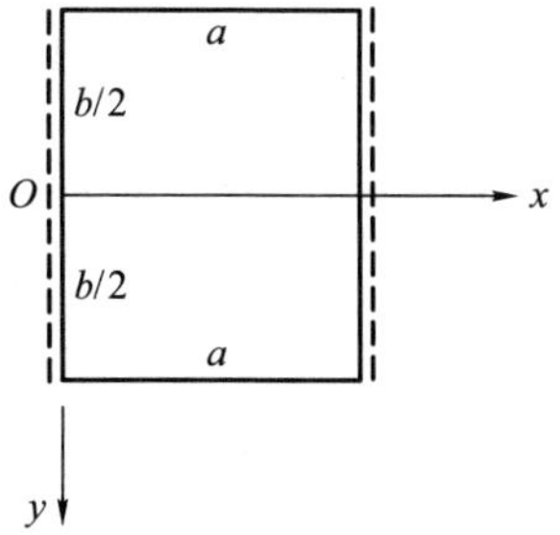

仍然把挠度的表达式取为

$$w = \sum_{m=1}^{\infty} Y_m \sin\frac{m\pi x}{a}, \tag{e}$$

式中 $Y_m = Y_m(y)$,则上述关于挠度的边界条件可以满足;参阅公式(17-16),可见上述关于 M_x 的边界条件也可以满足。

图 17-5

　　将横向荷载 $q = q(x,y)$ 展为与式(e)同样形式的级数,即

$$q = \sum_{m=1}^{\infty} q_m \sin\frac{m\pi x}{a}, \tag{f}$$

得到

$$q_m = q_m(y) = \frac{2}{a}\int_0^a q\sin\frac{m\pi x}{a}\mathrm{d}x。 \tag{g}$$

现在,将式(e)及式(f)代入正交各向异性板的弹性曲面微分方程(17-18),再将方程两边 $\sin\dfrac{m\pi x}{a}$ 的系数进行对比,即得

$$D_2\frac{\mathrm{d}^4 Y_m}{\mathrm{d}y^4} - 2D_3\left(\frac{m\pi}{a}\right)^2\frac{\mathrm{d}^2 Y_m}{\mathrm{d}y^2} + D_1\left(\frac{m\pi}{a}\right)^4 Y_m = q_m。 \tag{h}$$

常微分方程(h)的解答将包含两部分:一部分是任意一个特解 $f_m(y)$,可以按照 $q_m(y)$ 的形式来选取,另一部分是相应齐次方程的通解 $F_m(y)$。把通解 $F_m(y)$ 取为 $\mathrm{e}^{\frac{m\pi ry}{a}}$ 的形式,则特征方程为

$$D_2 r^4 - 2D_3 r^2 + D_1 = 0。 \tag{i}$$

依照刚度 D_1、D_2、D_3 的不同数值,可能出现三种不同的情况:

(1) $D_3^2 > D_1 D_2$。这时,方程(i)将具有四个互不相等的实根

$$\pm r_1,\quad \pm r_2\quad (r_1>0, r_2>0)。$$

通解将成为

$$F_m(y) = A_m\cosh\frac{m\pi r_1 y}{a} + B_m\sinh\frac{m\pi r_1 y}{a} + C_m\cosh\frac{m\pi r_2 y}{a} + D_m\sinh\frac{m\pi r_2 y}{a}。$$

(2) $D_3^2 = D_1 D_2$。这时,方程(i)将具有两两互等的实根

$$\pm r,\quad \pm r\quad (r>0)。$$

通解将成为

$$F_m(y) = (A_m + B_m y)\cosh\frac{m\pi ry}{a} + (C_m + D_m y)\sinh\frac{m\pi ry}{a}。$$

(3) $D_3^2 < D_1 D_2$。这时,方程(i)将具有两对复根

$$r_1\pm\mathrm{i}r_2,\quad -r_1\pm\mathrm{i}r_2\quad (r_1>0,\quad r_2>0)。$$

通解将成为

$$F_m(y) = \cosh\frac{m\pi r_1 y}{a}\left(A_m\cos\frac{m\pi r_2 y}{a} + B_m\sin\frac{m\pi r_2 y}{a}\right) +$$
$$\sinh\frac{m\pi r_1 y}{a}\left(C_m\cos\frac{m\pi r_2 y}{a} + D_m\sin\frac{m\pi r_2 y}{a}\right)。$$

通解中的系数 A_m、B_m、C_m、D_m 仍然可用 $y=\pm b/2$ 处的边界条件来确定。其余的运算也和各向同性板的情况不相同。

如果薄板并不是正交各向异性板,而只是一般的各向异性板,或者,薄板的边界并不是沿着弹性主向,就不可能用经典方法求得解答,理由同上。

§ 17-6　用差分法解各向异性板的小挠度弯曲问题

　　如果把各向异性板和各向同性板相比,那么,能用经典方法求解的问题就更少,得出的解答也更不便于应用。因此,对于各向异性板来说,差分法和变分法等数值解法就显得更为重要。

　　用差分法求解各向异性板的小挠度弯曲问题,只须把这种薄板的弹性曲面微分方程变换为差分方程,类似各向同性板的情况同样地进行数值计算,就可以求得挠度和内力的数值解答。

　　对于正交各向异性板,将它的弹性曲面微分方程(17-18)应用于典型结点0,得到

$$D_1\left(\frac{\partial^4 w}{\partial x^4}\right)_0 + D_2\left(\frac{\partial^4 w}{\partial y^4}\right)_0 + 2D_3\left(\frac{\partial^4 w}{\partial x^2 \partial y^2}\right)_0 = q_0 \, 。$$

利用 § 14-1 中的差分公式(14-4),参照图 14-1,即得如下的差分方程:

$$\begin{aligned}
&D_1\left[\, 6w_0 - 4(w_1 + w_3) + (w_9 + w_{11})\,\right] + \\
&D_2\left[\, 6w_0 - 4(w_2 + w_4) + (w_{10} + w_{12})\,\right] + \\
&2D_3\left[\, 4w_0 - 2(w_1 + w_2 + w_3 + w_4) + \right. \\
&\left. (w_5 + w_6 + w_7 + w_8)\,\right] = q_0 h^4 \, 。
\end{aligned} \tag{17-26}$$

这一差分方程的图式如图 17-6 所示。

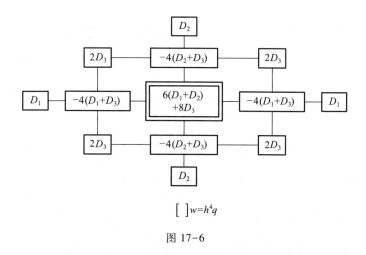

$$[\ \ ]w = h^4 q$$

图 17-6

作为例题,试考虑图 17-7 所示的简支边正方形薄板,其弹性主向平行于边界,受均布横向荷载 q_0。假定它的主刚度 $D_2 = 0.5 D_1$,$D_3 = 1.215 D_1$。采用 4×4 的网格。注意对称性及各向异性,可见有 4 个独立的未知值 w_a、w_b、w_c、w_d(如果是各向同性板,则将由于 $w_b = w_c$ 而只有三个独立的未知值)。

利用图 17-6 所示的图式,为结点 a 列出差分方程,得

$$[6(D_1+D_2)+8D_3]w_a-4(D_1+D_3)(2w_b)-$$

$$4(D_2+D_3)(2w_c)+2D_3(4w_d) = h^4 q_0。$$

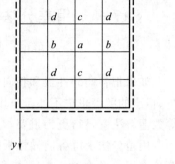

图 17-7

除以 D_1,并将 $D_2/D_1 = 0.5$ 及 $D_3/D_1 = 1.215$ 代入,得

$$18.72w_a-17.72w_b-13.72w_c+9.72w_d = h^4 q_0/D_1。$$

再为结点 b、c、d 列出差分方程,应用边界条件后,总共得出下列四个方程:

$$18.72w_a-17.72w_b-13.72w_c+9.72w_d = h^4 q_0/D_1,$$

$$-8.86w_a+18.72w_b+4.86w_c-13.72w_d = h^4 q_0/D_1,$$

$$-6.86w_a+4.86w_b+18.72w_c-17.72w_d = h^4 q_0/D_1,$$

$$2.43w_a-6.86w_b-8.86w_c+18.72w_d = h^4 q_0/D_1。$$

联立求解,得到

$$w_a = 1.0440q_0 h^4/D_1, \qquad w_b = 0.7581q_0 h^4/D_1,$$

$$w_c = 0.7690q_0 h^4/D_1, \qquad w_d = 0.5597q_0 h^4/D_1。$$

§17-7　用变分法解各向异性板的小挠度弯曲问题

在 §14-5 中已经指出:在薄板的小挠度弯曲问题中,按照计算假定,用应力分量及应变分量表示的应变能表达式是

$$V_\varepsilon = \frac{1}{2}\int_V (\sigma_x \varepsilon_x + \sigma_y \varepsilon_y + \tau_{xy}\gamma_{xy})\,dV。 \tag{a}$$

对于正交各向异性板,将几何方程(17-8)及物理方程(17-15)代入,然后对 z 从 $-\delta/2$ 到 $\delta/2$ 进行积分,并应用式(17-17)及式(17-19),即得正交各向异性板中用挠度表示的应变能表达式

$$V_\varepsilon = \frac{1}{2}\iint_A \left[D_1\left(\frac{\partial^2 w}{\partial x^2}\right)^2 + D_2\left(\frac{\partial^2 w}{\partial y^2}\right)^2 + \right.$$

$$\left. 2(D_3 - 2D_k)\frac{\partial^2 w}{\partial x^2}\frac{\partial^2 w}{\partial y^2} + 4D_k\left(\frac{\partial^2 w}{\partial x \partial y}\right)^2\right]\mathrm{d}x\mathrm{d}y。 \quad (17-27)$$

同样,将几何方程(17-8)及物理方程(17-9)代入式(a),然后对 z 从 $-\delta/2$ 到 $\delta/2$ 进行积分,并应用式(17-12),即得一般各向异性板中用挠度表示的应变能表达式

$$V_\varepsilon = \frac{1}{2}\iint_A\left[D_{11}\left(\frac{\partial^2 w}{\partial x^2}\right)^2 + 2D_{12}\frac{\partial^2 w}{\partial x^2}\frac{\partial^2 w}{\partial y^2} + D_{22}\left(\frac{\partial^2 w}{\partial y^2}\right)^2 + \right.$$
$$\left. 4D_{66}\left(\frac{\partial^2 w}{\partial x \partial y}\right)^2 + 4\left(D_{16}\frac{\partial^2 w}{\partial x^2} + D_{26}\frac{\partial^2 w}{\partial y^2}\right)\frac{\partial^2 w}{\partial x \partial y}\right]\mathrm{d}x\mathrm{d}y。 \quad (17-28)$$

用里茨法求解时,仍然可以把挠度的表达式取为

$$w = \sum_m C_m w_m, \quad (17-29)$$

式中 w_m 为满足位移边界条件的设定函数,C_m 为互不依赖的待定系数。应用方程

$$\frac{\partial V_\varepsilon}{\partial C_m} = \iint_A qw_m\mathrm{d}x\mathrm{d}y, \quad (17-30)$$

式中 q 为横向荷载,V_ε 如式(17-27)或式(17-28)所示,可以得到 C_m 的 m 个线性方程,用来求解 C_m,从而确定薄板的挠度。

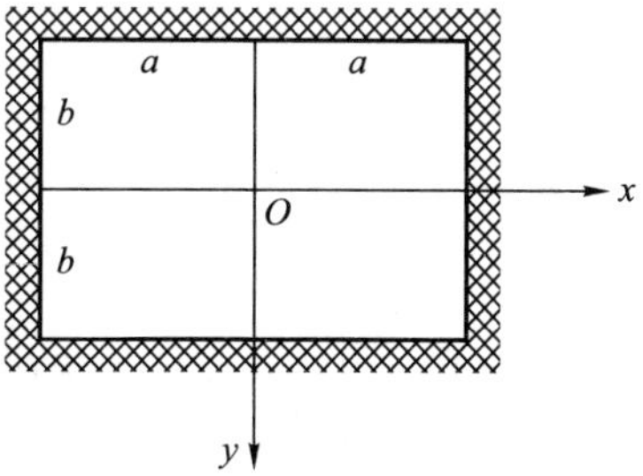

作为例题,设有正交各向异性的矩形板,四边固定,如图 17-8 所示,弹性主向沿坐标方向,受均布横向荷载 q_0。取挠度的表达式为

$$w = C_1 w_1 = C_1(x^2 - a^2)^2(y^2 - b^2)^2, \quad (b)$$

可以满足边界条件。代入式(17-27),进行积分,并应用由式(17-19)得来的关系式

$$2D_k = D_3 - \mu_2 D_1,$$

图 17-8

得到

$$V_\varepsilon = \frac{16\ 384}{1\ 575}a^5 b^5 C_1^2\left(D_1 b^4 + D_2 a^4 + \frac{4}{7}D_3 a^2 b^2\right)。 \quad (c)$$

另一方面,由式(b)得到

$$\iint_A qw_m\mathrm{d}x\mathrm{d}y = q_0\iint_A w_1\mathrm{d}x\mathrm{d}y$$
$$= q_0 2\int_0^a 2\int_0^b (x^2 - a^2)^2(y^2 - b^2)^2\mathrm{d}x\mathrm{d}y = \frac{256}{225}q_0 a^5 b^5。 \quad (d)$$

将式(c)及式(d)代入式(17-30),求出 C_1,再代入式(b),即得

$$w = \frac{7q_0(x^2-a^2)^2(y^2-b^2)^2}{128\left(D_1 b^4 + D_2 a^4 + \frac{4}{7}D_3 a^2 b^2\right)}。$$

对于各向同性板，$D_1 = D_2 = D_3 = D$，得到

$$w = \frac{7q_0(x^2-a^2)^2(y^2-b^2)^2}{128\left(a^4 + b^4 + \frac{4}{7}a^2 b^2\right)D},$$

与 §14-8 中对各向同性板的解答相同。

如果把挠度的表达式取为

$$w = C_{11}\left(1+\cos\frac{\pi x}{a}\right)\left(1+\cos\frac{\pi y}{b}\right),$$

也可以满足边界条件。进行与上述相同的运算，将得到

$$w = \frac{4q_0\left(1+\cos\dfrac{\pi x}{a}\right)\left(1+\cos\dfrac{\pi y}{b}\right)}{\pi^4\left(\dfrac{3D_1}{a^4} + \dfrac{3D_2}{b^4} + \dfrac{2D_3}{a^2 b^2}\right)}。$$

对于各向同性板，$D_1 = D_2 = D_3 = D$，得到

$$w = \frac{4q_0 a^4\left(1+\cos\dfrac{\pi x}{a}\right)\left(1+\cos\dfrac{\pi y}{b}\right)}{\pi^4\left(3 + 2\dfrac{a^2}{b^2} + 3\dfrac{a^4}{b^4}\right)D},$$

也和 §14-8 中对各向同性板的解答相同。

用伽辽金法求解时，仍然可以设定挠度表达式如式(17-29)所示，但其中的 w_m 必须同时满足位移边界条件及内力边界条件。为了得出求解 C_m 的方程，将伽辽金方程(14-31)写成

$$\iint_A (D\nabla^4 w - q)w_m \mathrm{d}x\mathrm{d}y = 0。$$

注意其中的 $D\nabla^4 w - q$ 乃是各向同性板的弹性曲面微分方程

$$D\nabla^4 w - q = 0$$

的左边，参阅正交各向异性板的弹性曲面微分方程(17-18)，可见正交各向异性板的伽辽金方程应当是

$$\iint_A\left[D_1\frac{\partial^4 w}{\partial x^4} + D_2\frac{\partial^4 w}{\partial y^4} + 2D_3\frac{\partial^4 w}{\partial x^2 \partial y^2} - q\right]w_m \mathrm{d}x\mathrm{d}y = 0。 \tag{17-31}$$

同样，参阅一般各向异性板的弹性曲面微分方程(17-14)，可见一般各向异性板

的伽辽金方程是

$$\iint_A \left[D_{11} \frac{\partial^4 w}{\partial x^4} + 4D_{16} \frac{\partial^4 w}{\partial x^3 \partial y} + 2(D_{12} + 2D_{66}) \frac{\partial^4 w}{\partial x^2 \partial y^2} + \right.$$

$$\left. 4D_{26} \frac{\partial^4 w}{\partial x \partial y^3} + D_{22} \frac{\partial^4 w}{\partial y^4} - q \right] w_m \mathrm{d}x\mathrm{d}y = 0。 \tag{17-32}$$

将表达式(17-29)代入方程(17-31)或(17-32),可以得到 C_m 的 m 个线性方程,用来求解 C_m,从而确定薄板的挠度表达式。

§17-8 各向异性板的压曲问题及振动问题

各向同性板的弹性曲面微分方程是

$$D \nabla^4 w = q,$$

而正交各向异性板的弹性曲面微分方程是

$$D_1 \frac{\partial^4 w}{\partial x^4} + D_2 \frac{\partial^4 w}{\partial y^4} + 2D_3 \frac{\partial^4 w}{\partial x^2 \partial y^2} = q。$$

可见,前一式中的微分算子 $D\nabla^4 = D\dfrac{\partial^4}{\partial x^4} + D\dfrac{\partial^4}{\partial y^4} + 2D\dfrac{\partial^4}{\partial x^2 \partial y^2}$ 在后一式中成为

$$D_0 \nabla^4 = D_1 \frac{\partial^4}{\partial x^4} + D_2 \frac{\partial^4}{\partial y^4} + 2D_3 \frac{\partial^4}{\partial x^2 \partial y^2}。 \tag{17-33}$$

实际上,$D\nabla^4 w$ 和 $D_0\nabla^4 w$ 同样都表示一块单位面积的薄板所受的横向弹性力,即薄板其余部分对它所施的横向内力,而弹性曲面微分方程不过表示"横向弹性力与横向荷载成平衡"而已。

根据这个论证,只须将各向同性板的压曲微分方程(16-3)中的算子 $D\nabla^4$ 变换为 $D_0\nabla^4$,即得正交各向异性板的压曲微分方程

$$D_0 \nabla^4 w - \left(F_{\mathrm{T}x} \frac{\partial^2 w}{\partial x^2} + F_{\mathrm{T}y} \frac{\partial^2 w}{\partial y^2} + 2F_{\mathrm{T}xy} \frac{\partial^2 w}{\partial x \partial y} \right) = 0。 \tag{17-34}$$

这一微分方程可以用来计算临界荷载。具体计算时,要首先按照§17-2中所述的方法,求出中面内力(用纵向荷载表示),代入上述压曲微分方程,然后分析该微分方程的满足边界条件的非零解,即可据以计算临界荷载。当四边简支或两对边简支的矩形薄板在简支边上受均布纵向压力时,可以求得临界荷载的精确值。在其他的情况下,可以用差分法或能量法求得临界荷载的近似值,计算步骤和各向同性板的情况相同。

对于一般的各向异性板,也可以同样地导出压曲微分方程

$$D_a \nabla^4 w - \left(F_{Tx}\frac{\partial^2 w}{\partial x^2} + F_{Ty}\frac{\partial^2 w}{\partial y^2} + 2F_{Txy}\frac{\partial^2 w}{\partial x \partial y} \right) = 0,$$

式中

$$D_a \nabla^4 = D_{11}\frac{\partial^4}{\partial x^4} + 4D_{16}\frac{\partial^4}{\partial x^3 \partial y} + 2(D_{12}+2D_{66})\frac{\partial^4}{\partial x^2 \partial y^2} + 4D_{26}\frac{\partial^4}{\partial x \partial y^3} + D_{22}\frac{\partial^4}{\partial y^4}.$$

利用这一微分方程,可以用差分法求得临界荷载的近似值。此外,还可以用能量法求得临界荷载的近似值。

将各性同性板的自由振动微分方程(15-1)写成

$$D\nabla^4 w + \overline{m}\frac{\partial^2 w}{\partial t^2} = 0,$$

然后根据上面的论证,将其中的算子 $D\nabla^4$ 改为 $D_0\nabla^4$,即得正交各向异性板的自由振动微分方程

$$D_0\nabla^4 w + \overline{m}\frac{\partial^2 w}{\partial t^2} = 0, \tag{17-35}$$

式中的算子 $D_0\nabla^4$ 如式(17-33)所示。把它的通解仍然取为

$$w = \sum_{m=1}^{\infty} w_m = \sum_{m=1}^{\infty} (A_m \cos \omega_m t + B_m \sin \omega_m t) W_m(x,y), \tag{17-36}$$

同样可以得到振型微分方程

$$D_0\nabla^4 W - \omega^2 \overline{m}W = 0. \tag{17-37}$$

当 $\overline{m}$ 为常量时,分析振型函数 W 的满足边界条件的非零解,可以求得自然频率

$$\omega = \sqrt{\frac{D_0\nabla^4 W}{\overline{m}W}}. \tag{17-38}$$

对于四边简支的矩形薄板,还可以由各阶的自然频率和相应的振型函数求得自由振动的完整解答。在此外的情况下,可以用差分法或能量法求得自然频率的近似值。

对于一般的各向异性板,也可以用差分法或能量法求得自然频率的近似值。

将各向同性板的受迫振动微分方程(15-27)改写为

$$D\nabla^4 w + \overline{m}\frac{\partial^2 w}{\partial t^2} = q_t,$$

根据上面的论证,将其中的算子 $D\nabla^4$ 改为 $D_0\nabla^4$ 或 $D_a\nabla^4$,即得正交各向异性板的受迫振动微分方程

$$D_0\nabla^4 w + \overline{m}\frac{\partial^2 w}{\partial t^2} = q_t, \tag{17-39}$$

或一般各向异性板的受迫振动微分方程

$$D_a \nabla^4 w + \overline{m} \frac{\partial^2 w}{\partial t^2} = q_t。$$

但是，只有当 $\overline{m}$ 为常量时，才可以对四边简支的正交各向异性板进行具体分析。

习　　题

17-1　试将一般各向异性板及正交各向异性板中的横向剪力用挠度表示。

答案：　$F_{Sx} = -\left[D_{11} \dfrac{\partial^3 w}{\partial x^3} + 3D_{16} \dfrac{\partial^3 w}{\partial x^2 \partial y} + (D_{12} + 2D_{66}) \dfrac{\partial^3 w}{\partial x \partial y^2} + D_{26} \dfrac{\partial^3 w}{\partial y^3} \right]，$

$F_{Sx} = -\dfrac{\partial}{\partial x} \left(D_1 \dfrac{\partial^2 w}{\partial x^2} + D_3 \dfrac{\partial^2 w}{\partial y^2} \right)。$

17-2　设图 13-6 中的椭圆薄板为正交各向异性板，其弹性主向系沿坐标轴方向，试求挠度和弯矩，以及它们的最大绝对值。

答案：　$w_{max} = \dfrac{q_0 a^4}{8\left(3 + 3\dfrac{D_2 a^4}{D_1 b^4} + 2\dfrac{D_3 a^2}{D_1 b^2} \right) D_1}。$

$M_{max} = \dfrac{q_0 a^2}{3 + 3\dfrac{D_2 a^4}{D_1 b^4} + 2\dfrac{D_3 a^2}{D_1 b^2}}，\quad \left(设 \dfrac{D_1}{D_2} > \dfrac{a^2}{b^2} \right)$

$M_{max} = \dfrac{q_0 b^2}{3 + 3\dfrac{D_1 b^4}{D_2 a^4} + 2\dfrac{D_3 b^2}{D_2 a^2}}。\quad \left(设 \dfrac{D_1}{D_2} < \dfrac{a^2}{b^2} \right)$

17-3　矩形的正交各向异性板，四边简支，如图 17-9 所示，弹性主向沿坐标轴方向，其主刚度 $D_2 = 0.5D_1$，$D_3 = 1.25D_1$，受均布横向荷载 q_0，试用 3×4 的网格计算挠度。

答案：　$w_1 = \dfrac{4}{9} \dfrac{q_0 h^4}{D_1}，\qquad w_2 = \dfrac{1}{3} \dfrac{q_0 h^4}{D_1}。$

17-4　设习题 17-3 中的薄板为四边固定，试用同样的网格计算挠度。

答案：　$w_1 = \dfrac{14}{61} \dfrac{q_0 h^4}{D_1}，\qquad w_2 = \dfrac{31}{183} \dfrac{q_0 h^4}{D_1}。$

17-5　试用伽辽金法解 §17-7 中的例题。

17-6　设图 16-3 中的矩形薄板为正交各向异性板，其弹性主向系沿坐标轴方向，试导出压曲条件。

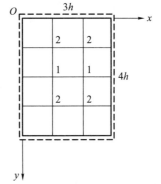

图 17-9

答案： $F_x = \dfrac{\pi^2 a^2}{m^2}\left[D_1\left(\dfrac{m}{a}\right)^4 + D_2\left(\dfrac{n}{b}\right)^4 + 2D_3\left(\dfrac{mn}{ab}\right)^2\right]$。

17-7 设有四边简支的正交各向异性板，其弹性主向系沿坐标轴方向，试导出自然频率的公式。

答案： $\omega_{mn}^2 = \dfrac{\pi^4}{m}\left[D_1\left(\dfrac{m}{a}\right)^4 + D_2\left(\dfrac{n}{b}\right)^4 + 2D_3\left(\dfrac{mn}{ab}\right)^2\right]$。

参 考 教 材

[1] 列赫尼茨基.各向异性板[M].胡海昌,译.北京:科学出版社,1963:第九章,第十章,第十二至十四章.

[2] 铁木辛柯,沃诺斯基.板壳理论[M].《板壳理论》翻译组,译.北京:科学出版社,1977:第十一章.

第十八章 薄板的大挠度弯曲问题

§18-1 基本微分方程及边界条件

以前在讨论薄板弯曲问题时,曾经假定薄板的挠度远小于厚度,薄板中面内各点由挠度引起的纵向位移可以不计,于是薄板的中面没有伸缩和切应变,因而也就不发生中面内力。对于钢筋混凝土薄板说来,上述小挠度的假定总是能符合实际情况的。但是,对于某些金属薄板说来,挠度却并不一定远小于厚度。这样,就必须考虑中面内各点由挠度引起的纵向位移,因此也就必须考虑此项中面位移引起的中面应变和中面内力。

我们假定,薄板的挠度虽然并不远小于厚度,但仍然远小于中面的尺寸,所以 §16-1 中导出的平衡微分方程

$$\left.\begin{aligned} \frac{\partial F_{\mathrm{T}x}}{\partial x} + \frac{\partial F_{\mathrm{T}xy}}{\partial y} &= 0, \\ \frac{\partial F_{\mathrm{T}y}}{\partial y} + \frac{\partial F_{\mathrm{T}xy}}{\partial x} &= 0, \end{aligned}\right\} \tag{a}$$

以及弹性曲面微分方程

$$D\nabla^4 w - \left(F_{\mathrm{T}x}\frac{\partial^2 w}{\partial x^2} + F_{\mathrm{T}y}\frac{\partial^2 w}{\partial y^2} + 2F_{\mathrm{T}xy}\frac{\partial^2 w}{\partial x \partial y} \right) = q \tag{b}$$

仍然适用。所不同的是:这里的中面内力 $F_{\mathrm{T}x}$、$F_{\mathrm{T}y}$、$F_{\mathrm{T}xy}$ 是由横向荷载 q 引起,而不是由纵向荷载引起的。上述三个微分方程中含有四个未知函数 w、$F_{\mathrm{T}x}$、$F_{\mathrm{T}y}$、$F_{\mathrm{T}xy}$,因此还必须考虑应变和位移。

中面内各点的纵向位移分量 u 和 v 引起的中面应变,仍然可以用平面问题中的几何方程表示为

$$\varepsilon_x = \frac{\partial u}{\partial x}, \qquad \varepsilon_y = \frac{\partial v}{\partial y}, \qquad \gamma_{xy} = \frac{\partial v}{\partial x} + \frac{\partial u}{\partial y}\text{。} \tag{c}$$

至于挠度 w 引起的中面应变,则可通过如下的几何分析用 w 来表示(这时取 $u=v=0$)。

当薄板发生挠度时,中面内 x 方向的微分线段 $AB = \mathrm{d}x$ 将移至 $A'B'$,如图

18-1 所示。不计三阶及三阶以上的微量，则 AB 的正应变为

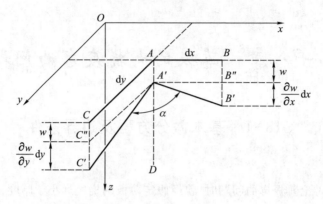

图 18-1

$$\varepsilon_x = \frac{A'B' - AB}{AB} = \frac{\left[dx^2 + \left(\frac{\partial w}{\partial x} dx \right)^2 \right]^{1/2} - dx}{dx}$$

$$= \left[1 + \left(\frac{\partial w}{\partial x} \right)^2 \right]^{1/2} - 1 = \frac{1}{2} \left(\frac{\partial w}{\partial x} \right)^2 \text{。} \qquad (d)$$

同样可得中面内 y 方向的微分线段 AC 的正应变为

$$\varepsilon_y = \frac{1}{2} \left(\frac{\partial w}{\partial y} \right)^2 \text{。} \qquad (e)$$

命 $A'B'$ 的方向余弦为 $l_1 、m_1 、n_1$，不计三阶及三阶以上的微量，则其中的

$$m_1 = 0, \qquad n_1 = \cos \angle B'A'D = \sin \angle B'A'B'' = \frac{\partial w}{\partial x} \text{。}$$

同样，命 $A'C'$ 的方向余弦为 $l_2 、m_2 、n_2$，则其中的

$$l_2 = 0, \qquad n_2 = \cos \angle C'A'D = \sin \angle C'A'C'' = \frac{\partial w}{\partial y} \text{。}$$

可见，$A'B'$ 和 $A'C'$ 的夹角 α 的余弦为

$$\cos \alpha = l_1 l_2 + m_1 m_2 + n_1 n_2 = \frac{\partial w}{\partial x} \frac{\partial w}{\partial y} \text{。}$$

根据切应变的定义，$\gamma_{xy} = \frac{\pi}{2} - \alpha$。因此，不计三阶及三阶以上的微量，即有

$$\gamma_{xy} = \sin \gamma_{xy} = \sin \left(\frac{\pi}{2} - \alpha \right) = \cos \alpha = \frac{\partial w}{\partial x} \frac{\partial w}{\partial y} \text{。} \qquad (f)$$

将式（c）所示的中面应变与（d）、（e）、（f）三式所示的中面应变相叠加，得几何方程

$$\varepsilon_x = \frac{\partial u}{\partial x} + \frac{1}{2}\left(\frac{\partial w}{\partial x}\right)^2 , \qquad \varepsilon_y = \frac{\partial v}{\partial y} + \frac{1}{2}\left(\frac{\partial w}{\partial y}\right)^2 , \left.\begin{array}{}\\\\\end{array}\right\} \tag{18-1}$$

$$\gamma_{xy} = \frac{\partial v}{\partial x} + \frac{\partial u}{\partial y} + \frac{\partial w}{\partial x}\frac{\partial w}{\partial y} 。$$

从上述三式中消去中面位移 u 及 v，得出应变协调方程

$$\frac{\partial^2 \varepsilon_x}{\partial y^2} + \frac{\partial^2 \varepsilon_y}{\partial x^2} - \frac{\partial^2 \gamma_{xy}}{\partial x \partial y} = \left(\frac{\partial^2 w}{\partial x \partial y}\right)^2 - \frac{\partial^2 w}{\partial x^2}\frac{\partial^2 w}{\partial y^2} 。 \tag{18-2}$$

将物理方程

$$\varepsilon_x = \frac{1}{E}(\sigma_x - \mu\sigma_y) , \qquad \varepsilon_y = \frac{1}{E}(\sigma_y - \mu\sigma_x) , \qquad \gamma_{xy} = \frac{2(1+\mu)}{E}\tau_{xy}$$

改写为

$$\varepsilon_x = \frac{1}{E\delta}(F_{Tx} - \mu F_{Ty}) ,$$

$$\varepsilon_y = \frac{1}{E\delta}(F_{Ty} - \mu F_{Tx}) , \left.\begin{array}{}\\\\\\\\\end{array}\right\} \tag{18-3}$$

$$\gamma_{xy} = \frac{2(1+\mu)}{E\delta}F_{Txy} ,$$

然后代入式(18-2)，得出用中面内力和挠度表示的相容方程

$$\frac{\partial^2 F_{Tx}}{\partial y^2} + \frac{\partial^2 F_{Ty}}{\partial x^2} - \mu\frac{\partial^2 F_{Tx}}{\partial x^2} - \mu\frac{\partial^2 F_{Ty}}{\partial y^2} - 2(1+\mu)\frac{\partial^2 F_{Txy}}{\partial x \partial y}$$

$$= E\delta\left[\left(\frac{\partial^2 w}{\partial x \partial y}\right)^2 - \frac{\partial^2 w}{\partial x^2}\frac{\partial^2 w}{\partial y^2}\right] 。 \tag{g}$$

现在，式(a)、式(b)和式(g)成为联立的一组四个微分方程，其中包含四个未知函数 F_{Tx}、F_{Ty}、F_{Txy}、w，这就有了求解这些未知函数的可能性。

为了简化上述微分方程，和在平面问题中一样地引用应力函数 $\Phi(x,y)$，而命

$$F_{Tx} = \delta\sigma_x = \delta\frac{\partial^2 \Phi}{\partial y^2} , \qquad F_{Ty} = \delta\sigma_y = \delta\frac{\partial^2 \Phi}{\partial x^2} , \left.\begin{array}{}\\\\\end{array}\right\} \tag{18-4}$$

$$F_{Txy} = \delta\tau_{xy} = -\delta\frac{\partial^2 \Phi}{\partial x \partial y} 。$$

这样，式(a)所示的两个微分方程自然满足，而式(b)及式(g)所示的两个微分方程成为

$$D\nabla^4 w = \delta\left(\frac{\partial^2 \Phi}{\partial x^2}\frac{\partial^2 w}{\partial y^2} + \frac{\partial^2 \Phi}{\partial y^2}\frac{\partial^2 w}{\partial x^2} - 2\frac{\partial^2 \Phi}{\partial x \partial y}\frac{\partial^2 w}{\partial x \partial y}\right) + q , \tag{18-5}$$

$$\nabla^4 \Phi = E\left[\left(\frac{\partial^2 w}{\partial x \partial y}\right)^2 - \frac{\partial^2 w}{\partial x^2}\frac{\partial^2 w}{\partial y^2}\right]。 \tag{18-6}$$

这就是薄板的大挠度微分方程组，是由卡门首先导出的。求解薄板的大挠度弯曲问题，就是要在边界条件下从这个微分方程组求解应力函数 Φ 和挠度 w，然后就可以由 Φ 求出中面内力，由 w 求出弯扭内力。

在大挠度微分方程(18-5)及(18-6)中，未知函数是挠度 w 和应力函数 Φ，因此，边界条件须用 w 和 Φ 来表示。关于 w 的边界条件，那是和小挠度弯曲问题中相同的。下面来说明一下关于 Φ 的边界条件。

以 $x=0$ 的边界为例。如果该边界完全不受纵向约束(在 x 和 y 方向都不受约束)，则该边界上在 x 和 y 方向的中面内力都应当等于零，即

$$(F_{Tx})_{x=0} = 0, \qquad (F_{Txy})_{x=0} = 0。$$

利用式(18-4)，可将它们变换为

$$\left(\frac{\partial^2 \Phi}{\partial y^2}\right)_{x=0} = 0, \qquad \left(\frac{\partial^2 \Phi}{\partial x \partial y}\right)_{x=0} = 0。 \tag{18-7}$$

同样，如果 $y=0$ 的边界在 x 和 y 方向都不受约束，则有边界条件

$$\left(\frac{\partial^2 \Phi}{\partial x^2}\right)_{y=0} = 0, \qquad \left(\frac{\partial^2 \Phi}{\partial x \partial y}\right)_{y=0} = 0。 \tag{18-8}$$

当任一边界受有 x 或 y 方向的约束时，则须用到关于 u 或 v 的边界条件。在一般情况下，这种边界条件不可能用应力函数 Φ 和挠度 w 来表示，因而问题就无法求解。特殊的情况见 §18-2 及 §18-4。

即使薄板的边界并不受纵向约束，由于薄板的大挠度微分方程(18-5)和(18-6)是联立的非线性微分方程组，要在边界条件下求得它们的精确解答，仍然非常困难。用差分法求它们的近似解，则是可行的，但也只能采用逐步逼近的办法，步骤如下：

（1）先假定 $\Phi=0$，使式(18-5)成为 $D\nabla^4 w = q$，类似小挠度弯曲问题，用差分法求解 w。

（2）求出 w 的二阶导数值，代入方程(18-6)，用差分法求解 Φ。

（3）求出 Φ 的二阶导数值，代入方程(18-5)，用差分法求解 w。

（4）重复第(2)步和第(3)步的计算，直到连续两次算出的 w 值充分接近为止。

由于板边上不受纵向荷载(即 $\overline{f}_x = \overline{f}_y = 0$)，在第(2)步中用差分法求解 Φ 值时，边界条件非常简单，与用差分法求解温度应力的平面问题时相同，也就是：边界上的 Φ 值为零，边界外一行虚结点处的 Φ 值等于边界内一行相对结点处的 Φ 值。

§18-2 无限长薄板的大挠度弯曲

当矩形薄板的对边是无限长,而且所受的横向荷载又不沿长度方向变化时,不论边界条件如何,都不难求得大挠度弯曲问题的精确解答。

取坐标轴如图 18-2 所示,设 y 向无限长,根据上述问题的特征,则横向荷载的集度仅为 x 的函数,即 $q=q(x)$。由于一切情况不沿 y 方向变化,所以薄板的位移、应变和内力都只是 x 的函数;又由于对称(垂直于 y 轴的任一平面都是一个对称面),所以有 $F_{Txy}=F_{Tyx}=0$。于是,平衡方程(16-1)中的第二式总能满足,而其中的第一式简化为

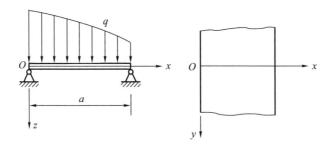

图 18-2

$$\frac{\mathrm{d}F_{Tx}}{\mathrm{d}x}=0。$$

这表示 F_{Tx} 为常量。弹性曲面微分方程(16-2)则简化为

$$D\frac{\mathrm{d}^4 w}{\mathrm{d}x^4}-F_{Tx}\frac{\mathrm{d}^2 w}{\mathrm{d}x^2}=q。 \tag{a}$$

命

$$\lambda=\sqrt{F_{Tx}/D}, \tag{18-9}$$

则方程(a)可以改写为

$$\frac{\mathrm{d}^4 w}{\mathrm{d}x^4}-\lambda^2\frac{\mathrm{d}^2 w}{\mathrm{d}x^2}=\frac{q}{D}。 \tag{18-10}$$

另一方面,由于对称,薄板的所有各点都不会有 y 方向的位移,即 $v=0$。再注意到 $w=w(x)$,可见,几何方程(18-1)中的第二式将给出 $\varepsilon_y=0$。于是,由物理方程(18-3)中的第二式得出 $F_{Ty}=\mu F_{Tx}$,从而由其中的第一式得出

$$\varepsilon_x = \frac{1-\mu^2}{E\delta}F_{Tx}\text{。}\tag{b}$$

将几何方程(18-1)中的第一式代入,注意 u 和 w 都只是 x 的函数,即得

$$\frac{\mathrm{d}u}{\mathrm{d}x} = \frac{1-\mu^2}{E\delta}F_{Tx} - \frac{1}{2}\left(\frac{\mathrm{d}w}{\mathrm{d}x}\right)^2\text{。}\tag{18-11}$$

如果 $x=0$ 的一边,或者 $x=a$ 的一边,在 x 方向不受约束,注意 F_{Tx} 为常量,则由内力边界条件 $(F_{Tx})_{x=0}=0$ 或者 $(F_{Tx})_{x=a}=0$ 得到 $F_{Tx}=0$。这时,微分方程(a)将简化为 $D\dfrac{\mathrm{d}^4 w}{\mathrm{d}x^4}=q$,和平面应变情况下的直梁的弹性曲线微分方程相同,因而挠度、弯矩、剪力也将与该直梁中相同,可以用材料力学中的方法来求解。如果需要求出纵向位移 u,可以利用由式(18-11)得来的微分方程

$$\frac{\mathrm{d}u}{\mathrm{d}x} = -\frac{1}{2}\left(\frac{\mathrm{d}w}{\mathrm{d}x}\right)^2,$$

以及位移边界条件 $(u)_{x=a}=0$ 或者 $(u)_{x=0}=0$。

如果 $x=0$ 和 $x=a$ 的两边都在 x 方向受有约束,则有位移边界条件

$$(u)_{x=0}=0, \qquad (u)_{x=a}=0\text{。}\tag{c}$$

由此可得

$$\int_0^a \frac{\mathrm{d}u}{\mathrm{d}x}\mathrm{d}x = (u)_{x=a} - (u)_{x=0} = 0,$$

或将式(18-11)代入而得

$$\int_0^a\left[\frac{1-\mu^2}{E\delta}F_{Tx} - \frac{1}{2}\left(\frac{\mathrm{d}w}{\mathrm{d}x}\right)^2\right]\mathrm{d}x = 0\text{。}$$

注意 F_{Tx} 为常量,即由上式得出

$$F_{Tx} = \frac{E\delta}{2(1-\mu^2)a}\int_0^a\left(\frac{\mathrm{d}w}{\mathrm{d}x}\right)^2\mathrm{d}x\text{。}\tag{18-12}$$

微分方程(18-10)和(18-12)可以用来求解 w 和 F_{Tx}。如果需要求出 u,可以利用微分方程(18-11)和式(c)中的两个条件之一(只要其中的一个满足了,另一个自然会满足)。

微分方程(18-10)的解答可以写成

$$w = C_1\sinh\ \lambda x + C_2\cosh\ \lambda x + C_3 x + C_4 + w_1,\tag{d}$$

其中的特解 w_1 可以按照式(18-10)的要求,根据 q 来选取,而常数 C_1 至 C_4 可由 w 的边界条件来决定。

例如,设横向荷载 q 等于常量 q_0,则特解可以取为

$$w_1 = -\frac{q_0 x^2}{2\lambda^2 D} = -\frac{q_0 x^2}{2F_{\mathrm{T}x}}。$$

于是,由式(d)得

$$w = C_1 \sinh \lambda x + C_2 \cosh \lambda x + C_3 x + C_4 - \frac{q_0 x^2}{2F_{\mathrm{T}x}}。 \tag{e}$$

假定 $x=0$ 及 $x=a$ 的两边都是简支边,则边界条件为

$$(w)_{x=0} = 0, \qquad \left(\frac{\mathrm{d}^2 w}{\mathrm{d}x^2}\right)_{x=0} = 0,$$

$$(w)_{x=a} = 0, \qquad \left(\frac{\mathrm{d}^2 w}{\mathrm{d}x^2}\right)_{x=a} = 0。$$

将式(e)代入,得到 C_1、C_2、C_3、C_4 的四个方程

$$C_2 + C_4 = 0, \qquad C_2\lambda^2 - \frac{q_0}{F_{\mathrm{T}x}} = 0,$$

$$C_1 \sinh \lambda a + C_2 \cosh \lambda a + C_3 a + C_4 - \frac{q_0 a^2}{2F_{\mathrm{T}x}} = 0,$$

$$C_1\lambda^2 \sinh \lambda a + C_2\lambda^2 \cosh \lambda a - \frac{q_0}{F_{\mathrm{T}x}} = 0。$$

由此解得

$$C_2 = \frac{q_0}{\lambda^2 F_{\mathrm{T}x}}, \qquad C_4 = -C_2, \qquad C_1 = -C_2 \tanh \frac{\lambda a}{2}, \qquad C_3 = \frac{\lambda^2 a}{2}C_2。$$

代入式(e),稍加整理,得出

$$w = \frac{q_0}{\lambda^2 F_{\mathrm{T}x}}\left[\frac{\cosh \lambda\left(\dfrac{a}{2}-x\right)}{\cosh \dfrac{\lambda a}{2}} - 1\right] + \frac{q_0 x(a-x)}{2F_{\mathrm{T}x}}。$$

引用量纲为一的常数

$$n = \frac{\lambda a}{2} = \frac{a}{2}\sqrt{\frac{F_{\mathrm{T}x}}{D}}, \tag{18-13}$$

则上式可以改写为

$$w = \frac{q_0 a^4}{16 n^4 D}\left[\frac{\cosh n\left(1-\dfrac{2x}{a}\right)}{\cosh n} - 1\right] + \frac{q_0 a^2}{8 n^2 D}(a-x)x。 \tag{18-14}$$

现在,由上式求出 $\dfrac{\mathrm{d}w}{\mathrm{d}x}$,代入式(18-12),积分以后,将得到

$$F_{Tx} = \frac{E\delta q_0^2 a^6}{(1-\mu^2) D^2} \left(\frac{5\tanh n}{256 n^7} + \frac{\tanh^2 n - 5}{256 n^6} + \frac{1}{384 n^4} \right)。$$

利用式(18-13),将其中的 F_{Tx} 用 n、a、D 表示,再将

$$D = \frac{E\delta^3}{12(1-\mu^2)}$$

代入,即得 n 的超越方程如下:

$$\frac{135\tanh n}{16 n^9} + \frac{27(\tanh^2 n - 5)}{16 n^8} + \frac{9}{8 n^6} = \left[\frac{E\delta^4}{(1-\mu^2) q_0 a^4} \right]^2。 \quad (18-15)$$

于是,对于受一定均布荷载的薄板,方程(18-15)的右边为已知数,可由该方程用试算法求得 n,然后即可用式(18-13)求得内力 F_{Tx},并用式(18-14)求出挠度 w,从而求得弯矩 M_x。根据求出的内力 F_{Tx} 及 M_x,可以求得薄板的主要应力 σ_x。

§18-3 变分法的应用

对于薄板的大挠度弯曲问题,用变分法求出近似解答,也是切实可行的。因此,首先来导出薄板的大挠度弯曲问题应变能的公式。

在这里,薄板的应变能 V_ε 将包括相应于弯曲变形的应变能 $V_{\varepsilon1}$ 和相应于中面变形的应变能 $V_{\varepsilon2}$:

$$V_\varepsilon = V_{\varepsilon1} + V_{\varepsilon2}。 \quad (18-16)$$

相应于弯曲变形的应变能,仍然和以前一样地用挠度 w 表示如下:

$$V_{\varepsilon1} = \frac{1}{2} \iint_A D \left\{ (\nabla^2 w)^2 - 2(1-\mu) \left[\frac{\partial^2 w}{\partial x^2} \frac{\partial^2 w}{\partial y^2} - \left(\frac{\partial^2 w}{\partial x \partial y} \right)^2 \right] \right\} \mathrm{d}x\mathrm{d}y。$$

$$(18-17)$$

相应于中面变形的应变能,可以用平面应力和中面应变表示为

$$V_{\varepsilon2} = \frac{1}{2} \int_V (\sigma_x \varepsilon_x + \sigma_y \varepsilon_y + \tau_{xy} \gamma_{xy}) \mathrm{d}V。$$

注意平面应力和中面应变都只是 x 和 y 的函数,可见

$$V_{\varepsilon2} = \frac{1}{2} \iint_A (\sigma_x \varepsilon_x + \sigma_y \varepsilon_y + \tau_{xy} \gamma_{xy}) \mathrm{d}x\mathrm{d}y\,\delta$$

$$= \frac{1}{2} \iint_A (F_{Tx} \varepsilon_x + F_{Ty} \varepsilon_y + F_{Txy} \gamma_{xy}) \mathrm{d}x\mathrm{d}y。 \quad (a)$$

另一方面,由物理方程(18-3)求解中面内力,得

$$
\left.
\begin{aligned}
F_{Tx} &= \frac{E\delta}{1-\mu^2}(\varepsilon_x + \mu\varepsilon_y), \\
F_{Ty} &= \frac{E\delta}{1-\mu^2}(\varepsilon_y + \mu\varepsilon_x), \\
F_{Txy} &= \frac{E\delta}{2(1+\mu)}\gamma_{xy}.
\end{aligned}
\right\}
\tag{b}
$$

将式(b)代入式(a),得

$$
V_{\varepsilon 2} = \frac{E\delta}{2(1-\mu^2)}\iint_A\left(\varepsilon_x^2 + \varepsilon_y^2 + 2\mu\varepsilon_x\varepsilon_y + \frac{1-\mu}{2}\gamma_{xy}^2\right)\mathrm{d}x\mathrm{d}y,
\tag{c}
$$

再将几何方程(18-1)代入,简化以后,即得

$$
\begin{aligned}
V_{\varepsilon 2} = \frac{E\delta}{2(1-\mu^2)}\iint_A\Bigg\{ &\left(\frac{\partial u}{\partial x}\right)^2 + \left(\frac{\partial v}{\partial y}\right)^2 + \\
&\frac{\partial u}{\partial x}\left(\frac{\partial w}{\partial x}\right)^2 + \frac{\partial v}{\partial y}\left(\frac{\partial w}{\partial y}\right)^2 + \frac{1}{4}\left[\left(\frac{\partial w}{\partial x}\right)^2 + \left(\frac{\partial w}{\partial y}\right)^2\right]^2 + \\
&\mu\left[\frac{\partial u}{\partial x}\left(\frac{\partial w}{\partial y}\right)^2 + \frac{\partial v}{\partial y}\left(\frac{\partial w}{\partial x}\right)^2 + 2\frac{\partial u}{\partial x}\frac{\partial v}{\partial y}\right] + \\
&(1-\mu)\left[\frac{1}{2}\left(\frac{\partial v}{\partial x}\right)^2 + \frac{1}{2}\left(\frac{\partial u}{\partial y}\right)^2 + \frac{\partial v}{\partial x}\frac{\partial u}{\partial y} + \right. \\
&\left. 2\left(\frac{\partial v}{\partial x} + \frac{\partial u}{\partial y}\right)\frac{\partial w}{\partial x}\frac{\partial w}{\partial y}\right]\Bigg\}\mathrm{d}x\mathrm{d}y.
\end{aligned}
\tag{18-18}
$$

应用里茨法。将中面内各点的位移表示成为

$$
\left.
\begin{aligned}
u &= \sum_m A_m u_m, \\
v &= \sum_m B_m v_m, \\
w &= \sum_m C_m w_m,
\end{aligned}
\right\}
\tag{18-19}
$$

其中的设定函数 u_m、v_m、w_m 满足位移边界条件,而 A_m、B_m、C_m 为互不依赖的待定系数(三式中的 m 可以不同)。注意 $f_x = f_y = \bar{f}_x = \bar{f}_y = 0$,即由方程(11-15)及(14-25)得

$$
\frac{\partial V_\varepsilon}{\partial A_m} = 0, \qquad \frac{\partial V_\varepsilon}{\partial B_m} = 0, \qquad \frac{\partial V_\varepsilon}{\partial C_m} = \iint_A qw_m\mathrm{d}x\mathrm{d}y,
$$

由此可以得出系数 A_m、B_m、C_m 的代数方程,从而求得这些系数,并从而由式(18-19)求得 u、v、w。在一般情况下,这些代数方程都是非线性的。

　　作为例题,设有受均布荷载 q_0 的固定边矩形薄板,如图 18-3 所示。取中面位移的表达式为

$$u = (x^2 - a^2)(y^2 - b^2) \times$$
$$(A_1 x + A_2 x^3 + A_3 xy^2 + A_4 x^3 y^2),$$
$$v = (x^2 - a^2)(y^2 - b^2) \times$$
$$(B_1 y + B_2 y^3 + B_3 x^2 y + B_4 x^2 y^3),$$
$$w = (x^2 - a^2)^2 (y^2 - b^2)^2 \times$$
$$(C_1 + C_2 x^2 + C_3 y^2),$$

可以满足位移边界条件。在这里,考虑了问题的对称性,所以取 u 为 x 的奇函数和 y 的偶函数,取 v 为 x 的偶函数和 y 的奇函数,w 则为 x 和 y 的偶函数。

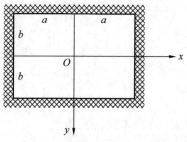

图 18-3

　　这里共有 11 个待定系数。由

$$\frac{\partial V_\varepsilon}{\partial A_m} = 0, \qquad \frac{\partial V_\varepsilon}{\partial B_m} = 0, \qquad (d)$$

各得 4 个方程,由

$$\frac{\partial V_\varepsilon}{\partial C_m} = \iint_A q w_m \mathrm{d}x\mathrm{d}y = q_0 \iint_A w_m \mathrm{d}x\mathrm{d}y, \qquad (e)$$

可得三个方程,共有 11 个方程,可以求解。由(18-17)、(18-18)、(18-19)三式可见,在式(d)给出的方程中,将包含 A_m 及 B_m 的一次幂项和 C_m 的二次幂项,在式(e)给出的方程中,将包含 C_m 的三次幂项。求解时,可由式(d)给出的方程解出 A_m 及 B_m,用 C_m 表示,然后代入式(e)给出的方程,得到 C_m 的三个三次方程,用逐步求近法求解三个 C_m,最后再求出 A_m 及 B_m,从而求得中面位移 u、v、w。

　　求出中面位移 u、v、w 以后,可用式(18-1)求得中面应变,从而求得平面应力。另一方面,可由 w 求得弯矩、扭矩和横向剪力,从而求得弯应力、扭应力和横向切应力。将这两方面的应力进行叠加,即得总的应力。最大挠度 $w_{\max}$ 发生在薄板的中心($x = y = 0$)。最大正应力发生在边界的中点,即,$(\sigma_x)_{\max}$ 发生在 $(a, 0, -\delta/2)$,$(\sigma_y)_{\max}$ 发生在 $(0, b, -\delta/2)$。

　　当 $\mu = 0.3$ 而 $b/a = 1$ 及 $b/a = 1/2$ 时,$w_{\max}$ 和 $(\sigma_y)_{\max}$ 随横向荷载 q_0 变化的规律,大致如图 18-4 及图 18-5 所示。实线表示按大挠度理论计算的结果;虚线表示按小挠度理论计算的结果。由图显然可见,小挠度理论夸大了挠度和应力。因此,通常按小挠度理论进行计算和设计的结果,是偏于安全和浪费的。

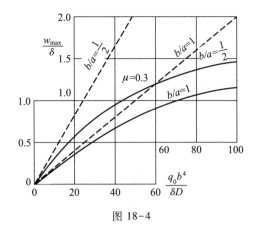

图 18-4

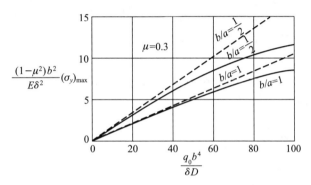

图 18-5

§18-4   圆板的轴对称问题

在用极坐标求解平面问题时,曾经导出平衡微分方程如下:

$$\frac{\partial \sigma_\rho}{\partial \rho}+\frac{1}{\rho} \frac{\partial \tau_{\rho\varphi}}{\partial \varphi}+\frac{\sigma_\rho-\sigma_\varphi}{\rho}+f_\rho = 0, \tag{a}$$

$$\frac{1}{\rho} \frac{\partial \sigma_\varphi}{\partial \varphi}+\frac{\partial \tau_{\rho\varphi}}{\partial \rho}+\frac{2\tau_{\rho\varphi}}{\rho}+f_\varphi = 0。 \tag{b}$$

如果不计体力,并且问题是轴对称的,则有 $f_\rho=f_\varphi=0$,$\tau_{\rho\varphi}=0$,而且 σ_ρ 和 σ_φ 都只是 ρ 的函数。这时,方程(b)成为恒等式,而方程(a)简化为常微分

方程

$$\frac{\mathrm{d}\sigma_\rho}{\mathrm{d}\rho}+\frac{\sigma_\rho-\sigma_\varphi}{\rho}=0\,。$$

乘以 $\delta\rho$，并注意 $\delta\sigma_\rho=F_{\mathrm{T}\rho}$，$\delta\sigma_\varphi=F_{\mathrm{T}\varphi}$，即得

$$\rho\,\frac{\mathrm{d}F_{\mathrm{T}\rho}}{\mathrm{d}\rho}+F_{\mathrm{T}\rho}-F_{\mathrm{T}\varphi}=0\,,$$

或改写为

$$F_{\mathrm{T}\varphi}=\rho\,\frac{\mathrm{d}F_{\mathrm{T}\rho}}{\mathrm{d}\rho}+F_{\mathrm{T}\rho}=\frac{\mathrm{d}}{\mathrm{d}\rho}(\rho F_{\mathrm{T}\rho})\,。 \tag{18-20}$$

将微分方程(16-2)向极坐标中变换，得到

$$D\nabla^4 w-\left[F_{\mathrm{T}\rho}\frac{\partial^2 w}{\partial\rho^2}+F_{\mathrm{T}\varphi}\left(\frac{1}{\rho}\,\frac{\partial w}{\partial\rho}+\frac{1}{\rho^2}\,\frac{\partial^2 w}{\partial\varphi^2}\right)+2F_{\mathrm{T}\rho\varphi}\frac{\partial}{\partial\rho}\left(\frac{1}{\rho}\,\frac{\partial w}{\partial\varphi}\right)\right]=q\,。$$

在轴对称的情况下，上述方程简化为

$$D\left(\frac{\mathrm{d}^2}{\mathrm{d}\rho^2}+\frac{1}{\rho}\,\frac{\mathrm{d}}{\mathrm{d}\rho}\right)^2 w-F_{\mathrm{T}\rho}\frac{\mathrm{d}^2 w}{\mathrm{d}\rho^2}-F_{\mathrm{T}\varphi}\frac{1}{\rho}\,\frac{\mathrm{d}w}{\mathrm{d}\rho}=q\,。$$

将式(18-20)代入，得

$$D\left(\frac{\mathrm{d}^2}{\mathrm{d}\rho^2}+\frac{1}{\rho}\,\frac{\mathrm{d}}{\mathrm{d}\rho}\right)^2 w-F_{\mathrm{T}\rho}\frac{\mathrm{d}^2 w}{\mathrm{d}\rho^2}-\frac{1}{\rho}\,\frac{\mathrm{d}w}{\mathrm{d}\rho}\frac{\mathrm{d}}{\mathrm{d}\rho}(\rho F_{\mathrm{T}\rho})=q\,,$$

或改写为

$$D\,\frac{1}{\rho}\,\frac{\mathrm{d}}{\mathrm{d}\rho}\left\{\rho\,\frac{\mathrm{d}}{\mathrm{d}\rho}\left[\frac{1}{\rho}\,\frac{\mathrm{d}}{\mathrm{d}\rho}\left(\rho\,\frac{\mathrm{d}w}{\mathrm{d}\rho}\right)\right]\right\}-\frac{1}{\rho}\,\frac{\mathrm{d}}{\mathrm{d}\rho}\left(\rho F_{\mathrm{T}\rho}\frac{\mathrm{d}w}{\mathrm{d}\rho}\right)=q\,。 \tag{18-21}$$

现在来考虑相容条件。参阅式(18-1)中的第一式，注意 ρ 是和 x 一样的直线长度坐标，可以写出几何方程

$$\varepsilon_\rho=\frac{\partial u_\rho}{\partial\rho}+\frac{1}{2}\left(\frac{\partial w}{\partial\rho}\right)^2\,,$$

其中 ε_ρ 为中面的径向正应变，u_ρ 为中面内各点的径向位移。在轴对称的情况下，上式成为

$$\varepsilon_\rho=\frac{\mathrm{d}u_\rho}{\mathrm{d}\rho}+\frac{1}{2}\left(\frac{\mathrm{d}w}{\mathrm{d}\rho}\right)^2\,。 \tag{c}$$

径向位移 u_ρ 引起的环向正应变仍然是

$$\varepsilon_\varphi=\frac{u_\rho}{\rho}\,。 \tag{d}$$

从式(c)及式(d)中消去 u_ρ，即得相容方程

$$\varepsilon_\rho - \frac{\mathrm{d}}{\mathrm{d}\rho}(\rho\varepsilon_\varphi) - \frac{1}{2}\left(\frac{\mathrm{d}w}{\mathrm{d}\rho}\right)^2 = 0。 \tag{e}$$

为了把其中的中面应变改用内力表示，须利用物理方程

$$\varepsilon_\rho = \frac{1}{E}(\sigma_\rho - \mu\sigma_\varphi) = \frac{1}{E\delta}(F_{\mathrm{T}\rho} - \mu F_{\mathrm{T}\varphi}),$$

$$\varepsilon_\varphi = \frac{1}{E}(\sigma_\varphi - \mu\sigma_\rho) = \frac{1}{E\delta}(F_{\mathrm{T}\varphi} - \mu F_{\mathrm{T}\rho})。 \tag{f}$$

代入式（e），并利用式（18-20）消去 $F_{\mathrm{T}\varphi}$，简化以后，即得相容方程

$$\rho^2 \frac{\mathrm{d}^2 F_{\mathrm{T}\rho}}{\mathrm{d}\rho^2} + 3\rho \frac{\mathrm{d}F_{\mathrm{T}\rho}}{\mathrm{d}\rho} + \frac{E\delta}{2}\left(\frac{\mathrm{d}w}{\mathrm{d}\rho}\right)^2 = 0。 \tag{18-22}$$

现在，微分方程（18-21）及（18-22）中只包含两个未知函数 $w = w(\rho)$ 及 $F_{\mathrm{T}\rho} = F_{\mathrm{T}\rho}(\rho)$，可以在边界条件下求解这两个函数。有了 w，就可以求得弯矩 M_ρ 及 M_φ；有了 $F_{\mathrm{T}\rho}$，就可以用方程（18-20）求得 $F_{\mathrm{T}\varphi}$。在轴对称问题中，如果引用应力函数，则仍然有两个未知函数，并得不到什么简化，所以不必引用。

在轴对称问题中，可以把中面的径向位移 u_ρ，用径向内力 $F_{\mathrm{T}\rho}$ 来表示，从而把 u_ρ 的边界条件变换为 $F_{\mathrm{T}\rho}$ 的边界条件。为此，只须从式（d）及式（f）中消去 ε_φ，得出

$$u_\rho = \frac{\rho}{E\delta}(F_{\mathrm{T}\varphi} - \mu F_{\mathrm{T}\rho}),$$

然后将式（18-20）代入，即得

$$u_\rho = \frac{\rho}{E\delta}\left[\frac{\mathrm{d}}{\mathrm{d}\rho}(\rho F_{\mathrm{T}\rho}) - \mu F_{\mathrm{T}\rho}\right] = \frac{\rho}{E\delta}\left[\rho \frac{\mathrm{d}F_{\mathrm{T}\rho}}{\mathrm{d}\rho} + (1-\mu)F_{\mathrm{T}\rho}\right]。$$

于是边界条件

$$(u_\rho)_{\rho=a} = 0$$

可以变换为

$$\left[\rho \frac{\mathrm{d}F_{\mathrm{T}\rho}}{\mathrm{d}\rho} + (1-\mu)F_{\mathrm{T}\rho}\right]_{\rho=a} = 0。 \tag{18-23}$$

§18-5 用摄动法解圆板的轴对称问题

上节中导出的微分方程组（18-21）和（18-22）是非线性的。求解这样的非

线性微分方程组，一般都只好采用逐步求近法。这里将介绍我国力学工作者常用的一种逐步求近法，即所谓摄动法或小参数法。

在摄动法中，首先将微分方程和边界条件的量纲化为一，即，使其中的各个量都成为量纲为一的量，然后选择一个量纲为一的量作为所谓摄动参数，并将微分方程和边界条件中的各个量展为这个参数的幂级数。当这个参数很微小时，可以在微分方程和边界条件中略去高次的微小项而使其线性化。这样得出的解答是第一次近似解。然后，命这个参数逐步摄动，也就是逐步增大。每摄动一步时，都略去更高次的微小项而得出进一步的近似解。逐步摄动，就得出精度逐步提高的近似解。

作为薄板大挠度弯曲问题中的摄动参数，可以选择最大挠度 w_0 与薄板厚度 δ 的比值，或者选择最大荷载集度与弹性模量的比值。当上述任何一个比值很微小时，都得到薄板的小挠度弯曲问题，所以得出的第一次近似解就是小挠度理论给出的解答。

以半径为 a 的固定边圆板受均布荷载 q_0 时的问题为例。这时，方程（18-21）中的 q 成为常量 q_0。将该方程的两边同乘以 ρ，对 ρ 积分一次，然后除以 ρ，得

$$D\frac{\mathrm{d}}{\mathrm{d}\rho}\left[\frac{1}{\rho}\frac{\mathrm{d}}{\mathrm{d}\rho}\left(\rho\frac{\mathrm{d}w}{\mathrm{d}\rho}\right)\right]-F_{\mathrm{T}\rho}\frac{\mathrm{d}w}{\mathrm{d}\rho}=\frac{q_0}{2}\rho+\frac{C}{\rho}, \tag{a}$$

其中 C 是任意常数。按照式（13-29）中的第四式，在轴对称问题中，

$$F_{\mathrm{S}\rho}=-D\frac{\mathrm{d}}{\mathrm{d}\rho}\nabla^2 w=-D\frac{\mathrm{d}}{\mathrm{d}\rho}\left[\frac{1}{\rho}\frac{\mathrm{d}}{\mathrm{d}\rho}\left(\rho\frac{\mathrm{d}w}{\mathrm{d}\rho}\right)\right]。$$

因此，式（a）也可以改写为

$$-F_{\mathrm{S}\rho}-F_{\mathrm{T}\rho}\frac{\mathrm{d}w}{\mathrm{d}\rho}=\frac{q_0}{2}\rho+\frac{C}{\rho}。$$

由于轴对称，在圆板的中心（$\rho=0$），$\dfrac{\mathrm{d}w}{\mathrm{d}\rho}$ 和 $F_{\mathrm{S}\rho}$ 都应当等于零，可见有 $C=0$。代入式（a），并将左边的第一项展开，即得

$$D\left(\frac{\mathrm{d}^3 w}{\mathrm{d}\rho^3}+\frac{1}{\rho}\frac{\mathrm{d}^2 w}{\mathrm{d}\rho^2}-\frac{1}{\rho^2}\frac{\mathrm{d}w}{\mathrm{d}\rho}\right)-F_{\mathrm{T}\rho}\frac{\mathrm{d}w}{\mathrm{d}\rho}=\frac{q_0}{2}\rho。 \tag{18-24}$$

引用量纲为一的量

$$\left.\begin{array}{ll}P=\dfrac{q_0 a^4}{E\delta^4}(1-\mu^2), & \eta=1-\dfrac{\rho^2}{a^2}, \\[3mm] S=\dfrac{F_{\mathrm{T}\rho}a^2}{E\delta^3}, & W=\dfrac{w}{\delta},\end{array}\right\} \tag{18-25}$$

则方程(18-24)及(18-22)分别成为

$$-\frac{\mathrm{d}^2}{\mathrm{d}\eta^2}\Big[(1-\eta)\frac{\mathrm{d}W}{\mathrm{d}\eta}\Big]=\frac{3}{4}P-3(1-\mu^2)S\frac{\mathrm{d}W}{\mathrm{d}\eta},\tag{18-26}$$

$$\frac{\mathrm{d}^2}{\mathrm{d}\eta^2}\big[(1-\eta)S\big]+\frac{1}{2}\Big(\frac{\mathrm{d}W}{\mathrm{d}\eta}\Big)^2=0,\tag{18-27}$$

其中 P 是常数，W 及 S 则是 η 的函数。

在这里，边界条件是

$$(w)_{\rho=a}=0,\qquad\Big(\frac{\mathrm{d}w}{\mathrm{d}\rho}\Big)_{\rho=a}=0,\qquad(u_\rho)_{\rho=a}=0,\tag{b}$$

其中的第三式可以变换为式(18-23)，即

$$\Big[\rho\frac{\mathrm{d}F_{\mathrm{T}\rho}}{\mathrm{d}\rho}+(1-\mu)F_{\mathrm{T}\rho}\Big]_{\rho=a}=0。\tag{c}$$

将式(b)中的前二式及式(c)改用量纲为一的量表示，即得

$$\left.\begin{array}{l}(W)_{\eta=0}=0,\qquad\Big(\dfrac{\mathrm{d}W}{\mathrm{d}\eta}\Big)_{\eta=0}=0,\\[3mm]\Big[2(1-\eta)\dfrac{\mathrm{d}S}{\mathrm{d}\eta}-(1-\mu)S\Big]_{\eta=0}=0。\end{array}\right\}\tag{d}$$

现在，引用摄动参数

$$W_m=(W)_{\eta=1}=\Big(\frac{w}{\delta}\Big)_{\rho=0}=\frac{w_0}{\delta},$$

其中 w_0 为薄板中心的挠度，即最大挠度，则显然可见

$$P=P(W_m),\qquad W=W(W_m,\eta),\qquad S=S(W_m,\eta)。$$

于是，可将 P、W、S 表示成为 W_m 的幂级数：

$$\left.\begin{array}{l}\dfrac{3}{16}P=\alpha_1 W_m+\alpha_3 W_m^3+\alpha_5 W_m^5+\cdots,\\[3mm]W=\omega_1(\eta)W_m+\omega_3(\eta)W_m^3+\omega_5(\eta)W_m^5+\cdots,\\[3mm]S=f_2(\eta)W_m^2+f_4(\eta)W_m^4+f_6(\eta)W_m^6+\cdots。\end{array}\right\}\tag{e}$$

在这里，引用因子 3/16，只是为了下面的数字可以简单一些，在 P 和 W 的展开式中没有列入 W_m 的偶次幂项，在 S 的展开式中没有列入 W_m 的奇次幂项，因为这些项在具体计算中可见其将被消去。

用来求解 α_1 和 ω_1 的微分方程，可由式(18-26)中 W_m 的一次幂项的系数得来：

$$-\frac{1}{4}\frac{\mathrm{d}^2}{\mathrm{d}\eta^2}\Big[(1-\eta)\frac{\mathrm{d}\omega_1}{\mathrm{d}\eta}\Big]=\alpha_1,\tag{f}$$

它应当满足条件

$$(\omega_1)_{\eta=0}=0, \qquad \left(\frac{\mathrm{d}\omega_1}{\mathrm{d}\eta}\right)_{\eta=0}=0,$$

$$(\omega_1)_{\eta=1}=1, \qquad \left(\frac{\mathrm{d}\omega_1}{\mathrm{d}\eta}\right)_{\eta=1}\neq\infty。 \tag{g}$$

微分方程(f)在条件(g)下的解答是

$$\omega_1(\eta)=\eta^2, \qquad \alpha_1=1。 \tag{h}$$

读者试证,这也就是小挠度弯曲理论给出的解答。

用来求解 f_2 的微分方程,可由式(18-27)中 W_m 的二次幂项的系数得来:

$$\frac{\mathrm{d}^2}{\mathrm{d}\eta^2}\big[(1-\eta)f_2\big]+\frac{1}{2}\left(\frac{\mathrm{d}\omega_1}{\mathrm{d}\eta}\right)^2=0。$$

将式(h)中的第一式代入,得

$$\frac{\mathrm{d}^2}{\mathrm{d}\eta^2}\big[(1-\eta)f_2\big]=-2\eta^2。 \tag{i}$$

这一微分方程所应满足的条件,可在式(d)的第三式中取 W_m^2 的系数而得到:

$$\left[2\frac{\mathrm{d}f_2}{\mathrm{d}\eta}-(1-\mu)f_2\right]_{\eta=0}=0。$$

再结合由 $(S)_{\eta=1}\neq\infty$ 得来的条件

$$(f_2)_{\eta=1}\neq\infty,$$

可得出微分方程(i)的解答为

$$f_2(\eta)=\frac{1}{6}\left(\frac{2}{1-\mu}+\eta+\eta^2+\eta^3\right)。 \tag{j}$$

进行与上相似的计算,可以进一步求得 α_3 及 ω_3 为

$$\alpha_3=\frac{1}{360}(1+\mu)(173-73\mu), \tag{k}$$

$$\omega_3(\eta)=\frac{1}{360}(1-\mu^2)\eta^2(1-\eta)\left(\frac{83-43\mu}{1-\mu}+23\eta+8\eta^2+2\eta^3\right)。 \tag{l}$$

假定计算到此为止。将求得的 α_1、ω_1、f_2、α_3、ω_3 代入式(e),再将式(18-25)代入,即得用 w_0 表示 q_0 的表达式和用 w_0 及 ρ 表示 w 及 F_{T_ρ} 的表达式,并从式(18-20)得出用 w_0 及 ρ 表示 F_{T_φ} 的表达式,用来分析薄板的位移、应变和应力。这里将只给出用 w_0 表示 q_0 的表达式如下:

$$\frac{3(1-\mu^2)q_0a^4}{16E\delta^4}=\frac{w_0}{\delta}+\frac{(1+\mu)(173-73\mu)}{360}\left(\frac{w_0}{\delta}\right)^3。 \tag{m}$$

由这一方程可以求得最大挠度 w_0。

为了便于和小挠度理论给出的结果进行对比,试在式(m)中取 $\mu=0.3$,然后将该式写成

$$w_0 = \frac{q_0 a^4}{64D\left(1+0.544\dfrac{w_0^2}{\delta^2}\right)}。$$

上式右边括号内的因子表示中面应变对挠度的影响。由于这个影响,挠度不再和荷载 q_0 成正比(不同于小挠度理论给出的解答)。当 $w_0=\delta/2$ 时,由上式得到

$$w_0 = 0.88\frac{q_0 a^4}{64D},$$

比小挠度理论给出的 $q_0 a^4/64D$ 小了 12%。当 $w_0=\delta/5$ 时,由上式得出 $w_0=0.98 q_0 a^4/64D$,比小挠度理论给出的解答只小 2%,两者之差可以不计。

§18-6　用变分法解圆板的轴对称问题

首先导出应变能的表达式,以便用变分法求解。大挠度弯曲问题的应变能 V_ε,将包括相应于弯曲变形的应变能 $V_{\varepsilon 1}$,和相应于中面变形的应变能 $V_{\varepsilon 2}$:

$$V_\varepsilon = V_{\varepsilon 1} + V_{\varepsilon 2}。 \tag{18-28}$$

相应于弯曲变形的应变能,可由式(14-28)得来:

$$V_{\varepsilon 1} = \pi D \int \left[\rho\left(\frac{\mathrm{d}^2 w}{\mathrm{d}\rho^2}\right)^2 + \frac{1}{\rho}\left(\frac{\mathrm{d}w}{\mathrm{d}\rho}\right)^2 + 2\mu \frac{\mathrm{d}w}{\mathrm{d}\rho}\frac{\mathrm{d}^2 w}{\mathrm{d}\rho^2} \right] \mathrm{d}\rho。 \tag{18-29}$$

当边界为固定边时,可由式(14-30)得来:

$$V_{\varepsilon 1} = \pi D \int \left[\rho\left(\frac{\mathrm{d}^2 w}{\mathrm{d}\rho^2}\right)^2 + \frac{1}{\rho}\left(\frac{\mathrm{d}w}{\mathrm{d}\rho}\right)^2 \right] \mathrm{d}\rho。 \tag{18-30}$$

相应于中面变形的应变能,可以用平面应力和中面应变表示为

$$V_{\varepsilon 2} = \frac{1}{2}\int_V (\sigma_\rho \varepsilon_\rho + \sigma_\varphi \varepsilon_\varphi + \tau_{\rho\varphi}\gamma_{\rho\varphi})\,\mathrm{d}V。$$

注意平面应力和中面应变都只是 ρ 和 φ 的函数,则上式可简化为

$$V_{\varepsilon 2} = \frac{\delta}{2}\iint_A (\sigma_\rho \varepsilon_\rho + \sigma_\varphi \varepsilon_\varphi + \tau_{\rho\varphi}\gamma_{\rho\varphi})\rho\,\mathrm{d}\rho\,\mathrm{d}\varphi。$$

在轴对称问题中,$\tau_{\rho\varphi}=\gamma_{\rho\varphi}=0$,而且 σ_ρ、σ_φ、ε_ρ、ε_φ 都只是 ρ 的函数,所以上式可以再度简化为

$$V_{\varepsilon2} = \frac{\delta}{2}\int(\sigma_\rho\varepsilon_\rho + \sigma_\varphi\varepsilon_\varphi)\rho\,\mathrm{d}\rho\int_0^{2\pi}\mathrm{d}\varphi$$

$$=\pi\delta\int(\sigma_\rho\varepsilon_\rho + \sigma_\varphi\varepsilon_\varphi)\rho\,\mathrm{d}\rho。$$

利用物理方程,上式可以单用应变分量表示为

$$V_{\varepsilon2} = \frac{\pi E\delta}{1-\mu^2}\int(\varepsilon_\rho^2 + \varepsilon_\varphi^2 + 2\mu\varepsilon_\rho\varepsilon_\varphi)\rho\,\mathrm{d}\rho。$$

再将 §18-4 中的几何方程(c)及(d)代入,即得

$$V_{\varepsilon2} = \frac{\pi E\delta}{1-\mu^2}\int\left\{\left[\frac{\mathrm{d}u_\rho}{\mathrm{d}\rho} + \frac{1}{2}\left(\frac{\mathrm{d}w}{\mathrm{d}\rho}\right)^2\right]^2 + \frac{u_\rho^2}{\rho^2} + \right.$$
$$\left. 2\mu\frac{u_\rho}{\rho}\left[\frac{\mathrm{d}u_\rho}{\mathrm{d}\rho} + \frac{1}{2}\left(\frac{\mathrm{d}w}{\mathrm{d}\rho}\right)^2\right]\right\}\rho\,\mathrm{d}\rho。 \tag{18-31}$$

应用里茨法。因为在轴对称问题中没有环向位移 u_φ,所以只须把中面内各点的位移取为

$$u_\rho = \sum_m A_m(u_\rho)_m, \quad w = \sum_m C_m w_m, \tag{18-32}$$

其中 $(u_\rho)_m$ 及 w_m 只是 ρ 的函数,它们须满足位移边界条件。决定系数 A_m 及 C_m 的方程,可由式(11-15)及式(14-29)得来:

$$\frac{\partial V_\varepsilon}{\partial A_m} = 0, \qquad \frac{\partial V_\varepsilon}{\partial C_m} = 2\pi\int qw_m\rho\,\mathrm{d}\rho。 \tag{18-33}$$

仍然以固定边圆板受均布荷载 q_0 时的问题为例。把径向位移及挠度的表达式取为

$$u_\rho = \left(1-\frac{\rho}{a}\right)\frac{\rho}{a}\left(A_0+A_1\frac{\rho}{a}+A_2\frac{\rho^2}{a^2}+\cdots\right), \tag{a}$$

$$w = \left(1-\frac{\rho^2}{a^2}\right)^2\left[C_0+C_1\left(1-\frac{\rho^2}{a^2}\right)+C_2\left(1-\frac{\rho^2}{a^2}\right)^2+\cdots\right], \tag{b}$$

可以满足位移边界条件

$$(u_\rho)_{\rho=a}=0, \qquad (w)_{\rho=a}=0, \qquad \left(\frac{\mathrm{d}w}{\mathrm{d}\rho}\right)_{\rho=a}=0,$$

也可以满足轴对称条件

$$(u_\rho)_{\rho=0}=0, \qquad \left(\frac{\mathrm{d}w}{\mathrm{d}\rho}\right)_{\rho=0}=0。$$

现在,假定在式(a)中只取两个待定系数,在式(b)中只取一个待定系数,即

$$u_\rho = \left(A_0+A_1\frac{\rho}{a}\right)\left(1-\frac{\rho}{a}\right)\frac{\rho}{a}, \tag{c}$$

$$w = C_0 \left(1 - \frac{\rho^2}{a^2} \right)^2 。 \tag{d}$$

将式(d)代入式(18-30),对 ρ 从 0 到 a 积分,得

$$V_{\varepsilon 1} = \frac{32\pi D}{3a^2} C_0^2 ; \tag{e}$$

将式(c)及式(d)代入式(18-31),进行同样的积分,得

$$V_{\varepsilon 2} = \frac{\pi E\delta}{1-\mu^2}(0.250A_0^2 + 0.116\ 7A_1^2 + 0.300A_0A_1 -$$

$$0.067\ 7\frac{A_0 C_0^2}{a} + 0.054\ 6\frac{A_1 C_0^2}{a} + 0.305\frac{C_0^4}{a^2}) 。 \tag{f}$$

此外

$$2\pi \int q w_m \rho \,\mathrm{d}\rho = 2\pi q_0 \int_0^a \left(1 - \frac{\rho^2}{a^2} \right)^2 \rho \,\mathrm{d}\rho = \frac{\pi}{3} q_0 a^2 。 \tag{g}$$

按照式(18-33)和式(18-28),有

$$\frac{\partial}{\partial A_0}(V_{\varepsilon 1} + V_{\varepsilon 2}) = 0, \qquad \frac{\partial}{\partial A_1}(V_{\varepsilon 1} + V_{\varepsilon 2}) = 0, \tag{h}$$

$$\frac{\partial}{\partial C_0}(V_{\varepsilon 1} + V_{\varepsilon 2}) = 2\pi \int q w_m \rho \,\mathrm{d}\rho 。 \tag{i}$$

将式(e)及式(f)代入式(h),得

$$\frac{\pi E\delta}{1-\mu^2}\left(0.500A_0 + 0.300A_1 - 0.067\ 7\frac{C_0^2}{a} \right) = 0,$$

$$\frac{\pi E\delta}{1-\mu^2}\left(0.233A_1 + 0.300A_0 + 0.054\ 6\frac{C_0^2}{a} \right) = 0 。$$

将 A_0 及 A_1 用 C_0 表示,得

$$A_0 = 1.206\frac{C_0^2}{a}, \qquad A_1 = -1.785\frac{C_0^2}{a} 。 \tag{j}$$

另一方面,将(e)、(f)、(g)三式代入式(i),得

$$\frac{64\pi D}{3a^2}C_0 + \frac{\pi E\delta}{1-\mu^2}\left(-0.135\ 4\frac{A_0 C_0}{a} + 0.109\ 1\frac{A_1 C_0}{a} + 1.222\frac{C_0^3}{a^2} \right) = \frac{\pi}{3}q_0 a^2 。$$

再将式(j)代入,注意 $E\delta/(1-\mu^2) = 12D/\delta^2$,即得

$$C_0 + \frac{0.486}{\delta^2}C_0^3 = \frac{q_0 a^4}{64D} 。 \tag{k}$$

由此解出 C_0,然后由式(j)求出 A_0 及 A_1,即可由式(c)及式(d)求得中面位移,从而求得内力。

注意 C_0 也就是薄板中心的挠度 w_0,可将式(k)改写为

$$w_0+\frac{0.486}{\delta^2}w_0^3=\frac{q_0a^4}{64D},$$

或

$$w_0=\frac{q_0a^4}{64D}\frac{1}{1+0.486\left(\frac{w_0}{\delta}\right)^2}。$$

当 $w_0=\delta/2$ 时,由上式得到

$$w_0=0.89\frac{q_0a^4}{64D},$$

比小挠度理论给出的 $q_0a^4/64D$ 小了 11%。这里得出的结果,和上一节中用摄动法求得的结果很相近,但计算工作量却省了很多。

习 题

18-1 试导出正交各向异性板的大挠度微分方程组:

$$D_1\frac{\partial^4 w}{\partial x^4}+D_2\frac{\partial^4 w}{\partial y^4}+2D_3\frac{\partial^4 w}{\partial x^2\partial y^2}=\delta\left(\frac{\partial^2 \Phi}{\partial x^2}\frac{\partial^2 w}{\partial y^2}+\frac{\partial^2 \Phi}{\partial y^2}\frac{\partial^2 w}{\partial x^2}-2\frac{\partial^2 \Phi}{\partial x\partial y}\frac{\partial^2 w}{\partial x\partial y}\right)+q,$$

$$\frac{1}{E_2}\frac{\partial^4 \Phi}{\partial x^4}+\frac{1}{E_1}\frac{\partial^4 \Phi}{\partial y^4}+\left(\frac{1}{G}-\frac{2\mu_1}{E_1}\right)\frac{\partial^4 \Phi}{\partial x^2\partial y^2}=\left(\frac{\partial^2 w}{\partial x\partial y}\right)^2-\frac{\partial^2 w}{\partial x^2}\frac{\partial^2 w}{\partial y^2}。$$

18-2 试导出与微分方程(18-5)及(18-6)相应的差分方程,然后用来求解图 18-6 所示薄板受均布横向荷载 q_0 时的大挠度弯曲问题。假定全部边界不受纵向约束。用 3×3 的网格。首先假设 $\Phi_a=0$,求出 w_a 的值,然后求出 Φ_a,再求出 w_a 的修正值。

答案: $w_a=\frac{q_0h^4}{4D}\left[1-\frac{675}{1\,024}(1-\mu^2)\left(\frac{q_0h^4}{4D\delta}\right)^2\right]$。

18-3 对于 §18-2 中的例题,试由已有的成果导出最大应力的表达式。

答案: $(\sigma_x)_{\max}=\frac{n^2E\delta^2}{3(1-\mu^2)a^2}+\frac{3q_0a^2}{2n^2\delta^2}\left(1-\frac{1}{\cosh n}\right)$。

18-4 试证明:在习题 18-3 中命 n 趋于零,就得出将一边的铰支座改为连杆支座后的解答,亦即材料力学中对于普通简支梁的解答。

18-5 设图 18-2 中的无限长薄板具有固定边,仍然受均布荷载 q_0,试导出挠度 w 的表达式。

答案: $w=\frac{q_0a^4}{16n^4D}\frac{n}{\tanh n}\left[\frac{\cosh n\left(1-\frac{2x}{a}\right)}{\cosh n}-1\right]+\frac{q_0a^2}{8n^2D}(a-x)x$。

18-6 试对 §18-5 中的例题进行具体运算,定出 α_3 及 $\omega_3(\eta)$。

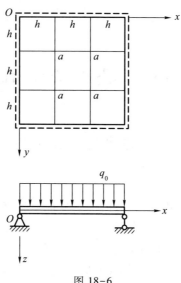

图 18-6

参 考 教 材

［1］ 铁木辛柯,沃诺斯基.板壳理论［M］.《板壳理论》翻译组,译.北京:科学出版社,1977:第一章及第十三章.

［2］ 钱伟长.轴对称圆薄板在大挠度情形下的一般理论［J］.北京:中国科学院,1954:弹性圆薄板大挠度问题.

［3］ 钱伟长.圆薄板大挠度理论的摄动法［J］.北京:中国科学院,1954:弹性圆薄板大挠度问题.

第十九章　壳体的一般理论

§19-1　曲线坐标与正交曲线坐标

要建立完整的壳体一般理论,须借助于弹性力学空间问题在一般正交曲线坐标中的几何方程。因此,首先来简单介绍一般曲线坐标的概念。

设直角坐标 x、y、z 与参数 α、β、γ 有函数关系

$$\left. \begin{array}{l} x = f_1(\alpha,\beta,\gamma), \\ y = f_2(\alpha,\beta,\gamma), \\ z = f_3(\alpha,\beta,\gamma), \end{array} \right\} \tag{a}$$

则一组 α、β、γ 值对应于一组 x、y、z 值,从而对应于空间一点 P,因而可以作为 P 点的位置坐标。如果在式(a)中把 α 取为某一常数,而将 β 及 γ 作为变数,就得到 $x = f_1(\beta,\gamma)$、$y = f_2(\beta,\gamma)$、$z = f_3(\beta,\gamma)$ 所代表的一个曲面。当参数 α 取一系列的常数值时,就得到以不同的 α 值表示的一族曲面。同样,当 β 或者 γ 分别取一系列的常数值时,也将得到以不同的 β 值或者不同的 γ 值表示的一族曲面。假定 α、β、γ 与 x、y、z 在弹性体的某一区域内互为单值,则上述每族曲面中必有而且只有一个曲面通过该区域内的任意一点 P。这三个曲面分别称为 P 点的 α 面、β 面、γ 面,如图 19-1 中所示。

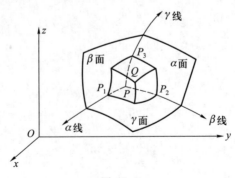

图 19-1

在 β 面与 γ 面相交的曲线上，β 及 γ 均为常数，而只有 α 是变数。同样，在 γ 面与 α 面或者 α 面与 β 面相交的曲线上，只有 β 或者 γ 是变数。在 P 点的这三根曲线，分别称为该点的 α 线、β 线及 γ 线，如图 19-1 中所示。

当坐标 α 改变 $\mathrm{d}\alpha$ 而 β 及 γ 保持不变时，新坐标 $(\alpha+\mathrm{d}\alpha,\beta,\gamma)$ 所对应的一点 P_1，将与 (α,β,γ) 所对应的 P 点位于同一根 α 线上。用 $\mathrm{d}s_1$ 代表弧长 $\overset{\frown}{PP_1}$，则

$$\mathrm{d}s_1 = (\mathrm{d}x^2 + \mathrm{d}y^2 + \mathrm{d}z^2)^{\frac{1}{2}}$$

$$= \left[\left(\frac{\partial x}{\partial\alpha}\mathrm{d}\alpha\right)^2 + \left(\frac{\partial y}{\partial\alpha}\mathrm{d}\alpha\right)^2 + \left(\frac{\partial z}{\partial\alpha}\mathrm{d}\alpha\right)^2\right]^{\frac{1}{2}}$$

$$= \left[\left(\frac{\partial x}{\partial\alpha}\right)^2 + \left(\frac{\partial y}{\partial\alpha}\right)^2 + \left(\frac{\partial z}{\partial\alpha}\right)^2\right]^{\frac{1}{2}}\mathrm{d}\alpha。$$

命 $\mathrm{d}s_1 = H_1\mathrm{d}\alpha$，则

$$H_1 = \left[\left(\frac{\partial x}{\partial\alpha}\right)^2 + \left(\frac{\partial y}{\partial\alpha}\right)^2 + \left(\frac{\partial z}{\partial\alpha}\right)^2\right]^{\frac{1}{2}},$$

它的几何意义是：当 α 坐标改变时，α 线的弧长增量与 α 坐标的增量这两者之间的比值，它称为 α 方向的拉梅系数。同样，再在 β 方向和 γ 方向用 $\mathrm{d}s_2$ 及 $\mathrm{d}s_3$ 分别代表弧长 $\overset{\frown}{PP_2}$ 及 $\overset{\frown}{PP_3}$，总共可以得到三个关系式

$$\mathrm{d}s_1 = H_1\mathrm{d}\alpha, \qquad \mathrm{d}s_2 = H_2\mathrm{d}\beta, \qquad \mathrm{d}s_3 = H_3\mathrm{d}\gamma, \qquad (19\text{-}1)$$

其中的拉梅系数是

$$\left.\begin{aligned} H_1 &= \left[\left(\frac{\partial x}{\partial\alpha}\right)^2 + \left(\frac{\partial y}{\partial\alpha}\right)^2 + \left(\frac{\partial z}{\partial\alpha}\right)^2\right]^{\frac{1}{2}}, \\ H_2 &= \left[\left(\frac{\partial x}{\partial\beta}\right)^2 + \left(\frac{\partial y}{\partial\beta}\right)^2 + \left(\frac{\partial z}{\partial\beta}\right)^2\right]^{\frac{1}{2}}, \\ H_3 &= \left[\left(\frac{\partial x}{\partial\gamma}\right)^2 + \left(\frac{\partial y}{\partial\gamma}\right)^2 + \left(\frac{\partial z}{\partial\gamma}\right)^2\right]^{\frac{1}{2}}, \end{aligned}\right\} \qquad (19\text{-}2)$$

它们分别表示当每个曲线坐标单独改变时，该坐标线的弧长增量与该坐标的增量这两者之间的比值。

在以后，将只采用正交曲线坐标，即坐标线互相正交（坐标面也就互相正交）的曲线坐标。可以证明，在正交曲线坐标中，三个拉梅系数 H_1、H_2、H_3，作为 α、β、γ 的函数，具有如下的六个关系：

$$\frac{1}{H_1^2}\frac{\partial H_2}{\partial\alpha}\frac{\partial H_3}{\partial\alpha}+\frac{\partial}{\partial\beta}\left(\frac{1}{H_2}\frac{\partial H_3}{\partial\beta}\right)+\frac{\partial}{\partial\gamma}\left(\frac{1}{H_3}\frac{\partial H_2}{\partial\gamma}\right)=0,$$

$$\frac{1}{H_2^2}\frac{\partial H_3}{\partial\beta}\frac{\partial H_1}{\partial\beta}+\frac{\partial}{\partial\gamma}\left(\frac{1}{H_3}\frac{\partial H_1}{\partial\gamma}\right)+\frac{\partial}{\partial\alpha}\left(\frac{1}{H_1}\frac{\partial H_3}{\partial\alpha}\right)=0, \qquad (19\text{-}3)$$

$$\frac{1}{H_3^2}\frac{\partial H_1}{\partial\gamma}\frac{\partial H_2}{\partial\gamma}+\frac{\partial}{\partial\alpha}\left(\frac{1}{H_1}\frac{\partial H_2}{\partial\alpha}\right)+\frac{\partial}{\partial\beta}\left(\frac{1}{H_2}\frac{\partial H_1}{\partial\beta}\right)=0,$$

$$\frac{\partial^2 H_1}{\partial\beta\partial\gamma}-\frac{1}{H_2}\frac{\partial H_1}{\partial\beta}\frac{\partial H_2}{\partial\gamma}-\frac{1}{H_3}\frac{\partial H_1}{\partial\gamma}\frac{\partial H_3}{\partial\beta}=0,$$

$$\frac{\partial^2 H_2}{\partial\gamma\partial\alpha}-\frac{1}{H_3}\frac{\partial H_2}{\partial\gamma}\frac{\partial H_3}{\partial\alpha}-\frac{1}{H_1}\frac{\partial H_2}{\partial\alpha}\frac{\partial H_1}{\partial\gamma}=0, \qquad (19\text{-}4)$$

$$\frac{\partial^2 H_3}{\partial\alpha\partial\beta}-\frac{1}{H_1}\frac{\partial H_3}{\partial\alpha}\frac{\partial H_1}{\partial\beta}-\frac{1}{H_2}\frac{\partial H_3}{\partial\beta}\frac{\partial H_2}{\partial\alpha}=0。$$

关于这些关系式的推导,可以在某些高等数学教程中找到,也可以在个别的弹性力学教程中找到,例如见:B. B. Новожилов 所著的 Теория упругости,第 160 至 164 页。

§19-2　正交曲线坐标中的弹性力学几何方程

在空间正交曲线坐标中,弹性体内任意一点 P 的位移在 α、β、γ 三个坐标方向的分量,分别用 u_1、u_2、u_3 表示,沿坐标方向的正应变用 e_1、e_2、e_3 表示,切应变用 e_{23}、e_{31}、e_{12} 表示。

为了建立应变与位移之间的关系,从而导出几何方程,在任意一点 P 处取一个微小的六面体,它的所有各棱边都沿着坐标线 α、β、γ 的方向,而以 PQ 为其对顶线,如图 19-2 所示。命 P 点的曲线坐标为 α、β、γ,Q 点的坐标为 $\alpha+\mathrm{d}\alpha$、$\beta+\mathrm{d}\beta$、$\gamma+\mathrm{d}\gamma$。

首先求出六面体上通过 P 点的各棱边的曲率半径,用该点的拉梅系数来表示。棱边 PP_3 与 P_1Q_2 的交角为

$$\mathrm{d}\varphi_{13}=\frac{P_3Q_2-PP_1}{PP_3}=\frac{\left(H_1+\frac{\partial H_1}{\partial\gamma}\mathrm{d}\gamma\right)\mathrm{d}\alpha-H_1\mathrm{d}\alpha}{H_3\mathrm{d}\gamma}=\frac{1}{H_3}\frac{\partial H_1}{\partial\gamma}\mathrm{d}\alpha, \qquad (\text{a})$$

可见,PP_1 在 $\alpha\gamma$ 面内(即 β 面内)的曲率及曲率半径为

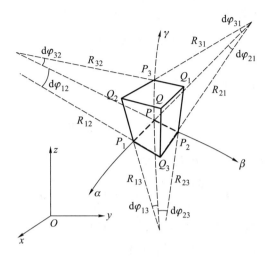

图 19-2

$$k_{13} = \frac{\mathrm{d}\varphi_{13}}{H_1 \mathrm{d}\alpha} = \frac{1}{H_1 H_3}\frac{\partial H_1}{\partial \gamma}, \qquad R_{13} = \frac{1}{k_{13}}。 \qquad (\text{b})$$

同样可见,PP_1 在 $\alpha\beta$ 面内(即 γ 面内)的曲率及曲率半径为

$$k_{12} = \frac{\mathrm{d}\varphi_{12}}{H_1 \mathrm{d}\alpha} = \frac{1}{H_1 H_2}\frac{\partial H_1}{\partial \beta}, \qquad R_{12} = \frac{1}{k_{12}}。 \qquad (\text{c})$$

总共可以得出 PP_1、PP_2、PP_3 三个棱边在不同坐标面内的六个曲率如下:

$$\left.\begin{array}{ll}
\dfrac{1}{R_{12}} = k_{12} = \dfrac{1}{H_1 H_2}\dfrac{\partial H_1}{\partial \beta}, & \dfrac{1}{R_{13}} = k_{13} = \dfrac{1}{H_1 H_3}\dfrac{\partial H_1}{\partial \gamma}, \\[3mm]
\dfrac{1}{R_{23}} = k_{23} = \dfrac{1}{H_2 H_3}\dfrac{\partial H_2}{\partial \gamma}, & \dfrac{1}{R_{21}} = k_{21} = \dfrac{1}{H_2 H_1}\dfrac{\partial H_2}{\partial \alpha}, \\[3mm]
\dfrac{1}{R_{31}} = k_{31} = \dfrac{1}{H_3 H_1}\dfrac{\partial H_3}{\partial \alpha}, & \dfrac{1}{R_{32}} = k_{32} = \dfrac{1}{H_3 H_2}\dfrac{\partial H_3}{\partial \beta}。
\end{array}\right\} \qquad (19\text{-}5)$$

现在就可以把应变分量用位移分量来表示。首先考虑正应变,以 PP_1 的正应变 e_1 为例。由于 u_1,PP_1 的正应变为

$$e'_1 = \frac{\left(u_1 + \dfrac{\partial u_1}{\partial s_1}\mathrm{d}s_1\right) - u_1}{\mathrm{d}s_1} = \frac{\partial u_1}{\partial s_1} = \frac{1}{H_1}\frac{\partial u_1}{\partial \alpha};$$

由于 u_2,PP_1 的正应变为

$$e''_1 = \frac{(R_{12} + u_2)\mathrm{d}\varphi_{12} - R_{12}\mathrm{d}\varphi_{12}}{R_{12}\mathrm{d}\varphi_{12}} = \frac{u_2}{R_{12}};$$

由于 u_3，PP_1 的正应变为

$$e_1''' = \frac{(R_{13}+u_3)\,\mathrm{d}\varphi_{13} - R_{13}\,\mathrm{d}\varphi_{13}}{R_{13}\,\mathrm{d}\varphi_{13}} = \frac{u_3}{R_{13}}。$$

所以 PP_1 的正应变总共是

$$e_1 = e_1' + e_1'' + e_1''' = \frac{1}{H_1}\frac{\partial u_1}{\partial \alpha} + \frac{u_2}{R_{12}} + \frac{u_3}{R_{13}}。$$

将式(19-5)中的 $1/R_{12}$ 及 $1/R_{13}$ 代入，即得

$$e_1 = \frac{1}{H_1}\frac{\partial u_1}{\partial \alpha} + \frac{1}{H_1 H_2}\frac{\partial H_1}{\partial \beta}u_2 + \frac{1}{H_1 H_3}\frac{\partial H_1}{\partial \gamma}u_3。 \tag{d}$$

其次来考虑切应变，以直角 $\angle P_1 P P_2$ 的切应变 e_{12} 为例。此项切应变系由 PP_1 及 PP_2 在 $\alpha\beta$ 面内相向的转角相加而成。由于 u_2，PP_1 在 $\alpha\beta$ 面内向 PP_2 的转角为

$$\frac{\left(u_2 + \dfrac{\partial u_2}{\partial s_1}\mathrm{d}s_1\right) - u_2}{\mathrm{d}s_1} = \frac{\partial u_2}{\partial s_1} = \frac{1}{H_1}\frac{\partial u_2}{\partial \alpha};$$

由于 u_1，PP_1 离 PP_2 的转角为 u_1/R_{12}，也就是 PP_1 向 PP_2 转动 $-u_1/R_{12}$，于是，PP_1 向 PP_2 的转角总共是

$$\frac{1}{H_1}\frac{\partial u_2}{\partial \alpha} - \frac{u_1}{R_{12}}。$$

同样可得 PP_2 向 PP_1 的转角为

$$\frac{1}{H_2}\frac{\partial u_1}{\partial \beta} - \frac{u_2}{R_{21}}。$$

将以上两项相加，得

$$e_{12} = \frac{1}{H_1}\frac{\partial u_2}{\partial \alpha} - \frac{u_1}{R_{12}} + \frac{1}{H_2}\frac{\partial u_1}{\partial \beta} - \frac{u_2}{R_{21}}。$$

将式(19-5)中的 $1/R_{12}$ 及 $1/R_{21}$ 代入，即得

$$e_{12} = \frac{1}{H_1}\frac{\partial u_2}{\partial \alpha} - \frac{1}{H_1 H_2}\frac{\partial H_1}{\partial \beta}u_1 + \frac{1}{H_2}\frac{\partial u_1}{\partial \beta} - \frac{1}{H_2 H_1}\frac{\partial H_2}{\partial \alpha}u_2$$

$$= \frac{H_2}{H_1}\frac{\partial}{\partial \alpha}\left(\frac{u_2}{H_2}\right) + \frac{H_1}{H_2}\frac{\partial}{\partial \beta}\left(\frac{u_1}{H_1}\right)。 \tag{e}$$

在式(d)及式(e)中将角码 1、2、3 轮换，同时将坐标 α、β、γ 轮换，总共得出用位移分量表示应变分量的六个表达式如下：

$$
\left.
\begin{aligned}
e_1 &= \frac{1}{H_1}\frac{\partial u_1}{\partial \alpha} + \frac{1}{H_1 H_2}\frac{\partial H_1}{\partial \beta}u_2 + \frac{1}{H_1 H_3}\frac{\partial H_1}{\partial \gamma}u_3, \\
e_2 &= \frac{1}{H_2}\frac{\partial u_2}{\partial \beta} + \frac{1}{H_2 H_3}\frac{\partial H_2}{\partial \gamma}u_3 + \frac{1}{H_2 H_1}\frac{\partial H_2}{\partial \alpha}u_1, \\
e_3 &= \frac{1}{H_3}\frac{\partial u_3}{\partial \gamma} + \frac{1}{H_3 H_1}\frac{\partial H_3}{\partial \alpha}u_1 + \frac{1}{H_3 H_2}\frac{\partial H_3}{\partial \beta}u_2, \\
e_{23} &= \frac{H_3}{H_2}\frac{\partial}{\partial \beta}\left(\frac{u_3}{H_3}\right) + \frac{H_2}{H_3}\frac{\partial}{\partial \gamma}\left(\frac{u_2}{H_2}\right), \\
e_{31} &= \frac{H_1}{H_3}\frac{\partial}{\partial \gamma}\left(\frac{u_1}{H_1}\right) + \frac{H_3}{H_1}\frac{\partial}{\partial \alpha}\left(\frac{u_3}{H_3}\right), \\
e_{12} &= \frac{H_2}{H_1}\frac{\partial}{\partial \alpha}\left(\frac{u_2}{H_2}\right) + \frac{H_1}{H_2}\frac{\partial}{\partial \beta}\left(\frac{u_1}{H_1}\right).
\end{aligned}
\right\}
\qquad (19\text{-}6)
$$

这就是正交曲线坐标中的弹性力学几何方程。

§19-3　关于壳体的一些概念

两个曲面所限定的物体,如果曲面之间的距离比物体的其他尺寸为小,就称为壳体。这两个曲面就称为壳面。距两壳面等远的点所形成的曲面,称为中间曲面,简称为中面。中面的法线被两壳面截断的长度,称为壳体的厚度。壳体可能是等厚度的或者是变厚度的。本书将限于讨论等厚度壳体。

如果壳面是闭合曲面,壳体除了两个壳面以外不再有其他的边界,这个壳体就称为闭合壳体。例如通常用为气体容器的壳体,就是闭合壳体。由闭合壳体用切割面分割出来的一部分,就称为开敞壳体。例如用为房屋顶盖或桥梁构件的壳体,就是开敞壳体。为了有可能对开敞壳体进行分析和计算,假定上述切割面是由一根直线保持与中面垂直、移动而形成的。这就是说,以后所讨论的开敞壳体,它的边缘(即所谓壳边)总是由垂直于中面的直线所构成的直纹曲面。

在壳体理论中,采用如下的计算假定:

(1)垂直于中面方向的正应变可以不计。

(2)中面的法线保持为直线,而且中面法线及其垂直线段之间的直角保持不变,也就是该二方向的切应变为零。

(3)与中面平行的截面上的正应力(即挤压应力),远小于其垂直面上的正应力,因而它对应变的影响可以不计。

（4）体力及面力均可化为作用于中面的荷载。

如果壳体的厚度 δ 远小于壳体中面的最小曲率半径 R,因而比值 δ/R 是很小的数值,这个壳体就称为薄壳。反之,它就称为厚壳。对于薄壳,可以在壳体的基本方程和边界条件中略去某些很小的量(随着比值 δ/R 的减小而减小的量),使得这些基本方程可能在边界条件下求解,从而得到一些近似的、但在工程应用上已经足够精确的解答。根据大量的比较试算,当比值 δ/R 不超过 0.05时,这些解答不致具有工程上不容许的误差。而在工程实际中,比值 δ/R 常在0.02 以下。这就是"薄壳理论"之所以能够广泛应用的理由。至于厚壳的计算方法,虽然也有不少人在进行研究,但还不便应用于一般的工程实际问题。在目前,厚壳问题基本上还只能当做一般的空间问题来处理。

薄壳与同跨度、同材料的薄板相比,它能以小得多的厚度承受同样的荷载,就像曲拱与直梁相比时一样。因此,除了各种容器总是采用薄壳以外,在飞机和船舶工程中,以及在各种工业与民用建筑工程中,都常常考虑以薄壳代替薄板。此外,薄壳形式的闸门也早已被采用,薄壳形式的薄拱坝也有采用的可能。但必须指出:目前已经建成和正在修建或设计的拱坝,都不属于薄壳的范畴,不应作为薄壳来计算。作为薄壳计算时,所得的结果,确实也和实验量测的结果相差很大。

§19-4　壳体的正交曲线坐标

通过壳体中面上的任意一点 M,可以作一根垂直于中面的直线,即所谓中面法线。通过中面法线,可以作无数多的平面与中面相交,得出无数多的中面曲线。各曲线在 M 点的曲率一般并不相同(除非中面是圆球面)。在这些曲线中间有一根曲线,它的曲率最大,相应的曲率半径为最小;另有与它正交的一根曲线,它的曲率最小,相应的曲率半径为最大。沿着这两根曲线的方向,中面的扭率等于零。这两根曲线在 M 点的曲率称为中面在 M 点的主曲率,以后用 k_1 及 k_2 表示;相应的曲率半径称为中面在 M 点的主曲率半径,以后用 R_1 及 R_2 表示。当然 $k_1 = 1/R_1$,$k_2 = 1/R_2$。在 M 点的这两根曲线的切线方向,称为中面在 M 点的曲率主向。既然在中面上的任意一点都有两个互相正交的曲率主向,自然就可以在中面上作无数多这样的曲线,它们的切线方向总是沿着中面的曲率主向。这样的曲线称为中面的曲率线。

为壳体选择坐标时,为了得到最简单而普遍的基本方程和边界条件,把坐标线放在中面的曲率线和法线上；以中面的曲率线为 α 及 β 坐标线，以中面的法线为 γ 坐标线（指向中面的凸方），如图 19-3 所示。

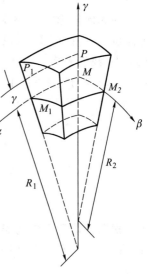

图 19-3

壳体中面内任意一点 M 沿 α 及 β 方向的拉梅系数，以后将分别用 A 和 B 代表，即

$$(H_1)_{\gamma=0}=A, \quad (H_2)_{\gamma=0}=B。 \tag{19-7}$$

于是，在 M 点沿 α 和 β 方向的微分弧长 $\widehat{MM_1}$ 和 $\widehat{MM_2}$ 为

$$\mathrm{d}s_1=A\mathrm{d}\alpha, \qquad \mathrm{d}s_2=B\mathrm{d}\beta。 \tag{19-8}$$

在壳体内的任意一点 P（坐标为 $\alpha、\beta、\gamma$），设 α 方向的拉梅系数为 H_1，则通过 P 点的沿 α 方向的微分弧长为 $\widehat{PP_1}=H_1\mathrm{d}\alpha$。由图 19-3 可见，有比例关系

$$\frac{\widehat{PP_1}}{\widehat{MM_1}}=\frac{R_1+\gamma}{R_1},$$

其中 R_1 为中面在 M 点沿 α 方向的主曲率半径。将 $\widehat{PP_1}=H_1\mathrm{d}\alpha$ 及 $\widehat{MM_1}=A\mathrm{d}\alpha$ 代入上式，得

$$\frac{H_1}{A}=1+\frac{\gamma}{R_1}=1+k_1\gamma,$$

其中 $k_1=1/R_1$ 为中面在 M 点沿 α 方向的主曲率。同样可得

$$\frac{H_2}{B}=1+\frac{\gamma}{R_2}=1+k_2\gamma。$$

于是，壳体内任意一点 P 的拉梅系数，可用 α 及 β 坐标与该点相同的中面内一点 M 的拉梅系数表示为

$$H_1=A(1+k_1\gamma), \qquad H_2=B(1+k_2\gamma)。 \tag{19-9}$$

此外，由于 γ 为直线坐标，而且这个坐标的量纲通常都取为长度 L，所以在壳体内的任意一点都有

$$H_3=1。 \tag{19-10}$$

将式（19-9）及式（19-10）代入式（19-3），注意 $A、B、k_1、k_2$ 都只是 α 及 β 的函数，与 γ 无关，可见式（19-3）中的前二式成为恒等式，而第三式在中面上（$\gamma=0$）成为

$$\frac{\partial}{\partial\alpha}\left(\frac{1}{A}\frac{\partial B}{\partial\alpha}\right)+\frac{\partial}{\partial\beta}\left(\frac{1}{B}\frac{\partial A}{\partial\beta}\right)=-k_1k_2AB。 \tag{19-11}$$

同样可见，式（19-4）中的第三式成为恒等式，而前二式在中面上（$\gamma=0$）成为

$$\frac{\partial}{\partial\beta}(k_1A)=k_2\frac{\partial A}{\partial\beta}, \qquad \frac{\partial}{\partial\alpha}(k_2B)=k_1\frac{\partial B}{\partial\alpha}。 \tag{19-12}$$

方程(19-11)称为高斯条件,方程(19-12)称为科达齐条件,它们表示中面内的拉梅系数与主曲率之间的关系,可以用来简化运算。

在壳体理论中,并不以壳体内一般点的位移、应变、应力为讨论对象,而是以中面位移、中面应变,以及应力向中面简化而得来的内力作为讨论对象。在以下几节中,我们来建立中面应变与中面位移之间的关系,得出壳体的几何方程;建立中面应变与内力之间的关系,得出壳体的物理方程;建立内力与荷载之间的关系,得出壳体的平衡方程;最后再将壳体的边界条件用中面位移或内力来表示。

§19-5 壳体的几何方程

根据壳体理论中的第(1)个计算假定,采用§19-4中所说的正交曲线坐标,有 $e_3 = 0$。按照式(19-6)中的第三式,应用式(19-10),得到

$$\frac{\partial u_3}{\partial \gamma} = 0 \text{。}$$

命中面上各点在中面法线方向(即 γ 方向)的位移为 w,以指向中面的凸方时为正,则由上式对 γ 的积分得出

$$u_3 = u_3(\alpha, \beta) = w \text{。} \tag{a}$$

这就是说,壳体内各点沿中面法线方向的位移 u_3,不随 γ 而变,可以由中面上的法向位移 w 统一地表示。

根据壳体理论中的第(2)个计算假定,采用§19-4中所说的正交曲线坐标,有 $e_{31} = 0$ 及 $e_{23} = 0$。按照式(19-6)中的第五式及第四式,应用式(19-9)及式(19-10),并以 w 代替 u_3,得到

$$\frac{\partial}{\partial \gamma}\left[\frac{u_1}{A(1+k_1\gamma)}\right] + \frac{1}{A^2(1+k_1\gamma)^2}\frac{\partial w}{\partial \alpha} = 0 \text{,}$$

$$\frac{\partial}{\partial \gamma}\left[\frac{u_2}{B(1+k_2\gamma)}\right] + \frac{1}{B^2(1+k_2\gamma)^2}\frac{\partial w}{\partial \beta} = 0 \text{。}$$

对 γ 从 0 到 γ 进行积分,注意 w 不随 γ 变化,得到

$$\left.\begin{array}{l}\left[\dfrac{u_1}{A(1+k_1\gamma)}\right]_0^\gamma - \left[\dfrac{1}{A^2 k_1(1+k_1\gamma)}\right]_0^\gamma\dfrac{\partial w}{\partial \alpha} = 0 \text{,} \\[4mm] \left[\dfrac{u_2}{B(1+k_2\gamma)}\right]_0^\gamma - \left[\dfrac{1}{B^2 k_2(1+k_2\gamma)}\right]_0^\gamma\dfrac{\partial w}{\partial \beta} = 0 \text{。}\end{array}\right\} \tag{b}$$

命中面上各点沿 α 及 β 方向的位移分别为 u 及 v,即

$$(u_1)_{\gamma=0}=u, \qquad (u_2)_{\gamma=0}=v, \tag{c}$$

则由式(b)得

$$\left[\frac{u_1}{A(1+k_1\gamma)}-\frac{u}{A}\right]-\left[\frac{1}{A^2 k_1(1+k_1\gamma)}-\frac{1}{A^2 k_1}\right]\frac{\partial w}{\partial\alpha}=0,$$

$$\left[\frac{u_2}{B(1+k_2\gamma)}-\frac{v}{B}\right]-\left[\frac{1}{B^2 k_2(1+k_2\gamma)}-\frac{1}{B^2 k_2}\right]\frac{\partial w}{\partial\beta}=0。$$

求解 u_1 及 u_2，简化以后，与式(a)联立，即得

$$\left.\begin{array}{l} u_1=(1+k_1\gamma)u-\dfrac{\gamma}{A}\ \dfrac{\partial w}{\partial\alpha}, \\[3mm] u_2=(1+k_2\gamma)v-\dfrac{\gamma}{B}\ \dfrac{\partial w}{\partial\beta}, \\[3mm] u_3=w。\end{array}\right\} \tag{19-13}$$

这一组方程是建立壳体位移状态的方程，它们把壳体中所有各点的位移用中面位移 u、v、w 来表示。

现在，将式(19-9)、式(19-10)及式(19-13)代入几何方程(19-6)中的第一式，第二式及第六式，得到

$$e_1=\frac{1}{A(1+k_1\gamma)}\ \frac{\partial}{\partial\alpha}\left[(1+k_1\gamma)u-\frac{\gamma}{A}\ \frac{\partial w}{\partial\alpha}\right]+\frac{k_1}{1+k_1\gamma}w+$$

$$\frac{\dfrac{\partial}{\partial\beta}[A(1+k_1\gamma)]}{AB(1+k_1\gamma)(1+k_2\gamma)}\left[(1+k_2\gamma)v-\frac{\gamma}{B}\ \frac{\partial w}{\partial\beta}\right], \tag{d}$$

$$e_2=\frac{1}{B(1+k_2\gamma)}\ \frac{\partial}{\partial\beta}\left[(1+k_2\gamma)v-\frac{\gamma}{B}\ \frac{\partial w}{\partial\beta}\right]+\frac{k_2}{1+k_2\gamma}w+$$

$$\frac{\dfrac{\partial}{\partial\alpha}[B(1+k_2\gamma)]}{AB(1+k_1\gamma)(1+k_2\gamma)}\left[(1+k_1\gamma)u-\frac{\gamma}{A}\ \frac{\partial w}{\partial\alpha}\right], \tag{e}$$

$$e_{12}=\frac{B(1+k_2\gamma)}{A(1+k_1\gamma)}\ \frac{\partial}{\partial\alpha}\ \frac{(1+k_2\gamma)v-\dfrac{\gamma}{B}\ \dfrac{\partial w}{\partial\beta}}{B(1+k_2\gamma)}+\frac{A(1+k_1\gamma)}{B(1+k_2\gamma)}\ \frac{\partial}{\partial\beta}\ \frac{(1+k_1\gamma)u-\dfrac{\gamma}{A}\ \dfrac{\partial w}{\partial\alpha}}{A(1+k_1\gamma)}, \tag{f}$$

它们把壳体中所有各点的应变用中面位移来表示。

在薄壳中，厚度 δ 与中面主曲率半径 R 的比值，即 $\delta/R_1=k_1\delta$ 及 $\delta/R_2=k_2\delta$，与 1 相比是很小的数值。注意 γ 的最大绝对值是 $\delta/2$，可见 $k_1\gamma$ 及 $k_2\gamma$ 的最大绝对值分别为 $k_1\delta/2$ 及 $k_2\delta/2$，与 1 相比，更是很小的数值。因此，$1+k_1\gamma$ 及 $1+k_2\gamma$ 都可以用 1 来代替。这样，(d)、(e)、(f)三式将简化为

$$e_1 = \frac{1}{A}\frac{\partial u}{\partial \alpha} + \frac{\partial A}{\partial \beta}\frac{v}{AB} + k_1 w + \gamma\left[-\frac{1}{A}\frac{\partial}{\partial \alpha}\left(\frac{1}{A}\frac{\partial w}{\partial \alpha}\right) - \frac{1}{AB^2}\frac{\partial A}{\partial \beta}\frac{\partial w}{\partial \beta}\right],$$

$$e_2 = \frac{1}{B}\frac{\partial v}{\partial \beta} + \frac{\partial B}{\partial \alpha}\frac{u}{AB} + k_2 w + \gamma\left[-\frac{1}{B}\frac{\partial}{\partial \beta}\left(\frac{1}{B}\frac{\partial w}{\partial \beta}\right) - \frac{1}{A^2 B}\frac{\partial B}{\partial \alpha}\frac{\partial w}{\partial \alpha}\right],$$

$$e_{12} = \frac{B}{A}\frac{\partial}{\partial \alpha}\left(\frac{v}{B}\right) + \frac{A}{B}\frac{\partial}{\partial \beta}\left(\frac{u}{A}\right) + 2\gamma\left[-\frac{1}{AB}\frac{\partial^2 w}{\partial \alpha \partial \beta} + \frac{1}{A^2 B}\frac{\partial A}{\partial \beta}\frac{\partial w}{\partial \alpha} + \frac{1}{AB^2}\frac{\partial B}{\partial \alpha}\frac{\partial w}{\partial \beta}\right].$$

将上述三式简写为

$$e_1 = \varepsilon_1 + \chi_1\gamma, \qquad e_2 = \varepsilon_2 + \chi_2\gamma, \qquad e_{12} = \varepsilon_{12} + 2\chi_{12}\gamma, \qquad (19\text{-}14)$$

则其中的 ε_1、ε_2、ε_{12}、χ_1、χ_2、χ_{12} 分别为

$$\left.\begin{aligned} \varepsilon_1 &= \frac{1}{A}\frac{\partial u}{\partial \alpha} + \frac{1}{AB}\frac{\partial A}{\partial \beta}v + k_1 w, \\[2mm] \varepsilon_2 &= \frac{1}{B}\frac{\partial v}{\partial \beta} + \frac{1}{AB}\frac{\partial B}{\partial \alpha}u + k_2 w, \\[2mm] \varepsilon_{12} &= \frac{A}{B}\frac{\partial}{\partial \beta}\left(\frac{u}{A}\right) + \frac{B}{A}\frac{\partial}{\partial \alpha}\left(\frac{v}{B}\right), \\[2mm] \chi_1 &= -\frac{1}{A}\frac{\partial}{\partial \alpha}\left(\frac{1}{A}\frac{\partial w}{\partial \alpha}\right) - \frac{1}{AB^2}\frac{\partial A}{\partial \beta}\frac{\partial w}{\partial \beta}, \\[2mm] \chi_2 &= -\frac{1}{B}\frac{\partial}{\partial \beta}\left(\frac{1}{B}\frac{\partial w}{\partial \beta}\right) - \frac{1}{A^2 B}\frac{\partial B}{\partial \alpha}\frac{\partial w}{\partial \alpha}, \\[2mm] \chi_{12} &= -\frac{1}{AB}\left(\frac{\partial^2 w}{\partial \alpha \partial \beta} - \frac{1}{A}\frac{\partial A}{\partial \beta}\frac{\partial w}{\partial \alpha} - \frac{1}{B}\frac{\partial B}{\partial \alpha}\frac{\partial w}{\partial \beta}\right). \end{aligned}\right\} \qquad (19\text{-}15)$$

现在来说明 ε_1、ε_2、ε_{12}、χ_1、χ_2、χ_{12} 的意义。由式（19-14）可得

$$(e_1)_{\gamma=0} = \varepsilon_1, \qquad (e_2)_{\gamma=0} = \varepsilon_2, \qquad (e_{12})_{\gamma=0} = \varepsilon_{12}.$$

于是可见，ε_1 及 ε_2 分别为中面内各点沿 α 及 β 方向的正应变，而 ε_{12} 为中面内各点沿 α 及 β 方向的切应变。另一方面，式（19-14）可见，$\chi_1\gamma$、$\chi_2\gamma$、$2\chi_{12}\gamma$ 为壳体内各点超出中面应变的那一部分应变。将这一部分应变与式（13-6）右边的 $\chi_x z$、$\chi_y z$、$2\chi_{xy} z$ 对比，可见，χ_1 及 χ_2 为中面内各点的主曲率 k_1 及 k_2 的改变，χ_{12} 为中面内各点沿 α 及 β 方向的扭率的改变（也就是扭率，因为中面沿 α 及 β 这两个曲率主向原来并没有扭率）。

当 ε_1、ε_2、ε_{12}、χ_1、χ_2、χ_{12} 为已知时（表示成为 α 及 β 的已知函数），薄壳内所有各点的应变 e_1、e_2、e_{12} 即可由式（19-14）求得。由于其余三个应变，e_3、e_{23} 及 e_{31}，按照计算假定都等于零，这就使得整个薄壳的应变状态成为已知。因此，式（19-15）所示的六个中面应变可以完全确定薄壳的应变状态，而表明中面应变与中面位移之间的关系的方程（19-15），就是薄壳的几何方程。

有些作者,例如文献[1]的作者符拉索夫,为了可能稍微提高薄壳计算的精度,在(d)、(e)、(f)三式中不是把 $1+k_1\gamma$ 和 $1+k_2\gamma$ 简单地用 1 来代替,而是应用如下的展式:

$$\frac{1}{1+k_1\gamma} = 1-k_1\gamma+(k_1\gamma)^2-\cdots,$$

$$\frac{1}{1+k_2\gamma} = 1-k_2\gamma+(k_2\gamma)^2-\cdots。$$

代入(d)、(e)、(f)三式,进行求导的运算,最后略去 γ 的二次幂及更高次幂的各项,仍然把运算结果写成式(19-14)的形式,则几何方程成为

$$\left.\begin{aligned}
\varepsilon_1 &= \frac{1}{A}\frac{\partial u}{\partial\alpha}+\frac{1}{AB}\frac{\partial A}{\partial\beta}v+k_1w, \\[4pt]
\varepsilon_2 &= \frac{1}{B}\frac{\partial v}{\partial\beta}+\frac{1}{AB}\frac{\partial B}{\partial\alpha}u+k_2w, \\[4pt]
\varepsilon_{12} &= \frac{A}{B}\frac{\partial}{\partial\beta}\left(\frac{u}{A}\right)+\frac{B}{A}\frac{\partial}{\partial\alpha}\left(\frac{v}{B}\right), \\[4pt]
\chi_1 &= \frac{\partial k_1}{\partial\alpha}\frac{u}{A}+\frac{\partial k_1}{\partial\beta}\frac{v}{B}-k_1^2w-\frac{1}{A}\frac{\partial}{\partial\alpha}\left(\frac{1}{A}\frac{\partial w}{\partial\alpha}\right)-\frac{1}{AB^2}\frac{\partial A}{\partial\beta}\frac{\partial w}{\partial\beta}, \\[4pt]
\chi_2 &= \frac{\partial k_2}{\partial\beta}\frac{v}{B}+\frac{\partial k_2}{\partial\alpha}\frac{u}{A}-k_2^2w-\frac{1}{B}\frac{\partial}{\partial\beta}\left(\frac{1}{B}\frac{\partial w}{\partial\beta}\right)-\frac{1}{A^2B}\frac{\partial B}{\partial\alpha}\frac{\partial w}{\partial\alpha}, \\[4pt]
\chi_{12} &= \frac{k_1-k_2}{2}\left[\frac{A}{B}\frac{\partial}{\partial\beta}\left(\frac{u}{A}\right)-\frac{B}{A}\frac{\partial}{\partial\alpha}\left(\frac{v}{B}\right)\right]-\frac{1}{AB}\left(\frac{\partial^2 w}{\partial\alpha\partial\beta}-\frac{1}{A}\frac{\partial A}{\partial\beta}\frac{\partial w}{\partial\alpha}-\frac{1}{B}\frac{\partial B}{\partial\alpha}\frac{\partial w}{\partial\beta}\right),
\end{aligned}\right\} \quad (19-16)$$

其中的前三式与式(19-15)中的前三式相同。

还有一些作者,例如文献[2]的作者科尔库诺夫,对(d)、(e)、(f)三式进行与上稍有不同的处理,得出如下的几何方程:

$$\left.\begin{aligned}
\varepsilon_1 &= \frac{1}{A}\frac{\partial u}{\partial\alpha}+\frac{1}{AB}\frac{\partial A}{\partial\beta}v+k_1w, \\[4pt]
\varepsilon_2 &= \frac{1}{B}\frac{\partial v}{\partial\beta}+\frac{1}{AB}\frac{\partial B}{\partial\alpha}u+k_2w, \\[4pt]
\varepsilon_{12} &= \frac{A}{B}\frac{\partial}{\partial\beta}\left(\frac{u}{A}\right)+\frac{B}{A}\frac{\partial}{\partial\alpha}\left(\frac{v}{B}\right), \\[4pt]
\chi_1 &= -\frac{1}{A}\frac{\partial}{\partial\alpha}\left(\frac{1}{A}\frac{\partial w}{\partial\alpha}-k_1u\right)-\frac{1}{AB}\frac{\partial A}{\partial\beta}\left(\frac{1}{B}\frac{\partial w}{\partial\beta}-k_2v\right), \\[4pt]
\chi_2 &= -\frac{1}{B}\frac{\partial}{\partial\beta}\left(\frac{1}{B}\frac{\partial w}{\partial\beta}-k_2v\right)-\frac{1}{AB}\frac{\partial B}{\partial\alpha}\left(\frac{1}{A}\frac{\partial w}{\partial\alpha}-k_1u\right), \\[4pt]
\chi_{12} &= -\frac{1}{2}\left[\frac{B}{A}\frac{\partial}{\partial\alpha}\frac{1}{B}\left(\frac{1}{B}\frac{\partial w}{\partial\beta}-k_2v\right)+\frac{A}{B}\frac{\partial}{\partial\beta}\frac{1}{A}\left(\frac{1}{A}\frac{\partial w}{\partial\alpha}-k_1u\right)\right],
\end{aligned}\right\} \quad (19-17)$$

其中的前三式也是与式(19-15)及式(19-16)中的前三式相同。

除了式(19-15)、(19-16)、(19-17)以外,还有其他作者给出的其他不同形式的几何方程。但是,这些不同几何方程之间的差异,只是由于对 $1+k_1\gamma$ 及 $1+k_2\gamma$ 的不同处理而引起的,因此,对于薄壳说来,它们对计算结果引起的差异一般是不重要的。对于任何一种具体问题,结合物理方程和平衡微分方程以后最容易在边界条件下求解的一组几何方程,将是最好的一组(形式上最简单的一组未必是最好的一组,但通常就是最好的一组)。

§19-6 壳体的内力及物理方程

在本节中,把壳体横截面上的应力向中面简化,得出壳体的内力,并导出内力与中面应变之间的关系式,即壳体的物理方程。

在 α 面上(在 α 为常量的横截面上),作用于中面单位宽度上的拉压力用 F_{T1} 表示,平错力用 F_{T12} 表示;在 β 面上(在 β 为常量的横截面上),相应的拉压力用 F_{T2} 表示;平错力用 F_{T21} 表示。这四个内力称为中面内力或薄膜内力,是薄膜横截面上可能存在的内力,见图 19-4a。在 α 面上,作用于单位宽度上的弯矩用 M_1 表示,扭矩用 M_{12} 表示,横向剪力用 F_{S1} 表示;在 β 面上,相应的弯矩用 M_2 表示,扭矩用 M_{21} 表示,横向剪力用 F_{S2} 表示。这六个内力称为平板内力或弯曲内力,是薄板发生小挠度弯曲时所具有的内力,见图 19-4b。

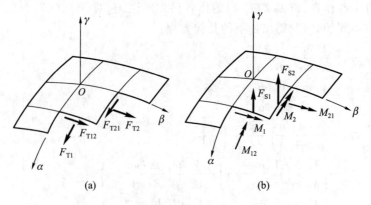

(a)　　　　　　　　　　(b)

图 19-4

上述内力,是中面单位宽度范围内的、横截面上的应力向中面简化以后的力或力矩。例如,应力分量 σ_1 简化为拉压力 F_{T1} 和弯矩 M_1,其中拉压力 F_{T1} 为

$$F_{T1} = \frac{1}{B \mathrm{d}\beta} \int_{\gamma=-\delta/2}^{\gamma=\delta/2} \sigma_1 (H_2 \mathrm{d}\beta)(H_3 \mathrm{d}\gamma) \, .$$

注意，B 及 $\mathrm{d}\beta$ 都不随 γ 而变，即可将上式改写为

$$F_{T1} = \int_{\gamma=-\delta/2}^{\gamma=\delta/2} \frac{\sigma_1 (H_2 \mathrm{d}\beta)(H_3 \mathrm{d}\gamma)}{B \mathrm{d}\beta} \, .$$

注意 $H_3 = 1$ 而 $H_2 = B(1 + k_2 \gamma)$，又可以将上式简写为

$$F_{T1} = \int_{-\delta/2}^{\delta/2} \sigma_1 (1 + k_2 \gamma) \, \mathrm{d}\gamma \, .$$

弯矩 M_1 则为

$$M_1 = \frac{1}{B \mathrm{d}\beta} \int_{\gamma=-\delta/2}^{\gamma=\delta/2} \sigma_1 (H_2 \mathrm{d}\beta)(H_3 \mathrm{d}\gamma) \gamma = \int_{\gamma=-\delta/2}^{\gamma=\delta/2} \frac{\sigma_1 (H_2 \mathrm{d}\beta)(H_3 \mathrm{d}\gamma) \gamma}{B \mathrm{d}\beta}$$

$$= \int_{-\delta/2}^{\delta/2} \sigma_1 (1 + k_2 \gamma) \gamma \mathrm{d}\gamma \, .$$

其余类推。这样总共得出四个薄膜内力及六个平板内力：

$$\left.\begin{aligned}
F_{T1} &= \int_{-\delta/2}^{\delta/2} \sigma_1 (1 + k_2 \gamma) \, \mathrm{d}\gamma, \\[6pt]
F_{T2} &= \int_{-\delta/2}^{\delta/2} \sigma_2 (1 + k_1 \gamma) \, \mathrm{d}\gamma, \\[6pt]
F_{T12} &= \int_{-\delta/2}^{\delta/2} \tau_{12} (1 + k_2 \gamma) \, \mathrm{d}\gamma, \\[6pt]
F_{T21} &= \int_{-\delta/2}^{\delta/2} \tau_{21} (1 + k_1 \gamma) \, \mathrm{d}\gamma, \\[6pt]
M_1 &= \int_{-\delta/2}^{\delta/2} \sigma_1 (1 + k_2 \gamma) \gamma \mathrm{d}\gamma, \\[6pt]
M_2 &= \int_{-\delta/2}^{\delta/2} \sigma_2 (1 + k_1 \gamma) \gamma \mathrm{d}\gamma, \\[6pt]
M_{12} &= \int_{-\delta/2}^{\delta/2} \tau_{12} (1 + k_2 \gamma) \gamma \mathrm{d}\gamma, \\[6pt]
M_{21} &= \int_{-\delta/2}^{\delta/2} \tau_{21} (1 + k_1 \gamma) \gamma \mathrm{d}\gamma, \\[6pt]
F_{S1} &= \int_{-\delta/2}^{\delta/2} \tau_{13} (1 + k_2 \gamma) \, \mathrm{d}\gamma, \\[6pt]
F_{S2} &= \int_{-\delta/2}^{\delta/2} \tau_{23} (1 + k_1 \gamma) \, \mathrm{d}\gamma \, .
\end{aligned}\right\} \qquad (\mathrm{a})$$

注意:虽然按照切应力的互等关系有 $\tau_{12}=\tau_{21}$,但平错力 F_{T12} 与 F_{T21} 一般并不互等,扭矩 M_{12} 与 M_{21} 一般也不互等,因为中面在 α 方向的主曲率 k_1 和它在 β 方向的主曲率 k_2 一般并不相同。

根据壳体理论的第(3)个计算假定,不计 σ_3 对应变的影响,可以得到和薄板弯曲问题中相同形式的物理方程

$$\sigma_1=\frac{E}{1-\mu^2}(e_1+\mu e_2)\,,\qquad \sigma_2=\frac{E}{1-\mu^2}(e_2+\mu e_1)\,,\qquad \tau_{12}=Ge_{12}=\frac{E}{2(1+\mu)}e_{12}\,。$$

将式(19-14)代入,得到

$$\left.\begin{aligned}
\sigma_1&=\frac{E}{1-\mu^2}\big[\,(\varepsilon_1+\mu\varepsilon_2)+(\mathcal{X}_1+\mu\mathcal{X}_2)\gamma\,\big]\,,\\[2mm]
\sigma_2&=\frac{E}{1-\mu^2}\big[\,(\varepsilon_2+\mu\varepsilon_1)+(\mathcal{X}_2+\mu\mathcal{X}_1)\gamma\,\big]\,,\\[2mm]
\tau_{12}&=\frac{E}{2(1+\mu)}(\varepsilon_{12}+2\mathcal{X}_{12}\gamma)\,。
\end{aligned}\right\}\qquad(\mathrm{b})$$

于是,式(a)中的前 8 个内力可用中面应变表示为

$$\left.\begin{aligned}
F_{T1}&=\frac{E}{1-\mu^2}\int_{-\delta/2}^{\delta/2}(1+k_2\gamma)\big[\,(\varepsilon_1+\mu\varepsilon_2)+(\mathcal{X}_1+\mu\mathcal{X}_2)\gamma\,\big]\mathrm{d}\gamma\,,\\[2mm]
F_{T2}&=\frac{E}{1-\mu^2}\int_{-\delta/2}^{\delta/2}(1+k_1\gamma)\big[\,(\varepsilon_2+\mu\varepsilon_1)+(\mathcal{X}_2+\mu\mathcal{X}_1)\gamma\,\big]\mathrm{d}\gamma\,,\\[2mm]
F_{T12}&=\frac{E}{2(1+\mu)}\int_{-\delta/2}^{\delta/2}(1+k_2\gamma)(\varepsilon_{12}+2\mathcal{X}_{12}\gamma)\mathrm{d}\gamma\,,\\[2mm]
F_{T21}&=\frac{E}{2(1+\mu)}\int_{-\delta/2}^{\delta/2}(1+k_1\gamma)(\varepsilon_{12}+2\mathcal{X}_{12}\gamma)\mathrm{d}\gamma\,,\\[2mm]
M_1&=\frac{E}{1-\mu^2}\int_{-\delta/2}^{\delta/2}(1+k_2\gamma)\big[\,(\varepsilon_1+\mu\varepsilon_2)+(\mathcal{X}_1+\mu\mathcal{X}_2)\gamma\,\big]\gamma\mathrm{d}\gamma\,,\\[2mm]
M_2&=\frac{E}{1-\mu^2}\int_{-\delta/2}^{\delta/2}(1+k_1\gamma)\big[\,(\varepsilon_2+\mu\varepsilon_1)+(\mathcal{X}_2+\mu\mathcal{X}_1)\gamma\,\big]\gamma\mathrm{d}\gamma\,,\\[2mm]
M_{12}&=\frac{E}{2(1+\mu)}\int_{-\delta/2}^{\delta/2}(1+k_2\gamma)(\varepsilon_{12}+2\mathcal{X}_{12}\gamma)\gamma\mathrm{d}\gamma\,,\\[2mm]
M_{21}&=\frac{E}{2(1+\mu)}\int_{-\delta/2}^{\delta/2}(1+k_1\gamma)(\varepsilon_{12}+2\mathcal{X}_{12}\gamma)\gamma\mathrm{d}\gamma\,。
\end{aligned}\right\}\qquad(\mathrm{c})$$

进行积分以后,得到

$$F_{T1} = \frac{E\delta}{1-\mu^2}\left[(\varepsilon_1+\mu\varepsilon_2) + \frac{\delta^2}{12}k_2(\chi_1+\mu\chi_2) \right],$$

$$F_{T2} = \frac{E\delta}{1-\mu^2}\left[(\varepsilon_2+\mu\varepsilon_1) + \frac{\delta^2}{12}k_1(\chi_2+\mu\chi_1) \right],$$

$$F_{T12} = \frac{E\delta}{2(1+\mu)}\left(\varepsilon_{12} + \frac{\delta^2}{6}k_2\chi_{12} \right),$$

$$F_{T21} = \frac{E\delta}{2(1+\mu)}\left(\varepsilon_{12} + \frac{\delta^2}{6}k_1\chi_{12} \right),$$

$$M_1 = \frac{E\delta^3}{12(1-\mu^2)}\left[(\chi_1+\mu\chi_2) + k_2(\varepsilon_1+\mu\varepsilon_2) \right],$$

$$M_2 = \frac{E\delta^3}{12(1-\mu^2)}\left[(\chi_2+\mu\chi_1) + k_1(\varepsilon_2+\mu\varepsilon_1) \right],$$

$$M_{12} = \frac{E\delta^3}{12(1+\mu)}\left(\chi_{12} + \frac{k_2}{2}\varepsilon_{12} \right),$$

$$M_{21} = \frac{E\delta^3}{12(1+\mu)}\left(\chi_{12} + \frac{k_1}{2}\varepsilon_{12} \right).$$

$$(19-18)$$

这就是壳体的物理方程,它们表示内力与中面应变之间的关系。

对于薄壳,可将式(c)中的 $1+k_1\gamma$ 及 $1+k_2\gamma$ 用 1 来代替,也就是把其中的因子 $(1+k_1\gamma)$ 及 $(1+k_2\gamma)$ 删去。这样,在式(19-18)所示的积分结果中,就将不出现具有因子 k_1 及 k_2 的各项。于是得出薄壳的物理方程如下:

$$F_{T1} = \frac{E\delta}{1-\mu^2}(\varepsilon_1+\mu\varepsilon_2), \qquad F_{T2} = \frac{E\delta}{1-\mu^2}(\varepsilon_2+\mu\varepsilon_1),$$

$$F_{T12} = F_{T21} = \frac{E\delta}{2(1+\mu)}\varepsilon_{12},$$

$$M_1 = D(\chi_1+\mu\chi_2), \qquad M_2 = D(\chi_2+\mu\chi_1),$$

$$M_{12} = M_{21} = (1-\mu)D\chi_{12},$$

$$(19-19)$$

其中 $D = \dfrac{E\delta^3}{12(1-\mu^2)}$ 为薄壳的弯曲刚度。

对于薄壳,可以导出由内力直接求得主要应力的公式:由式(19-19)中解出 $\varepsilon_1+\mu\varepsilon_2$、$\varepsilon_2+\mu\varepsilon_1$、$\varepsilon_{12}$、$\chi_1+\mu\chi_2$、$\chi_2+\mu\chi_1$ 和 χ_{12},然后代入式(b),并注意 $D = \dfrac{E\delta^3}{12(1-\mu^2)}$,即得所需的公式

$$\left.\begin{aligned}
\sigma_1 &= \frac{F_{T1}}{\delta} + \frac{12M_1}{\delta^3}\gamma, \\
\sigma_2 &= \frac{F_{T2}}{\delta} + \frac{12M_2}{\delta^3}\gamma, \\
\tau_{12} = \tau_{21} &= \frac{F_{T12}}{\delta} + \frac{12M_{12}}{\delta^3}\gamma。
\end{aligned}\right\} \tag{19-20}$$

由此可见,在薄壳中,薄膜内力 F_{T1}、F_{T2}、$F_{T12} = F_{T21}$ 引起的薄膜应力是沿厚度均匀分布,弯矩 M_1、M_2 及扭矩 $M_{12} = M_{21}$ 引起的弯扭应力是沿厚度按直线变化而在中面处为零。对于横向切应力(次要应力)的计算,则并无简单的公式可以应用,通常就套用薄板小挠度弯曲问题中的公式,即式(13-14)中的第四式及第五式。这样就得到

$$\tau_{13} = \frac{6F_{S1}}{\delta^3}\left(\frac{\delta^2}{4} - \gamma^2\right), \qquad \tau_{23} = \frac{6F_{S2}}{\delta^3}\left(\frac{\delta^2}{4} - \gamma^2\right)。$$

至于挤压应力 σ_3,则完全不必计算。

§19-7 壳体的平衡微分方程

现在来建立壳体的内力与壳体所受荷载之间的关系,也就是导出壳体的平衡方程。为此,试考虑任一微分壳体 $PP_1P_2P_3$ 的平衡,如图 19-5 所示。在图中,为简明起见,只画出这个微分体的中面,把薄膜内力和横向剪力画在一个图上,见图 19-5a,而把弯矩和扭矩(用双箭头的矩矢表示)画在另一个图上,见图 19-5b。图中的 q_1、q_2、q_3,乃是按照计算假定(4)得出的每单位中面面积范围内的荷载,包括体力和面力在内。

作为示例,试考虑各力在 $P\alpha$ 轴上的投影,从而建立平衡方程 $\sum F_\alpha = 0$。由于 F_{T1},在 PP_2 边上有投影 $F_{T1}B\mathrm{d}\beta$,沿 $P\alpha$ 的负向,在 P_1P_3 边上有投影 $\left[F_{T1}B + \dfrac{\partial}{\partial\alpha}(F_{T1}B)\mathrm{d}\alpha\right]\mathrm{d}\beta$,沿 $P\alpha$ 的正向,结果得投影

$$\frac{\partial}{\partial\alpha}(BF_{T1})\,\mathrm{d}\alpha\mathrm{d}\beta。 \tag{a}$$

在这里和下面,都略去三阶及三阶以上的微量。由于 F_{T2},在 P_2P_3 边上的 $F_{T2}A\mathrm{d}\alpha$ 有投影

$$-F_{T2}A\mathrm{d}\alpha\sin\,\mathrm{d}\varphi_{21} = -F_{T2}A\mathrm{d}\alpha\mathrm{d}\varphi_{21}$$

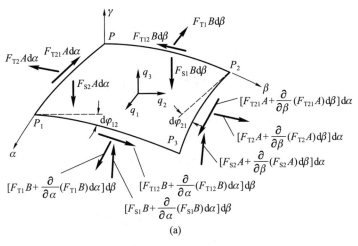

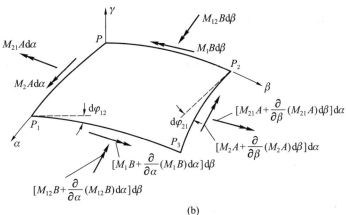

图 19-5

$$= -F_{T2}A\mathrm{d}\alpha\,\frac{\left(B+\dfrac{\partial B}{\partial \alpha}\mathrm{d}\alpha\right)\mathrm{d}\beta - B\mathrm{d}\beta}{A\mathrm{d}\alpha} = -\frac{\partial B}{\partial \alpha}F_{T2}\mathrm{d}\alpha\mathrm{d}\beta。 \qquad (\mathrm{b})$$

由于 F_{T12}，在 P_1P_3 边上的 $F_{T12}B\mathrm{d}\beta$ 有投影

$$F_{T12}B\mathrm{d}\beta\sin\,\mathrm{d}\varphi_{12} = F_{T12}B\mathrm{d}\beta\mathrm{d}\varphi_{12}$$

$$= F_{T12}B\mathrm{d}\beta\,\frac{\left(A+\dfrac{\partial A}{\partial \beta}\mathrm{d}\beta\right)\mathrm{d}\alpha - A\mathrm{d}\alpha}{B\mathrm{d}\beta} = \frac{\partial A}{\partial \beta}F_{T12}\mathrm{d}\alpha\mathrm{d}\beta。 \qquad (\mathrm{c})$$

由于 F_{T21}，在 PP_1 边上有投影 $F_{T21}A\mathrm{d}\alpha$，沿 $P\alpha$ 的负向；在 P_2P_3 边上有投影

$$\left[F_{T21}A + \frac{\partial}{\partial \beta}(F_{T21}A)\mathrm{d}\beta\right]\mathrm{d}\alpha，沿 P\alpha 的正向，结果得投影$$

$$\frac{\partial}{\partial \beta}(AF_{\text{T21}})\,\mathrm{d}\alpha\mathrm{d}\beta_{\circ} \tag{d}$$

由于 F_{S1}，只是在 P_1P_3 边上的 $F_{\text{S1}}B\mathrm{d}\beta$ 有投影

$$F_{\text{S1}}B\mathrm{d}\beta\,\frac{A\mathrm{d}\alpha}{R_1} = ABk_1F_{\text{S1}}\mathrm{d}\alpha\mathrm{d}\beta_{\circ} \tag{e}$$

由于 F_{S2}，只有三阶微量的投影，因而略去不计。由于荷载，有投影

$$q_1(A\mathrm{d}\alpha)(B\mathrm{d}\beta) = ABq_1\mathrm{d}\alpha\mathrm{d}\beta_{\circ} \tag{f}$$

将所有以上的各个投影式(a)至(f)相加，命总和等于零，再除以 $\mathrm{d}\alpha\mathrm{d}\beta$，即得相应于 $\sum F_{\alpha} = 0$ 的投影方程

$$\frac{\partial}{\partial \alpha}(BF_{\text{T1}}) - \frac{\partial B}{\partial \alpha}F_{\text{T2}} + \frac{\partial A}{\partial \beta}F_{\text{T12}} + \frac{\partial}{\partial \beta}(AF_{\text{T21}}) +$$

$$ABk_1F_{\text{S1}} + ABq_1 = 0_{\circ} \tag{g}$$

同样可以得出相应于 $\sum F_{\beta} = 0$ 及 $\sum F_{\gamma} = 0$ 的平衡方程。

将所有各力对 $P\alpha$、$P\beta$、$P\gamma$ 求矩，可得相应于 $\sum M_{\alpha} = 0$、$\sum M_{\beta} = 0$、$\sum M_{\gamma} = 0$ 的平衡方程。注意，在求矩时，不但要考虑图 19-5b 中的弯矩和扭矩，还须考虑图 19-5a 中各力的矩。

这样，总共得 6 个平衡方程如下：

$$\left.\begin{array}{l} \dfrac{\partial}{\partial \alpha}(BF_{\text{T1}}) - \dfrac{\partial B}{\partial \alpha}F_{\text{T2}} + \dfrac{\partial A}{\partial \beta}F_{\text{T12}} + \dfrac{\partial}{\partial \beta}(AF_{\text{T21}}) + \\[2mm] \qquad ABk_1F_{\text{S1}} + ABq_1 = 0, \\[3mm] \dfrac{\partial}{\partial \beta}(AF_{\text{T2}}) - \dfrac{\partial A}{\partial \beta}F_{\text{T1}} + \dfrac{\partial B}{\partial \alpha}F_{\text{T21}} + \dfrac{\partial}{\partial \alpha}(BF_{\text{T12}}) + \\[2mm] \qquad ABk_2F_{\text{S2}} + ABq_2 = 0, \\[3mm] -AB(k_1F_{\text{T1}} + k_2F_{\text{T2}}) + \dfrac{\partial}{\partial \alpha}(BF_{\text{S1}}) + \dfrac{\partial}{\partial \beta}(AF_{\text{S2}}) + ABq_3 = 0, \\[3mm] \dfrac{\partial}{\partial \alpha}(BM_{12}) + \dfrac{\partial B}{\partial \alpha}M_{21} - \dfrac{\partial A}{\partial \beta}M_1 + \dfrac{\partial}{\partial \beta}(AM_2) - ABF_{\text{S2}} = 0, \\[3mm] \dfrac{\partial}{\partial \beta}(AM_{21}) + \dfrac{\partial A}{\partial \beta}M_{12} - \dfrac{\partial B}{\partial \alpha}M_2 + \dfrac{\partial}{\partial \alpha}(BM_1) - ABF_{\text{S1}} = 0, \end{array}\right\} \tag{19-21}$$

$$F_{\text{T12}} - F_{\text{T21}} + k_1M_{12} - k_2M_{21} = 0_{\circ} \tag{h}$$

方程(19-21)就是壳体的平衡微分方程。至于非微分形式的方程(h)，如果按照物理方程(19-18)把 F_{T12}、F_{T21}、M_{12}、M_{21} 代入，可见其总能满足，因而不列为基本方程之一。

对于薄壳，可以按照物理方程(19-19)，用 F_{T12} 代替 F_{T21}，用 M_{12} 代替 M_{21}，于是，平衡微分方程(19-21)简化为

$$\frac{\partial}{\partial\alpha}(BF_{T1}) - \frac{\partial B}{\partial\alpha}F_{T2} + \frac{\partial A}{\partial\beta}F_{T12} + \frac{\partial}{\partial\beta}(AF_{T12}) + ABk_1F_{S1} + ABq_1 = 0,$$

$$\frac{\partial}{\partial\beta}(AF_{T2}) - \frac{\partial A}{\partial\beta}F_{T1} + \frac{\partial B}{\partial\alpha}F_{T12} + \frac{\partial}{\partial\alpha}(BF_{T12}) + ABk_2F_{S2} + ABq_2 = 0,$$

$$-AB(k_1F_{T1} + k_2F_{T2}) + \frac{\partial}{\partial\alpha}(BF_{S1}) + \frac{\partial}{\partial\beta}(AF_{S2}) + ABq_3 = 0, \qquad (19-22)$$

$$\frac{\partial}{\partial\alpha}(BM_{12}) + \frac{\partial B}{\partial\alpha}M_{12} - \frac{\partial A}{\partial\beta}M_1 + \frac{\partial}{\partial\beta}(AM_2) - ABF_{S2} = 0,$$

$$\frac{\partial}{\partial\beta}(AM_{12}) + \frac{\partial A}{\partial\beta}M_{12} - \frac{\partial B}{\partial\alpha}M_2 + \frac{\partial}{\partial\alpha}(BM_1) - ABF_{S1} = 0。$$

现在,对于薄壳说来,基本方程只有 17 个:6 个几何方程(19-15),或 (19-16),或(19-17);6 个物理方程(19-19);5 个平衡微分方程(19-22)。这 17 个基本方程中包含 17 个未知函数:8 个内力 F_{T1}、F_{T2}、$F_{T12} = F_{T21}$、M_1、M_2、$M_{12} = M_{21}$、F_{S1}、F_{S2};6 个中面应变 ε_1、ε_2、ε_{12}、χ_1、χ_2、χ_{12};3 个中面位移 u、v、w。各方程中的 A、B、k_1、k_2 则为 α 及 β 的已知函数。

§ 19-8   壳体的边界条件

壳体的边界分为壳面和壳边两种。在壳面上,壳体一般都不受任何约束,所以没有什么位移边界条件。另一方面,壳面上的面力是和体力一并归入荷载的,所以也没有什么应力边界条件。这就是说,壳面上没有任何边界条件,只须考虑壳边上的边界条件。

按照这样的理解,闭合壳体是没有边界条件的。但是,如果壳体在 α 或 β 方向是闭合的,则壳体中面上的 α 或 β 坐标线是闭合曲线,而中面上任意一点的位移、应变、内力都必须是单值的,所以位移、应变、内力都必须是坐标 α 或 β 的周期函数,而且函数的周期性应当恰能使得位移、应变、内力具有上述的单值性。这样,在闭合壳体中,边界条件就由周期性条件代替了。

假定壳体只具有垂直于 α 或 β 坐标线的壳边,如 § 19-3 中所述,因而在每一个边界上有 $\alpha = \alpha_0$ 或 $\beta = \beta_0$,其中 α_0 或 β_0 是常量(事实上,如果壳体具有与 α 或 β 坐标线斜交的边界,它的位移、应变、内力是很难求解的)。

先说明位移边界条件,以 $\alpha = \alpha_0$ 的边界为例。由于已经假定中面法线保持为直线而且没有伸缩($e_3 = 0$),所以"中面法线与中面的交点的位移 u、v、w"和

"中面法线绕 β 坐标线的转角 $\dfrac{\partial u_1}{\partial \gamma}$"完全确定这个边界在壳体变形以后的位置。

于是,这个边界上的边界条件可以写做

$$\left.\begin{array}{ll} (u)_{\alpha=\alpha_0}=f_1(\beta), & (v)_{\alpha=\alpha_0}=f_2(\beta), \\[2mm] (w)_{\alpha=\alpha_0}=f_3(\beta), & \left(\dfrac{\partial u_1}{\partial \gamma}\right)_{\alpha=\alpha_0}=f_4(\beta), \end{array}\right\} \tag{a}$$

其中 f_1 至 f_4 是 β 的已知函数。注意,转角 $\dfrac{\partial u_1}{\partial \gamma}$ 可通过式(19-13)中的第一式用中面位移表示为

$$\frac{\partial u_1}{\partial \gamma}=k_1 u-\frac{1}{A}\frac{\partial w}{\partial \alpha},$$

可见,边界条件(a)可以用中面位移表示为

$$\left.\begin{array}{ll} (u)_{\alpha=\alpha_0}=f_1(\beta), & (v)_{\alpha=\alpha_0}=f_2(\beta), \\[2mm] (w)_{\alpha=\alpha_0}=f_3(\beta), & \left(k_1 u-\dfrac{1}{A}\dfrac{\partial w}{\partial \alpha}\right)_{\alpha=\alpha_0}=f_4(\beta)。 \end{array}\right\} \tag{b}$$

对于受完全约束的边界,即所谓固定边,边界条件(b)简化为

$$\left.\begin{array}{ll} (u)_{\alpha=\alpha_0}=0, & (v)_{\alpha=\alpha_0}=0, \\[2mm] (w)_{\alpha=\alpha_0}=0, & \left(k_1 u-\dfrac{1}{A}\dfrac{\partial w}{\partial \alpha}\right)_{\alpha=\alpha_0}=0。 \end{array}\right\} \tag{c}$$

将式(c)中的第一式代入第四式,则固定边的边界条件可以简写为

$$\left.\begin{array}{ll} (u)_{\alpha=\alpha_0}=0, & (v)_{\alpha=\alpha_0}=0, \\[2mm] (w)_{\alpha=\alpha_0}=0, & \left(\dfrac{\partial w}{\partial \alpha}\right)_{\alpha=\alpha_0}=0。 \end{array}\right\} \tag{19-23}$$

同样可以得出 $\beta=\beta_0$ 的边界上的位移边界条件。为此,只须在上列各式中把 α 和 β 对调,u 和 v 对调,A 和 B 对调,k_1 和 k_2 对调。

为了说明内力边界条件,先来说明扭矩的等效剪力和等效平错力。仍然以 $\alpha=\alpha_0$ 的边界为例,如图 19-6 所示。在该边界的微分弧线 $\overparen{PP'}$ 上的扭矩 $M_{12}\mathrm{d}s_2$,如果不计高阶微量,可以用在 P 点和 P' 点的、垂直于 $\overline{PP'}$ 的两个平行力 M_{12} 来代替。在相邻的微分弧线 $\overparen{P'P''}$ 上的扭矩 $\left(M_{12}+\dfrac{\partial M_{12}}{\partial s_2}\mathrm{d}s_2\right)\mathrm{d}s_2$,也可以用在 P' 点和 P'' 点的、垂直于 $\overline{P'P''}$ 的两个平行力 $M_{12}+\dfrac{\partial M_{12}}{\partial s_2}\mathrm{d}s_2$ 来代替。于是,不计二阶微量,在 P' 点的两个力沿剪力 $F_{S1}\mathrm{d}s_2$ 的方向有投影

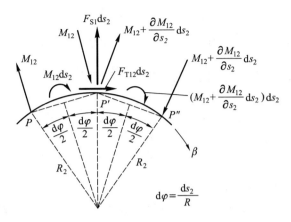

图 19-6

$$\left(M_{12}+\frac{\partial M_{12}}{\partial s_2}ds_2\right)\cos\frac{d\varphi}{2}-M_{12}\cos\frac{d\varphi}{2}$$

$$\approx\frac{\partial M_{12}}{\partial s_2}ds_2=\frac{1}{B}\frac{\partial M_{12}}{\partial\beta}ds_2。$$

这是扭矩的等效剪力。另一方面,上述两个力在平错力 $F_{T12}ds_2$ 的方向共有投影

$$\left(M_{12}+\frac{\partial M_{12}}{\partial s_2}ds_2\right)\sin\frac{d\varphi}{2}+M_{12}\sin\frac{d\varphi}{2}$$

$$\approx M_{12}d\varphi=M_{12}\frac{ds_2}{R_2}=k_2M_{12}ds_2。$$

这是扭矩的等效平错力。

将等效剪力 $\frac{1}{B}\frac{\partial M_{12}}{\partial\beta}ds_2$ 归入剪力 $F_{S1}ds_2$,除以 ds_2,得中面单位宽度上的总剪力

$$F_{S1}^{t}=F_{S1}+\frac{1}{B}\frac{\partial M_{12}}{\partial\beta}; \tag{19-24}$$

将等效平错力 $k_2M_{12}ds_2$ 归入平错力 $F_{T12}ds_2$,除以 ds_2,得中面单位宽度上的总平错力

$$F_{T12}^{t}=F_{T12}+k_2M_{12}。 \tag{19-25}$$

于是可见,在 $\alpha=\alpha_0$ 的边界上,内力边界条件是

$$(F_{T1})_{\alpha=\alpha_0}=f_5(\beta), \qquad (F_{T12}^{t})_{\alpha=\alpha_0}=f_6(\beta),$$

$$(F_{S1}^{t})_{\alpha=\alpha_0}=f_7(\beta), \qquad (M_1)_{\alpha=\alpha_0}=f_8(\beta),$$

或将式(19-25)及式(19-24)代入而得

$$\left(F_{T1} \right)_{\alpha=\alpha_0} = f_5(\beta), \qquad \left(F_{T12} + k_2 M_{12} \right)_{\alpha=\alpha_0} = f_6(\beta),$$

$$\left(F_{S1} + \frac{1}{B} \frac{\partial M_{12}}{\partial \beta} \right)_{\alpha=\alpha_0} = f_7(\beta), \qquad \left(M_1 \right)_{\alpha=\alpha_0} = f_8(\beta),$$

其中的 f_5 至 f_8 是 β 的已知函数。对于完全不受约束也不受边界荷载的自由边,内力边界条件简化为

$$\left.\begin{array}{l} \left(F_{T1} \right)_{\alpha=\alpha_0} = 0, \qquad \left(F_{T12} + k_2 M_{12} \right)_{\alpha=\alpha_0} = 0, \\[2mm] \left(F_{S1} + \dfrac{1}{B} \dfrac{\partial M_{12}}{\partial \beta} \right)_{\alpha=\alpha_0} = 0, \qquad \left(M_1 \right)_{\alpha=\alpha_0} = 0。 \end{array}\right\} \qquad (19\text{-}26)$$

同样可以得出 $\beta = \beta_0$ 的边界上的内力边界条件。

注意:方程(19-23)所示的四个位移边界条件,与方程(19-26)所示的四个内力边界条件,是依次互相对应的。在既非完全固定也非完全自由的各种边界上,四个边界条件中的任何一个都可能取两种对应条件之一。这样,从边界条件看来,总共可能有 $2^4 = 16$ 种不同的边界。

在上述 16 种边界中间,常遇到的只是简支边。图 19-7 示出 $\alpha = \alpha_0$ 的简支边。这个边界在边界平面内(即 $\alpha = \alpha_0$ 的平面内)受到完全约束,因而位移 v 和 w 都等于零。在垂直于边界面的方向(即 α 方向),以及绕边界线的方向(即绕 β 线的方向),都不受任何约束,因而沿这两个方向的约束力 F_{T1} 及 M_1 都等于零。于是,该简支边的边界条件应为

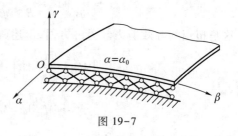

图 19-7

$$\left.\begin{array}{l} \left(F_{T1} \right)_{\alpha=\alpha_0} = 0, \qquad \left(v \right)_{\alpha=\alpha_0} = 0, \\[2mm] \left(w \right)_{\alpha=\alpha_0} = 0, \qquad \left(M_1 \right)_{\alpha=\alpha_0} = 0。 \end{array}\right\} \qquad (19\text{-}27)$$

§19-9 薄壳的无矩理论

上面所述的薄壳理论,通过"无矩假定"加以进一步的简化,就得到所谓"无矩理论"。无矩假定就是:假定整个薄壳的所有横截面上都没有弯矩和扭矩,也就是

$$M_1 = 0, \qquad M_2 = 0, \qquad M_{12} = 0。 \qquad (19\text{-}28)$$

这样,平衡微分方程(19-22)中的最后二式将给出

$$F_{S2} = 0, \qquad F_{S1} = 0。 \qquad (19-29)$$

代入式(19-22)中的前三式,即得无矩理论中的平衡方程

$$\left.\begin{array}{l} \dfrac{\partial}{\partial\alpha}(BF_{T1}) - \dfrac{\partial B}{\partial\alpha}F_{T2} + \dfrac{\partial A}{\partial\beta}F_{T12} + \dfrac{\partial}{\partial\beta}(AF_{T12}) + ABq_1 = 0, \\[3mm] \dfrac{\partial}{\partial\beta}(AF_{T2}) - \dfrac{\partial A}{\partial\beta}F_{T1} + \dfrac{\partial B}{\partial\alpha}F_{T12} + \dfrac{\partial}{\partial\alpha}(BF_{T12}) + ABq_2 = 0, \\[3mm] k_1F_{T1} + k_2F_{T2} - q_3 = 0。 \end{array}\right\} \qquad (19-30)$$

在物理方程(19-19)中,舍去与弯矩、扭矩有关的后三式,只保留前三式

$$\left.\begin{array}{l} F_{T1} = \dfrac{E\delta}{1-\mu^2}(\varepsilon_1 + \mu\varepsilon_2), \\[3mm] F_{T2} = \dfrac{E\delta}{1-\mu^2}(\varepsilon_2 + \mu\varepsilon_1), \\[3mm] F_{T12} = F_{T21} = \dfrac{E\delta}{2(1+\mu)}\varepsilon_{12}。 \end{array}\right\} \qquad (a)$$

在几何方程(19-15)、(19-16)或(19-17)中,也舍去与曲率、扭率的改变有关的(也就是与弯矩、扭矩间接有关的)后三式,只保留前三式

$$\left.\begin{array}{l} \varepsilon_1 = \dfrac{1}{A}\dfrac{\partial u}{\partial\alpha} + \dfrac{\partial A}{\partial\beta}\dfrac{v}{AB} + k_1w, \\[3mm] \varepsilon_2 = \dfrac{1}{B}\dfrac{\partial v}{\partial\beta} + \dfrac{\partial B}{\partial\alpha}\dfrac{u}{AB} + k_2w, \\[3mm] \varepsilon_{12} = \dfrac{A}{B}\dfrac{\partial}{\partial\beta}\left(\dfrac{u}{A}\right) + \dfrac{B}{A}\dfrac{\partial}{\partial\alpha}\left(\dfrac{v}{B}\right)。 \end{array}\right\} \qquad (b)$$

再从式(a)及式(b)中消去中面应变 ε_1、ε_2、ε_{12},得出无矩理论中的弹性方程

$$\left.\begin{array}{l} \dfrac{1}{A}\dfrac{\partial u}{\partial\alpha} + \dfrac{\partial A}{\partial\beta}\dfrac{v}{AB} + k_1w = \dfrac{F_{T1} - \mu F_{T2}}{E\delta}, \\[3mm] \dfrac{1}{B}\dfrac{\partial v}{\partial\beta} + \dfrac{\partial B}{\partial\alpha}\dfrac{u}{AB} + k_2w = \dfrac{F_{T2} - \mu F_{T1}}{E\delta}, \\[3mm] \dfrac{A}{B}\dfrac{\partial}{\partial\beta}\left(\dfrac{u}{A}\right) + \dfrac{B}{A}\dfrac{\partial}{\partial\alpha}\left(\dfrac{v}{B}\right) = \dfrac{2(1+\mu)F_{T12}}{E\delta}。 \end{array}\right\} \qquad (19-31)$$

现在,在 3 个平衡方程(19-30)和 3 个弹性方程(19-31)中,只有 6 个未知函数,即 3 个薄膜内力 F_{T1}、F_{T2}、$F_{T12} = F_{T21}$ 和 3 个中面位移 u、v、w。在适当的边界条件下,有可能求得这些未知函数。

因为弯矩、扭矩和横向剪力在整个薄壳中都已假定为零,所以"总剪力等于

零"和"弯矩等于零"这两种内力边界条件都自然满足,不起边界条件的作用。另一方面,为了总剪力等于零和弯矩等于零,沿着这两个内力的方向就不应有任何约束,因而与此相应的位移边界条件(即挠度等于零和转角等于零)就必须放弃。于是,在任何边界上,都将只剩下 2 个边界条件。

例如,在自由边 $\alpha=\alpha_0$ 处的 4 个边界条件(19-26)中,只剩下前两个,即

$$(F_{T1})_{\alpha=\alpha_0}=0, \qquad (F_{T12}+k_2M_{12})_{\alpha=\alpha_0}=0。$$

注意 $M_{12}=0$,可见,上列边界条件简化为

$$(F_{T1})_{\alpha=\alpha_0}=0, \qquad (F_{T12})_{\alpha=\alpha_0}=0。 \tag{19-32}$$

又例如,在固定边 $\alpha=\alpha_0$ 处的 4 个边界条件(19-23)中,也只剩下

$$(u)_{\alpha=\alpha_0}=0, \qquad (v)_{\alpha=\alpha_0}=0。 \tag{19-33}$$

同样,在简支边 $\alpha=\alpha_0$ 处的 4 个边界条件中,只剩下

$$(F_{T1})_{\alpha=\alpha_0}=0, \qquad (v)_{\alpha=\alpha_0}=0。 \tag{19-34}$$

于是,按无矩理论计算薄壳,就是在上述边界条件下,由 3 个平衡方程(19-30)和3 个弹性方程(19-31)求解 3 个内力 F_{T1}、F_{T2}、$F_{T12}=F_{T21}$ 和 3 个中面位移 u、v、w。在某些特殊情况下,可以只用 3 个平衡方程(19-30)就能求得 3 个内力 F_{T1}、F_{T2}、$F_{T12}=F_{T21}$。这种问题被称为静定问题。

在这里,由于假定了某些内力等于零,并且舍去了某些基本方程和边界条件,得出的解答自然是近似的,因而这些解答所表示的"无矩状态"一般未必能符合实际情况。但是,在一定的条件下,这种无矩状态是可以完全实现或者基本上实现的。

为了实现无矩状态,首先,薄壳的中面必须是平滑曲面,没有斜率、曲率的突变;其次,薄壳所受的荷载必须是连续分布的,没有任何突变(当然更没有集中荷载);最后,薄壳边界上的挠度必须不受约束,绕边界线的转动也不受约束。在满足这些条件的情况下,薄壳的平板内力很小,可以不计,薄膜内力也和无矩理论给出的非常接近。反之,如果中面的斜率或曲率有突变,或者荷载有突变,则在突变的近处将有不能忽略的平板内力;如果边界上的挠度受到约束,或者绕边界线的转动受到约束,则在这种边界附近也将有不能忽略的平板内力。当然,随着平板内力的存在,薄膜内力也将与无矩理论给出的结果有显著的差异。

在无矩状态下,薄壳的内力只是薄膜内力,应力是沿薄壳厚度均匀分布的,材料的强度得到充分的利用。因此,为了节省材料,必须尽力争取无矩状态的实现,也就是必须争取满足上述三方面的条件。很明显,为了使得薄壳中面保持平滑而且没有曲率的突变,只须在设计、制造、施工的过程中充分注意,就比较容易做到。为了使得荷载连续分布而没有突变,只须采取垫板、铺沙等等的措施,也大致可以做到。但是,要使得薄壳边界的挠度不受约束,绕边界线的转动也不受

约束,那是难以实现的,即使能实现,这种边界的支承也是不稳的。因此,在边界附近,往往不可避免地发生平板内力。这种局部的平板内力,称为边缘效应或边界影响。

由于边缘效应只是局部现象,所以可以首先用无矩理论算出薄壳绝大部分地区的内力,即所谓无矩内力,然后再考虑边缘效应,用比较简单的近似方法求出边界附近的平板内力。这样往往可以只用较少的计算工作就能得出工程上可用的成果。

习　　题

19-1　试将柱坐标系中 ρ、φ、z 依次取为 α、β、γ,求出拉梅系数 H_1、H_2、H_3,并证明它们满足关系式(19-3)及(19-4),然后由式(19-6)导出柱坐标系中的几何方程。

答案:　　$H_1 = 1$,　　　$H_2 = \rho$,　　　$H_3 = 1$,

$$e_1 = \varepsilon_\rho = \frac{\partial u_\rho}{\partial \rho}, \qquad e_2 = \varepsilon_\varphi = \frac{1}{\rho}\frac{\partial u_\varphi}{\partial \varphi} + \frac{u_\rho}{\rho},$$

$$e_3 = \varepsilon_z = \frac{\partial u_z}{\partial z}, \qquad e_{23} = \gamma_{\varphi z} = \frac{1}{\rho}\frac{\partial u_z}{\partial \varphi} + \frac{\partial u_\varphi}{\partial z},$$

$$e_{31} = \gamma_{z\rho} = \frac{\partial u_\rho}{\partial z} + \frac{\partial u_z}{\partial \rho}, \qquad e_{12} = \gamma_{\rho\varphi} = \frac{\partial u_\varphi}{\partial \rho} - \frac{u_\varphi}{\rho} + \frac{1}{\rho}\frac{\partial u_\rho}{\partial \varphi}.$$

19-2　在球坐标系中,任意一点 P 的位置是用 r、θ、φ 表示的,其中 r 是径向距离,θ 是余纬角,φ 是经度角,如图 19-8 所示。试将这三个坐标依次取为 α、β、γ,求出拉梅系数 H_1、H_2、H_3,并证明它们满足关系式(19-3)及(19-4),然后由式(19-6)导出球坐标系中的几何方程。

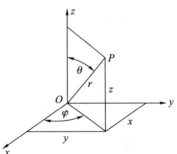

图 19-8

答案:　　$H_1 = 1$,　　　$H_2 = r$,　　　$H_3 = r\sin\theta$,

$$e_1 = \varepsilon_r = \frac{\partial u_r}{\partial r}, \qquad e_2 = \varepsilon_\theta = \frac{1}{r}\frac{\partial u_\theta}{\partial \theta} + \frac{u_r}{r},$$

$$e_3 = \varepsilon_\varphi = \frac{1}{r\sin\theta}\frac{\partial u_\varphi}{\partial \varphi} + \frac{u_\theta}{r}\cot\theta + \frac{u_r}{r},$$

$$e_{23} = \gamma_{\theta\varphi} = \frac{1}{r}\left(\frac{\partial u_\varphi}{\partial \theta} - u_\varphi\cot\theta\right) + \frac{1}{r\sin\theta}\frac{\partial u_\theta}{\partial \varphi},$$

$$e_{31} = \gamma_{\varphi r} = \frac{1}{r\sin\theta}\frac{\partial u_r}{\partial \varphi} + \frac{\partial u_\varphi}{\partial r} - \frac{u_\varphi}{r},$$

$$e_{12} = \gamma_{r\theta} = \frac{\partial u_\theta}{\partial r} - \frac{u_\theta}{r} + \frac{1}{r}\frac{\partial u_r}{\partial \theta}.$$

19-3　试导出平衡微分方程(19-21)中的第三式及第四式。

参 考 教 材

[1]　符拉索夫.壳体的一般理论[M].薛振东,朱世靖,译.北京:人民教育出版社,1964:第五章及第六章.

[2]　科尔库诺夫.弹性壳体计算的基本理论[M].张维岳,译.北京:高等教育出版社,1966:第一章.

第二十章　柱　　壳

§20-1　柱壳的无矩理论

以柱面为中面的薄壳,称为柱形薄壳,简称为柱壳。因为这种薄壳在纵向(柱面的母线方向)没有曲率,在计算、设计、制造、施工方面都比较简单,所以得到广泛的使用。环向闭合的柱壳,常用于气体或液体的容器,例如气缸、水管、水塔、调压井,等等。环向开敞的柱壳,则广泛使用于各种工业与民用建筑的顶盖结构。

对于柱壳,通常都把 α 坐标放在纵向,即柱面的母线方向;β 坐标放在环向,即柱面的准线方向,如图 20-1 所示。于是中面沿 α 方向的曲率为 $k_1 = 0$;中面沿 β 方向的曲率 $k_2 = 1/R$ 只是 β 的函数,不随 α 变化。把 α 和 β 两个坐标都取为长度的量纲,则有 $A = B = 1$。高斯条件(19-11)和科达齐条件(19-12)都总是满足的,因而在分析中并不起什么作用。

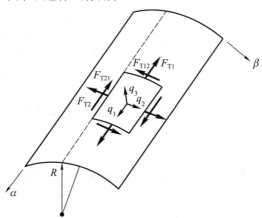

图 20-1

在无矩理论的平衡方程(19-30)中,命 $A = B = 1, k_1 = 0, k_2 = 1/R$,就得到柱壳的无矩理论平衡方程如下:

$$\left.\begin{aligned}
\frac{\partial F_{T1}}{\partial \alpha} + \frac{\partial F_{T12}}{\partial \beta} + q_1 &= 0, \\
\frac{\partial F_{T2}}{\partial \beta} + \frac{\partial F_{T21}}{\partial \alpha} + q_2 &= 0, \\
F_{T2} &= Rq_3,
\end{aligned}\right\} \tag{20-1}$$

其中 q_1、q_2 及 q_3 为柱壳所受荷载分别在纵向、环向及法向的分量，F_{T1}、F_{T2} 及 $F_{T12} = F_{T21}$ 分别为纵向拉压力、环向拉压力及平错力，如图 20-1 所示。同样可以由方程（19-31）得出柱壳的无矩理论弹性方程如下：

$$\left.\begin{aligned}
\frac{\partial u}{\partial \alpha} &= \frac{F_{T1} - \mu F_{T2}}{E\delta}, \\
\frac{\partial v}{\partial \beta} + \frac{w}{R} &= \frac{F_{T2} - \mu F_{T1}}{E\delta}, \\
\frac{\partial u}{\partial \beta} + \frac{\partial v}{\partial \alpha} &= \frac{2(1+\mu)F_{T12}}{E\delta},
\end{aligned}\right\} \tag{20-2}$$

其中 u、v 及 w 为柱壳中面内各点的纵向、环向及法向位移。

具体计算时，可先由平衡方程（20-1）中的第三式求出环向拉压力 F_{T2}，然后代入第二式，对 α 积分，求出平错力 F_{T12}，再将 F_{T12} 代入第一式，对 α 积分，求出纵向拉压力 F_{T1}。在某些情况下，积分时出现的任意函数，可以由内力的边界条件（或再借助于对称条件）求得。求出内力以后，即可由弹性方程（20-2）中的第一式对 α 的积分求得纵向位移 u，然后代入第三式，对 α 积分，求出环向位移 v，再将 v 代入第二式，求出法向位移 w。这种可以先由平衡方程求出全部内力然后再求位移的问题，也和结构力学中的这种问题一样地被称为静定问题。

在另一些情况下，内力边界条件和对称条件不足以决定任意函数，因而就不可能先求出内力再求位移。这时，只能在内力表达式中保留着任意函数，然后借助于位移边界条件来加以确定。这种问题也就被称为超静定问题。

§20-2 容器柱壳的无矩计算

作为第一个例题，设有盛满液体的圆筒（R 为常量），下端支承而上端自由，如图 20-2 所示。命液体的密度为 ρ，则柱壳所受的荷载为

$$q_1 = 0, \qquad q_2 = 0, \qquad q_3 = \rho g(L-\alpha)。$$

在这里，把 $\alpha = 0$ 放在下端，是为了便于考虑边缘效应，见 §20-8。

由平衡方程(20-1)中的第三式得环向拉力

$$F_{T2} = Rq_3 = \rho g R(L-\alpha)。$$

代入方程(20-1)中的第二式,注意 $q_2 = 0$,并且 R 是常量,得 $\dfrac{\partial F_{T12}}{\partial \alpha} = 0$,即 $F_{T12} = f(\beta)$。

注意在上端有边界条件

$$(F_{T12})_{\alpha=L} = 0,$$

可见

$$F_{T12} = f(\beta) = 0。$$

代入平衡方程(20-1)中的第一式,并命

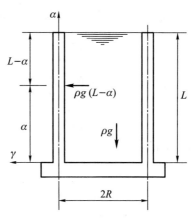

图 20-2

$q_1 = 0$,得 $\dfrac{\partial F_{T1}}{\partial \alpha} = 0$,即 $F_{T1} = f_1(\beta)$。

因为上端有边界条件

$$(F_{T1})_{\alpha=L} = 0,$$

所以得

$$F_{T1} = f_1(\beta) = 0。$$

于是内力中只剩下环向拉力,而环向拉应力为

$$\sigma_2 = \frac{F_{T2}}{\delta} = \frac{\rho g R(L-\alpha)}{\delta}。$$

现在来求出中面位移。注意 $F_{T1} = 0$,由弹性方程(20-2)中的第一式得

$$\frac{\partial u}{\partial \alpha} = -\frac{\mu F_{T2}}{E\delta} = -\frac{\mu \rho g R(L-\alpha)}{E\delta}。$$

对 α 积分,注意 R 为常量,并注意下端有边界条件

$$(u)_{\alpha=0} = 0,$$

即得

$$u = -\frac{\mu \rho g R}{E\delta}\left(L - \frac{\alpha}{2}\right)\alpha。$$

将此式及 $F_{T12} = 0$ 代入弹性方程(20-2)中的第三式,得 $\dfrac{\partial v}{\partial \alpha} = 0$,即 $v = f_2(\beta)$。注意下端有边界条件

$$(v)_{\alpha=0} = 0,$$

可见

$$v = f_2(\beta) = 0。$$

将此式及 $F_{T1}=0$ 代入方程(20-2)中的第二式,即得

$$w = \frac{F_{T2}R}{E\delta} = \frac{\rho g R^2(L-\alpha)}{E\delta}。$$

在柱壳的下端,中面的法向位移为

$$(w)_{\alpha=0} = \frac{\rho g R^2 L}{E\delta}, \tag{20-3}$$

而中面的转角为

$$(\theta_1)_{\alpha=0} = \left(\frac{\partial w}{\partial \alpha}\right)_{\alpha=0} = -\frac{\rho g R^2}{E\delta}。 \tag{20-4}$$

由此可见,柱壳的下端必须不受法向约束及转动约束,式(20-3)及式(20-4)所示的法向位移及转角可以自由发生,以上所得的无矩内力才能实现。如果柱壳下端受有筒底的约束,则在下端附近必将发生局部性的弯矩和横向剪力,见 §20-8。

作为第二个例题,设有两端支承的、具有任意横截面的筒壳,长度为 L,受有均匀内压力 q_0,如图 20-3 所示。假定两端的支承板在其平面内的刚度很大,而弯曲刚度很小,从而有边界条件

$$(F_{T1})_{\alpha=0}=0, \qquad (F_{T1})_{\alpha=L}=0, \tag{a}$$

$$(v)_{\alpha=0}=0, \qquad (v)_{\alpha=L}=0。 \tag{b}$$

荷载的分量显然为 $q_1=q_2=0, q_3=q_0$。

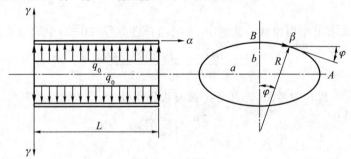

图 20-3

首先求内力。由平衡方程(20-1)中的第三式得

$$F_{T2} = R q_3 = q_0 R, \tag{c}$$

其中 q_0 为常量而 R 为 β 的函数。代入方程(20-1)中的第二式,得

$$\frac{\partial F_{T12}}{\partial \alpha} = -\frac{\partial F_{T2}}{\partial \beta} = -q_0 \frac{dR}{d\beta}。$$

对 α 积分,并利用对称条件

$$(F_{\mathrm{T}12})_{\alpha=L/2}=0,$$

即得

$$F_{\mathrm{T}12}=q_0\left(\frac{L}{2}-\alpha\right)\frac{\mathrm{d}R}{\mathrm{d}\beta}\circ \qquad (\mathrm{d})$$

代入平衡方程(20-1)中的第一式,得

$$\frac{\partial F_{\mathrm{T}1}}{\partial\alpha}=-\frac{\partial F_{\mathrm{T}12}}{\partial\beta}=-q_0\left(\frac{L}{2}-\alpha\right)\frac{\mathrm{d}^2R}{\mathrm{d}\beta^2}\circ$$

对 α 积分,并利用边界条件(a),即得

$$F_{\mathrm{T}1}=-\frac{q_0\alpha(L-\alpha)}{2}\frac{\mathrm{d}^2R}{\mathrm{d}\beta^2}\circ \qquad (\mathrm{e})$$

其次来求出中面位移。由弹性方程(20-2)中的第一式得

$$\frac{\partial u}{\partial\alpha}=\frac{F_{\mathrm{T}1}-\mu F_{\mathrm{T}2}}{E\delta}=-\frac{q_0}{E\delta}\left[\frac{\alpha(L-\alpha)}{2}\frac{\mathrm{d}^2R}{\mathrm{d}\beta^2}+\mu R\right]\circ$$

对 α 积分,并利用对称条件

$$(u)_{\alpha=L/2}=0,$$

即得

$$u=\frac{\mu q_0 R}{E\delta}\left(\frac{L}{2}-\alpha\right)+\frac{q_0}{24E\delta}(4\alpha^3-6L\alpha^2+L^3)\frac{\mathrm{d}^2R}{\mathrm{d}\beta^2}\circ \qquad (\mathrm{f})$$

代入弹性方程(20-2)中的第三式,得

$$\frac{\partial v}{\partial\alpha}=\frac{2(1+\mu)F_{\mathrm{T}12}}{E\delta}-\frac{\partial u}{\partial\beta}$$

$$=\frac{(2+\mu)q_0}{E\delta}\left(\frac{L}{2}-\alpha\right)\frac{\mathrm{d}R}{\mathrm{d}\beta}-$$

$$\frac{q_0}{24E\delta}(4\alpha^3-6L\alpha^2+L^3)\frac{\mathrm{d}^3R}{\mathrm{d}\beta^3},$$

对 α 积分,并利用边界条件(b),即得

$$v=\frac{(2+\mu)q_0\alpha(L-\alpha)}{2E\delta}\frac{\mathrm{d}R}{\mathrm{d}\beta}-$$

$$\frac{q_0\alpha(\alpha^3-2L\alpha^2+L^3)}{24E\delta}\frac{\mathrm{d}^3R}{\mathrm{d}\beta^3}\circ \qquad (\mathrm{g})$$

代入弹性方程(20-2)中的第二式,即得

$$w=\frac{q_0 R}{E\delta}\left[R-\alpha(L-\alpha)\frac{\mathrm{d}^2R}{\mathrm{d}\beta^2}+\right.$$

$$\frac{\alpha}{24}(\alpha^3-2L\alpha^2+L^3)\frac{\mathrm{d}^4R}{\mathrm{d}\beta^4}\Big]\,。 \tag{h}$$

设柱壳的横截面中线为椭圆,其半轴为 a 及 b,见图 20-3,则其曲率半径为

$$R=\frac{b^2}{a(1-\varepsilon^2\cos^2\varphi)^{3/2}}\,。 \tag{20-5}$$

式中 φ 是椭圆法线与短轴的夹角,也就是椭圆切线与长轴的夹角,ε 是椭圆的偏心率,而

$$\varepsilon^2=1-\frac{b^2}{a^2}\,。$$

根据关系式 $\mathrm{d}\beta=R\mathrm{d}\varphi$,可以求得

$$\frac{\mathrm{d}R}{\mathrm{d}\beta}=\frac{1}{R}\frac{\mathrm{d}R}{\mathrm{d}\varphi}=-\frac{3\varepsilon^2\sin 2\varphi}{2(1-\varepsilon^2\cos^2\varphi)}\,,$$

$$\frac{\mathrm{d}^2R}{\mathrm{d}\beta^2}=\frac{1}{R}\frac{\mathrm{d}}{\mathrm{d}\varphi}\Big(\frac{\mathrm{d}R}{\mathrm{d}\beta}\Big)=-\frac{3a\varepsilon^2(\cos 2\varphi-\varepsilon^2\cos^2\varphi)}{b^2\sqrt{1-\varepsilon^2\cos^2\varphi}}\,,$$

$$\frac{\mathrm{d}^3R}{\mathrm{d}\beta^3}=\frac{1}{R}\frac{\mathrm{d}}{\mathrm{d}\varphi}\Big(\frac{\mathrm{d}^2R}{\mathrm{d}\beta^2}\Big)=\frac{6a^2\varepsilon^2}{b^4}\Big[1-\frac{3}{4}\varepsilon^2-\frac{1}{2}\varepsilon^2\Big(1-\frac{\varepsilon^2}{2}\Big)\cos^2\varphi\Big]\sin 2\varphi$$

$$\frac{\mathrm{d}^4R}{\mathrm{d}\beta^4}=\frac{1}{R}\frac{\mathrm{d}}{\mathrm{d}\varphi}\Big(\frac{\mathrm{d}^3R}{\mathrm{d}\beta^3}\Big)=\frac{12a^3\varepsilon^2}{b^6}(1-\varepsilon^2\cos^2\varphi)^{3/2}\Big[\Big(1-\frac{3}{4}\varepsilon^2\Big)\cos 2\varphi-$$

$$\frac{\varepsilon^2}{2}\Big(1-\frac{\varepsilon^2}{2}\Big)(\cos^2\varphi-3\sin^2\varphi)\cos^2\varphi\Big]\,。$$

有了这些表达式,即可求得柱壳的内力及中面位移。内力的分布大致如图20-4 所示。

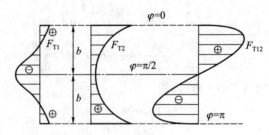

图 20-4

读者试证:最大及最小的 F_{T1} 为

$$(F_{T1})_{\max}=\frac{3q_0L^2}{8b}\Big(1-\frac{b^2}{a^2}\Big)\,,$$

$$(F_{T1})_{\min} = -\frac{3q_0L^2a}{8b^2}\left(1-\frac{b^2}{a^2}\right);$$

最大的 F_{T2} 为 q_0a^2/b，最小的 F_{T2} 为 q_0b^2/a；最大及最小的 F_{T12} 为

$$(F_{T12})_{\max} = \frac{3q_0L(a^2-b^2)}{4ab}, \qquad (F_{T12})_{\min} = -\frac{3q_0L(a^2-b^2)}{4ab};$$

最大及最小的中面法向位移为

$$w_{\max} = \frac{q_0a^4}{E\delta b^2}\left[1+\frac{3L^2\varepsilon^2}{4a^2}+\frac{5L^4\varepsilon^2}{32a^4}\left(1-\frac{\varepsilon^2}{4}\right)\right],$$

$$w_{\min} = -\frac{q_0a^4}{E\delta b^2}\left[-\frac{b^6}{a^6}+\frac{3L^2b^2\varepsilon^2}{4a^4}+\frac{5L^4\varepsilon^2}{32a^2b^2}\left(1-\frac{3}{4}\varepsilon^2\right)\right]。$$

对于圆形柱壳，$a=b=R$，上述解答简化为

$$F_{T1}=0, \qquad F_{T2}=q_0R=q_0a, \qquad F_{T12}=0, \qquad w=\frac{q_0R^2}{E\delta}=\frac{q_0a^2}{E\delta}。 \qquad (20-6)$$

和前一例题一样，柱壳在两端必须不受法向约束及转动约束，法向位移和转角可以自由发生，以上所得的无矩内力才能实现。实际上，柱壳在两端总是受有这种约束，因而在两端必然将发生局部性的弯矩和横向剪力。

§ 20-3   顶盖柱壳的无矩计算

作为顶盖用的柱壳，如图 20-5 所示，一般是两端支承在横隔上。横隔可以是连续的墙壁，也可以是拱，或者是支承在柱顶上的平面刚架、平面桁架等。这些横隔在其平面内的刚度很大，但在垂直于平面方向的刚度却是很小。因此，可以认为柱壳在其两端的曲线边界上不受纵向拉压力，用图中所示的坐标系，就是

$$(F_{T1})_{\alpha=\pm L/2}=0。 \qquad (a)$$

柱壳的直线边界可以是自由边，或者与边梁刚连。

顶盖柱壳所受的荷载主要是铅直荷载。命柱壳在每单位面积上所受的铅直荷载为 q_0，则有

$$q_1=0, \qquad q_2=q_0\sin\varphi, \qquad q_3=-q_0\cos\varphi, \qquad (b)$$

其中 φ 是柱壳中面法线与铅直线的夹角，如图 20-6 所示。为了运算方便，下面

用 φ 角来代替 β 作为环向坐标。利用式(b)及几何关系 $\mathrm{d}\beta = R\mathrm{d}\varphi$,可将平衡方程(20-1)改写为

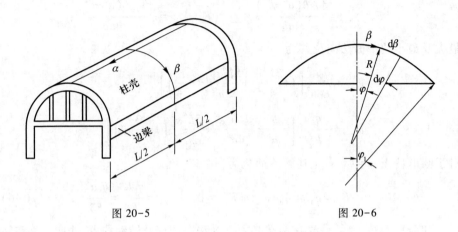

图 20-5   图 20-6

$$\left.\begin{array}{l} \dfrac{\partial F_{\mathrm{T1}}}{\partial \alpha}+\dfrac{1}{R}\dfrac{\partial F_{\mathrm{T12}}}{\partial \varphi}=0, \\[3mm] \dfrac{\partial F_{\mathrm{T12}}}{\partial \alpha}+\dfrac{1}{R}\dfrac{\partial F_{\mathrm{T2}}}{\partial \varphi}+q_0\sin\varphi=0, \end{array}\right\} \tag{c}$$

$$F_{\mathrm{T2}}=-q_0R\cos\varphi_{\circ} \tag{d}$$

将式(d)代入式(c)中的第二式,注意 R 也是 φ 的函数,得到

$$\frac{\partial F_{\mathrm{T12}}}{\partial \alpha}=-q_0\sin\varphi-\frac{1}{R}\frac{\partial F_{\mathrm{T2}}}{\partial \varphi}=\frac{q_0}{R}\frac{\mathrm{d}R}{\mathrm{d}\varphi}\cos\varphi-2q_0\sin\varphi_{\circ}$$

对 α 积分,并利用对称条件 $(F_{\mathrm{T12}})_{\alpha=0}=0$,得到

$$F_{\mathrm{T12}}=q_0\left(\frac{1}{R}\frac{\mathrm{d}R}{\mathrm{d}\varphi}\cos\varphi-2\sin\varphi\right)\alpha_{\circ} \tag{e}$$

代入式(c)中的第一式,得到

$$\frac{\partial F_{\mathrm{T1}}}{\partial \alpha}=-\frac{1}{R}\frac{\partial F_{\mathrm{T12}}}{\partial \varphi}=-\frac{q_0\alpha}{R}\frac{\partial}{\partial \varphi}\left(\frac{1}{R}\frac{\mathrm{d}R}{\mathrm{d}\varphi}\cos\varphi-2\sin\varphi\right)_{\circ}$$

对 α 积分,并利用边界条件(a),即得

$$F_{\mathrm{T1}}=\frac{q_0}{2R}\left(\frac{L^2}{4}-\alpha^2\right)\frac{\partial}{\partial \varphi}\left(\frac{1}{R}\frac{\mathrm{d}R}{\mathrm{d}\varphi}\cos\varphi-2\sin\varphi\right)_{\circ} \tag{f}$$

对于任何形状的柱壳,均可用(d)、(e)、(f)三式求得无矩内力。

假定柱壳的直线边界是自由边,则有内力边界条件

$$(F_{T2})_{\varphi=\varphi_1}=0, \qquad (F_{T12})_{\varphi=\varphi_1}=0, \qquad (g)$$

其中 φ_1 是直线边界处的 φ 角,见图 20-6。但是,由式(d)及式(e)可见,边界条件(g)是不能满足的。即使柱壳的横截面中线在直线边界处是沿铅直方向(如半圆或半椭圆),因而有 $\varphi_1=\pi/2$,式(g)中的第一式可以满足,第二式仍然不能满足,因为这时将得到

$$(F_{T12})_{\varphi=\varphi_1}=-2q_0\alpha_\circ$$

如果柱壳在直线边界上有边梁和它相连,则边梁在与柱壳连接之处将受有纵向的分布荷载,大小等于 $(F_{T12})_{\varphi=\varphi_1}$,而方向相反,同时还可能受有横向分布荷载,大小等于 $(F_{T2})_{\varphi=\varphi_1}$,而方向相反。边梁由这些荷载引起的位移,和柱壳在直线边界处的位移,一般是不相同的,也就是不能相容的。因此,柱壳将受到边梁的约束而引起或大或小的弯曲内力。

由以上所述可见,不论柱壳的直线边界如何,前面导出的无矩内力公式,在直线边界处,都不能符合实际情况。但实践证明,当柱壳的纵向长度很小的时候(例如只有宽度的一半或者更小一些),无矩内力的公式可以在整个柱壳中大致反映实际情况。

当柱壳的横截面为半椭圆时,如图 20-7 所示,利用式(20-5),可由(d)、(e)、(f)三式得到内力的表达式如下:

$$F_{T2}=-q_0a^2b^2\frac{\cos\varphi}{(a^2\sin^2\varphi+b^2\cos^2\varphi)^{3/2}},$$

$$F_{T12}=-q_0\alpha\frac{2a^2+(a^2-b^2)\cos^2\varphi}{a^2\sin^2\varphi+b^2\cos^2\varphi}\sin\varphi,$$

$$F_{T1}=-\frac{q_0(L^2-4\alpha^2)\cos\varphi}{8a^2b^2(a^2\sin^2\varphi+b^2\cos^2\varphi)^{1/2}}\{3a^2[b^2-(a^2-b^2)\sin^2\varphi]-$$
$$(a^2\sin^2\varphi+b^2\cos^2\varphi)^2\}_\circ$$

各个内力的分布大致如图 20-7 所示。

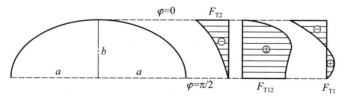

图 20-7

§20-4　弯曲问题的基本微分方程

在薄壳的平衡微分方程(19-22)中,命 $A=B=1$, $k_1=0$, $k_2=1/R$,就得到柱壳的平衡微分方程如下:

$$\left.\begin{aligned}
&\frac{\partial F_{T1}}{\partial \alpha}+\frac{\partial F_{T12}}{\partial \beta}+q_1=0,\\[4pt]
&\frac{\partial F_{T2}}{\partial \beta}+\frac{\partial F_{T12}}{\partial \alpha}+\frac{F_{S2}}{R}+q_2=0,\\[4pt]
&-\frac{F_{T2}}{R}+\frac{\partial F_{S1}}{\partial \alpha}+\frac{\partial F_{S2}}{\partial \beta}+q_3=0,\\[4pt]
&\frac{\partial M_{12}}{\partial \alpha}+\frac{\partial M_2}{\partial \beta}-F_{S2}=0,\\[4pt]
&\frac{\partial M_{12}}{\partial \beta}+\frac{\partial M_1}{\partial \alpha}-F_{S1}=0。
\end{aligned}\right\} \tag{a}$$

上列第二式中的 F_{S2}/R 一项,表示横向剪力 F_{S2} 对环向平衡的影响。在柱壳中,这个影响通常是很小的,可以略去不计。这样,柱壳的平衡微分方程可以改写为

$$\left.\begin{aligned}
&\frac{\partial F_{T1}}{\partial \alpha}+\frac{\partial F_{T12}}{\partial \beta}+q_1=0, \qquad \frac{\partial F_{T2}}{\partial \beta}+\frac{\partial F_{T12}}{\partial \alpha}+q_2=0,\\[4pt]
&-\frac{F_{T2}}{R}+\frac{\partial F_{S1}}{\partial \alpha}+\frac{\partial F_{S2}}{\partial \beta}+q_3=0,\\[4pt]
&F_{S2}=\frac{\partial M_{12}}{\partial \alpha}+\frac{\partial M_2}{\partial \beta}, \qquad F_{S1}=\frac{\partial M_{12}}{\partial \beta}+\frac{\partial M_1}{\partial \alpha}。
\end{aligned}\right\} \tag{20-7}$$

在薄壳的几何方程(19-15)中,命 $A=B=1$, $k_1=0$, $k_2=1/R$,得到柱壳的几何方程如下:

$$\left.\begin{aligned}
&\varepsilon_1=\frac{\partial u}{\partial \alpha}, \qquad \varepsilon_2=\frac{\partial v}{\partial \beta}+\frac{w}{R}, \qquad \varepsilon_{12}=\frac{\partial u}{\partial \beta}+\frac{\partial v}{\partial \alpha},\\[4pt]
&\chi_1=-\frac{\partial^2 w}{\partial \alpha^2}, \qquad \chi_2=-\frac{\partial^2 w}{\partial \beta^2}, \qquad \chi_{12}=-\frac{\partial^2 w}{\partial \alpha \partial \beta}。
\end{aligned}\right\} \tag{20-8}$$

物理方程仍然如式(19-19)所示。

在柱壳的弯曲问题中,有 8 个内力,而位移却只有 3 个,因此,宜用位移法求解(按位移求解)。为了导出位移法中的基本微分方程,首先将几何方程(20-8)

代入物理方程(19-19),得出弹性方程

$$
\left.
\begin{aligned}
F_{\text{T1}} &= \frac{E\delta}{1-\mu^2}\left[\frac{\partial u}{\partial \alpha}+\mu\left(\frac{\partial v}{\partial \beta}+\frac{w}{R}\right)\right], \\
F_{\text{T2}} &= \frac{E\delta}{1-\mu^2}\left[\left(\frac{\partial v}{\partial \beta}+\frac{w}{R}\right)+\mu\,\frac{\partial u}{\partial \alpha}\right], \\
F_{\text{T12}} &= \frac{E\delta}{2(1+\mu)}\left(\frac{\partial u}{\partial \beta}+\frac{\partial v}{\partial \alpha}\right), \\
M_1 &= -D\left(\frac{\partial^2 w}{\partial \alpha^2}+\mu\,\frac{\partial^2 w}{\partial \beta^2}\right), \\
M_2 &= -D\left(\frac{\partial^2 w}{\partial \beta^2}+\mu\,\frac{\partial^2 w}{\partial \alpha^2}\right), \\
M_{12} &= -(1-\mu)\,D\,\frac{\partial^2 w}{\partial \alpha\partial \beta}\text{。}
\end{aligned}
\right\}
\tag{20-9}
$$

再将弹性方程(20-9)中的后三式代入平衡方程(20-7)中的后二式,得到

$$
F_{\text{S2}} = -D\,\frac{\partial}{\partial \beta}\,\nabla^2 w, \qquad F_{\text{S1}} = -D\,\frac{\partial}{\partial \alpha}\,\nabla^2 w, \tag{20-10}
$$

其中 $\nabla^2 = \dfrac{\partial^2}{\partial \alpha^2}+\dfrac{\partial^2}{\partial \beta^2}$。最后,将式(20-9)和式(20-10)代入平衡方程(20-7)中的

前三式,并注意 $D = \dfrac{E\delta^3}{12(1-\mu^2)}$,即得

$$
\left.
\begin{aligned}
&\left(\frac{\partial^2}{\partial \alpha^2}+\frac{1-\mu}{2}\,\frac{\partial^2}{\partial \beta^2}\right)u+\frac{1+\mu}{2}\,\frac{\partial^2 v}{\partial \alpha\partial \beta}+\frac{\mu}{R}\,\frac{\partial w}{\partial \alpha} = -\frac{1-\mu^2}{E\delta}q_1, \\
&\frac{1+\mu}{2}\,\frac{\partial^2 u}{\partial \alpha\partial \beta}+\left(\frac{\partial^2}{\partial \beta^2}+\frac{1-\mu}{2}\,\frac{\partial^2}{\partial \alpha^2}\right)v+\frac{1}{R}\,\frac{\partial w}{\partial \beta}-\frac{1}{R^2}\,\frac{\mathrm{d}R}{\mathrm{d}\beta}w = -\frac{1-\mu^2}{E\delta}q_2, \\
&\frac{\mu}{R}\,\frac{\partial u}{\partial \alpha}+\frac{1}{R}\,\frac{\partial v}{\partial \beta}+\frac{w}{R^2}+\frac{\delta^2}{12}\,\nabla^4 w = \frac{1-\mu^2}{E\delta}q_3\text{。}
\end{aligned}
\right\}
\tag{b}
$$

这是用中面位移表示的柱壳平衡微分方程,也就是用位移法求解柱壳弯曲问题时所需用的基本微分方程。

微分方程(b)是非常难以求解的,因为它们的系数中含有 R 和 $\dfrac{\mathrm{d}R}{\mathrm{d}\beta}$,而这两者一般是 β 的函数,使得该微分方程不是常系数的,而是变系数的。如果柱壳的中面是圆柱面,柱壳是圆柱壳,则 R 成为常量$\left(\text{而且}\dfrac{\mathrm{d}R}{\mathrm{d}\beta}\text{成为零}\right)$,该微分方程成为常系数的,求解就比较容易一些。同时,圆柱壳的制造和施工也比较方便,因而用

得最多。根据这两方面的理由,下面讨论柱壳的弯曲问题时,只以圆柱壳为限。于是,基本微分方程(b)简化为

$$
\left.
\begin{aligned}
\left(\frac{\partial^2}{\partial\alpha^2}+\frac{1-\mu}{2}\frac{\partial^2}{\partial\beta^2}\right)u+\frac{1+\mu}{2}\frac{\partial^2 v}{\partial\alpha\partial\beta}+\frac{\mu}{R}\frac{\partial w}{\partial\alpha}=-\frac{1-\mu^2}{E\delta}q_1, \\
\frac{1+\mu}{2}\frac{\partial^2 u}{\partial\alpha\partial\beta}+\left(\frac{\partial^2}{\partial\beta^2}+\frac{1-\mu}{2}\frac{\partial^2}{\partial\alpha^2}\right)v+\frac{1}{R}\frac{\partial w}{\partial\beta}=-\frac{1-\mu^2}{E\delta}q_2, \\
\frac{\mu}{R}\frac{\partial u}{\partial\alpha}+\frac{1}{R}\frac{\partial v}{\partial\beta}+\frac{w}{R^2}+\frac{\delta^2}{12}\nabla^4 w=\frac{1-\mu^2}{E\delta}q_3。
\end{aligned}
\right\}
\tag{20-11}
$$

在边界条件下求得中面位移 u、v、w 后,即可用式(20-9)和式(20-10)求得内力。

§20-5　圆柱壳在法向荷载下的弯曲

工程上用到的薄壳,特别是用于容器的薄壳,它们所受的荷载主要是法向荷载。另一方面,计算法向荷载作用下的薄壳,也比较简单一些。因此,这里先对圆柱壳受法向荷载的问题进行讨论。在方程(20-11)中命 $q_1=q_2=0$,即得这种问题的基本微分方程

$$
\left.
\begin{aligned}
\left(\frac{\partial^2}{\partial\alpha^2}+\frac{1-\mu}{2}\frac{\partial^2}{\partial\beta^2}\right)u+\frac{1+\mu}{2}\frac{\partial^2 v}{\partial\alpha\partial\beta}+\frac{\mu}{R}\frac{\partial w}{\partial\alpha}=0, \\
\frac{1+\mu}{2}\frac{\partial^2 u}{\partial\alpha\partial\beta}+\left(\frac{\partial^2}{\partial\beta^2}+\frac{1-\mu}{2}\frac{\partial^2}{\partial\alpha^2}\right)v+\frac{1}{R}\frac{\partial w}{\partial\beta}=0, \\
\frac{\mu}{R}\frac{\partial u}{\partial\alpha}+\frac{1}{R}\frac{\partial v}{\partial\beta}+\frac{w}{R^2}+\frac{\delta^2}{12}\nabla^4 w=\frac{1-\mu^2}{E\delta}q_3。
\end{aligned}
\right\}
\tag{a}
$$

引用位移函数 $F=F(\alpha,\beta)$,把中面位移表示成为

$$
\left.
\begin{aligned}
u&=\frac{\partial}{\partial\alpha}\left(\frac{\partial^2}{\partial\beta^2}-\mu\frac{\partial^2}{\partial\alpha^2}\right)F, \\
v&=-\frac{\partial}{\partial\beta}\left[\frac{\partial^2}{\partial\beta^2}+(2+\mu)\frac{\partial^2}{\partial\alpha^2}\right]F, \\
w&=R\nabla^4 F,
\end{aligned}
\right\}
\tag{20-12}
$$

则式(a)中的前两个方程总能满足,而第三个方程要求

$$
\nabla^8 F+\frac{E\delta}{R^2 D}\frac{\partial^4 F}{\partial\alpha^4}=\frac{q_3}{RD}。
\tag{20-13}
$$

再将式(20-12)代入方程(20-9)和(20-10)中,即可将内力用位移函数 F 表示如下:

$$F_{T1} = E\delta \frac{\partial^4 F}{\partial\alpha^2 \partial\beta^2}, \qquad F_{T2} = E\delta \frac{\partial^4 F}{\partial\alpha^4},$$

$$F_{T12} = -E\delta \frac{\partial^4 F}{\partial\alpha^3 \partial\beta},$$

$$M_1 = -RD\left(\frac{\partial^2}{\partial\alpha^2} + \mu \frac{\partial^2}{\partial\beta^2}\right) \nabla^4 F,$$

$$M_2 = -RD\left(\frac{\partial^2}{\partial\beta^2} + \mu \frac{\partial^2}{\partial\alpha^2}\right) \nabla^4 F,$$

$$M_{12} = -(1-\mu)RD \frac{\partial^2}{\partial\alpha\partial\beta} \nabla^4 F,$$

$$F_{S1} = -RD \frac{\partial}{\partial\alpha} \nabla^6 F, \qquad F_{S2} = -RD \frac{\partial}{\partial\beta} \nabla^6 F_\circ$$

$$\tag{20-14}$$

于是,边界条件总可以用 F 表示。在边界条件下由微分方程(20-13)解出 F,即可用式(20-12)求得中面位移,用式(20-14)求得内力。

当环向开敞、四边简支的圆柱壳受有任意法向荷载时,可以用重三角级数求解。设圆柱壳的纵向边长为 a,环向边长为 b,则边界条件为

$$(v,w,F_{T1},M_1)_{\alpha=0} = 0, \qquad (v,w,F_{T1},M_1)_{\alpha=a} = 0,$$
$$(u,w,F_{T2},M_2)_{\beta=0} = 0, \qquad (u,w,F_{T2},M_2)_{\beta=b} = 0_\circ$$

观察式(20-12)及式(20-14),可见,如果能够选取 $F(\alpha,\beta)$,使它在四个边界上都等于零,而且在垂直于边界方向的偶阶导数也都等于零,则上述边界条件可以满足。于是很自然地会想到,可以把纳维对简支边矩形薄板的解法推广应用于这里的薄壳,也就是把 F 取为如下的重三角级数:

$$F = \sum_{m=1}^{\infty} \sum_{n=1}^{\infty} A_{mn} \sin\frac{m\pi\alpha}{a} \sin\frac{n\pi\beta}{b}_\circ \tag{b}$$

代入微分方程(20-13),得

$$\sum_{m=1}^{\infty} \sum_{n=1}^{\infty} A_{mn}\left\{\left[\left(\frac{m\pi}{a}\right)^2 + \left(\frac{n\pi}{b}\right)^2\right]^4 + \frac{E\delta}{R^2 D}\left(\frac{m\pi}{a}\right)^4\right\} \sin\frac{m\pi\alpha}{a} \sin\frac{n\pi\beta}{b} = \frac{q_3}{RD}_\circ \tag{c}$$

参阅式(13-25),将式(c)右边的 q_3 也展为和左边同样形式的级数,得到

$$q_3 = \frac{4}{ab} \sum_{m=1}^{\infty} \sum_{n=1}^{\infty} \left[\int_0^a \int_0^b q_3 \sin\frac{m\pi\alpha}{a} \sin\frac{n\pi\beta}{b} d\alpha d\beta\right] \times \sin\frac{m\pi\alpha}{a} \sin\frac{n\pi\beta}{b}_\circ \tag{d}$$

将式(d)代入式(c)的右边,比较两边的系数,即得出 A_{mn},从而由式(b)得出

$$F = \frac{4}{abRD} \sum_{m=1}^{\infty} \sum_{n=1}^{\infty} \frac{\int_0^a \int_0^b q_3 \sin \frac{m\pi\alpha}{a} \sin \frac{n\pi\beta}{b} d\alpha d\beta}{\left[\left(\frac{m\pi}{a}\right)^2 + \left(\frac{n\pi}{b}\right)^2\right]^4 + \frac{E\delta}{R^2 D}\left(\frac{m\pi}{a}\right)^4} \times \sin\frac{m\pi\alpha}{a}\sin\frac{n\pi\beta}{b}。$$

(e)

不论法向荷载如何分布,都不难求得式中的积分,从而得出 F,并从而求得中面位移及内力的重三角级数表达式。但是,由于重三角级数收敛很慢,因而计算很繁,不便应用于工程设计。

当圆柱壳在 $\alpha = 0$ 及 $\alpha = a$ 的边界上为简支时,不论它在环向是开敞的还是闭合的,都可以推广应用莱维对矩形薄板的解法,把位移函数取为单三角级数如下:

$$F(\alpha,\beta) = \sum_{m=1}^{\infty} \psi_m(\beta) \sin\frac{m\pi\alpha}{a}。$$

(f)

这样,总可以满足圆柱壳两端的边界条件

$$(F_{T1}, v, w, M_1)_{\alpha=0} = 0, \qquad (F_{T1}, v, w, M_1)_{\alpha=a} = 0。$$

将法向荷载 $q_3(\alpha,\beta)$ 展为与式(f)右边相同的三角级数,得

$$q_3 = \frac{2}{a} \sum_{m=1}^{\infty} \left[\int_0^a q_3(\alpha,\beta) \sin\frac{m\pi\alpha}{a} d\alpha\right] \sin\frac{m\pi\alpha}{a}。$$

再将此式及式(f)一并代入微分方程(20-13),比较方程两边的系数,即得 $\psi_m(\beta)$ 的八阶常微分方程如下:

$$\left[\left(\frac{d^2}{d\beta^2} - \lambda_m^2\right)^4 + \frac{E\delta}{R^2 D}\lambda_m^4\right] \psi_m(\beta) = \frac{2}{RDa} \int_0^a q_3(\alpha,\beta) \sin\lambda_m\alpha d\alpha,$$

其中 $\lambda_m = m\pi/a$。这一微分方程的特解 $\psi_m^*(\beta)$,不难根据它右边积分的结果而选得。至于它的补充解,则须根据它的特征方程

$$(r_m^2 - \lambda_m^2)^4 + \frac{E\delta}{R^2 D}\lambda_m^4 = 0$$

(g)

来求得。由于 $\dfrac{E\delta}{R^2 D}\lambda_m^4$ 总是正的,所以这个方程将具有四对复根。假定这四对复根是

$$a_m \pm ib_m, \qquad -a_m \pm ib_m, \qquad c_m \pm id_m, \qquad -c_m \pm id_m,$$

其中 a_m、b_m、c_m、d_m 均为实数,则 $\psi_m(\beta)$ 的解答将为

$$\psi_m(\beta) = \psi_m^*(\beta) + C_{1m}\cosh a_m\beta \sin b_m\beta + C_{2m}\cosh a_m\beta \cos b_m\beta +$$

$$C_{3m}\sinh a_m\beta \cos b_m\beta + C_{4m}\sinh a_m\beta \sin b_m\beta +$$

$$C_{5m}\cosh c_m\beta\sin d_m\beta + C_{6m}\cosh c_m\beta\cos d_m\beta +$$

$$C_{7m}\sinh c_m\beta\cos d_m\beta + C_{8m}\sinh c_m\beta\sin d_m\beta。 \tag{h}$$

当圆柱壳在环向为开敞时,解答(h)中的任意常数可用 $\beta=0$ 及 $\beta=b$ 处的边界条件来确定。当圆柱壳在环向为闭合时,解答(h)中的任意常数可用 β 方向的周期性条件来确定,也就是由下列八元联立方程来确定:

$$\left[\frac{\mathrm{d}^n}{\mathrm{d}\beta^n}\psi_m(\beta)\right]_{\beta=0} = \left[\frac{\mathrm{d}^n}{\mathrm{d}\beta^n}\psi_m(\beta)\right]_{\beta=2\pi R}, \qquad (n=0,1,2,\cdots,7)$$

因为中面位移及内力只与 $\psi_m(\beta)$ 及其一阶至七阶导数有关,所以上述周期性条件就保证位移及内力的单值性。这样确定 $\psi_m(\beta)$ 以后,即可由式(f)得出 $F(\alpha,\beta)$,从而用式(20-12)求得中面位移,用式(20-14)求得内力。

当环向闭合的圆柱壳在两端有非简支边时,可以用 β 的三角级数求解。取位移函数为

$$F(\alpha,\beta) = \psi_0(\alpha) + \sum_{m=1}^{\infty}\psi_m(\alpha)\cos\frac{m\beta}{R} + \sum_{n=1}^{\infty}\psi'_n(\alpha)\sin\frac{n\beta}{R}, \tag{i}$$

可以满足 β 方向的周期性条件。将法向荷载 $q_3(\alpha,\beta)$ 也展为同样的三角级数,与式(i)一并代入偏微分方程(20-13),比较两边的系数,可以得出 ψ_0、ψ_m 及 ψ'_n 的八阶常微分方程。解出 ψ_0、ψ_m 及 ψ'_n,并用圆柱壳两端的边界条件确定其中的任意常数,即可用式(20-12)和式(20-14)求得中面位移和内力。

§ 20-6　轴对称弯曲问题

当圆柱壳只受有绕其中心轴对称的法向荷载 $q_3=q_3(\alpha)$,而且边界的情况也绕该轴对称时,位移和内力也将是绕该轴对称的,它们的表达式将只是 α 的函数。这时,位移函数 F 可以取为只是 α 的函数,即 $F=F(\alpha)$,而偏微分方程(20-13)简化为常微分方程

$$\frac{\mathrm{d}^8 F}{\mathrm{d}\alpha^8} + \frac{E\delta}{R^2 D}\frac{\mathrm{d}^4 F}{\mathrm{d}\alpha^4} = \frac{q_3}{RD}。 \tag{a}$$

与此相应,方程(20-12)中的第三式简化为

$$w = R\frac{\mathrm{d}^4 F}{\mathrm{d}\alpha^4}。 \tag{b}$$

利用此式,式(a)又可以变换为

$$\frac{\mathrm{d}^4 w}{\mathrm{d}\alpha^4} + \frac{E\delta}{R^2 D}w = \frac{q_3}{D}。 \tag{c}$$

这是 w 的四阶常微分方程,可以按照每个边界上关于 w 的两个边界条件来求解。

利用式(b),注意 $F = F(\alpha)$,可以由式(20-14)得出内力的表达式如下:

$$
\left.
\begin{aligned}
&F_{T1} = 0, \qquad F_{T2} = \frac{E\delta}{R}w, \qquad F_{T12} = 0, \\[2mm]
&M_1 = -D\frac{\mathrm{d}^2 w}{\mathrm{d}\alpha^2}, \qquad M_2 = -\mu D\frac{\mathrm{d}^2 w}{\mathrm{d}\alpha^2} = \mu M_1, \\[2mm]
&M_{12} = 0, \qquad F_{S1} = -D\frac{\mathrm{d}^3 w}{\mathrm{d}\alpha^3}, \qquad F_{S2} = 0。
\end{aligned}
\right\} \tag{d}
$$

于是,可以由 w 的解答求得所有的内力。

为了简化解答,引用一个量纲为 L^{-1} 的常数

$$\lambda = \left(\frac{E\delta}{4R^2 D}\right)^{1/4} = \left[\frac{3(1-\mu^2)}{R^2\delta^2}\right]^{1/4}, \tag{20-15}$$

并引用量纲为一的坐标 ξ 以代替 α:

$$\xi = \lambda\alpha。 \tag{20-16}$$

这样,微分方程(c)就变换为

$$\frac{\mathrm{d}^4 w}{\mathrm{d}\xi^4} + 4w = \frac{4R^2}{E\delta}q_3。 \tag{20-17}$$

它的解答可以写成如下的形式:

$$w = C_1\sin\xi\sinh\xi + C_2\sin\xi\cosh\xi + C_3\cos\xi\sinh\xi + C_4\cos\xi\cosh\xi + w^*,$$
$$\tag{20-18}$$

其中 w^* 是任一特解,可以根据法向荷载 $q_3(\alpha)$ 的函数形式按照微分方程 (20-17)的要求来选择,常数 C_1、C_2、C_3、C_4 决定于边界条件。内力的表达式(d) 则变换为

$$
\left.
\begin{aligned}
&F_{T1} = 0, \qquad F_{T2} = \frac{E\delta}{R}w, \qquad F_{T12} = 0, \\[2mm]
&M_1 = -\lambda^2 D\frac{\mathrm{d}^2 w}{\mathrm{d}\xi^2}, \qquad M_2 = \mu M_1, \\[2mm]
&M_{12} = 0, \qquad F_{S1} = -\lambda^3 D\frac{\mathrm{d}^3 w}{\mathrm{d}\xi^3}, \qquad F_{S2} = 0。
\end{aligned}
\right\} \tag{20-19}
$$

作为例题,设有受均匀内压力 q_0 的圆筒,如图 20-8 所示。为了便于利用对称性,把中央横截面(对称面)取为 $\alpha = 0$。因为 $q_3 = q_0$ 是常量,所以式(20-18) 中的特解可以取为

$$w^* = \frac{R^2}{E\delta}q_3 = \frac{q_0 R^2}{E\delta}\text{。}$$

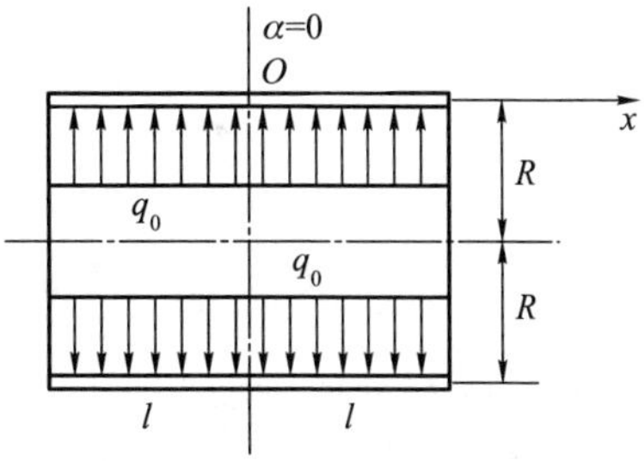

由于对称，w 应为 ξ 的偶函数，可见在式 (20-18) 中应取 $C_2 = C_3 = 0$。于是有

$$w = C_1 \sin \xi \sinh \xi + C_4 \cos \xi \cosh \xi + \frac{q_0 R^2}{E\delta}\text{。}\quad（\text{e}）$$

　　假定圆筒是两端简支，则边界条件为

$$(w)_{\alpha = \pm l} = 0, \qquad (M_1)_{\alpha = \pm l} = 0\text{。}$$

按照式 (20-16) 和式 (20-19)，上列条件可以变换为

$$(w)_{\xi = \pm \lambda l} = 0, \qquad \left(\frac{\mathrm{d}^2 w}{\mathrm{d}\xi^2}\right)_{\xi = \pm \lambda l} = 0\text{。}$$

将式 (e) 代入，得出 C_1 和 C_4 的两个方程：

$$C_1 \sin \lambda l \sinh \lambda l + C_4 \cos \lambda l \cosh \lambda l + \frac{q_0 R^2}{E\delta} = 0,$$

$$C_1 \cos \lambda l \cosh \lambda l - C_4 \sin \lambda l \sinh \lambda l = 0\text{。}$$

求解 C_1 及 C_4，代入式 (e)，即得挠度的表达式

$$w = \frac{q_0 R^2}{E\delta}\left(1 - \frac{2\sin \lambda l \sinh \lambda l}{\cos 2\lambda l + \cosh 2\lambda l}\sin \xi \sinh \xi - \frac{2\cos \lambda l \cosh \lambda l}{\cos 2\lambda l + \cosh 2\lambda l}\cos \xi \cosh \xi\right)\text{。}\quad（\text{f}）$$

　　有了挠度的表达式，即可用式 (20-19) 求得内力。例如，

$$M_1 = -\lambda^2 D \frac{\mathrm{d}^2 w}{\mathrm{d}\xi^2} = \frac{q_0}{\lambda^2}\left(\frac{\sin \lambda l \sinh \lambda l}{\cos 2\lambda l + \cosh 2\lambda l}\cos \xi \cosh \xi - \right.$$
$$\left.\frac{\cos \lambda l \cosh \lambda l}{\cos 2\lambda l + \cosh 2\lambda l}\sin \xi \sinh \xi\right)\text{。}$$

在圆筒的中间 ($\alpha = \xi = 0$)，挠度和弯矩都是最大：

$$w_{\max} = \frac{q_0 R^2}{E\delta}\left(1 - \frac{2\cos \lambda l \cosh \lambda l}{\cos 2\lambda l + \cosh 2\lambda l}\right),$$

$$(M_1)_{\max} = \frac{q_0}{\lambda^2}\frac{\sin \lambda l \sinh \lambda l}{\cos 2\lambda l + \cosh 2\lambda l}\text{。}$$

　　假定圆筒是两端固定，则边界条件为

$$(w)_{\alpha = \pm l} = 0, \qquad \left(\frac{\mathrm{d}w}{\mathrm{d}\alpha}\right)_{\alpha = \pm l} = 0,$$

或通过式 (20-16) 变换为

图 20-8

$$(w)_{\xi=\pm\lambda l}=0, \qquad \left(\frac{dw}{d\xi}\right)_{\xi=\pm\lambda l}=0。$$

将式(e)代入,得

$$C_1\sin\lambda l\sinh\lambda l+C_4\cos\lambda l\cosh\lambda l+\frac{q_0R^2}{E\delta}=0,$$

$$C_1(\sin\lambda l\cos\lambda l+\cos\lambda l\sinh\lambda l)+C_4(\cos\lambda l\sinh\lambda l-\sin\lambda l\cosh\lambda l)=0。$$

求解 C_1 和 C_4,代入式(e),可得挠度及弯矩的表达式

$$w=\frac{q_0R^2}{E\delta}\left(1-2\frac{\sin\lambda l\cosh\lambda l-\cos\lambda l\sinh\lambda l}{\sin 2\lambda l+\sinh 2\lambda l}\sin\xi\sinh\xi-\right.$$

$$\left.2\frac{\sin\lambda l\cosh\lambda l+\cos\lambda l\sinh\lambda l}{\sin 2\lambda l+\sinh 2\lambda l}\cos\xi\cosh\xi\right),$$

$$M_1=\frac{q_0}{\lambda^2}\left(\frac{\sin\lambda l\cosh\lambda l-\cos\lambda l\sinh\lambda l}{\sin 2\lambda l+\sinh 2\lambda l}\cos\xi\cosh\xi-\right.$$

$$\left.\frac{\sin\lambda l\cosh\lambda l+\cos\lambda l\sinh\lambda l}{\sin 2\lambda l+\sinh 2\lambda l}\sin\xi\sinh\xi\right)。$$

圆筒中间的挠度和两端的弯矩是

$$(w)_{\alpha=0}=\frac{q_0R^2}{E\delta}\left(1-2\frac{\sin\lambda l\cosh\lambda l+\cos\lambda l\sinh\lambda l}{\sin 2\lambda l+\sinh 2\lambda l}\right),$$

$$(M_1)_{\alpha=\pm l}=-\frac{q_0}{2\lambda^2}\frac{\sinh 2\lambda l-\sin 2\lambda l}{\sinh 2\lambda l+\sin 2\lambda l}。$$

假定圆筒的两端是自由端,则边界条件为

$$(M_1)_{\alpha=\pm l}=0, \qquad (F_{S1})_{\alpha=\pm l}=0。$$

按照式(20-16)及式(20-19),上述条件可以变换为

$$\left(\frac{d^2w}{d\xi^2}\right)_{\xi=\pm\lambda l}=0, \qquad \left(\frac{d^3w}{d\xi^3}\right)_{\xi=\pm\lambda l}=0。$$

将式(e)代入以后,显然将得到 C_1 和 C_4 的两个齐次线性方程,从而得到 $C_1=C_4=0$。于是,得出解答

$$w=\frac{q_0R^2}{E\delta}, \qquad F_{T1}=0,$$

$$F_{T2}=\frac{E\delta w}{R}=q_0R, \qquad F_{T12}=0,$$

$$M_1=M_2=M_{12}=F_{S1}=F_{S2}=0。$$

和§20-2 中的无矩解答(20-6)相同。

§20-7　轴对称弯曲问题的简化解答

在轴对称的弯曲问题中,基本微分方程(20-17)的解答也可以取为如下的形式:

$$w = e^{-\xi}(C_1\cos\xi + C_2\sin\xi) + e^{\xi}(C_3\cos\xi + C_4\sin\xi) + w^{*}。 \tag{a}$$

为了分析边缘效应,设有半无限长的圆筒,受有沿边界均匀分布的弯矩 M_0 及剪力 F_{S0},如图 20-9 所示。因为这里有 $q_3 = 0$,所以特解可以取为 $w^{*} = 0$。另一方面,按照圣维南原理,在远离这些自成平衡的荷载之处,应力可以不计,因而内力可以不计。由表达式(20-19)中的第二式可见,中面位移 w 也可以不计,也就是说,当 ξ 趋于无限大时,w 应当趋于零。因此,式(a)中的 C_3 和 C_4 应当等于零。于是,解答(a)简化为

$$w = e^{-\xi}(C_1\cos\xi + C_2\sin\xi)。 \tag{b}$$

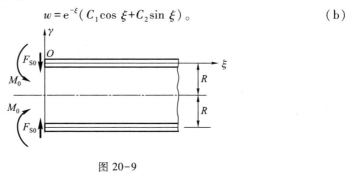

图 20-9

边界条件是

$$(M_1)_{\xi=0} = -\lambda^2 D\left(\frac{\mathrm{d}^2 w}{\mathrm{d}\xi^2}\right)_{\xi=0} = M_0,$$

$$(F_{S1})_{\xi=0} = -\lambda^3 D\left(\frac{\mathrm{d}^3 w}{\mathrm{d}\xi^3}\right)_{\xi=0} = F_{S0}。$$

将式(b)代入,求解 C_1 及 C_2,再代回式(b),即得解答

$$w = \frac{1}{2\lambda^3 D}e^{-\xi}\left[-\lambda M_0(\cos\xi - \sin\xi) - F_{S0}\cos\xi\right]。 \tag{c}$$

为了便于应用上述解答,引用如下的四个特殊函数:

$$f_1(\xi) = e^{-\xi}(\cos\xi + \sin\xi), \qquad f_2(\xi) = e^{-\xi}\sin\xi, \atop f_3(\xi) = e^{-\xi}(\cos\xi - \sin\xi), \qquad f_4(\xi) = e^{-\xi}\cos\xi_{\circ}}$$ (20-20)

注意它们之间的微分关系

$$f_1'(\xi) = -2f_2(\xi), \qquad f_2'(\xi) = f_3(\xi), \atop f_3'(\xi) = -2f_4(\xi), \qquad f_4'(\xi) = -f_1(\xi),}$$ (20-21)

并利用表达式(20-19),可将中面位移 w、转角 $\theta_1\left(\text{即}\dfrac{\mathrm{d}w}{\mathrm{d}\alpha}\right)$、弯矩 M_1 及剪力 $F_{\mathrm{S}1}$ 用上述四个特殊函数表示如下:

$$w = -\frac{M_0}{2\lambda^2 D}f_3(\xi) - \frac{F_{\mathrm{S}0}}{2\lambda^3 D}f_4(\xi), \atop \theta_1 = \frac{\mathrm{d}w}{\mathrm{d}\alpha} = \lambda\frac{\mathrm{d}w}{\mathrm{d}\xi} = \frac{F_{\mathrm{S}0}}{2\lambda^2 D}f_1(\xi) + \frac{M_0}{\lambda D}f_4(\xi), \atop M_1 = M_0 f_1(\xi) + \frac{F_{\mathrm{S}0}}{\lambda}f_2(\xi), \atop F_{\mathrm{S}1} = F_{\mathrm{S}0}f_3(\xi) - 2\lambda M_0 f_2(\xi)_{\circ}}$$ (20-22)

四个特殊函数的数值,可在表 20-1 中按 ξ 的数值查得。

由表 20-1 可见,当 $\xi = \lambda\alpha$ 充分增大时,四个特殊函数取值很小,这就表示,法向位移及弯曲内力都是局部性的。当 $\xi = \lambda\alpha > \pi$ 时,每个特殊函数的绝对值都小于它的最大绝对值的5%。这时,

$$\alpha > \pi/\lambda = \pi\left[\frac{R^2\delta^2}{3(1-\mu^2)}\right]^{1/4} = 2.0\sqrt{R\delta} \text{ 至 } 2.5\sqrt{R\delta}_{\circ}$$

这就是说,在离开受力端的距离超过 $2.0\sqrt{R\delta}$ 至 $2.5\sqrt{R\delta}$ 之处,法向位移和弯曲内力都可以不计。例如,设 $R = 100$ cm,$\delta = 1$ cm,则在离开受力端大于 $20\sim25$ cm处,法向位移及弯曲内力即可不计。式(20-22)可以用来分析边缘效应。

表 20-1　函数 f_1、f_2、f_3、f_4 的数值

ξ	$f_1(\xi)$	$f_2(\xi)$	$f_3(\xi)$	$f_4(\xi)$
0	1.000	0.000	1.000	1.000
0.1	0.991	0.090	0.810	0.900
0.2	0.965	0.163	0.640	0.802
0.3	0.927	0.219	0.489	0.708
0.4	0.878	0.261	0.356	0.617
0.5	0.823	0.291	0.242	0.532

ξ	$f_1(\xi)$	$f_2(\xi)$	$f_3(\xi)$	$f_4(\xi)$
0.6	0.763	0.310	0.143	0.453
0.7	0.700	0.320	0.060	0.380
0.8	0.635	0.322	-0.009	0.313
0.9	0.571	0.319	-0.066	0.253
1.0	0.508	0.310	-0.111	0.199
1.1	0.448	0.297	-0.146	0.151
1.2	0.390	0.281	-0.172	0.109
1.3	0.336	0.263	-0.190	0.073
1.4	0.285	0.243	-0.201	0.042
1.5	0.238	0.223	-0.207	0.016
1.6	0.196	0.202	-0.208	-0.006
1.7	0.158	0.181	-0.205	-0.024
1.8	0.123	0.161	-0.199	-0.038
1.9	0.093	0.142	-0.190	-0.048
2.0	0.067	0.123	-0.179	-0.056
2.1	0.044	0.106	-0.168	-0.062
2.2	0.024	0.090	-0.155	-0.065
2.3	0.008	0.075	-0.142	-0.067
2.4	0.006	0.061	-0.128	-0.067
2.5	-0.017	0.049	-0.115	-0.066
2.6	-0.025	0.038	-0.102	-0.064
2.7	-0.032	0.029	-0.090	-0.061
2.8	-0.036	0.020	-0.078	-0.057
2.9	-0.040	0.013	-0.067	-0.053
3.0	-0.042	0.007	-0.056	-0.049
3.1	-0.043	0.002	-0.047	-0.045
3.2	-0.043	-0.002	-0.038	-0.041
3.3	-0.042	-0.006	-0.031	-0.036
3.4	-0.041	-0.009	-0.024	-0.032
3.5	-0.039	-0.011	-0.018	-0.028
3.6	-0.037	-0.012	-0.012	-0.025
3.7	-0.034	-0.013	-0.008	-0.021
3.8	-0.031	-0.014	-0.004	-0.018
3.9	-0.029	-0.014	-0.001	-0.016
4.0	-0.026	-0.014	-0.002	-0.012

§20-8　容器柱壳的简化计算

对于很多的容器柱壳,进行计算时,都可以利用上一节中所述的简化解答,或者再和无矩解答相叠加。得出的成果一般都能符合工程上对精度的要求,而所费的工作量却很小。

例如,设有很长的圆筒,在其某一横截面上受有沿环向均匀分布的法向荷载 F,如图 20-10 所示。假定荷载至圆筒两端的距离较远(例如大于 $2.5\sqrt{R\delta}$),即可利用前一节中的简化解答。由对称性可见,在荷载 F 右边的相邻横截面上,剪力为 $F_{S0}=F/2$。于是,圆筒右半部分的 w、θ_1、M_1、F_{S1} 可按式 (20-22) 写出:

$$
\left.
\begin{aligned}
w &= -\frac{M_0}{2\lambda^2 D}f_3(\xi) - \frac{F}{4\lambda^3 D}f_4(\xi)\,, \\[6pt]
\theta_1 &= \frac{F}{4\lambda^2 D}f_1(\xi) + \frac{M_0}{\lambda D}f_4(\xi)\,, \\[6pt]
M_1 &= M_0 f_1(\xi) + \frac{F}{2\lambda}f_2(\xi)\,, \\[6pt]
F_{S1} &= \frac{F}{2}f_3(\xi) - 2\lambda M_0 f_2(\xi)\,。
\end{aligned}
\right\}
\qquad (a)
$$

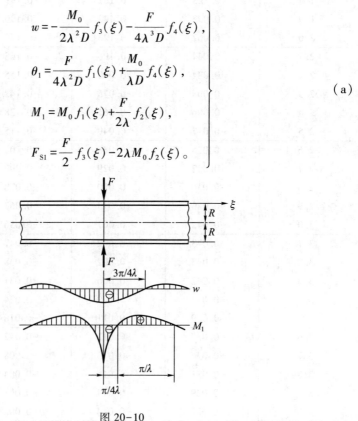

图 20-10

为了求得 M_0，可利用对称条件

$$(\theta_1)_{\xi=0}=0。$$

将式（a）中的第二式代入，注意在 $\xi=0$ 时有 $f_1=f_4=1$，即得

$$\frac{F}{4\lambda^2D}+\frac{M_0}{\lambda D}=0，$$

从而得到 $M_0=-F/4\lambda$。代回式（a），并利用式（20-20），即得

$$w=\frac{F}{8\lambda^3D}[f_3(\xi)-2f_4(\xi)]=-\frac{F}{8\lambda^3D}f_1(\xi)，$$

$$\theta_1=\frac{F}{4\lambda^2D}[f_1(\xi)-f_4(\xi)]=\frac{F}{4\lambda^2D}f_2(\xi)，$$

$$M_1=-\frac{F}{4\lambda}[f_1(\xi)-2f_2(\xi)]=-\frac{F}{4\lambda}f_3(\xi)，$$

$$F_{S1}=\frac{F}{2}[f_3(\xi)+f_2(\xi)]=\frac{F}{2}f_4(\xi)。$$

在荷载作用处，挠度 w 及弯矩 M_1 的绝对值最大，分别为 $F/8\lambda^3D$ 及 $F/4\lambda$。挠度及弯矩的变化大致如图 20-10 所示。

又例如，对于图 20-2 中的圆筒，已在 §20-2 中求得无矩解答中的中面法向位移及转角为

$$w=\frac{\rho gR^2(L-\alpha)}{E\delta}=\frac{\rho gR^2}{E\delta}\left(L-\frac{\xi}{\lambda}\right)，$$
$$\theta_1=\frac{\mathrm{d}w}{\mathrm{d}\alpha}=-\frac{\rho gR^2}{E\delta}。$$

$$(b)$$

设该圆筒的下端为固定边，则在该端将有弯矩 M_0 及剪力 F_{S0}。假定 $L>2.5\sqrt{R\delta}$，将式（b）所示的无矩解答与式（20-22）相叠加，得到

$$w=\frac{\rho gR^2}{E\delta}\left(L-\frac{\xi}{\lambda}\right)-\frac{M_0}{2\lambda^2D}f_3(\xi)-\frac{F_{S0}}{2\lambda^3D}f_4(\xi)，$$
$$\theta_1=-\frac{\rho gR^2}{E\delta}+\frac{F_{S0}}{2\lambda^2D}f_1(\xi)+\frac{M_0}{\lambda D}f_4(\xi)，$$
$$M_1=M_0f_1(\xi)+\frac{F_{S0}}{\lambda}f_2(\xi)，$$
$$F_{S1}=F_{S0}f_3(\xi)-2\lambda M_0f_2(\xi)。$$

$$(c)$$

在固定端，有边界条件

$$(w)_{\xi=0}=0，\qquad (\theta_1)_{\xi=0}=0。$$

将式（c）中的前二式代入，并注意在 $\xi=0$ 时有 $f_1=f_3=f_4=1$，即得

$$\frac{\rho g R^2 L}{E\delta} - \frac{M_0}{2\lambda^2 D} - \frac{F_{s0}}{2\lambda^3 D} = 0, \qquad -\frac{\rho g R^2}{E\delta} + \frac{F_{s0}}{2\lambda^2 D} + \frac{M_0}{\lambda D} = 0。$$

求解 M_0 及 F_{s0}，得到

$$M_0 = -\frac{2\rho g R^2 D\lambda}{E\delta}(\lambda L - 1) = -\frac{\rho g R\delta L}{\sqrt{12(1-\mu^2)}}\left(1 - \frac{1}{\lambda L}\right),$$

$$F_{s0} = \frac{2\rho g R^2 D\lambda^2}{E\delta}(2\lambda L - 1) = \frac{\rho g R\delta}{\sqrt{12(1-\mu^2)}}(2\lambda L - 1)。$$

代回式(c)，利用表 20-1，极易求得圆筒的位移及内力。中面法向位移 w 及弯矩 M_1 沿纵向的变化大致如图 20-11 所示。

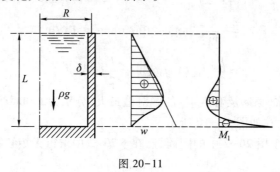

图 20-11

§20-9　圆柱壳在任意荷载下的弯曲

现在假定圆柱壳受的是任意荷载，因此，在计算时，只能应用圆柱壳的一般形式的基本微分方程，即方程(20-11)。为了求解该方程，仍然可以引用位移函数 $F(\alpha,\beta)$，但须将中面位移表示成为如下的形式：

$$\left.\begin{aligned}
u &= \frac{\partial}{\partial\alpha}\left(\frac{\partial^2}{\partial\beta^2} - \mu\frac{\partial^2}{\partial\alpha^2}\right)F + \mu^*, \\
v &= -\frac{\partial}{\partial\beta}\left[\frac{\partial^2}{\partial\beta^2} + (2+\mu)\frac{\partial^2}{\partial\alpha^2}\right]F + v^*, \\
w &= R\nabla^4 F + w^*,
\end{aligned}\right\} \tag{20-23}$$

其中 $u^* = u^*(\alpha,\beta)$、$v^* = v^*(\alpha,\beta)$、$w^* = w^*(\alpha,\beta)$ 为微分方程(20-11)的任一组特解。这些特解可以按照 q_1、q_2、q_3 的函数形式根据微分方程(20-11)的要求来选取。将式(20-23)代入方程(20-11)，可见其中的前两个方程总能满足，而第三

个方程要求

$$\nabla^8 F + \frac{E\delta}{R^2 D}\frac{\partial^4 F}{\partial \alpha^4} = 0。 \qquad (20\text{-}24)$$

为了用位移函数 F 来表示内力,只须将式(20-23)代入弹性方程(20-9),这样就得到

$$\left.\begin{aligned}
F_{T1} &= E\delta\frac{\partial^4 F}{\partial \alpha^2 \partial \beta^2} + \frac{E\delta}{1-\mu^2}\left[\frac{\partial u^*}{\partial \alpha} + \mu\left(\frac{\partial v^*}{\partial \beta} + \frac{w^*}{R}\right)\right], \\
F_{T2} &= E\delta\frac{\partial^4 F}{\partial \alpha^4} + \frac{E\delta}{1-\mu^2}\left[\left(\frac{\partial v^*}{\partial \beta} + \frac{w^*}{R}\right) + \mu\,\frac{\partial u^*}{\partial \alpha}\right], \\
F_{T12} &= -E\delta\frac{\partial^4 F}{\partial \alpha^3 \partial \beta} + \frac{E\delta}{2(1+\mu)}\left(\frac{\partial u^*}{\partial \beta} + \frac{\partial v^*}{\partial \alpha}\right),
\end{aligned}\right\} \qquad (20\text{-}25)$$

$$\left.\begin{aligned}
M_1 &= -RD\left(\frac{\partial^2}{\partial \alpha^2} + \mu\,\frac{\partial^2}{\partial \beta^2}\right)\left(\nabla^4 F + \frac{w^*}{R}\right), \\
M_2 &= -RD\left(\frac{\partial^2}{\partial \beta^2} + \mu\,\frac{\partial^2}{\partial \alpha^2}\right)\left(\nabla^4 F + \frac{w^*}{R}\right), \\
M_{12} &= -(1-\mu)RD\,\frac{\partial^2}{\partial \alpha \partial \beta}\left(\nabla^4 F + \frac{w^*}{R}\right), \\
F_{S1} &= -D\,\frac{\partial}{\partial \alpha}\left(R\nabla^6 F + \nabla^2 w^*\right), \\
F_{S2} &= -D\,\frac{\partial}{\partial \beta}\left(R\nabla^6 F + \nabla^2 w^*\right)。
\end{aligned}\right\} \qquad (20\text{-}26)$$

通过式(20-23)、式(20-25)及式(20-26),该柱壳的边界条件都可以用位移函数 F 来表示。在边界条件下由微分方程(20-24)解出 F 以后,就可以用式(20-23)求得中面位移,用式(20-25)及式(20-26)求得薄膜内力及平板内力。

随着边界条件及荷载方向的不同,须用不同的方法进行具体求解。下一节中将以常见情况下的顶盖柱壳为例,说明上述方法的应用。

§20-10　顶盖柱壳的三角级数解答

一般的顶盖柱壳,都是在两端简支的。当它受有任意荷载时,都可以用单三角级数求解它的位移和内力。图 20-12 就表示这样一个柱壳,它的纵向边长是

a,环向边长是 $2\beta_1$,在 $\alpha=0$ 及 $\alpha=a$ 处的边界是简支边,在 $\beta=\pm\beta_1$ 处的边界是任意边,受有任意荷载 $q_1(\alpha,\beta)$,$q_2(\alpha,\beta)$,$q_3(\alpha,\beta)$。

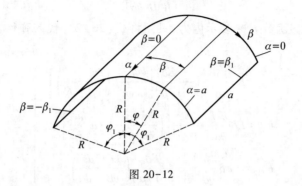

图 20-12

把位移函数取为 α 的单三角级数如下:

$$F(\alpha,\beta)=\sum_{m=1}^{\infty}\psi_m(\beta)\sin\lambda_m\alpha, \tag{a}$$

其中 $\lambda_m=m\pi/a$。另一方面,把中面位移的特解也取为 α 的单三角级数如下:

$$\left.\begin{aligned}
u^*(\alpha,\beta)&=\sum_{m=0}^{\infty}U_m^*(\beta)\cos\lambda_m\alpha,\\
v^*(\alpha,\beta)&=\sum_{m=1}^{\infty}V_m^*(\beta)\sin\lambda_m\alpha,\\
w^*(\alpha,\beta)&=\sum_{m=1}^{\infty}W_m^*(\beta)\sin\lambda_m\alpha。
\end{aligned}\right\} \tag{b}$$

现在,观察式(20-23)、式(20-25)及式(20-26),可见有

$$(F_{T1},v,w,M_1)_{\alpha=0}=0,\qquad (F_{T1},v,w,M_1)_{\alpha=a}=0。$$

这就是说,柱壳两端的边界条件是满足的。

为了能由基本微分方程(20-11)求得 U_m^*、V_m^*、W_m^*,还必须把荷载分量 q_1、q_2、q_3 也展为如下的三角级数:

$$\left.\begin{aligned}
q_1(\alpha,\beta)&=\sum_{m=0}^{\infty}X_m(\beta)\cos\lambda_m\alpha,\\
q_2(\alpha,\beta)&=\sum_{m=1}^{\infty}Y_m(\beta)\sin\lambda_m\alpha,\\
q_3(\alpha,\beta)&=\sum_{m=1}^{\infty}Z_m(\beta)\sin\lambda_m\alpha,
\end{aligned}\right\} \tag{c}$$

其中的 X_m、Y_m、Z_m 可以按照傅里叶级数展开公式计算如下:

$$X_m(\beta) = \frac{2}{a} \int_0^a q_1(\alpha,\beta) \cos \lambda_m \alpha \, \mathrm{d}\alpha,$$

$$Y_m(\beta) = \frac{2}{a} \int_0^a q_2(\alpha,\beta) \sin \lambda_m \alpha \, \mathrm{d}\alpha,$$ (d)

$$Z_m(\beta) = \frac{2}{a} \int_0^a q_3(\alpha,\beta) \sin \lambda_m \alpha \, \mathrm{d}\alpha_\circ$$

现在,将式(b)所示的 u^*、v^*、w^* 作为 u、v、w 代入式(20–11),同时将式(c)也代入,就得到 U_m^*、V_m^*、W_m^* 所应满足的常微分方程

$$\left(\frac{1-\mu}{2}\frac{\mathrm{d}^2}{\mathrm{d}\beta^2} - \lambda_m^2\right)U_m^* + \frac{1+\mu}{2}\lambda_m \frac{\mathrm{d}}{\mathrm{d}\beta}V_m^* + \frac{\mu\lambda_m}{R}W_m^* = -\frac{1-\mu^2}{E\delta}X_m,$$

$$-\frac{1+\mu}{2}\lambda_m \frac{\mathrm{d}}{\mathrm{d}\beta}U_m^* + \left(\frac{\mathrm{d}^2}{\mathrm{d}\beta^2} - \frac{1-\mu}{2}\lambda_m^2\right)V_m^* + \frac{1}{R}\frac{\mathrm{d}}{\mathrm{d}\beta}W_m^* = -\frac{1-\mu^2}{E\delta}Y_m,$$ (e)

$$-\mu\lambda_m U_m^* + \frac{\mathrm{d}}{\mathrm{d}\beta}V_m^* + \frac{1}{R}W_m^* + \frac{R\delta^2}{12}\left(\frac{\mathrm{d}^4}{\mathrm{d}\beta^4} - 2\lambda_m^2\frac{\mathrm{d}^2}{\mathrm{d}\beta^2} + \lambda_m^4\right)W_m^* = \frac{(1-\mu^2)R}{E\delta}Z_m_\circ$$

对于任一整数 m,都可以按照式(e)选取 U_m^*、V_m^*、W_m^*。

例如,设柱壳只受有自重,在每单位面积上为常量 q_0,则有

$$q_1 = 0, \qquad q_2 = q_0\sin\varphi = q_0\sin\frac{\beta}{R}, \qquad q_3 = -q_0\cos\varphi = -q_0\cos\frac{\beta}{R}_\circ$$

代入式(d),得

$$X_m = 0, \qquad Y_m = \frac{4q_0}{\lambda_m a}\sin\frac{\beta}{R} = \frac{4q_0}{m\pi}\sin\frac{\beta}{R},$$

$$Z_m = -\frac{4q_0}{\lambda_m a}\cos\frac{\beta}{R} = -\frac{4q_0}{m\pi}\cos\frac{\beta}{R}_\circ \qquad (m = 1,3,5,\cdots)$$

取

$$U_m^* = A_m\cos\frac{\beta}{R}, \qquad V_m^* = B_m\sin\frac{\beta}{R}, \qquad W_m^* = C_m\cos\frac{\beta}{R}$$

代入式(e),可以得出常数 A_m、B_m、C_m 的三个线性方程,从而求得这三个常数。

又例如,设柱壳受有铅直荷载,沿 α 方向均匀分布,而沿 β 方向按 $\cos\varphi = \cos\dfrac{\beta}{R}$ 变化(雪荷载的简单表示),则荷载分量为

$$q_1 = 0, \qquad q_2 = q_0\sin\frac{\beta}{R}\cos\frac{\beta}{R} = \frac{q_0}{2}\sin\frac{2\beta}{R},$$

$$q_3 = -q_0\cos^2\frac{\beta}{R} = -\frac{q_0}{2}\left(1 + \cos\frac{2\beta}{R}\right),$$

其中 q_0 为 $\beta=0$ 处的荷载集度。代入式(d),得到

$$X_m = 0, \qquad Y_m = \frac{2}{m\pi} q_0 \sin \frac{2\beta}{R}, \qquad Z_m = -\frac{2}{m\pi} q_0 \left(1 + \cos \frac{2\beta}{R}\right)。 \qquad (m = 1,3,5,\cdots)$$

取

$$U_m^* = A_m + B_m \cos \frac{2\beta}{R}, \qquad V_m^* = C_m \sin \frac{2\beta}{R},$$

$$W_m^* = D_m + E_m \cos \frac{2\beta}{R}。$$

代入式(e),可以得出常数 A_m、B_m、C_m、D_m、E_m 的五个线性方程,从而求得这五个常数。

为了求出函数 $\psi_m(\beta)$,将式(a)代入方程(20-24)中,得常微分方程

$$\left[\left(\frac{\mathrm{d}^2}{\mathrm{d}\beta^2} - \lambda_m^2\right)^4 + \frac{E\delta}{R^2 D}\lambda_m^4\right]\psi_m(\beta) = 0。$$

参阅 §20-5 中的式(h),可见,这一常微分方程的解答可以取为

$$\psi_m(\beta) = C_{1m} \cosh a_m\beta \sin b_m\beta + C_{2m} \cosh a_m\beta \cos b_m\beta + C_{3m} \sinh a_m\beta \cos b_m\beta +$$
$$C_{4m} \sinh a_m\beta \sin b_m\beta + C_{5m} \cosh c_m\beta \sin d_m\beta + C_{6m} \cosh c_m\beta \cos d_m\beta +$$
$$C_{7m} \sinh c_m\beta \cos d_m\beta + C_{8m} \sinh c_m\beta \sin d_m\beta, \qquad (f)$$

其中的 a_m、b_m、c_m、d_m 决定于特征方程

$$(r_m^2 - \lambda_m^2)^4 + \frac{E\delta}{R^2 D}\lambda_m^4 = 0$$

的四对复根

$$r_m = a_m \pm \mathrm{i}b_m, \qquad -a_m \pm \mathrm{i}b_m, \qquad c_m \pm \mathrm{i}d_m, \qquad -c_m \pm \mathrm{i}d_m。$$

将式(a)及式(b)代入式(20-23)、式(20-25)和式(20-26)中,得

$$u = \sum_m U_m \cos \lambda_m \alpha, \qquad v = \sum_m V_m \sin \lambda_m \alpha, \qquad w = \sum_m W_m \sin \lambda_m \alpha,$$

$$F_{\text{T1}} = \frac{E\delta}{1-\mu^2} \sum_m \left(-\lambda_m U_m + \mu \frac{\mathrm{d}}{\mathrm{d}\beta}V_m + \frac{\mu}{R}W_m\right) \sin \lambda_m \alpha,$$

$$F_{\text{T2}} = \frac{E\delta}{1-\mu^2} \sum_m \left(-\mu\lambda_m U_m + \frac{\mathrm{d}}{\mathrm{d}\beta}V_m + \frac{1}{R}W_m\right) \sin \lambda_m \alpha,$$

$$F_{\text{T12}} = \frac{E\delta}{2(1+\mu)} \sum_m \left(\frac{\mathrm{d}}{\mathrm{d}\beta}U_m + \lambda_m V_m\right) \cos \lambda_m \alpha,$$

$$M_1 = D \sum_m \left(\lambda_m^2 W_m - \mu \frac{\mathrm{d}^2}{\mathrm{d}\beta^2}W_m\right) \sin \lambda_m \alpha,$$

$$M_2 = D \sum_m \left(\mu\lambda_m^2 W_m - \frac{\mathrm{d}^2}{\mathrm{d}\beta^2}W_m\right) \sin \lambda_m \alpha,$$

$$M_{12} = (1-\mu) D \sum_m \left(-\lambda_m \frac{\mathrm{d}}{\mathrm{d}\beta} W_m \right) \cos \lambda_m \alpha,$$

$$F_{S2} = D \sum_m \left(\lambda_m^2 \frac{\mathrm{d}}{\mathrm{d}\beta} W_m - \frac{\mathrm{d}^3}{\mathrm{d}\beta^3} W_m \right) \sin \lambda_m \alpha,$$

$$F_{S1} = D \sum_m \left(\lambda_m^3 W_m - \lambda_m \frac{\mathrm{d}^2}{\mathrm{d}\beta^2} W_m \right) \cos \lambda_m \alpha,$$

其中

$$U_m = \lambda_m \frac{\mathrm{d}^2}{\mathrm{d}\beta^2} \psi_m + \mu \lambda_m^3 \psi_m + U_m^*,$$

$$V_m = (2+\mu) \lambda_m^2 \frac{\mathrm{d}}{\mathrm{d}\beta} \psi_m - \frac{\mathrm{d}^3}{\mathrm{d}\beta^3} \psi_m + V_m^*,$$

$$W_m = R \left(\lambda_m^4 \psi_m - 2\lambda_m^2 \frac{\mathrm{d}^2}{\mathrm{d}\beta^2} \psi_m + \frac{\mathrm{d}^4}{\mathrm{d}\beta^4} \psi_m \right) + W_m^* \circ$$

由上述各式可见,用中面位移或内力表示的、在 $\beta = \pm\beta_1$ 处的边界条件,可以改用 U_m、V_m、W_m 来表示,从而用 ψ_m 来表示。这样就可以得出常数 C_{1m} 至 C_{8m} 的八元联立方程组,用来决定这些常数,从而决定 ψ_m,然后用上列各式求得中面位移及内力。

§ 20-11　顶盖柱壳的半无矩理论及梁理论

由上一节中可见,顶盖柱壳的计算是相当繁的。因此,在建筑工程上出现了种种不同的简化计算法。这些简化计算法,是针对不同的实际情况,采用一些由精确计算或实践经验得来的附加假定,把薄壳理论中的方程再度简化而得出的。本节中主要是介绍符拉索夫首先提出的所谓半无矩理论,附带提一下梁理论。

图 20-13 所示的顶盖柱壳是两端简支、纵边自由、覆盖面积为长 a 宽 b 的矩形。如果比值 a/b 大于 1.5,纵向荷载 $q_1 = 0$,环向荷载及法向荷载都只沿环向变化,即 $q_2 = q_2(\beta)$,$q_3 = q_3(\beta)$,就可以按照半无矩理论进行计算。

在半无矩理论中,采用如下的附加假定:

(1) 在内力方面,在 α 为常量的横截面上,弯矩和扭矩可以不计,也就是取 $M_1 = M_{12} = 0$(因此有"半无矩"理论这个称呼)。

(2) 在变形方面,可以不计中面的环向正应变和切应变,也就是取 $\varepsilon_2 = \varepsilon_{12} = 0$,并且可以不计环向曲率的改变,也就是取 $\chi_2 = 0$(于是 α 为常量的横截面的中线不变形,而且保持垂直于纵线)。

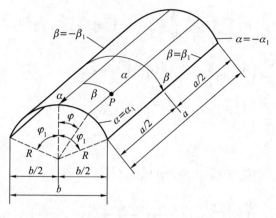

图 20-13

（3）在弹性方面，可以不计泊松比的影响，也就是取 $\mu = 0$。

在上述附加假定之下，平衡微分方程（20-7）中的最后一式成为 $F_{S1} = 0$，而其余四式成为

$$\left.\begin{array}{ll}
\dfrac{\partial F_{T1}}{\partial \alpha} + \dfrac{\partial F_{T12}}{\partial \beta} = 0, & \dfrac{\partial F_{T2}}{\partial \beta} + \dfrac{\partial F_{T12}}{\partial \alpha} + q_2(\beta) = 0, \\[3mm]
-\dfrac{F_{T2}}{R} + \dfrac{\partial F_{S2}}{\partial \beta} + q_3(\beta) = 0, & \dfrac{\partial M_2}{\partial \beta} - F_{S2} = 0。
\end{array}\right\} \qquad (\text{a})$$

物理方程（19-19）成为

$$\left.\begin{array}{lll}
F_{T1} = E\delta\varepsilon_1, & F_{T2} = 0, & F_{T12} = 0, \\[2mm]
\chi_1 = 0, & M_2 = 0, & \chi_{12} = 0。
\end{array}\right\} \qquad (\text{b})$$

这六个方程中的后五个都必须放弃，因为 F_{T2}、F_{T12}、χ_1、M_2、χ_{12} 并没有被假定等于零（实际情况也不容许假定它们等于零）。

几何方程（20-8）成为

$$\varepsilon_1 = \dfrac{\partial u}{\partial \alpha}, \qquad \dfrac{\partial v}{\partial \beta} + \dfrac{w}{R} = 0, \qquad \dfrac{\partial u}{\partial \beta} + \dfrac{\partial v}{\partial \alpha} = 0,$$

$$\chi_1 = -\dfrac{\partial^2 w}{\partial \alpha^2}, \qquad \dfrac{\partial^2 w}{\partial \beta^2} = 0, \qquad \chi_{12} = -\dfrac{\partial^2 w}{\partial \alpha \partial \beta}。$$

这些方程中的第四个和最后一个可以用来由 w 求得 χ_1 及 χ_{12}，但在分析问题时可不过问。将其中第一个方程代入式（b）中的第一式，可以消去 ε_1 而得到

$$\dfrac{\partial u}{\partial \alpha} - \dfrac{F_{T1}}{E\delta} = 0。$$

于是由物理方程及几何方程得出可用而又需用的方程如下：

$$\frac{\partial u}{\partial \alpha} - \frac{F_{T1}}{E\delta} = 0, \qquad \frac{\partial v}{\partial \beta} + \frac{w}{R} = 0,$$

$$\frac{\partial u}{\partial \beta} + \frac{\partial v}{\partial \alpha} = 0, \qquad \frac{\partial^2 w}{\partial \beta^2} = 0 。 \tag{c}$$

现在,式(a)及式(c)中共有 8 个方程,包含 8 个未知函数 F_{T1}、F_{T2}、$F_{T12} = F_{T21}$、M_2、F_{S2}、u、v、w,可以在适当的边界条件下求解。

这里的边界条件,按式(19-27),本来应当是

$$(F_{T1}, v, w, M_1)_{\alpha = \pm\alpha_1} = 0, \tag{d}$$

$$(F_{T2}, F_{T12}, F_{S2}, M_2)_{\beta = \pm\beta_1} = 0 。 \tag{e}$$

由于假定了 $M_1 = 0$,$(M_1)_{\alpha = \pm\alpha_1} = 0$ 已经满足,$\alpha = \pm\alpha_1$ 处的边界条件成为不充分。但是,所缺的边界条件可以由对称条件 $(F_{T12})_{\alpha=0} = 0$ 及 $(u)_{\alpha=0} = 0$ 来补充,也就是用如下的条件来代替条件(d):

$$(F_{T1}, v, w)_{\alpha = \pm\alpha_1} = 0, \qquad (F_{T12})_{\alpha=0} = 0, \qquad (u)_{\alpha=0} = 0 。 \tag{f}$$

于是,微分方程(a)和(c)可以在边界条件(e)和(f)之下求解。

为了计算方便,引用量纲为一的坐标

$$\xi = \frac{\alpha}{R}, \qquad \varphi = \frac{\beta}{R} 。$$

注意

$$\frac{\partial}{\partial \alpha}(\quad) = \frac{1}{R}\frac{\partial}{\partial \xi}(\quad), \qquad \frac{\partial}{\partial \beta}(\quad) = \frac{1}{R}\frac{\partial}{\partial \varphi}(\quad),$$

则微分方程(a)和(c)可以变换为

$$\left.\begin{array}{ll} \dfrac{\partial F_{T1}}{\partial \xi} + \dfrac{\partial F_{T12}}{\partial \varphi} = 0, & \dfrac{\partial F_{T2}}{\partial \varphi} + \dfrac{\partial F_{T12}}{\partial \xi} + Rq_2(\varphi) = 0, \\[2mm] -F_{T2} + \dfrac{\partial F_{S2}}{\partial \varphi} + Rq_3(\varphi) = 0, & \dfrac{\partial M_2}{\partial \varphi} - RF_{S2} = 0, \\[2mm] \dfrac{\partial u}{\partial \xi} - \dfrac{RF_{T1}}{E\delta} = 0, & \dfrac{\partial v}{\partial \varphi} + w = 0, \\[2mm] \dfrac{\partial u}{\partial \varphi} + \dfrac{\partial v}{\partial \xi} = 0, & \dfrac{\partial^2 w}{\partial \varphi^2} = 0, \end{array}\right\} \tag{g}$$

而边界条件(e)和(f)可以变换为

$$(F_{T2}, F_{T12}, F_{S2}, M_2)_{\varphi = \pm\varphi_1} = 0, \tag{20-27}$$

$$(F_{T1}, v, w)_{\xi = \pm\xi_1} = 0, \qquad (F_{T12})_{\xi=0} = 0, \qquad (u)_{\xi=0} = 0, \tag{20-28}$$

其中 $\xi_1 = \alpha_1/R = a/2R$。

由于这里对柱壳假定了 $\mu = 0$,又假定了 α 为常量的横截面的中线不变形而

且保持垂直于纵线,和材料力学中对于直梁的假定相同,所以可以猜测柱壳的这种横截面上的正应力 σ_1,和直梁横截面上的弯应力一样,是和这种横截面上的弯矩 M 成正比。但是,由于柱壳所受的荷载沿纵向均匀分布,弯矩图是按对称的抛物线变化,所以 M 是正比于 $\alpha^2-\alpha_1^2$,也就是正比于 $\xi^2-\xi_1^2$。再注意柱壳这种横截面上的内力 M_1 已经被假定等于零,可见上述这个弯矩 M 只是 F_{T1} 即 $\delta\sigma_1$ 的合成,而 F_{T1} 也就正比于 $\xi^2-\xi_1^2$。据此,假设

$$F_{T1} = (\xi^2-\xi_1^2)f(\varphi)。 \qquad (\text{h})$$

顺便指出,这个 F_{T1} 已经满足了边界条件

$$(F_{T1})_{\xi=\pm\xi_1} = 0。$$

将式(h)代入式(g)中的第五式,得出 $\dfrac{\partial u}{\partial\xi}$,然后对 ξ 积分,并用边界条件

$$(u)_{\xi=0} = 0$$

来确定出现的任意函数 $f_1(\varphi)$,即得

$$u = \frac{R}{E\delta}\frac{(\xi^2-3\xi_1^2)\xi}{3}f(\varphi)。 \qquad (\text{i})$$

将式(i)代入式(g)中的第七式,得出 $\dfrac{\partial v}{\partial\xi}$,然后对 ξ 积分,并用边界条件

$$(v)_{\xi=\pm\xi_1} = 0$$

来确定出现的任意函数 $f_2(\varphi)$,即得

$$v = -\frac{R}{E\delta}\frac{(\xi^2-\xi_1^2)(\xi^2-5\xi_1^2)}{12}f'(\varphi)。 \qquad (\text{j})$$

将式(j)代入式(g)中的第六式,得

$$w = \frac{R}{E\delta}\frac{(\xi^2-\xi_1^2)(\xi^2-5\xi_1^2)}{12}f''(\varphi), \qquad (\text{k})$$

它已经满足了边界条件

$$(w)_{\xi=\pm\xi_1} = 0。$$

再将式(k)代入式(g)中的第八式,得 $f''''(\varphi)=0$,从而得

$$f(\varphi) = C_1\varphi^3+C_2\varphi^2+C_3\varphi+C_4。 \qquad (\text{l})$$

代入式(i)至式(k),即得中面位移的表达式

$$u = \frac{R}{E\delta}\frac{(\xi^2-3\xi_1^2)\xi}{3}(C_1\varphi^3+C_2\varphi^2+C_3\varphi+C_4), \qquad (20-29)$$

$$v = -\frac{R}{E\delta}\frac{(\xi^2-\xi_1^2)(\xi^2-5\xi_1^2)}{12}(3C_1\varphi^2+2C_2\varphi+C_3), \qquad (20-30)$$

$$w = \frac{R}{E\delta} \frac{(\xi^2 - \xi_1^2)(\xi^2 - 5\xi_1^2)}{6}(3C_1\varphi + C_2)。\tag{20-31}$$

另一方面，将式(l)代入式(h)，得

$$F_{T1} = (\xi^2 - \xi_1^2)(C_1\varphi^3 + C_2\varphi^2 + C_3\varphi + C_4)；\tag{20-32}$$

代入式(g)中的第一式，又可得

$$F_{T12} = -\xi\left(\frac{C_1}{2}\varphi^4 + \frac{2C_2}{3}\varphi^3 + C_3\varphi^2 + 2C_4\varphi + C_5\right)，\tag{20-33}$$

它已经满足了边界条件

$$(F_{T12})_{\xi=0} = 0。$$

有了 F_{T12} 的表达式(20-33)，即可通过积分，依次用式(g)中的第二式、第三式及第四式求得 F_{T2}、F_{S2} 及 M_2 的表达式如下：

$$F_{T2} = \frac{C_1}{10}\varphi^5 + \frac{C_2}{6}\varphi^4 + \frac{C_3}{3}\varphi^3 + C_4\varphi^2 + C_5\varphi + C_6 - R\int q_2(\varphi)\,\mathrm{d}\varphi，\tag{20-34}$$

$$\begin{aligned} F_{S2} = &\frac{C_1}{60}\varphi^6 + \frac{C_2}{30}\varphi^5 + \frac{C_3}{12}\varphi^4 + \frac{C_4}{3}\varphi^3 + \frac{C_5}{2}\varphi^2 + C_6\varphi + C_7 - \\ &R\iint q_2(\varphi)\,\mathrm{d}\varphi^2 - R\int q_3(\varphi)\,\mathrm{d}\varphi，\end{aligned}\tag{20-35}$$

$$\begin{aligned} M_2 = &R\left(\frac{C_1}{420}\varphi^7 + \frac{C_2}{180}\varphi^6 + \frac{C_3}{60}\varphi^5 + \frac{C_4}{12}\varphi^4 + \frac{C_5}{6}\varphi^3 + \frac{C_6}{2}\varphi^2 + C_7\varphi + C_8\right) - \\ &R^2\iiint q_2(\varphi)\,\mathrm{d}\varphi^3 - R^2\iint q_3(\varphi)\,\mathrm{d}\varphi^2。\end{aligned}\tag{20-36}$$

在这三个表达式中，积分式的附加常数都可以取为零，因为其中的 C_6、C_7、C_8 已经起了附加常数的作用。

总起来讲，8 个表达式(20-29)至(20-36)所示的 8 个未知函数已经满足了微分方程(g)和边界条件(20-28)。

8 个任意常数 C_1 至 C_8，可以由边界条件(20-27)完全确定。在对称荷载的作用下，$q_2(\varphi)$ 是 φ 的奇函数，$q_3(\varphi)$ 是 φ 的偶函数，因而 u、w、F_{T1}、F_{T2}、M_2 是 φ 的偶函数，而 v、F_{T12}、F_{S2} 是 φ 的奇函数，这时有 $C_1 = C_3 = C_5 = C_7 = 0$，只须由四个方程求解 C_2、C_4、C_6、C_8。在反对称荷载的作用下，$q_2(\varphi)$ 是 φ 的偶函数，$q_3(\varphi)$ 是 φ 的奇函数，因而 u、w、F_{T1}、F_{T2}、M_2 是 φ 的奇函数，而 v、F_{T12}、F_{S2} 是 φ 的偶函数。这时有 $C_2 = C_4 = C_6 = C_8 = 0$，也只须由 4 个方程求解 C_1、C_3、C_5、C_7。对于一般的荷载，可以把它分解成为对称和反对称的两组，分别计算，然后叠加。

本节中提供的解答，系本书编者自行导出，稍微不同于符拉索夫和日莫契金给出的解答(见日莫契金所著的《弹性理论》第七章第 55 及 56 页)，因为他们在平衡微分方程(a)的第二式中保留了含有 F_{S2} 的一项,使得方程和解答比较复杂些,而在柱壳中,这一项的影响很小,本来是可以不计的。

用梁理论来计算顶盖柱壳,是一个古老的近似计算法,但在目前还经常被采用。计算时,把整个柱壳当做在两端支承的直梁,用材料力学中的公式算出这个直梁的弯应力 σ_1 和切应力 τ_{12},从而算出内力 $F_{T1}=\delta\sigma_1$ 和 $F_{T12}=\delta\tau_{12}$,然后把柱壳分成弧形截条,当做拱圈,不计 M_1 及 M_{12}(因而 F_{S1} 也就等于零),用结构力学中的方法计算内力 F_{T2}、F_{S2} 和 M_2。

这个近似计算法的优点是:

(1)在力学方面,只须应用材料力学和结构力学中的公式,可以完全不用弹性力学中的理论和公式;在数学方面,只须应用简单的积分公式,不须求解微分方程。

(2)柱壳所受的荷载,可以是沿纵向也有变化的。

(3)如果柱壳和边梁互相刚连,也可以把边梁和柱壳一起当做一根直梁来进行计算。

这个近似计算法的缺点是,只适用于较长的柱壳。由计算成果的分析比较,可见,为了不致发生工程上不容许的误差,柱壳覆盖面积的边长比值 a/b 必须在3.0 以上。

在 §20-3 中已经指出,对顶盖柱壳应用无矩理论,必须覆盖面积的边长比值 a/b 小于 0.5。在本节中又已看到,对顶盖柱壳应用半无矩理论及梁理论,必须此项边长比值分别大于 1.5 及 3.0。于是,对于此项比值在 0.5 到 1.5 之间的顶盖柱壳,也就是覆盖面积近似于正方形的顶盖柱壳,只好应用前一节中所述的计算方法。但是,既然覆盖面积近似于正方形,就宜用双曲扁壳以代替柱壳,因为前者更能发挥壳的作用,在材料经济方面优于后者。双曲扁壳的计算方法见第二十二章。

习　题

20-1　设有水平圆筒,其半径为 R,长度为 L,如图 20-14 所示,每单位面积的重量为 q_0,在两端受横隔支承,两端的边界条件可以取为

$$(F_{T1})_{\alpha=\pm L/2}=0。$$

试求自重引起的无矩内力及纵向位移。

答案:　$F_{T1}=-\dfrac{q_0}{R}\left(\dfrac{L^2}{4}-\alpha^2\right)\cos\varphi,$

$$u=-\dfrac{q_0}{E\delta R}\left(\dfrac{L^2}{4}-\dfrac{\alpha^2}{3}-\mu R^2\right)\alpha\cos\varphi。$$

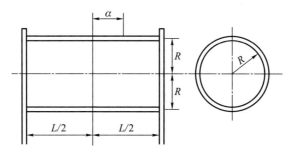

图 20-14

20-2 同上的圆筒问题,但两端为固定端,两端的边界条件可以取为

$$(u)_{\alpha=\pm L/2}=0。$$

答案: $F_{T1}=-\dfrac{q_0}{R}\left(\dfrac{L^2}{12}-\alpha^2+\mu R^2\right)\cos\varphi。$

$$u=-\dfrac{q_0}{E\delta R}\left(\dfrac{L^2}{12}-\dfrac{\alpha^2}{3}\right)\alpha\cos\varphi。$$

20-3 设图 20-14 所示的水平圆筒,其两端为固定端,盛满密度为 ρ 的液体,而圆筒中心线处的压力为 q_0。试求液体压力引起的无矩内力及纵向位移。

提示: $q_3=q_0-\rho gR\cos\varphi。$

答案: $F_{T1}=\mu q_0R+\rho g\left(\dfrac{\alpha^2}{2}-\dfrac{L^2}{24}-\mu R^2\right)\cos\varphi,$

$$u=-\dfrac{\rho g}{6E\delta}\left(\dfrac{L^2}{4}-\alpha^2\right)\alpha\cos\varphi。$$

20-4 半径为 R 的圆筒,其母线与铅直线成角 ψ,内盛密度为 ρ 的液体,如图 20-15 所示。试求圆筒的无矩内力。

提示: 在 $\alpha\leqslant R\tan\psi\cos\varphi$ 处,$q_3=0$;

在 $\alpha\geqslant R\tan\psi\cos\varphi$ 处,$q_3=\rho g(a\cos\psi-R\sin\psi\cos\varphi)$。

答案: $F_{T12}=\rho gR(R\tan\psi\cos\varphi-\alpha)\sin\psi\sin\varphi,$

$$F_{T1}=\dfrac{\rho g}{2}[\alpha^2\cos\varphi-2R\alpha\tan\psi(\cos^2\varphi-\sin^2\varphi)+R^2\tan^2\psi(\cos^2\varphi-2\sin^2\varphi)\cos\varphi]\cdot\sin\psi。$$

20-5 设有开敞的四边简支的圆柱面薄壳,半径为 6 m,厚度为 0.1 m,纵向边长及环向边长均为 $a=3$ m,$\mu=0.3$,在中点受法向集中荷载 F。试求最大法向位移,并与曲率半径为无限大时(即薄板)的法向位移相比。

提示: 首先导出薄壳受集中荷载时,法向位移的

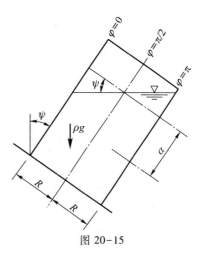

图 20-15

重三角级数表达式。

答案：最大法向位移分别为 $0.005\ 1\dfrac{Fa^2}{D}$ 及 $0.011\ 6\dfrac{Fa^2}{D}$。

20-6　设有图 20-16 所示的较短的圆筒（$l<2.0\sqrt{R\delta}$），两端自由，在中央受有沿环向均匀分布的法向荷载 F。试求中面的法向位移 w 及各个内力。

答案：在荷载作用处，$w=-\dfrac{FR^2\lambda}{E\delta}\cdot\dfrac{\cosh^2\lambda l+\cos^2\lambda l}{\sinh 2\lambda l+\sin 2\lambda l}$。

20-7　圆筒受均布内压力 q_0，如图 20-17 所示，设圆筒的长度很大。试求靠近一端处的中面法向位移及各个内力，假定：（1）该端为简支端，（2）该端为固定端。

答案：（1）$w=\dfrac{q_0R^2}{E\delta}\big[\,1-f_4(\xi)\,\big]$，

（2）$w=\dfrac{q_0R^2}{E\delta}\big[\,1-f_1(\xi)\,\big]$。

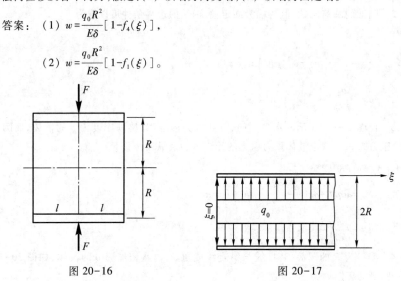

图 20-16　　　　　　　　　　　　　　图 20-17

20-8　如图 20-13 所示的顶盖柱壳，设纵向边长 $a=3.6R$，$\varphi_1=60°$（即 $b=\sqrt{3}\,R$），每单位面积受铅直荷载 q_0。试按半无矩理论计算内力。

答案：F_{T1} 的最大正值为 $25.57q_0R$，最大负值为 $-12.79q_0R$；F_{T2} 总是负的，最大负值为 $-1.66q_0R$；M_2 总是正的，最大正值为 $0.144q_0R^2$。

参 考 教 材

[1]　诺沃日洛夫.薄壳理论[M].白鹏飞,陈抢元,崔孝秉,等,译.北京:科学出版社,1959:第二章中的§18 及§19.

[2]　铁木辛柯,沃诺斯基.板壳理论[M].《板壳理论》翻译组,译.北京:科学出版社,1977:第十五章中的第 114 至第 117 页.

第二十一章 旋 转 壳

§21-1 中面的几何性质

以旋转面为中面的薄壳,称为旋转壳。旋转面是由平面曲线绕其平面内某一轴旋转而成的曲面,如图 21-1a 所示。这平面曲线上任意一点旋转而成的圆周,如圆周 MP,称为平行圆或纬线。这平面曲线在旋转时的任一位置,例如 MN,称为子午线或经线。子午线所在的平面,如 $MNOT$,称为子午面,见图 21-1a 及图 21-1b。

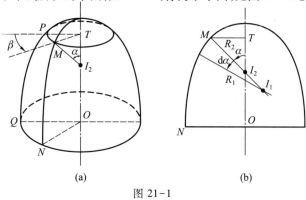

(a)   (b)

图 21-1

因为纬线和经线是旋转面的主曲率线,所以取纬线和经线为坐标线,以任意一点 M 处的中面法线与旋转轴所成的角为该点的 α 坐标,以该点处的子午面与某一基准子午面 $PQOT$ 所成的角为该点的 β 坐标。

这样,中面在 M 点 (α,β) 的法线,被邻近一点 $(\alpha+d\alpha,\beta)$ 处的法线所截的一段长度 MI_1,就是 R_1,见图 20-1b。中面在 M 点 (α,β) 的法线被旋转轴所截的一段长度 MI_2,就是 R_2,因为这个法线和邻近一点 $(\alpha,\beta+d\beta)$ 处的法线相交在 I_2。当然,中面在 α 方向和 β 方向的曲率就是

$$k_1=\frac{1}{R_1}, \qquad k_2=\frac{1}{R_2}。 \tag{21-1}$$

在 M 点,α 方向的微分弧长是 $ds_1=R_1d\alpha$,β 方向的微分弧长是 $ds_2=R_2\sin\alpha d\beta$。因此,中面在 α 及 β 方向的拉梅系数为

$$A = \frac{\mathrm{d}s_1}{\mathrm{d}\alpha} = R_1, \qquad B = \frac{\mathrm{d}s_2}{\mathrm{d}\beta} = R_2 \sin \alpha_\circ \tag{21-2}$$

注意 k_1、k_2、R_1、R_2、A、B 都只是 α 的函数,不随 β 变化,可见科达齐条件 (19-12)中的第一式

$$\frac{\partial}{\partial \beta}(k_1 A) = k_2 \frac{\partial A}{\partial \beta}$$

自然满足,而第二式

$$\frac{\partial}{\partial \alpha}(k_2 B) = k_1 \frac{\partial B}{\partial \alpha}$$

成为 $\dfrac{\mathrm{d}}{\mathrm{d}\alpha}(\sin \alpha) = \dfrac{1}{R_1} \dfrac{\mathrm{d}B}{\mathrm{d}\alpha}$,也就是

$$\frac{\mathrm{d}B}{\mathrm{d}\alpha} = R_1 \frac{\mathrm{d}}{\mathrm{d}\alpha}(\sin \alpha) = R_1 \cos \alpha, \tag{21-3}$$

也可以根据表达式(21-2)中的第二式改写成为

$$\frac{\mathrm{d}}{\mathrm{d}\alpha}(R_2 \sin \alpha) = R_1 \cos \alpha_\circ \tag{21-4}$$

高斯条件(19-11)

$$\frac{\partial}{\partial \alpha}\left(\frac{1}{A} \frac{\partial B}{\partial \alpha}\right) + \frac{\partial}{\partial \beta}\left(\frac{1}{B} \frac{\partial A}{\partial \beta}\right) = -k_1 k_2 AB,$$

则成为 $\dfrac{\mathrm{d}}{\mathrm{d}\alpha}\left(\dfrac{1}{R_1} \dfrac{\mathrm{d}B}{\mathrm{d}\alpha}\right) = -\sin \alpha$,积分以后得出

$$\frac{\mathrm{d}B}{\mathrm{d}\alpha} = R_1(\cos \alpha + C)_\circ$$

注意,在 $\alpha = \dfrac{\pi}{2}$ 处,B 将取极值,$\dfrac{\mathrm{d}B}{\mathrm{d}\alpha}$ 应当成为零,可见 $C = 0$,上式与式(21-3)相同。利用式(21-3)或式(21-4),可以使后面的某些运算得到简化。

§21-2　旋转壳的无矩理论

在薄壳无矩理论平衡方程(19-30)中,命 $A = R_1$,$B = R_2 \sin \alpha$,$k_1 = \dfrac{1}{R_1}$,$k_2 = \dfrac{1}{R_2}$,并利用式(21-3),即得旋转壳的无矩理论平衡方程如下:

$$\left.\begin{array}{l} \dfrac{1}{R_1}\dfrac{\partial F_{\mathrm{T1}}}{\partial\alpha}+\dfrac{\cot\alpha}{R_2}(F_{\mathrm{T1}}-F_{\mathrm{T2}})+\dfrac{1}{R_2\sin\alpha}\dfrac{\partial F_{\mathrm{T12}}}{\partial\beta}+q_1=0, \\[3mm] \dfrac{1}{R_1}\dfrac{\partial F_{\mathrm{T12}}}{\partial\alpha}+\dfrac{2\cot\alpha}{R_2}F_{\mathrm{T12}}+\dfrac{1}{R_2\sin\alpha}\dfrac{\partial F_{\mathrm{T2}}}{\partial\beta}+q_2=0, \\[3mm] \dfrac{F_{\mathrm{T1}}}{R_1}+\dfrac{F_{\mathrm{T2}}}{R_2}=q_3\,\text{。} \end{array}\right\} \tag{21-5}$$

在这里，q_1、q_2、q_3 分别为经线方向（即 α 方向）、纬线方向（即 β 方向）、法线方向（即 γ 方向）的荷载，都是 α 及 β 的已知函数；F_{T1} 及 F_{T2} 分别为经线方向及纬线方向的拉压力，$F_{\mathrm{T12}}=F_{\mathrm{T21}}$ 为经线及纬线方向的平错力，都是 α 及 β 的未知函数。

由平衡方程（21-5）中的第三式解出 F_{T2}，得

$$F_{\mathrm{T2}}=R_2q_3-\dfrac{R_2}{R_1}F_{\mathrm{T1}}\,\text{。} \tag{21-6}$$

再代入方程（21-5）中的前二式，得

$$\left.\begin{array}{l} \dfrac{1}{R_1}\dfrac{\partial F_{\mathrm{T1}}}{\partial\alpha}+\left(\dfrac{1}{R_1}+\dfrac{1}{R_2}\right)\cot\alpha F_{\mathrm{T1}}+\dfrac{1}{R_2\sin\alpha}\dfrac{\partial F_{\mathrm{T12}}}{\partial\beta}=q_3\cot\alpha-q_1, \\[3mm] \dfrac{1}{R_1}\dfrac{\partial F_{\mathrm{T12}}}{\partial\alpha}+\dfrac{2\cot\alpha}{R_2}F_{\mathrm{T12}}-\dfrac{1}{R_1\sin\alpha}\dfrac{\partial F_{\mathrm{T1}}}{\partial\beta}=-q_2-\dfrac{1}{\sin\alpha}\dfrac{\partial q_3}{\partial\beta}\,\text{。} \end{array}\right\} \tag{21-7}$$

现在，引用两个内力函数 $U(\alpha,\beta)$ 及 $V(\alpha,\beta)$，命

$$F_{\mathrm{T1}}=\dfrac{U}{R_2\sin^2\alpha},\qquad F_{\mathrm{T12}}=\dfrac{V}{R_2^2\sin^2\alpha}\,\text{。} \tag{21-8}$$

代入方程（21-7），并利用关系式（21-4），即得

$$\dfrac{R_2^2\sin\alpha}{R_1}\dfrac{\partial U}{\partial\alpha}+\dfrac{\partial V}{\partial\beta}=(q_3\cos\alpha-q_1\sin\alpha)R_2^3\sin^2\alpha, \tag{21-9}$$

$$\dfrac{\partial V}{\partial\alpha}-\dfrac{R_2}{\sin\alpha}\dfrac{\partial U}{\partial\beta}=-\left(q_2\sin\alpha+\dfrac{\partial q_3}{\partial\beta}\right)R_1R_2^2\sin\alpha\,\text{。} \tag{21-10}$$

将二式分别对 α 及 β 求导，然后相减，再除以 $R_1R_2\sin\alpha$，得出仅含 U 的微分方程

$$\dfrac{1}{R_1R_2\sin\alpha}\dfrac{\partial}{\partial\alpha}\left(\dfrac{R_2^2\sin\alpha}{R_1}\dfrac{\partial U}{\partial\alpha}\right)+\dfrac{1}{R_1\sin^2\alpha}\dfrac{\partial^2 U}{\partial\beta^2}=F(\alpha,\beta), \tag{21-11}$$

其中

$$F(\alpha,\beta)=\dfrac{1}{R_1R_2\sin\alpha}\dfrac{\partial}{\partial\alpha}\left[(q_3\cos\alpha-q_1\sin\alpha)R_2^3\sin^2\alpha\right]+R_2\left(\dfrac{\partial^2 q_3}{\partial\beta^2}+\dfrac{\partial q_2}{\partial\beta}\sin\alpha\right)\text{。}$$
$$\tag{21-12}$$

于是，按无矩理论求解旋转壳的内力，可以进行如下：首先根据该壳的几何

性质及所受荷载由式(21-12)求出 $F(\alpha,\beta)$,从而由式(21-11)求解 $U(\alpha,\beta)$。然后,一方面由式(21-8)求出 F_{T1},从而用式(21-6)求出 F_{T2};另一方面,由式(21-9)求解 $V(\alpha,\beta)$,从而再通过式(21-8)求出 F_{T12}。

在薄壳的无矩理论弹性方程(19-31)中,命 $A=R_1$, $B=R_2\sin\alpha$, $k_1=\dfrac{1}{R_1}$, $k_2=\dfrac{1}{R_2}$,并利用式(21-3)或式(21-4),即得旋转壳的无矩理论弹性方程如下:

$$
\left.
\begin{aligned}
\frac{\partial u}{\partial\alpha}+w &= \frac{R_1}{E\delta}(F_{T1}-\mu F_{T2}), \\[2mm]
\frac{1}{\sin\alpha}\frac{\partial v}{\partial\beta}+u\cot\alpha+w &= \frac{R_2}{E\delta}(F_{T2}-\mu F_{T1}), \\[2mm]
\frac{1}{\sin\alpha}\frac{\partial u}{\partial\beta}-v\cot\alpha+\frac{R_2}{R_1}\frac{\partial v}{\partial\alpha} &= \frac{2R_2(1+\mu)}{E\delta}F_{T12},
\end{aligned}
\right\} \tag{21-13}
$$

其中 u、v、w 分别为经线方向、纬线方向及法线方向的中面位移。

从弹性方程(21-13)的前二式中消去 w,并利用式(21-6)消去 F_{T2},保留方程(21-13)中的第三式,得

$$
\left.
\begin{aligned}
\frac{\partial u}{\partial\alpha}-u\cot\alpha-\frac{1}{\sin\alpha}\frac{\partial v}{\partial\beta} &= \frac{R_1^2+R_2^2+2\mu R_1R_2}{R_1}\frac{F_{T1}}{E\delta}-\frac{R_2(R_2+\mu R_1)}{E\delta}q_3, \\[2mm]
\frac{R_2}{R_1}\frac{\partial v}{\partial\alpha}-v\cot\alpha+\frac{1}{\sin\alpha}\frac{\partial u}{\partial\beta} &= \frac{2(1+\mu)}{E\delta}R_2F_{T12}。
\end{aligned}
\right\} \tag{21-14}
$$

再引用两个位移函数 $\xi(\alpha,\beta)$ 及 $\eta(\alpha,\beta)$,命

$$
u=\xi\sin\alpha, \qquad v=\eta R_2\sin\alpha, \tag{21-15}
$$

则方程(21-14)成为

$$
\left.
\begin{aligned}
\frac{\partial\xi}{\partial\alpha}-\frac{R_2}{\sin\alpha}\frac{\partial\eta}{\partial\beta} &= \frac{R_1^2+R_2^2+2\mu R_1R_2}{R_1\sin\alpha}\frac{F_{T1}}{E\delta}-\frac{R_2(R_2+\mu R_1)}{E\delta\sin\alpha}q_3, \\[2mm]
\frac{R_2^2\sin\alpha}{R_1}\frac{\partial\eta}{\partial\alpha}+\frac{\partial\xi}{\partial\beta} &= \frac{2(1+\mu)R_2}{E\delta}F_{T12}。
\end{aligned}
\right\} \tag{21-16}
$$

将上述两式分别对 β 及 α 求导,然后相减,再除以 $R_1R_2\sin\alpha$,得出仅含 η 的微分方程

$$
\frac{1}{R_1R_2\sin\alpha}\frac{\partial}{\partial\alpha}\left(\frac{R_2^2\sin\alpha}{R_1}\frac{\partial\eta}{\partial\alpha}\right)+\frac{1}{R_1\sin^2\alpha}\frac{\partial^2\eta}{\partial\beta^2}=f(\alpha,\beta), \tag{21-17}
$$

其中

$$
f(\alpha,\beta)=\frac{1}{R_1R_2\sin\alpha}\left[2(1+\mu)\frac{\partial}{\partial\alpha}(R_2F_{T12})-\frac{R_1^2+R_2^2+2\mu R_1R_2}{R_1\sin\alpha}\frac{\partial F_{T1}}{\partial\beta}+\right.
$$

$$\frac{R_2(R_2+\mu R_1)}{\sin\alpha}\frac{\partial q_3}{\partial\beta}\Big]\frac{1}{E\delta}\text{。} \tag{21-18}$$

如果引用微分算子

$$L(\cdots)=\frac{1}{R_1R_2\sin\alpha}\frac{\partial}{\partial\alpha}\Big[\frac{R_2^2\sin\alpha}{R_1}\frac{\partial(\cdots)}{\partial\alpha}\Big]+\frac{1}{R_1\sin^2\alpha}\frac{\partial^2(\cdots)}{\partial\beta^2}, \tag{21-19}$$

则微分方程(21-11)及(21-17)可以简写为如下的形式:

$$L(U)=F(\alpha,\beta), \tag{21-20}$$

$$L(\eta)=f(\alpha,\beta)\text{。} \tag{21-21}$$

这样,按无矩理论求解旋转壳的内力和位移的问题,就归结为求解性质上完全相同的两个微分方程,解决了内力的问题,也就解决了位移的问题。

§21-3 轴对称问题的无矩计算

如果旋转壳所受的约束和荷载都是绕旋转轴对称的,则其内力及位移都将是绕旋转轴对称的。轴对称荷载的表达式是

$$q_1=q_1(\alpha), \qquad q_2=0, \qquad q_3=q_3(\alpha)\text{。} \tag{a}$$

轴对称内力的表达式是

$$F_{T1}=F_{T1}(\alpha), \qquad F_{T2}=F_{T2}(\alpha), \qquad F_{T12}=0\text{。} \tag{b}$$

这时,由式(21-8)可见,$U=U(\alpha)$ 而 $V=0$。于是,方程(21-10)总能满足,而方程(21-9)简化为

$$\frac{\mathrm{d}U}{\mathrm{d}\alpha}=(q_3\cos\alpha-q_1\sin\alpha)R_1R_2\sin\alpha\text{。}$$

对 α 积分,得到

$$U=\int_{\alpha'}^{\alpha}(q_3\cos\alpha-q_1\sin\alpha)R_1R_2\sin\alpha\mathrm{d}\alpha+C, \tag{c}$$

其中 C 是任意常数,而积分的下限 α' 可以根据计算的方便任意选择,通常都使其等于上边界的 α 坐标,如图 21-2a 所示。

将式(c)代入表达式(21-8)中的第一式,得到经线方向的拉压力为

$$F_{T1}=\frac{1}{R_2\sin^2\alpha}\Big[\int_{\alpha'}^{\alpha}(q_3\cos\alpha-q_1\sin\alpha)R_1R_2\sin\alpha\mathrm{d}\alpha+C\Big]\text{。} \tag{d}$$

命边界 $\alpha=\alpha'$ 处的 R_2 为 R_2',经线方向的拉压力为 F_{T1}',见图 21-2a,则由式(d)得到

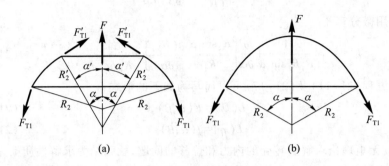

图 21-2

$$C = F'_{T1} R'_2 \sin^2 \alpha'。$$

代回式(d),即得

$$F_{T1} = \frac{R'_2 \sin^2 \alpha'}{R_2 \sin^2 \alpha} F'_{T1} + \frac{1}{R_2 \sin^2 \alpha} \int_{\alpha'}^{\alpha} (q_3 \cos \alpha - q_1 \sin \alpha) R_1 R_2 \sin \alpha d\alpha,$$

(21-22)

从而由式(21-6)得到

$$F_{T2} = R_2 q_3 - \frac{R'_2 \sin^2 \alpha'}{R_1 \sin^2 \alpha} F'_{T1} - \frac{1}{R_1 \sin^2 \alpha} \int_{\alpha'}^{\alpha} (q_3 \cos \alpha - q_1 \sin \alpha) R_1 R_2 \sin \alpha d\alpha。$$

(21-23)

如果旋转壳的顶部是闭合的,如图 21-2b 所示,则 $\alpha'=0$,而式(21-22)和式(21-23)简化为

$$F_{T1} = \frac{1}{R_2 \sin^2 \alpha} \int_0^{\alpha} (q_3 \cos \alpha - q_1 \sin \alpha) R_1 R_2 \sin \alpha d\alpha,$$

(21-24)

$$F_{T2} = R_2 q_3 - \frac{1}{R_1 \sin^2 \alpha} \int_0^{\alpha} (q_3 \cos \alpha - q_1 \sin \alpha) R_1 R_2 \sin \alpha d\alpha。$$

(21-25)

在顶点,$\alpha=0$,上述两式成为不定式,因而不易直接得出 F_{T1} 及 F_{T2} 的确定数值。但是,只要中面是平滑曲面,则在该处的经向和纬向将合而为一,因而有 $R_1=R_2$,$F_{T1}=F_{T2}$,于是,可以由式(21-6)得到 $F_{T2}=R_2 q_3 - F_{T2}$,从而得到

$$F_{T1} = F_{T2} = \frac{R_1 q_3}{2} = \frac{R_2 q_3}{2}。$$

(21-26)

式(21-22)可以用另一形式的公式来代替。为此,试考虑图 21-2a 所示部分壳体的平衡。命该部分壳体所受荷载的合力为 F(由于轴对称,它总是沿着对称轴),则由对称轴方向的平衡条件有

$$(2\pi R_2 \sin \alpha)F_{\text{T1}}\sin \alpha-(2\pi R_2' \sin \alpha')F_{\text{T1}}'\sin \alpha'-F=0,$$

其中的 F 是以沿 γ 的正向时为正,以沿 γ 的负向时为负。由此得

$$F_{\text{T1}}=\frac{R_2'\sin^2 \alpha'}{R_2\sin^2 \alpha}F_{\text{T1}}'+\frac{F}{2\pi R_2\sin^2 \alpha}。 \qquad (21-27)$$

在旋转壳顶部为闭合的情况下,$\alpha'=0$,上式简化为

$$F_{\text{T1}}=\frac{F}{2\pi R_2\sin^2 \alpha}。 \qquad (21-28)$$

当荷载的合力 F 比较容易计算时,宜用式(21-27)和式(21-28)分别代替式(21-22)和式(21-24),求得 F_{T1} 以后,再直接用式(21-6)求出 F_{T2},因为这样就无须进行积分的运算。读者试由式(21-27)导出式(21-22),从而证明,两者的形式虽然不同,但实质上都表示对称轴方向的平衡条件。

现在来讨论位移。由于位移也是轴对称的,即 $u=u(\alpha)$ 而 $v=0$,因而由式(21-15)可见,$\xi=\xi(\alpha)$ 而 $\eta=0$。再参阅式(b),可见方程(21-16)中的第二式成为恒等式,而第一式简化为

$$\frac{\mathrm{d}\xi}{\mathrm{d}\alpha}=\frac{R_1^2+R_2^2+2\mu R_1 R_2}{R_1\sin \alpha}\frac{F_{\text{T1}}}{E\delta}-\frac{R_2(R_2+\mu R_1)}{E\delta\sin \alpha}q_3。$$

对 α 积分以后,代入表达式(21-15)中的第一式,即得经线方向的位移为

$$u=C_1\sin \alpha+\frac{\sin \alpha}{E\delta}\int\left[\frac{R_1^2+R_2^2+2\mu R_1 R_2}{R_1\sin \alpha}F_{\text{T1}}-\frac{R_2(R_2+\mu R_1)}{\sin \alpha}q_3\right]\mathrm{d}\alpha, \qquad (21-29)$$

其中的 C_1 是任意常数,决定于边界条件。将上式代入弹性方程(21-13)中的第二式,即可求得法向位移 w。

§21-4 容器旋转壳的无矩计算

作为轴对称问题的计算实例,设有闭合的容器旋转壳,受有均布内压力 q_0,如图21-3所示。将 $q_1=0$ 及 $q_3=q_0$ 代入式(21-24),得

$$F_{\text{T1}}=\frac{q_0}{R_2\sin^2 \alpha}\int_0^\alpha R_2\sin \alpha R_1\cos \alpha\mathrm{d}\alpha。$$

利用关系式(21-4),可由上式得出

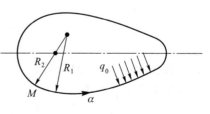

图 21-3

$$F_{T1} = \frac{q_0}{R_2 \sin^2 \alpha} \int_0^\alpha R_2 \sin \alpha \, d(R_2 \sin \alpha) = \frac{q_0}{R_2 \sin^2 \alpha} \frac{(R_2 \sin \alpha)^2}{2} = \frac{q_0 R_2}{2},$$

$$(21-30)$$

并由式(21-6)得出

$$F_{T2} = q_0 R_2 - \frac{q_0 R_2^2}{2R_1} = \frac{q_0 R_2}{2} \left(2 - \frac{R_2}{R_1} \right) 。 \qquad (21-31)$$

如果旋转壳具有圆球壳部分,其半径为 R,则在这一部分有 $R_1 = R_2 = R$,于是,由上述二式得

$$F_{T1} = \frac{q_0 R}{2}, \qquad F_{T2} = \frac{q_0 R}{2} 。 \qquad (21-32)$$

如果旋转壳具有圆柱壳部分,其半径为 R,则在这一部分有 $R_1 = \infty$,$R_2 = R$,于是由式(21-30)及式(21-31)得

$$F_{T1} = \frac{q_0 R}{2}, \qquad F_{T2} = q_0 R 。 \qquad (21-33)$$

由于这种薄壳没有边界,因此,如果薄壳的斜率和曲率都没有突变之处,则无矩状态得以实现,而以上的内力解答就能符合实际情况(即使有些误差,那也只是 δ/R 阶的)。这时,材料的强度得到充分的利用。但是,由于这种壳体的任何一部分都不能展成平面,壳体不得不用很多块组成,而且其中的每一块都需要预先加工到一定的曲率,这在制造上是比较困难的。因此,通常都采用两端以圆盖封住的圆柱形容器,见图 21-4,它的大部分都可以由平板弯成,两端的圆盖也比较扁平,不难通过冲压或模锻制成。

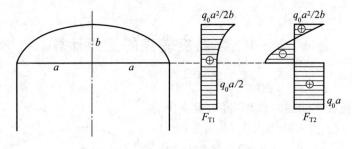

图 21-4

设图 21-4 所示的圆盖为半椭球壳,其半轴为 a 及 b,则其经线方向及纬线方向的曲率半径分别为

$$R_1 = \frac{a^2 b^2}{(a^2 \sin^2 \alpha + b^2 \cos^2 \alpha)^{3/2}},$$

$$R_2 = \frac{a^2}{(a^2\sin^2\alpha + b^2\cos^2\alpha)^{1/2}}。$$

代入式(21-30)及式(21-31)中,得到

$$F_{T1} = \frac{q_0 a^2}{2} \frac{1}{(a^2\sin^2\alpha + b^2\cos^2\alpha)^{1/2}}, \tag{a}$$

$$F_{T2} = \frac{q_0 a^2}{2b^2} \frac{b^2 - (a^2-b^2)\sin^2\alpha}{(a^2\sin^2\alpha + b^2\cos^2\alpha)^{1/2}}。 \tag{b}$$

由式(a)可见,内力 F_{T1} 总是正的:在顶点,$\alpha = 0$,$F_{T1} = q_0 a^2/2b$;在与圆柱壳连接处,$\alpha = \pi/2$,$F_{T1} = q_0 a/2$。由式(b)可见:在顶点,$\alpha = 0$,$F_{T2} = q_0 a^2/2b$;在与圆柱壳连接处,$\alpha = \pi/2$,

$$F_{T2} = \frac{q_0 a}{2}\left(2 - \frac{a^2}{b^2}\right)。 \tag{c}$$

在通常采用的扁平圆盖中,$a > \sqrt{2}\,b$,所以圆盖在与圆柱壳连接处的 F_{T2} 是负的(压力)。内力的变化大致如图 21-4 所示。

与圆盖相连接的圆柱壳,它的半径当然也是 a。将 $R = a$ 代入式(21-33),得到圆柱壳的内力为 $F_{T1} = q_0 a/2$,$F_{T2} = q_0 a$,如图 21-4 所示。于是可见,不论圆盖的 b 值如何,圆盖与圆柱壳二者在连接处的 F_{T1} 总是相同,而 F_{T2} 总是不同。因此,二者在连接处的环向正应变或法向位移不可能相同。由于二者的相互约束,必然将出现局部的弯曲应力。

作为轴对称问题的另一个实例,试考察图 21-5 所示的圆锥形容器。在锥壳中,α 角成为常量,不能起坐标的作用,更无从对它进行积分。因此,对于锥壳中面上的任一点 M,改用 y 为它的坐标,并由图可见,经线方向及纬线方向的曲率半径分别为

$$R_1 = \infty , \qquad R_2 = \frac{y}{\cos\varphi}\tan\varphi = \frac{y\sin\varphi}{\cos^2\varphi},$$

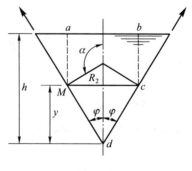

图 21-5

其中 φ 为圆锥顶角的一半。为了避免对 α 积分的问题,不应用式(21-24),而应采用式(21-28)。注意式(21-28)中的 F 应为 $Mabcd$ 部分液体的重量,可见

$$F = \rho g\left[\pi(y\tan\varphi)^2(h-y) + \frac{1}{3}\pi(y\tan\varphi)^2 y\right]$$

$$= \rho g\pi y^2\tan^2\varphi\left(h - \frac{2}{3}y\right),$$

其中 ρ 为液体的密度。代入式(21-28),并注意 $\sin\alpha=\cos\varphi$,即得

$$F_{T1}=\frac{F}{2\pi R_2\sin^2\alpha}=\frac{\rho g\pi y^2\tan^2\varphi\left(h-\dfrac{2}{3}y\right)}{2\pi\dfrac{y\sin\varphi}{\cos^2\varphi}\cos^2\varphi}=\frac{\rho g\sin\varphi}{2\cos^2\varphi}\left(hy-\frac{2}{3}y^2\right)\text{。}\qquad(d)$$

代入式(21-6),注意 $R_1=\infty$ 而 $q_3=\rho g(h-y)$,即得

$$F_{T2}=R_2q_3-\frac{R_2}{R_1}F_{T1}=R_2\rho g(h-y)$$

$$=\frac{y\sin\varphi}{\cos^2\varphi}\rho g(h-y)=\rho g\frac{\sin\varphi}{\cos^2\varphi}(hy-y^2)\text{。}\qquad(e)$$

为了求得最大的 F_{T1},命 $\dfrac{\partial F_{T1}}{\partial y}=0$,得到 $y=\dfrac{3}{4}h$,从而得到

$$(F_{T1})_{\max}=\frac{3}{16}\rho gh^2\frac{\sin\varphi}{\cos^2\varphi}\text{。}\qquad(f)$$

为了求得最大的 F_{T2},命 $\dfrac{\partial F_{T2}}{\partial y}=0$,得到 $y=\dfrac{h}{2}$,从而得到

$$(F_{T2})_{\max}=\frac{\rho gh^2}{4}\frac{\sin\varphi}{\cos^2\varphi}\text{。}\qquad(g)$$

在锥壳的尖顶处,中面的斜率有很大的突变。因此,在尖顶的附近,必然会发生很大的弯曲内力。

§21-5 顶盖旋转壳的无矩计算

作为顶盖旋转壳的实例,试考虑图 21-6 所示的顶盖球壳。设球壳每单位面积上所受的铅直荷载为常量 q_0。则经线方向及法线方向的荷载分量分别为

$$q_1=q_0\sin\alpha,\qquad q_3=-q_0\cos\alpha\text{。}\qquad(a)$$

代入式(21-24),命 $R_1=R_2=R$,得

$$F_{T1}=\frac{1}{R\sin^2\alpha}\int_0^\alpha(-q_0\cos^2\alpha-q_0\sin^2\alpha)R^2\sin\alpha\,\mathrm{d}\alpha$$

$$=-\frac{q_0R}{\sin^2\alpha}\int_0^\alpha\sin\alpha\mathrm{d}\alpha=-\frac{q_0R}{1+\cos\alpha}\text{。}\qquad(21-34)$$

代入式(21-6),命 $R_1 = R_2 = R$,得

$$F_{T2} = Rq_3 - F_{T1} = -q_0 R \cos \alpha + \frac{q_0 R}{1 + \cos \alpha}$$

$$= -q_0 R \left(\cos \alpha - \frac{1}{1 + \cos \alpha} \right) \text{。} \qquad (21-35)$$

由式(21-34)可见,F_{T1} 总是负的(压力),它的绝对值随 α 的增大而增大。由式(21-35)可见,对于较小的 α 值,F_{T2} 也是负的(压力)。当 α 增大到 51°50′ 时,F_{T2} 等于零。当 α 继续增大时,F_{T2} 成为正的(拉力)。内力的变化如下表所示。要使得球壳内不发生拉力,必须使 α'' 小于 51°50′。

α	0	30°	45°	51°50′	60°	70°	80°	90°
$F_{T1}/q_0 R$	−0.5	−0.535	−0.586	−0.618	−0.667	−0.745	−0.841	−1
$F_{T2}/q_0 R$	−0.5	−0.331	−0.227	0	0.167	0.403	0.667	1

如果球壳在支承处不受法向约束和转动约束,如图 21-6 所示,则无矩状态得以实现,而以上算出的无矩内力可以正确反映实际情况。

现在来分析球壳的位移。在位移 u 的表达式(21-29)中,命 $R_1 = R_2 = R$,并将式(a)中的 q_3 及式(21-34)中的 F_{T1} 代入,得到

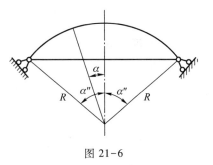

图 21-6

$$u = \sin \alpha \left\{ C_1 + \frac{(1+\mu) q_0 R^2}{E\delta} \int \left[\frac{\cos \alpha}{\sin \alpha} - \frac{2}{\sin \alpha (1 + \cos \alpha)} \right] d\alpha \right\} \text{。}$$

积分以后,得到

$$u = \sin \alpha \left\{ C_1 + \frac{(1+\mu) q_0 R^2}{E\delta} \left[\ln(1 + \cos \alpha) - \frac{1}{1 + \cos \alpha} \right] \right\} \text{。} \qquad (b)$$

由位移边界条件

$$(u)_{\alpha = \alpha''} = 0$$

求出 C_1,再代回式(b),即得

$$u = \frac{(1+\mu) q_0 R^2}{E\delta} \left[\ln \frac{1 + \cos \alpha}{1 + \cos \alpha''} + \frac{1}{1 + \cos \alpha''} - \frac{1}{1 + \cos \alpha} \right] \sin \alpha \text{。} \qquad (21-36)$$

在轴对称的情况下,弹性方程(21-13)中的第二式简化为

$$w = \frac{R_2}{E\delta}(F_{T2} - \mu F_{T1}) - u\cot\alpha_{\circ}$$

将式（21-34）、式（21-35）和式（21-36）代入，并命 $R_2 = R$，即得法向位移

$$w = -\frac{q_0 R^2}{E\delta}\left(\cos\alpha - \frac{1+\mu}{1+\cos\alpha}\right) - \frac{(1+\mu)q_0 R^2}{E\delta}\cos\alpha\left(\ln\frac{1+\cos\alpha}{1+\cos\alpha''} + \frac{1}{1+\cos\alpha''} - \frac{1}{1+\cos\alpha}\right)_{\circ}$$

（21-37）

在用球壳作为屋顶时，为了避免支承墙受到水平推力，通常都在球壳的边缘上安置支承环，如图 21-7 所示。这样就可以使得支承墙只受有铅直力，大小等于支承环受墙顶所施的反力 F_v。根据支承环的 ds 部分在铅直方向的平衡条件，由图 21-7a、b 可见，有

$$F_v ds + F_{T1}'' \sin\alpha'' ds = 0,$$

从而得到上述反力为

$$F_v = -F_{T1}'' \sin\alpha'' = \frac{q_0 R\sin\alpha''}{1+\cos\alpha''}_{\circ}$$

命支承环的拉力为 F_T。根据支承环的 ds 部分在水平方向的平衡条件，由图 21-7a、c 可见，有

$$F_T d\beta + F_{T1}'' \cos\alpha'' ds = 0_{\circ}$$

于是得

$$F_T = -F_{T1}'' \cos\alpha'' \frac{ds}{d\beta} = -F_{T1}'' \cos\alpha'' R\sin\alpha'' = q_0 R^2 \frac{\sin\alpha''\cos\alpha''}{1+\cos\alpha''}_{\circ}$$

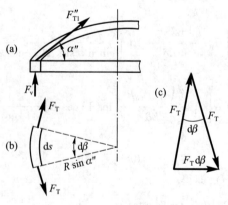

图 21-7

由于球壳和支承环在互相连接处的应变或位移都不相同，在该处总会出现局部的弯曲内力。

§21-6　非轴对称问题的无矩计算

当旋转壳受有任意荷载时，为了保证环向的周期性条件，宜用 β 的三角级数求解。这样，首先须将荷载分量的表达式展为 β 的三角级数如下：

$$\left.\begin{aligned} q_1 &= \sum_{m=0}^{\infty}(X_m\cos m\beta + X'_m\sin m\beta), \\ q_2 &= \sum_{m=0}^{\infty}(Y_m\sin m\beta + Y'_m\cos m\beta), \\ q_3 &= \sum_{m=0}^{\infty}(Z_m\cos m\beta + Z'_m\sin m\beta), \end{aligned}\right\} \tag{a}$$

其中的 X_m、Y_m、Z_m、X'_m、Y'_m、Z'_m 只是 α 的函数。

试考虑式（a）中所示的任意一组分荷载，即

$$q_1 = X_m\cos m\beta, \qquad q_2 = Y_m\sin m\beta, \qquad q_3 = Z_m\cos m\beta。 \tag{b}$$

把微分方程（21-11）的解答取为

$$U(\alpha,\beta) = U_m(\alpha)\cos m\beta, \tag{c}$$

连同式（b）一并代入方程（21-11），删去方程两边的因子 $\cos m\beta$，就得到 U_m 的二阶常微分方程

$$\frac{1}{R_1R_2\sin\alpha}\frac{\mathrm{d}}{\mathrm{d}\alpha}\left(\frac{R_2^2\sin\alpha}{R_1}\frac{\mathrm{d}U_m}{\mathrm{d}\alpha}\right) - \frac{m^2U_m}{R_1\sin^2\alpha} = F_m(\alpha), \tag{d}$$

其中

$$F_m(\alpha) = \frac{1}{R_1R_2\sin\alpha}\frac{\mathrm{d}}{\mathrm{d}\alpha}\left[(Z_m\cos\alpha - X_m\sin\alpha)R_2^3\sin^2\alpha\right] - m(mZ_m - Y_m\sin\alpha)R_2。 \tag{e}$$

由微分方程（d）解出 $U_m(\alpha)$ 以后，用式（c）求出 $U(\alpha,\beta)$，即可由式（21-10）求得 $V(\alpha,\beta)$，由式（21-8）求得 F_{T1} 及 F_{T12}，并由式（21-6）求得 F_{T2}。显然，这些内力的表达式将具有如下的形式：

$$F_{T1} = N_{1m}\cos m\beta, \qquad F_{T2} = N_{2m}\cos m\beta, \qquad F_{T12} = S_m\sin m\beta, \tag{f}$$

其中的 N_{1m}、N_{2m}、S_m 已经是 α 的已知函数。

将式（f）中的 F_{T12} 和 F_{T1}，以及式（b）中的 q_3，代入式（21-18）中，将得到如下形式的函数 $f(\alpha,\beta)$：

$$f(\alpha,\beta) = f_m(\alpha)\sin m\beta, \tag{g}$$

其中

$$f_m(\alpha) = \frac{1}{E\delta} \frac{1}{R_1 R_2 \sin\,\alpha}\left[2(1+\mu)\frac{d}{d\alpha}(R_2 S_m) + m\frac{R_1^2 + R_2^2 + 2\mu R_1 R_2}{R_1 \sin\,\alpha} N_{1m} - \right.$$

$$\left. m\frac{R_2(R_2 + \mu R_1)}{\sin\,\alpha} Z_m \right] 。 \tag{h}$$

再将式(g)代入偏微分方程(21-17),把它的解答取为

$$\eta = \eta_m(\alpha)\sin\,m\beta, \tag{i}$$

就得到 η_m 的二阶常微分方程

$$\frac{1}{R_1 R_2 \sin\,\alpha}\frac{d}{d\alpha}\left(\frac{R_2^2 \sin\,\alpha}{R_1}\frac{d}{d\alpha}\eta_m \right) - \frac{m^2}{R_1 \sin^2\,\alpha}\eta_m = f_m(\alpha) 。 \tag{j}$$

这一方程和方程(d)形式相同,差别仅在于右边的自由项。由此解出 $\eta_m(\alpha)$ 以后,由式(i)求出 η,即可由方程(21-16)中的第一式求得 ξ,再由式(21-15)求得 u 和 v,由弹性方程(21-13)中的第一式求得 w。显然,这些位移的表达式将具有如下的形式:

$$u = u_m(\alpha)\cos\,m\beta, \qquad v = v_m(\alpha)\sin\,m\beta, \qquad w = w_m(\alpha)\cos\,m\beta,$$

其中的 u_m、v_m、w_m 已是 α 的已知函数。

当 $m=0$ 时,微分方程(d)的左边只有前一项,通过对 α 的两次积分,可以求得 U_m,即 $U_0(\alpha)$。实际上,由式(b)可见,这时的荷载是

$$q_1 = q_1(\alpha), \qquad q_2 = 0, \qquad q_3 = q_3(\alpha),$$

相应的问题是轴对称的,已在§21-3中加以讨论。

当 $m=1$ 时,可以命

$$U_m(\alpha) = U_1(\alpha) = \frac{W(\alpha)}{R_2 \sin\,\alpha} 。 \tag{k}$$

代入式(d),并利用关系式$\dfrac{d}{d\alpha}(R_2 \sin\,\alpha) = R_1 \cos\,\alpha$,即得

$$\frac{d}{d\alpha}\left(\frac{1}{R_1 \sin\,\alpha}\frac{dW}{d\alpha} \right) = R_1 F_1(\alpha) 。 \tag{l}$$

通过对 α 的两次积分,可以求得 $W(\alpha)$,然后由式(k)求出 $U_1(\alpha)$,即 $U_m(\alpha)$,从而式(c)求得 $U(\alpha,\beta)$,并由式(21-9)的积分求得 $V(\alpha,\beta)$,从而由式(21-8)及式(21-6)求得内力。积分时出现的任意常数可由 F_{T1} 及 F_{T12} 的边界条件求得。

当 $m>1$ 时,一般只能求得微分方程(d)的级数式解答。但如旋转壳的中面为二次曲面,则可求得较简单的解答。对于二次曲面,主曲率半径可以表示成为

$$R_1 = \frac{R_0}{(1+\gamma\sin^2\alpha)^{3/2}}, \qquad R_2 = \frac{R_0}{(1+\gamma\sin^2\alpha)^{1/2}}, \qquad (\text{m})$$

其中 R_0 为曲面在 $\alpha=0$ 处的曲率半径,即

$$R_0 = (R_1)_{\alpha=0} = (R_2)_{\alpha=0}。$$

参数 γ 的范围是:椭球面,$\gamma>-1$(其中圆球面的 $\gamma=0$);抛物面,$\gamma=-1$;双曲面,$\gamma<-1$。

利用由式(m)得来的关系式

$$\frac{R_2^3}{R_1} = R_0^2 = 常量,$$

可以简化微分方程(d)。为此,将该方程乘以 $R_2^3\sin^2\alpha$,改写为

$$\frac{R_2^2\sin\alpha}{R_1}\frac{\mathrm{d}}{\mathrm{d}\alpha}\left(\frac{R_2^2\sin\alpha}{R_1}\frac{\mathrm{d}U_m}{\mathrm{d}\alpha}\right) - m^2 R_0^2 U_m = F_m(\alpha)R_2^3\sin^2\alpha。$$

现在,引用新的变量

$$\xi = \int_{\pi/2}^{\alpha}\frac{R_1\mathrm{d}\alpha}{R_2^2\sin\alpha} = \frac{1}{R_0}\int_{\pi/2}^{\alpha}\frac{\mathrm{d}\alpha}{\sin\alpha\sqrt{1+\gamma\sin^2\alpha}}$$

$$= \frac{1}{R_0}\ln\frac{\sqrt{1+\gamma}\sin\alpha}{\sqrt{1+\gamma\sin^2\alpha}+\cos\alpha}, \qquad (\text{n})$$

则上述方程简化为

$$\frac{\mathrm{d}^2 U_m}{\mathrm{d}\xi^2} - m^2 R_0^2 U_m = F_m(\alpha)R_2^3\sin^2\alpha。$$

这一方程的解答是

$$U_m = A_1 e^{mR_0\xi} + A_2 e^{-mR_0\xi} + F_m(\xi),$$

其中 $F_m(\xi)$ 是任一特解,A_1 及 A_2 是任意常数。通过关系式(n),上述解答可以恢复用 α 表示为

$$U_m = C_1\left(\frac{\sin\alpha}{\sqrt{1+\gamma\sin^2\alpha}+\cos\alpha}\right)^m + C_2\left(\frac{\sqrt{1+\gamma\sin^2\alpha}+\cos\alpha}{\sin\alpha}\right)^m + f_m(\alpha), \qquad (\text{o})$$

其中的特解 $f_m(\alpha)$ 可以用变更积分常数法求得。于是,可由式(c)得出 $U(\alpha,\beta)$,然后应用 § 21-2 中所述的方法求得 $V(\alpha,\beta)$ 以及各个内力。

对于球面,$\gamma=0$,解答(o)简化为

$$U_m = C_1\left(\frac{\sin\alpha}{1+\cos\alpha}\right)^m + C_2\left(\frac{1+\cos\alpha}{\sin\alpha}\right)^m + f_m(\alpha)$$

$$= C_1\tan^m\frac{\alpha}{2} + C_2\cot^m\frac{\alpha}{2} + f_m(\alpha)。$$

对于抛物面, $\gamma=-1$, 解答 (o) 简化为

$$U_m = C_1\left(\frac{\sin\alpha}{2\cos\alpha}\right)^m + C_2\left(\frac{2\cos\alpha}{\sin\alpha}\right)^m + f_m(\alpha)$$

$$= B_1\tan^m\alpha + B_2\cot^m\alpha + f_m(\alpha)。$$

§21-7 球壳的轴对称弯曲

关于旋转壳的弯曲问题, 将限于讨论球壳的轴对称弯曲, 因为这种问题在工程上比较常见, 而非球壳的问题或是球壳的一般弯曲问题的分析, 数学运算都非常繁复。

在薄壳的平衡微分方程 (19−22) 中, 命 $k_1=k_2=1/R, A=R, B=R\sin\alpha$, 并注意在轴对称情况下有 $F_{T12}=M_{12}=F_{S2}=0$, 而且内力 F_{T1} 、 F_{T2} 、 M_1 、 M_2 、 F_{S1} 都不随 β 变化, 可见, 其中的第二及第四方程成为恒等式, 而其余三个方程简化为

$$\left.\begin{array}{l} \dfrac{\mathrm{d}}{\mathrm{d}\alpha}(F_{T1}\sin\alpha) - F_{T2}\cos\alpha + F_{S1}\sin\alpha + q_1 R\sin\alpha = 0, \\[2mm] \dfrac{\mathrm{d}}{\mathrm{d}\alpha}(F_{S1}\sin\alpha) - (F_{T1}+F_{T2})\sin\alpha + q_3 R\sin\alpha = 0, \\[2mm] \dfrac{\mathrm{d}}{\mathrm{d}\alpha}(M_1\sin\alpha) - M_2\cos\alpha - F_{S1}R\sin\alpha = 0。 \end{array}\right\} \tag{21-38}$$

为了简化求解的方程, 这里将不用最简单的几何方程 (19−15) , 而用较复杂的几何方程 (19−17) 。在方程 (19−17) 中, 命 $k_1=k_2=1/R, A=R, B=R\sin\alpha$, 并注意在轴对称情况下有 $v=0$, 而且 u 和 w 不随 β 变化, 可见, 其中的第三及第六方程分别给出 $\varepsilon_{12}=0$ 及 $\chi_{12}=0$, 而第一及第二方程简化为

$$\varepsilon_1 = \frac{1}{R}\left(\frac{\mathrm{d}u}{\mathrm{d}\alpha}+w\right), \qquad \varepsilon_2 = \frac{1}{R}(u\cot\alpha+w), \tag{a}$$

第四及第五方程则简化为

$$\chi_1 = -\frac{1}{R^2}\frac{\mathrm{d}}{\mathrm{d}\alpha}\left(\frac{\mathrm{d}w}{\mathrm{d}\alpha}-u\right), \qquad \chi_2 = -\frac{\cot\alpha}{R^2}\left(\frac{\mathrm{d}w}{\mathrm{d}\alpha}-u\right)。 \tag{b}$$

在薄壳的物理方程 (19−19) 中, 第三及第六方程成为恒等式, 只剩下四个方程

$$F_{T1} = \frac{E\delta}{1-\mu^2}(\varepsilon_1+\mu\varepsilon_2), \qquad F_{T2} = \frac{E\delta}{1-\mu^2}(\varepsilon_2+\mu\varepsilon_1), \tag{c}$$

$$M_1 = D(X_1 + \mu X_2), \qquad M_2 = D(X_2 + \mu X_1)。 \qquad (d)$$

从式(a)、(b)、(c)、(d)中消去应变 ε_1、ε_2、X_1、X_2，得出弹性方程如下：

$$\left.\begin{aligned}
\frac{\mathrm{d}u}{\mathrm{d}\alpha} + w &= \frac{R}{E\delta}(F_{\mathrm{T}1} - \mu F_{\mathrm{T}2}), \\
u\cot\alpha + w &= \frac{R}{E\delta}(F_{\mathrm{T}2} - \mu F_{\mathrm{T}1}), \\
M_1 &= \frac{D}{R^2}\left[\frac{\mathrm{d}}{\mathrm{d}\alpha}\left(u - \frac{\mathrm{d}w}{\mathrm{d}\alpha}\right) + \mu\left(u - \frac{\mathrm{d}w}{\mathrm{d}\alpha}\right)\cot\alpha\right], \\
M_2 &= \frac{D}{R^2}\left[\left(u - \frac{\mathrm{d}w}{\mathrm{d}\alpha}\right)\cot\alpha + \mu\frac{\mathrm{d}}{\mathrm{d}\alpha}\left(u - \frac{\mathrm{d}w}{\mathrm{d}\alpha}\right)\right]。
\end{aligned}\right\} \qquad (21\text{-}39)$$

现在，求解球壳的轴对称弯曲问题，就是在边界条件下由式(21-38)中的三个方程和式(21-39)中的四个方程求解 $F_{\mathrm{T}1}$、$F_{\mathrm{T}2}$、M_1、M_2、$F_{\mathrm{S}1}$、u、w 这七个未知函数。

用赖斯纳提出的混合法来求解。第一个基本未知函数取为横向剪力 $F_{\mathrm{S}1}$，第二个基本未知函数取为中面法线绕 β 坐标线的转角 φ，即 $\dfrac{\partial u_1}{\partial \gamma}$。按照方程(19-13)中的第一式，有

$$\varphi = \frac{\partial u_1}{\partial \gamma} = k_1 u - \frac{1}{A}\frac{\partial w}{\partial \alpha} = \frac{1}{R}\left(u - \frac{\mathrm{d}w}{\mathrm{d}\alpha}\right)。 \qquad (21\text{-}40)$$

下面把 M_1 及 M_2 用 φ 表示，把 $F_{\mathrm{T}1}$ 及 $F_{\mathrm{T}2}$ 用 $F_{\mathrm{S}1}$ 表示，然后导出求解 $F_{\mathrm{S}1}$ 和 φ 的微分方程。

按照弹性方程(21-39)中的后两式及式(21-40)，M_1 及 M_2 可用 φ 表示成为

$$\left.\begin{aligned}
M_1 &= \frac{D}{R}\left(\frac{\mathrm{d}\varphi}{\mathrm{d}\alpha} + \mu\varphi\cot\alpha\right), \\
M_2 &= \frac{D}{R}\left(\varphi\cot\alpha + \mu\frac{\mathrm{d}\varphi}{\mathrm{d}\alpha}\right)。
\end{aligned}\right\} \qquad (21\text{-}41)$$

为了把 $F_{\mathrm{T}1}$ 和 $F_{\mathrm{T}2}$ 用 $F_{\mathrm{S}1}$ 来表示，首先由方程(21-38)中的第一式解出 $F_{\mathrm{T}2}$，得到

$$F_{\mathrm{T}2} = \frac{1}{\cos\alpha}\frac{\mathrm{d}}{\mathrm{d}\alpha}(F_{\mathrm{T}1}\sin\alpha) + F_{\mathrm{S}1}\tan\alpha + q_1 R\tan\alpha。 \qquad (e)$$

代入方程(21-38)中的第二式，然后两边都乘以 $-\cos\alpha$，写成

$$\left[\sin\alpha\frac{\mathrm{d}}{\mathrm{d}\alpha}(F_{\mathrm{T}1}\sin\alpha) + (F_{\mathrm{T}1}\sin\alpha)\cos\alpha\right] - \left[\cos\alpha\frac{\mathrm{d}}{\mathrm{d}\alpha}(F_{\mathrm{S}1}\sin\alpha) - (F_{\mathrm{S}1}\sin\alpha)\sin\alpha\right]$$
$$= R(q_3\cos\alpha - q_1\sin\alpha)\sin\alpha。$$

假定球壳顶部并无孔洞，将上式对 α 从 0 到 α 积分，得到

$$\left[\sin\alpha(F_{\mathrm{T}1}\sin\alpha) - \cos\alpha(F_{\mathrm{S}1}\sin\alpha)\right]_0^\alpha = R\int_0^\alpha (q_3\cos\alpha - q_1\sin\alpha)\sin\alpha\,\mathrm{d}\alpha,$$

即

$$F_{T1}\sin^2\alpha - F_{S1}\sin\alpha\cos\alpha = R\int_0^\alpha (q_3\cos\alpha - q_1\sin\alpha)\sin\alpha\,d\alpha。$$

于是,可将 F_{T1} 用 F_{S1} 表示成为

$$F_{T1} = F_{S1}\cot\alpha + \frac{R}{\sin^2\alpha}\int_0^\alpha (q_3\cos\alpha - q_1\sin\alpha)\sin\alpha\,d\alpha。 \qquad (21-42)$$

代入式(e),即可将 F_{T2} 也用 F_{S1} 来表示:

$$F_{T2} = \frac{dF_{S1}}{d\alpha} + q_3R - \frac{R}{\sin^2\alpha}\int_0^\alpha (q_3\cos\alpha - q_1\sin\alpha)\sin\alpha\,d\alpha。 \qquad (21-43)$$

为了导出 F_{S1} 和 φ 的微分方程,首先将式(21-41)代入方程(21-38)中的第三式,得出

$$\frac{d^2\varphi}{d\alpha^2} + \frac{d\varphi}{d\alpha}\cot\alpha - \varphi(\cot^2\alpha + \mu) - \frac{R^2}{D}F_{S1} = 0。 \qquad (21-44)$$

其次,将弹性方程(21-39)中的前两式相减,得出

$$\frac{du}{d\alpha} - u\cot\alpha = \frac{R}{E\delta}(1+\mu)(F_{T1} - F_{T2}), \qquad (f)$$

并将方程(21-39)中的第二式对 α 求导,得出

$$\frac{du}{d\alpha}\cot\alpha - u\csc^2\alpha + \frac{dw}{d\alpha} = \frac{R}{E\delta}\frac{d}{d\alpha}(F_{T2} - \mu F_{T1}), \qquad (g)$$

再从式(f)及式(g)中消去 $\dfrac{du}{d\alpha}$,得出

$$u - \frac{dw}{d\alpha} = \frac{R}{E\delta}\left[(1+\mu)(F_{T1} - F_{T2})\cot\alpha - \frac{d}{d\alpha}(F_{T2} - \mu F_{T1})\right]。$$

最后再将式(21-42)及式(21-43)代入,并利用式(21-40),即得

$$\frac{d^2F_{S1}}{d\alpha^2} + \frac{dF_{S1}}{d\alpha}\cot\alpha - F_{S1}(\cot^2\alpha - \mu) + E\delta\varphi + R\left[(1+\mu)q_1 + \frac{dq_3}{d\alpha}\right] = 0。 \qquad (21-45)$$

方程(21-44)和(21-45)就是混合法的微分方程。在边界条件下由这两个微分方程解出 F_{S1} 和 φ,即可用式(21-42)及式(21-43)求得 F_{T1} 及 F_{T2},并用式(21-41)求得 M_1 及 M_2。

§21-8 球壳轴对称弯曲问题的简化解答

按无矩理论计算旋转壳时,和计算柱壳时一样,计算结果对薄壳的绝大部分都足够精确,但在靠近边界处,由于边缘效应,误差较大,必须对无矩解答进行必

要的修正。为此,我们来分析球壳在自成平衡的轴对称边界力作用下的弯曲,如图 21-8 所示。

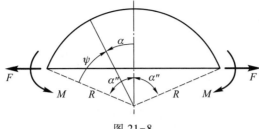

图 21-8

在这里,由于 $q_1=q_3=0$,式(21-42)及式(21-43)简化为

$$F_{T1} = F_{S1} \cot \alpha, \qquad F_{T2} = \frac{\mathrm{d}F_{S1}}{\mathrm{d}\alpha}。 \tag{a}$$

微分方程(21-45)简化为

$$\frac{\mathrm{d}^2 F_{S1}}{\mathrm{d}\alpha^2} + \frac{\mathrm{d}F_{S1}}{\mathrm{d}\alpha}\cot \alpha - F_{S1}(\cot^2\alpha - \mu) = -E\delta\varphi。 \tag{b}$$

微分方程(21-44)可写成相似的形式如下:

$$\frac{\mathrm{d}^2 \varphi}{\mathrm{d}\alpha^2} + \frac{\mathrm{d}\varphi}{\mathrm{d}\alpha}\cot \alpha - \varphi(\cot^2\alpha + \mu) = \frac{R^2}{D}F_{S1}。 \tag{c}$$

将式(b)中的 φ 代入式(c),或将式(c)中的 F_{S1} 代入式(b),得出 F_{S1} 或 φ 的四阶常微分方程,可以在边界条件下求解 F_{S1} 或 φ,然后再求出内力 F_{T1}、F_{T2}、M_1、M_2。

这样得出的解答,只能表示为无穷级数的形式,而且对于工程上常见的薄壳,级数收敛很慢,不便应用。但是,由这样的级数解答可见,F_{S1} 和 φ 有如下的特征:

$$F_{S1} \ll \frac{\mathrm{d}F_{S1}}{\mathrm{d}\alpha} \ll \frac{\mathrm{d}^2 F_{S1}}{\mathrm{d}\alpha^2}, \qquad \varphi \ll \frac{\mathrm{d}\varphi}{\mathrm{d}\alpha} \ll \frac{\mathrm{d}^2\varphi}{\mathrm{d}\alpha^2}。$$

在离开壳顶较远而离开边界较近之处(正是无矩解答需要修正之处),通常是 $\alpha>40°$,因而 $\cot \alpha<1.2$,于是,可以采用施塔耶尔芒在 1924 年和盖开勒在 1926 年分别提出的办法,在式(b)中略去 $\frac{\mathrm{d}F_{S1}}{\mathrm{d}\alpha}$ 的项和 F_{S1} 的项,在式(c)中略去 $\frac{\mathrm{d}\varphi}{\mathrm{d}\alpha}$ 的项和 φ 的项,使该二式简化为易于求解的形式:

$$\frac{\mathrm{d}^2 F_{S1}}{\mathrm{d}\alpha^2} = -E\delta\varphi, \qquad \frac{\mathrm{d}^2 \varphi}{\mathrm{d}\alpha^2} = \frac{R^2}{D}F_{S1}。 \tag{d}$$

从二式中消去 φ,得

$$\frac{\mathrm{d}^4 F_{S1}}{\mathrm{d}\alpha^4} + \frac{E\delta R^2}{D} F_{S1} = 0 \text{。}$$

引用量纲为一的常数

$$m = \left(\frac{E\delta R^2}{4D}\right)^{1/4} = \left[3(1-\mu^2)\frac{R^2}{\delta^2}\right]^{1/4}, \tag{21-46}$$

则上述微分方程变换为

$$\frac{\mathrm{d}^4 F_{S1}}{\mathrm{d}\alpha^4} + 4m^4 F_{S1} = 0 \text{。} \tag{e}$$

由式(21-46)可见,对于薄壳说来,m 远大于1。

为了进一步简化解答,用 ψ 角来代替 α 角作为自变量,见图 21-8。利用变换式

$$\psi = \alpha'' - \alpha, \tag{21-47}$$

可将微分方程(e)变换为

$$\frac{\mathrm{d}^4 F_{S1}}{\mathrm{d}\psi^4} + 4m^4 F_{S1} = 0 \text{。}$$

把这一微分方程的解答取为如下的形式:

$$F_{S1} = \mathrm{e}^{-m\psi}(C_1 \cos m\psi + C_2 \sin m\psi) + \mathrm{e}^{m\psi}(C_3 \cos m\psi + C_4 \sin m\psi),$$

其中的 C_1 至 C_4 是任意常数。注意 m 是较大的数字而 F_{S1} 是局部性的(它随着 ψ 的增大而消减),可见,C_3 及 C_4 应当等于零,而上述解答简化为

$$F_{S1} = \mathrm{e}^{-m\psi}(C_1 \cos m\psi + C_2 \sin m\psi) \text{。} \tag{f}$$

由式(d)中的第一式可以求得

$$\varphi = -\frac{1}{E\delta}\frac{\mathrm{d}^2 F_{S1}}{\mathrm{d}\alpha^2} = -\frac{1}{E\delta}\frac{\mathrm{d}^2 F_{S1}}{\mathrm{d}\psi^2} = -\frac{2m^2}{E\delta}\mathrm{e}^{-m\psi}(C_1 \sin m\psi - C_2 \cos m\psi) \text{。} \tag{g}$$

在式(21-41)中,注意 $\varphi \ll \dfrac{\mathrm{d}\varphi}{\mathrm{d}\alpha}$,即可由式(g)得出

$$\begin{aligned} M_1 &= \frac{D}{R}\frac{\mathrm{d}\varphi}{\mathrm{d}\alpha} = -\frac{D}{R}\frac{\mathrm{d}\varphi}{\mathrm{d}\psi} \\ &= \frac{2m^3 D}{E\delta R}\mathrm{e}^{-m\psi}\left[(C_1+C_2)\cos m\psi + (C_2-C_1)\sin m\psi\right] \\ &= \frac{R}{2m}\mathrm{e}^{-m\psi}\left[(C_1+C_2)\cos m\psi + (C_2-C_1)\sin m\psi\right], \end{aligned} \tag{h}$$

$$M_2 = \frac{D}{R}\mu\frac{\mathrm{d}\varphi}{\mathrm{d}\alpha} = \mu M_1 \text{。} \tag{i}$$

现在就可以由边界条件求出 C_1 和 C_2。边界条件是

$$(M_1)_{\psi=0} = M, \qquad (F_{S1})_{\psi=0} = F\sin \alpha'' \text{。}$$

将式(h)及式(f)代入,得到

$$\frac{R}{2m}(C_1+C_2)=M, \qquad C_1=F\sin\ \alpha'',$$

也就是

$$C_1=F\sin\ \alpha'', \qquad C_2=2M\frac{m}{R}-F\sin\ \alpha''。$$

将求出的 C_1 及 C_2 代入(f)、(g)、(h)三式,得到

$$F_{S1}=e^{-m\psi}\left[F\sin\ \alpha''(\cos\ m\psi-\sin\ m\psi)+2M\frac{m}{R}\sin\ m\psi\right], \qquad (j)$$

$$\varphi=-\frac{2m^2}{E\delta}e^{-m\psi}\left[F\sin\ \alpha''(\cos\ m\psi+\sin\ m\psi)-2M\frac{m}{R}\cos\ m\psi\right], \qquad (k)$$

$$M_1=e^{-m\psi}\left[-F\frac{R}{m}\sin\ \alpha''\sin\ m\psi+M(\cos\ m\psi+\sin\ m\psi)\right]。 \qquad (l)$$

按照式(a),可以由式(j)求得 F_{T1} 及 F_{T2}:

$$F_{T1}=F_{S1}\cot\ \alpha=e^{-m\psi}\left[F\sin\ \alpha''(\cos\ m\psi-\sin\ m\psi)+2M\frac{m}{R}\sin\ m\psi\right]\cot\ \alpha, \qquad (m)$$

$$F_{T2}=\frac{dF_{S1}}{d\alpha}=-\frac{dF_{S1}}{d\psi}=e^{-m\psi}\left[2Fm\sin\ \alpha''\cos\ m\psi-\right.$$

$$\left.2M\frac{m^2}{R}(\cos\ m\psi-\sin\ m\psi)\right]。 \qquad (n)$$

为了利用表 20-1 来简化数字计算,将以上各个内力的表达式通过式(20-20)用特殊函数 f_1 至 f_4 来表示:

$$\left.\begin{array}{l}F_{T1}=\left[F\sin\ \alpha''f_3(m\psi)+2M\dfrac{m}{R}f_2(m\psi)\right]\cot\ \alpha, \\[2mm] F_{T2}=2Fm\sin\ \alpha''f_4(m\psi)-2M\dfrac{m^2}{R}f_3(m\psi), \\[2mm] M_1=-F\dfrac{R}{m}\sin\ \alpha''f_2(m\psi)+Mf_1(m\psi), \\[2mm] M_2=\mu M_1, \\[2mm] F_{S1}=F\sin\ \alpha''f_3(m\psi)+2M\dfrac{m}{R}f_2(m\psi)。\end{array}\right\} \qquad (21\text{-}48)$$

这样就很容易由 F 和 M 求得内力。

在计算实际问题时,必须首先算出 M 和 F,而 M 和 F 须根据薄壳在它们作用方向的位移条件来确定。薄壳在 M 作用方向的位移是边界处的转角,即

$$\varphi_0 = (\varphi)_{\psi=0},$$

由式(k)可见其为

$$\varphi_0 = -\frac{2m^2 \sin \alpha''}{E\delta}F + \frac{4m^3}{E\delta R}M。 \tag{21-49}$$

薄壳在 F 作用方向的位移,是边界半径的改变,即

$$\delta_0 = R\sin \alpha''(\varepsilon_2)_{\psi=0} = R\sin \alpha''\left(\frac{F_{T2}-\mu F_{T1}}{E\delta}\right)_{\psi=0}。$$

将式(m)及式(n)代入,得到

$$\delta_0 = \frac{FR\sin \alpha''}{E\delta}(2m\sin \alpha''-\mu\cos \alpha'') - \frac{2Mm^2}{E\delta}\sin \alpha''。$$

由于 m 较大而 $\sin \alpha''$ 不会很小,$\mu\cos \alpha''$ 与 $2m\sin \alpha''$ 相比,可以略去不计。因此,上式可以简写为

$$\delta_0 = \frac{2mR\sin^2 \alpha''}{E\delta}F - \frac{2m^2 \sin \alpha''}{E\delta}M。 \tag{21-50}$$

§21-9 球壳的简化计算

作为上一节中解答的例题,设有边界固定的球壳,受均布压力 q_0,如图 21-9 所示。参阅 §21-4 中的式(21-32),可见这一问题中的无矩内力为

$$\left.\begin{array}{ll}F_{T1} = -\dfrac{q_0R}{2}, & F_{T2} = -\dfrac{q_0R}{2}, \\[2mm] M_1 = 0, \quad M_2 = 0, & F_{S1} = 0。\end{array}\right\} \tag{a}$$

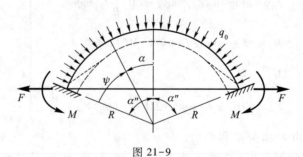

图 21-9

为了求出与此相应的中面位移,在式(21-29)中命 $R_1 = R_2 = R$,$q_3 = -q_0$,$F_{T1} = -q_0R/2$,得

$$u = C_1 \sin\alpha + \frac{\sin\alpha}{E\delta} \int\left[\frac{2(1+\mu)R}{\sin\alpha}\left(-\frac{q_0 R}{2}\right) + \frac{(1+\mu)R^2 q_0}{\sin\alpha}\right]\mathrm{d}\alpha = C_1 \sin\alpha_\circ$$

由边界条件

$$(u)_{\alpha=\alpha''} = 0$$

得出 $C_1 = 0$，因此有

$$u = 0_\circ \tag{b}$$

将式（a）及式（b）代入弹性方程（21-13）中的第一式，得中面法向位移为

$$w = -\frac{(1-\mu)q_0 R^2}{2E\delta}_\circ \tag{c}$$

由式（b）及式（c）可见，在无矩内力状态下，中面在经线方向的位移 u 为零，而法向位移 w 为常量，弹性曲面如图 21-9 中的虚线所示。由式（21-40）及（b）、（c）两式可得边界处的转角为

$$\varphi_0 = (\varphi)_{\psi=0} = \frac{1}{R}\left(u - \frac{\mathrm{d}w}{\mathrm{d}\alpha}\right)_{\psi=0} = 0, \tag{d}$$

而边界半径的改变为

$$\delta_0 = w\sin\alpha'' = -\frac{(1-\mu)q_0 R^2}{2E\delta}\sin\alpha''_\circ \tag{e}$$

实际上，由于边界固定，边界处将发生弯矩 M 及水平反力 F。这个 M 和 F，结合荷载 q_0 的作用，应使边界处总的 φ_0 及总的 δ_0 都成为零，而边界近处的弹性曲面如图 21-9 中的点线所示。按照式（21-49）和式（21-50），以及式（d）和式（e），上述条件为

$$-\frac{2m^2\sin\alpha''}{E\delta}F + \frac{4m^3}{E\delta R}M = 0,$$

$$\frac{2mR\sin^2\alpha''}{E\delta}F - \frac{2m^2\sin\alpha''}{E\delta}M - \frac{(1-\mu)q_0 R^2}{2E\delta}\sin\alpha'' = 0_\circ$$

求解 F 及 M，得出

$$F = \frac{(1-\mu)q_0 R}{2m\sin\alpha''}, \qquad M = \frac{(1-\mu)q_0 R^2}{4m^2}_\circ \tag{f}$$

将式（f）代入表达式（21-48），得出边界约束引起的附加内力，即所谓边缘效应，然后附加于式（a）所示的无矩内力，整理以后，即得总的内力如下：

$$F_{\mathrm{T1}} = -\frac{q_0 R}{2}\left\{1 - \frac{1-\mu}{m}\left[f_3(m\psi) + f_2(m\psi)\right]\cot\alpha\right\}$$

$$= -\frac{q_0 R}{2}\left[1 - \frac{1-\mu}{m}f_4(m\psi)\cot\alpha\right], \tag{g}$$

$$F_{T2} = -\frac{q_0 R}{2}\big\{1-(1-\mu)\big[2f_4(m\psi)-f_3(m\psi)\big]\big\}$$

$$= -\frac{q_0 R}{2}\big[1-(1-\mu)f_1(m\psi)\big], \tag{h}$$

$$M_1 = \frac{(1-\mu)q_0 R^2}{4m^2}\big[f_1(m\psi)-2f_2(m\psi)\big]$$

$$= \frac{q_0 R^2(1-\mu)}{4m^2}f_3(m\psi), \tag{i}$$

$$M_2 = \mu M_1, \tag{j}$$

$$F_{S1} = \frac{(1-\mu)q_0 R}{2m}\big[f_3(m\psi)+f_2(m\psi)\big] = \frac{q_0 R(1-\mu)}{2m}f_4(m\psi). \tag{k}$$

利用表 20-1,极易由这些表达式求得球壳的内力。

习　　题

21-1　半径为 R 而厚度为 δ 的圆柱壳,两端焊以同材料、同半径而厚度为 δ' 的半圆球壳,如图 21-10 所示,承受均布内压力。(1) 试按材料强度的要求决定比值 δ'/δ。(2) 试按无矩条件的要求决定比值 δ'/δ。

答案：　(1) $\delta'/\delta = 1/2$。　　　(2) $\delta'/\delta = (1-\mu)/(2-\mu)$。

21-2　圆球形容器,沿着 $\alpha = \alpha''$ 的环线受支承,盛满密度为 ρ 的液体,如图 21-11 所示。试求无矩内力(不计容器的自重)。

答案：　在 $\alpha < \alpha''$ 处,$F_{T1} = \frac{\rho g R^2}{6}\left(1-\frac{2\cos^2\alpha}{1+\cos\alpha}\right)$,　　$F_{T2} = \frac{\rho g R^2}{6}\left(5-6\cos\alpha+\frac{2\cos^2\alpha}{1+\cos\alpha}\right)$。

在 $\alpha > \alpha''$ 处,$F_{T1} = \frac{\rho g R^2}{6}\left(5+\frac{2\cos^2\alpha}{1-\cos\alpha}\right)$,　　$F_{T2} = \frac{\rho g R^2}{6}\left(1-6\cos\alpha-\frac{2\cos^2\alpha}{1-\cos\alpha}\right)$。

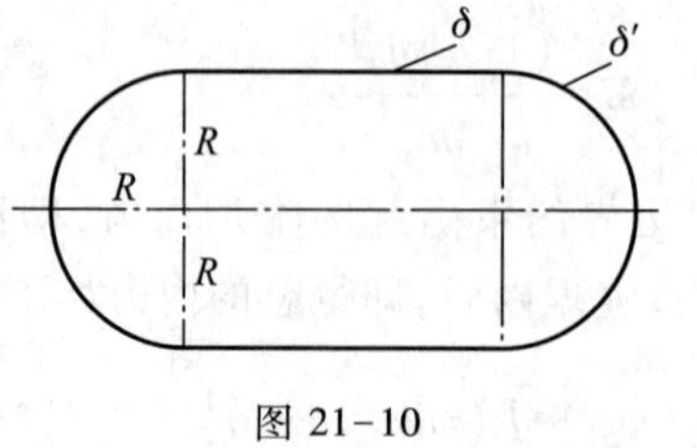

图 21-10

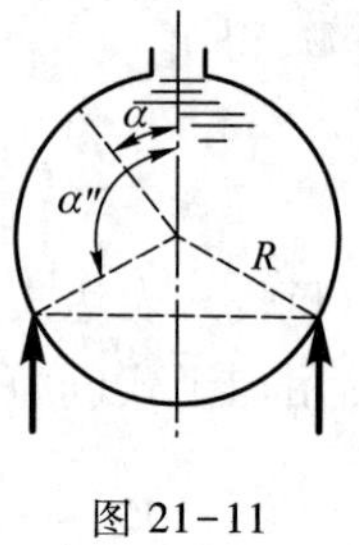

图 21-11

21-3　圆球面屋顶,每单位面积受铅直荷载 q_0,并在顶环 AB 的每单位长度上受铅直荷载 F,如图 21-12 所示,用支承环 CD 垫承在圆墙顶上。试求无矩内力。

答案：　$F_{T1} = -q_0 R \dfrac{\cos \alpha' - \cos \alpha}{\sin^2 \alpha} - F \dfrac{\sin \alpha'}{\sin^2 \alpha}$,

$$F_{T2} = q_0 R \left(\frac{\cos \alpha' - \cos \alpha}{\sin^2 \alpha} - \cos \alpha \right) + F \frac{\sin \alpha'}{\sin^2 \alpha}.$$

21-4　图 21-13 所示圆锥形顶盖,每单位面积受铅直荷载 q_0,并在顶点受集中荷载 F。试求无矩内力。

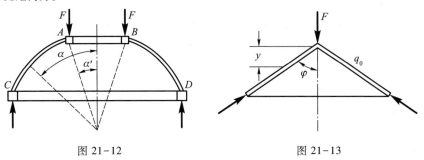

图 21-12　　　　　　　　　　　　　图 21-13

答案：　$F_{T1} = -\dfrac{q_0 y}{2\cos^2 \varphi} - \dfrac{F}{2\pi y \sin \varphi}$,　　　$F_{T2} = -q_0 y \tan^2 \varphi$。

21-5　圆筒盛满密度为 ρ 的液体,如图 21-14 所示,设筒底为球壳,而球壳的半径为 R。试求筒底的无矩内力。

答案：　$F_{T1} = -\dfrac{\rho g R^2}{6} \left[\dfrac{3h}{R} + \dfrac{1 - \cos \alpha}{1 + \cos \alpha} (1 + 2\cos \alpha) \right]$,

$$F_{T2} = -\frac{\rho g R^2}{6} \left[\frac{3h}{R} + \frac{1 - \cos \alpha}{1 + \cos \alpha} (5 + 4\cos \alpha) \right].$$

21-6　设图 21-9 中的球壳具有铰支边,试求均布压力及边缘效应引起的内力。

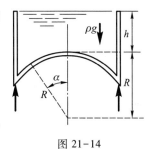

图 21-14

答案：　$F = \dfrac{(1 - \mu) q_0 R}{4m \sin \alpha''}$,　　　$M = 0$,

$$F_{T1} = -\frac{q_0 R}{2} \left[1 - \frac{1 - \mu}{2m} f_3(m\psi) \cot \alpha \right],$$

$$F_{T2} = -\frac{q_0 R}{2} \left[1 - (1 - \mu) f_4(m\psi) \right],$$

$$M_1 = -\frac{q_0 R^2 (1 - \mu)}{4m^2} f_2(m\psi),　　　M_2 = \mu M_1,$$

$$F_{S1} = \frac{q_0 R (1 - \mu)}{4m} f_2(m\psi).$$

21-7　对于图 21-7 所示的顶盖,试考虑如何计算球壳中因受支承环约束而引起的局部弯曲应力(边缘效应)。

21-8　对于图 21-10 所示的容器,如果采用 $\delta' = \delta$,试考虑如何计算圆柱壳与半圆球壳在焊接处的局部弯曲应力(边缘效应)。

参 考 教 材

[1] 诺沃日洛夫.薄壳理论[M].白鹏飞,陈抡元,崔孝秉,等,译.北京:科学出版社,1959.第二章中的 §1 至 §13.

[2] 铁木辛柯,沃诺斯基.板壳理论[M].《板壳理论》翻译组,译.北京:科学出版社,1977:第十六章.

第二十二章 扁 壳

§22-1 中面的几何性质

所谓扁壳,指的是这样扁平的薄壳:它的中面的最大矢高,远小于它的底面(覆盖面)的尺寸。对于圆形的覆盖面,扁壳的中面一般都做成旋转面。对于矩形的覆盖面,可以把扁壳的中面做成任何柱面或双曲面,得出一个所谓柱面扁壳或双曲扁壳。但是,为了更好地发挥壳的作用,从而节省需用的材料,通常都不用柱面扁壳,而采用双曲扁壳。本章中将着重讨论建筑工程上常用的、具有矩形底面的双曲扁壳。

以扁壳的底面为 xy 面,命扁壳中面上任意一点 M 的高度为 z,如图 22-1 所示,则中面的方程为

$$z = F(x,y)。 \tag{22-1}$$

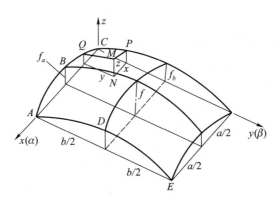

图 22-1

由于中面的扁平性,它在坐标方向的曲率及扭率可以近似地取为

$$k_x = -\frac{\partial^2 z}{\partial x^2}, \qquad k_y = -\frac{\partial^2 z}{\partial y^2}, \qquad k_{xy} = -\frac{\partial^2 z}{\partial x \partial y}。 \tag{22-2}$$

在建筑工程中,为了计算简单,一般总是把双曲扁壳的中面作成所谓平移曲面,如图 22-1 中的平面曲线 ABC 沿另一平面曲线 ADE 平行移动而形成的曲面

（也就是 ADE 沿 ABC 平行移动而形成的曲面）。设曲线 ABC 上任意一点的高度为 $z_1 = F_1(x)$，而曲线 ADE 上任意一点的高度为 $z_2 = F_2(y)$，则该平移曲面上任意一点的高度为

$$z = z_1 + z_2 = F_1(x) + F_2(y)。$$

应用方程（22-2）中的第三式，得到

$$k_{xy} = -\frac{\partial^2 z}{\partial x \partial y} = 0。$$

平移曲面在平移方向的扭率等于零，这是平移曲面能使计算简化的一个几何特性。

如果曲线 ABC 和 ADE 都是抛物线，则形成的曲面称为抛物线平移曲面。在图示的直角坐标系中，该曲面的方程将是

$$z = 4f_a\left(\frac{x}{a} - \frac{x^2}{a^2}\right) + 4f_b\left(\frac{y}{b} - \frac{y^2}{b^2}\right), \tag{22-3}$$

其中 f_a 及 f_b 分别为平行于 xz 面及 yz 面的边界曲线的矢高，即抛物线 ABC 及 ADE 的矢高，而中面的最大矢高为 $f = f_a + f_b$。按照方程（22-2）中的前两式，中面在 x 和 y 方向的曲率为

$$k_x = \frac{8f_a}{a^2}, \qquad k_y = \frac{8f_b}{b^2}。 \tag{22-4}$$

据此，中面在 x 和 y 方向的曲率半径为

$$R_x = \frac{1}{k_x} = \frac{a^2}{8f_a}, \qquad R_y = \frac{1}{k_y} = \frac{b^2}{8f_b}, \tag{22-5}$$

它们都是常量，而且不随坐标轴的平行移动而有所改变。

如果曲线 ABC 和 ADE 都是圆弧，形成的曲面就称为圆弧平移曲面，而两个圆弧的半径就是曲面在 x 和 y 方向的曲率半径 R_x 和 R_y。由于曲面是扁平的，圆弧和抛物线的几何形状很相近，因而可以认为式（22-5）仍然适用。于是，得出由圆弧半径计算圆弧矢高的近似公式

$$f_a = \frac{a^2}{8R_x}, \qquad f_b = \frac{b^2}{8R_y}。 \tag{22-6}$$

在一般情况下，k_x 和 k_y 并不相等，扁壳是不等曲率扁壳。当 $k_x = k_y$ 时，即 $R_x = R_y = R$ 时，扁壳就是等曲率扁壳。在等曲率扁壳中，矢高比值 f_a/f_b 与边长比值 a/b 之间有一定的关系：在式（22-5）中命 $k_x = k_y$，即得

$$\frac{f_a}{f_b} = \frac{a^2}{b^2}。 \tag{22-7}$$

以圆球面为中面的扁壳，称为球面扁壳。由于中面的扁平性，球面扁壳可视为等曲率扁壳，而它的曲率半径 R_x 和 R_y 都等于该圆球面的半径 R。也由于中

面的扁平性,圆球面与等曲率的抛物线平移扁壳,两者的形状很相近。所以一般就把等曲率的圆弧平移扁壳和抛物线平移扁壳统称为球面扁壳。

因为扁壳的几何性质可以比较简单明了地用直角坐标来表示,所以将用直角坐标来求解扁壳问题,而把扁壳的位移、应变和内力都当作直角坐标 x 和 y 的函数。但是,为了能够利用第十九章中已经导出的基本方程和边界条件,就需要建立从正交曲线坐标向直角坐标变换的一些变换式,进行如下。

如图 22-1 所示,通过扁壳中面上的任意一点 M,作平行于 xz 面的平面 PMN 和平行于 yz 面的平面 QMN,分别与中面相交于曲线 PM 及 QM,则 PM 及 QM 可以作为中面上通过 M 点的坐标线。这种坐标线和§19-4 中所说的正交曲线坐标线不同,因为它们一般并不互相垂直。但是,由于中面的扁平性,可以近似地认为它们互相垂直,而且,垂直于 xy 面的直线 MN,就是中面的法线,因而曲线 PM 及 QM 就是§19-4 中所说的 α 坐标线及 β 坐标线。于是,中面沿 α 及 β 方向的曲率 k_1 及 k_2 就分别成为 k_x 及 k_y,即

$$k_1 = k_x = -\frac{\partial^2 z}{\partial x^2}, \qquad k_2 = k_y = -\frac{\partial^2 z}{\partial y^2}; \tag{22-8}$$

任何变量沿 α 及 β 方向的改变率就分别成为该变量沿 x 及 y 方向的改变率,即

$$\frac{\partial}{\partial \alpha}(\quad) = \frac{\partial}{\partial x}(\quad), \qquad \frac{\partial}{\partial \beta}(\quad) = \frac{\partial}{\partial y}(\quad); \tag{22-9}$$

中面沿 α 及 β 方向的拉梅系数就成为

$$A = \frac{\mathrm{d}s_1}{\mathrm{d}\alpha} = \frac{\mathrm{d}x}{\mathrm{d}x} = 1, \qquad B = \frac{\mathrm{d}s_2}{\mathrm{d}\beta} = \frac{\mathrm{d}y}{\mathrm{d}y} = 1。 \tag{22-10}$$

应当指出:如果扁壳的中面不是平移曲面,则扭率 k_{xy} 不一定等于零,k_x 和 k_y 不一定是中面的主曲率,把§19-4 中的方程向直角坐标进行变换时,就比较复杂一些。

还应当指出:由于以上的近似处理,高斯条件(19-11)和科达齐条件(19-12)一般都不能满足。在扁壳中面为抛物线移动曲面的情况下,科达齐条件(19-12)可以满足,而高斯条件(19-11)仍然不能满足。但是,由于改用直角坐标以代替曲线坐标,也就不再需要利用这些条件来简化计算了。

按照符拉索夫和其他一些作者分析计算的结果,如果扁壳的最大矢高不超过矩形底面较小边长的 1/5,则上述的近似处理不致引起工程上所不容许的误差。

§22-2 基本方程及边界条件

在一般薄壳的平衡微分方程(19-22)中,应用式(22-8)至式(22-10),并且和在§20-4中一样,不计横向剪力对于纵向平衡的影响,即得

$$\frac{\partial F_{T1}}{\partial x}+\frac{\partial F_{T12}}{\partial y}+q_1=0, \qquad \frac{\partial F_{T2}}{\partial y}+\frac{\partial F_{T12}}{\partial x}+q_2=0, \qquad (a)$$

$$-(k_x F_{T1}+k_y F_{T2})+\frac{\partial F_{S1}}{\partial x}+\frac{\partial F_{S2}}{\partial y}+q_3=0, \qquad (b)$$

$$\frac{\partial M_{12}}{\partial x}+\frac{\partial M_2}{\partial y}-F_{S2}=0, \qquad \frac{\partial M_{12}}{\partial y}+\frac{\partial M_1}{\partial x}-F_{S1}=0。 \qquad (c)$$

在扁壳中,纵向荷载 q_1 及 q_2 引起的位移和内力是很次要的,因此,在式(a)中可以略去 q_1 及 q_2,得出

$$\frac{\partial F_{T1}}{\partial x}+\frac{\partial F_{T12}}{\partial y}=0, \qquad \frac{\partial F_{T2}}{\partial y}+\frac{\partial F_{T12}}{\partial x}=0。 \qquad (d)$$

由式(c)中的第二式及第一式分别解出横向剪力 F_{S1} 及 F_{S2},得出

$$F_{S1}=\frac{\partial M_1}{\partial x}+\frac{\partial M_{12}}{\partial y}, \qquad F_{S2}=\frac{\partial M_2}{\partial y}+\frac{\partial M_{12}}{\partial x}。 \qquad (22-11)$$

代入式(b),与式(d)联立,即得扁壳的平衡微分方程如下:

$$\left.\begin{array}{c} \dfrac{\partial F_{T1}}{\partial x}+\dfrac{\partial F_{T12}}{\partial y}=0, \qquad \dfrac{\partial F_{T2}}{\partial y}+\dfrac{\partial F_{T12}}{\partial x}=0, \\[3mm] (k_x F_{T1}+k_y F_{T2})-\left(\dfrac{\partial^2 M_1}{\partial x^2}+2\dfrac{\partial^2 M_{12}}{\partial x\partial y}+\dfrac{\partial^2 M_2}{\partial y^2}\right)=q_3。 \end{array}\right\} \qquad (22-12)$$

在一般薄壳的几何方程(19-15)中,应用式(22-8)至式(22-10),得出扁壳的几何方程如下:

$$\left.\begin{array}{c} \varepsilon_1=\dfrac{\partial u}{\partial x}+k_x w, \qquad \varepsilon_2=\dfrac{\partial v}{\partial y}+k_y w, \qquad \varepsilon_{12}=\dfrac{\partial u}{\partial y}+\dfrac{\partial v}{\partial x}, \\[3mm] \chi_1=-\dfrac{\partial^2 w}{\partial x^2}, \qquad \chi_2=-\dfrac{\partial^2 w}{\partial y^2}, \qquad \chi_{12}=-\dfrac{\partial^2 w}{\partial x\partial y}。 \end{array}\right\} \qquad (22-13)$$

物理方程仍然如式(19-19)所示,即

$$F_{T1}=\frac{E\delta}{1-\mu^2}(\varepsilon_1+\mu\varepsilon_2), \qquad F_{T2}=\frac{E\delta}{1-\mu^2}(\varepsilon_2+\mu\varepsilon_1),$$

$$F_{T12}=\frac{E\delta}{2(1+\mu)}\varepsilon_{12},$$

$$M_1=D(\chi_1+\mu\chi_2), \qquad M_2=D(\chi_2+\mu\chi_1),$$

$$M_{12}=(1-\mu)D\chi_{12}\text{。}$$

(22-14)

现在,对于扁壳,共有 15 个基本方程:3 个平衡微分方程(22-12),6 个几何方程(22-13)和 6 个物理方程(22-14)。这些基本方程中包含着 x 和 y 的 15 个未知函数:6 个内力 F_{T1}、F_{T2}、$F_{T12}=F_{T21}$、M_1、M_2、$M_{12}=M_{21}$,6 个中面应变 ε_1、ε_2、ε_{12}、χ_1、χ_2、χ_{12},3 个中面位移 u、v、w。横向剪力 F_{S1} 及 F_{S2} 可以按照式(22-11)由 M_1、M_2、M_{12} 求得,不必作为独立的未知函数。

在建筑工程上,支承扁壳的所谓边缘构件,不外乎边梁、边墙、边拱以及平面桁架的弦杆。如果用的是边梁,它们总是比较狭而深的梁。这些构件在其平面内的刚度很大,而在垂直方向的刚度却很小。因此,这些构件几乎可以完全阻止壳边在构件平面内的位移,可以认为壳边在该平面内的位移等于零。同时,这些构件几乎完全不能约束壳边在垂直方向的位移和转动位移,可以认为壳边在这两个方向的内

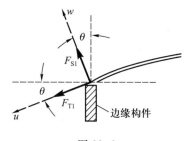

图 22-2

力等于零。以图 22-2 中 x 为常量的边界为例,边界条件就是

$$v=0, \qquad w\cos\theta-u\sin\theta=0,$$
$$F_{T1}\cos\theta+F_{S1}\sin\theta=0, \qquad M_1=0\text{。}$$

(22-15)

由于扁壳中面的扁平性,可以近似地认为 $\theta=0$,从而有 $\cos\theta=1$,$\sin\theta=0$。于是,在 x 为常量的边界上,边界条件简化为

$$F_{T1}=0, \qquad v=0, \qquad w=0, \qquad M_1=0\text{。}$$

(22-16)

同样,在 y 为常量的边界上,边界条件简化为

$$F_{T2}=0, \qquad u=0, \qquad w=0, \qquad M_2=0\text{。}$$

(22-17)

参阅式(19-27),可见,上面所述的边界实际上就是简支边。

应当指出,在扁壳的角点处,两垂直方向的边缘构件(即平行于 xz 面的边缘构件及平行于 yz 面的边缘构件),一般是互相刚连的,因此,两者将由于互相约束而不可能自由地转动。这样,扁壳在角点处也就不可能自由地转动,因而 $M_1=0$ 和 $M_2=0$ 的条件都不可能实现。这就使得在边界条件(22-16)及(22-17)之下求得的解答,在扁壳的角点处远远不能反映实际情况。还应当指

出,为了加强扁壳与边缘构件的联系,通常都把扁壳在边缘和角点处加厚,有时还在两向边缘构件之间填以三棱柱形的承托,这就使得扁壳在角点处的强度和刚度远大于别处,并且使得扁壳的边界条件进一步复杂化。根据以上所述的情况,扁壳角点处的内力和位移是算不精确的,同时也是不必计算的。

§22-3 无矩计算 重三角级数解答

在扁壳的平衡微分方程(22-12)中,不计弯矩及扭矩,即得按无矩理论计算扁壳时所需用的基本方程

$$\frac{\partial F_{T1}}{\partial x}+\frac{\partial F_{T12}}{\partial y}=0, \qquad \frac{\partial F_{T2}}{\partial y}+\frac{\partial F_{T12}}{\partial x}=0, \right\}$$
$$k_x F_{T1}+k_y F_{T2}=q_3 。$$
(22-18)

引用内力函数 $\Phi=\Phi(x,y)$,命

$$F_{T1}=\frac{\partial^2\Phi}{\partial y^2}, \qquad F_{T2}=\frac{\partial^2\Phi}{\partial x^2}, \qquad F_{T12}=-\frac{\partial^2\Phi}{\partial x\partial y}。$$
(22-19)

则式(22-18)中的前两个方程总能满足,而第三个方程要求

$$\nabla_k^2\Phi=q_3,$$
(22-20)

其中 ∇_k^2 是如下的二阶微分算子:

$$\nabla_k^2=k_y\frac{\partial^2}{\partial x^2}+k_x\frac{\partial^2}{\partial y^2}。$$
(22-21)

采用图 22-1 中的坐标系,按照式(22-16)中的第一式及式(22-17)中的第一式,边界条件应为

$$(F_{T1})_{x=0}=0, \qquad (F_{T1})_{x=a}=0,$$
$$(F_{T2})_{y=0}=0, \qquad (F_{T2})_{y=b}=0,$$

如果改用内力函数 Φ 表示,则为

$$\left(\frac{\partial^2\Phi}{\partial y^2}\right)_{x=0}=0, \qquad \left(\frac{\partial^2\Phi}{\partial y^2}\right)_{x=a}=0, \right\}$$
$$\left(\frac{\partial^2\Phi}{\partial x^2}\right)_{y=0}=0, \qquad \left(\frac{\partial^2\Phi}{\partial x^2}\right)_{y=b}=0。$$
(22-22)

这些边界条件可以改写为更简单的形式,推导如下。

由几何方程(22-13)中的第三式,可得

$$\int_0^a\!\!\int_0^b \varepsilon_{12}\,\mathrm{d}x\mathrm{d}y = \int_0^a\!\!\int_0^b \left(\frac{\partial u}{\partial y} + \frac{\partial v}{\partial x}\right)\mathrm{d}x\mathrm{d}y$$

$$= \int_0^a\left[\int_0^b \frac{\partial u}{\partial y}\mathrm{d}y\right]\mathrm{d}x + \int_0^b\left[\int_0^a \frac{\partial v}{\partial x}\mathrm{d}x\right]\mathrm{d}y$$

$$= \int_0^a\left[u(x,b) - u(x,0)\right]\mathrm{d}x + \int_0^b\left[v(a,y) - v(0,y)\right]\mathrm{d}y\text{。}$$

按照边界条件(22-17)中的第二式及边界条件(22-16)中的第二式,

$$u(x,b)=u(x,0)=0, \qquad v(a,y)=v(0,y)=0\text{。}$$

于是,由上式得到

$$\int_0^a\!\!\int_0^b \varepsilon_{12}\,\mathrm{d}x\mathrm{d}y = 0\text{。}$$

但是,由于 ε_{12} 和 $F_{\mathrm{T}12}$ 成正比,而 $F_{\mathrm{T}12}=-\dfrac{\partial^2 \Phi}{\partial x\partial y}$,又可由上式得到

$$\int_0^a\!\!\int_0^b \frac{\partial^2 \Phi}{\partial x\partial y}\mathrm{d}x\mathrm{d}y = 0\text{。} \tag{a}$$

另一方面,由于在 $x=0$ 及 $x=a$ 的边界上有 $\dfrac{\partial^2 \Phi}{\partial y^2}=0$,在 $y=0$ 及 $y=b$ 的边界上有 $\dfrac{\partial^2 \Phi}{\partial x^2}=0$,所以 Φ 值在四个边界上都按直线变化,而边界上的 Φ 值将如图22-3中的折线 $MNPQ$ 所示。现在来计算式(a)左边的面积分:

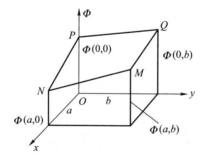

图 22-3

$$\int_0^a\!\!\int_0^b \frac{\partial^2 \Phi}{\partial x\partial y}\mathrm{d}x\mathrm{d}y = \int_0^a\left[\int_0^b \frac{\partial}{\partial y}\left(\frac{\partial \Phi}{\partial x}\right)\mathrm{d}y\right]\mathrm{d}x$$

$$= \int_0^a\left[\frac{\partial \Phi(x,b)}{\partial x} - \frac{\partial \Phi(x,0)}{\partial x}\right]\mathrm{d}x$$

$$= \left[\Phi(a,b)-\Phi(0,b)\right]-\left[\Phi(a,0)-\Phi(0,0)\right]\text{。}$$

于是,按照式(a)有

$$[\Phi(a,b)-\Phi(0,b)]-[\Phi(a,0)-\Phi(0,0)]=0,$$

或者改写为

$$\frac{1}{b}[\Phi(a,b)-\Phi(a,0)]=\frac{1}{b}[\Phi(0,b)-\Phi(0,0)]。$$

这就表示,图中的直线 NM 和 PQ 具有相同的斜率,也就是 NM 平行于 PQ。由此可见,M、N、P、Q 四点共面(均在平行线 NM 及 PQ 所决定的平面上)。现在,假想把 Φ 的表达式加上一次式 $Ax+By+C$(这样并不影响内力 F_{T1}、F_{T2}、F_{T12}),然后选择 A、B、C 的数值,使得

$$\Phi(a,0)=\Phi(0,0)=\Phi(0,b)=0,$$

从而使得 N、P、Q 三点进入 xy 面内,则 M 点也将进入 xy 面内,而全部边界上的 Φ 值成为零。

根据以上的论证,边界条件(22-22)就可以简写为

$$\Phi_s=0, \tag{22-23}$$

其中的角码 s 表示边界值。

于是,在式(22-23)所示的边界条件下,由微分方程(22-20)解出内力函数 Φ,即可用式(22-19)求得无矩内力。最简捷的解法是差分法。但是,用级数求解,可以得出一般公式。

微分方程(22-20)可以用重三角级数求解。将内力函数取为

$$\Phi=\sum_{m=1}^{\infty}\sum_{n=1}^{\infty}A_{mn}\sin\frac{m\pi x}{a}\sin\frac{n\pi y}{b}, \tag{b}$$

可以满足边界条件(22-23)。代入微分方程(22-20),得

$$-\sum_{m=1}^{\infty}\sum_{n=1}^{\infty}A_{mn}\left(k_y\frac{m^2\pi^2}{a^2}+k_x\frac{n^2\pi^2}{b^2}\right)\times\sin\frac{m\pi x}{a}\sin\frac{n\pi y}{b}=q_3。 \tag{c}$$

将荷载 q_3 也展为 $\sin\dfrac{m\pi x}{a}\sin\dfrac{n\pi y}{b}$ 的级数,得

$$q_3=\frac{4}{ab}\sum_{m=1}^{\infty}\sum_{n=1}^{\infty}\left[\int_0^a\int_0^b q_3\sin\frac{m\pi x}{a}\sin\frac{n\pi y}{b}dxdy\right]\times$$

$$\sin\frac{m\pi x}{a}\sin\frac{n\pi y}{b}。$$

代入式(c),比较两边的系数,求出 A_{mn},再代入式(b),即得

$$\Phi=-\frac{4}{ab}\sum_{m=1}^{\infty}\sum_{n=1}^{\infty}\frac{\displaystyle\int_0^a\int_0^b q_3\sin\frac{m\pi x}{a}\sin\frac{n\pi y}{b}dxdy}{ky\dfrac{m^2\pi^2}{a^2}+kx\dfrac{n^2\pi^2}{b^2}}\times\sin\frac{m\pi x}{a}\sin\frac{n\pi y}{b}。$$

引用记号

$$\sigma = \frac{a}{b}, \qquad \rho = \sqrt{\frac{R_x}{R_y}} = \sqrt{\frac{k_y}{k_x}},$$

上式可以改写为

$$\Phi = -\frac{4R_y\sigma}{\pi^2} \sum_{m=1}^{\infty} \sum_{n=1}^{\infty} \frac{\int_0^a \int_0^b q_3 \sin\frac{m\pi x}{a} \sin\frac{n\pi y}{b} dx dy}{m^2 + \frac{\sigma^2}{\rho^2}n^2} \times \sin\frac{m\pi x}{a} \sin\frac{n\pi y}{b}。 \qquad (d)$$

由此可以用式(22-19)求得无矩内力。

例如,设扁壳受均布外压力 q_0,即 $q_3 = -q_0$,则

$$\int_0^a \int_0^b q_3 \sin\frac{m\pi x}{a} \sin\frac{n\pi y}{b} dx dy$$

$$= -q_0 \int_0^a \int_0^b \sin\frac{m\pi x}{a} \sin\frac{n\pi y}{b} dx dy = -\frac{4q_0 ab}{\pi^2 mn},$$

其中

$$m = 1, 3, 5, \cdots; \qquad n = 1, 3, 5, \cdots。$$

代入式(d),得

$$\Phi = \frac{16q_0 R_y a^2}{\pi^4} \sum_{m=1}^{\infty} \sum_{n=1}^{\infty} \frac{\sin\frac{m\pi x}{a}\sin\frac{n\pi y}{b}}{mn\left(m^2 + \frac{\sigma^2}{\rho^2}n^2\right)}。$$

于是,可用式(22-19)求得无矩内力如下:

$$F_{T1} = \frac{\partial^2 \Phi}{\partial y^2} = -\frac{16q_0 R_y \sigma^2}{\pi^2} \sum_{m=1}^{\infty} \sum_{n=1}^{\infty} \frac{n\sin\frac{m\pi x}{a}\sin\frac{n\pi y}{b}}{m\left(m^2 + \frac{\sigma^2}{\rho^2}n^2\right)},$$

$$F_{T2} = \frac{\partial^2 \Phi}{\partial x^2} = -\frac{16q_0 R_y}{\pi^2} \sum_{m=1}^{\infty} \sum_{n=1}^{\infty} \frac{m\sin\frac{m\pi x}{a}\sin\frac{n\pi y}{b}}{n\left(m^2 + \frac{\sigma^2}{\rho^2}n^2\right)},$$

$$F_{T12} = -\frac{\partial^2 \Phi}{\partial x \partial y} = -\frac{16q_0 R_y \sigma}{\pi^2} \sum_{m=1}^{\infty} \sum_{n=1}^{\infty} \frac{\cos\frac{m\pi x}{a}\cos\frac{n\pi y}{b}}{m^2 + \frac{\sigma^2}{\rho^2}n^2}。$$

重三角级数式的解答,其优点是适用于任何荷载的情况(包括集中荷载的情况),其缺点是级数收敛很慢。

§22-4 无矩计算 单三角级数解答

在绝大多数的工程问题中,荷载 q 只是 x 的函数,或只是 y 的函数。这时,如用单三角级数求解无矩内力,级数一般是收敛较快的。下面将假定荷载 q_3 只是 x 的函数。为了便于利用对称条件来简化解答,把 x 轴放在扁壳底面的中心线上,如图 22-4 所示。

将内力函数 Φ 取为

$$\Phi = \sum_{m=1}^{\infty} \Phi_m(y) \sin \frac{m\pi x}{a}, \qquad (\text{a})$$

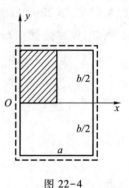

图 22-4

可以满足 $x=0$ 及 $x=a$ 处的边界条件。代入到方程(22-20)中,得到

$$\sum_{m=1}^{\infty} \left(k_x \frac{d^2}{dy^2} - k_y \frac{m^2\pi^2}{a^2} \right) \Phi_m \sin \frac{m\pi x}{a} = q_3 。$$

将右边的 q_3 也展为 $\sin \dfrac{m\pi x}{a}$ 的级数,然后比较两边的系数,即得 $\Phi_m(y)$ 的常微分方程

$$\left(k_x \frac{d^2}{dy^2} - k_y \frac{m^2\pi^2}{a^2} \right) \Phi_m = \frac{2}{a} \int_0^a q_3 \sin \frac{m\pi x}{a} dx 。$$

将两边同除以 k_x,并引用记号 $\rho = \sqrt{k_y/k_x}$,得

$$\frac{d^2}{dy^2} \Phi_m - \left(\frac{\rho m\pi}{a} \right)^2 \Phi_m = \frac{2}{ak_x} \int_0^a q_3 \sin \frac{m\pi x}{a} dx, \qquad (\text{b})$$

它的解答可以取为

$$\Phi_m = A_m \cosh \frac{\rho m\pi y}{a} + B_m \sinh \frac{\rho m\pi y}{a} + \Phi_m^*, \qquad (\text{c})$$

其中 $\Phi_m^*(y)$ 是任一特解,可以按照式(b)右边积分的结果来选取,而 A_m 及 B_m 为任意常数,决定于 $y = \pm b/2$ 处的边界条件。

由于这里假定 q_3 只是 x 的函数,式(b)右边积分的结果将是一个常量。因

此,特解 Φ_m^* 可以取为

$$\Phi_m^* = -\left(\frac{a}{\rho m \pi}\right)^2 \frac{2}{a k_x} \int_0^a q_3 \sin \frac{m \pi x}{a} \mathrm{d}x$$

$$= -\frac{2a}{\pi^2 k_y m^2} \int_0^a q_3 \sin \frac{m \pi x}{a} \mathrm{d}x_\circ \tag{d}$$

代入式(c),得

$$\Phi_m = A_m \cosh \frac{\rho m \pi y}{a} + B_m \sinh \frac{\rho m \pi y}{a} -$$

$$\frac{2a}{\pi^2 k_y m^2} \int_0^a q_3 \sin \frac{m \pi x}{a} \mathrm{d}x_\circ$$

于是,由式(a)得出

$$\Phi = \sum_{m=1}^{\infty} \left(A_m \cosh \frac{\rho m \pi y}{a} + B_m \sinh \frac{\rho m \pi y}{a} - \right.$$

$$\left. \frac{2a}{\pi^2 k_y m^2} \int_0^a q_3 \sin \frac{m \pi x}{a} \mathrm{d}x \right) \sin \frac{m \pi x}{a}, \tag{22-24}$$

其中的系数 A_m 及 B_m 决定于 $y = \pm b/2$ 处的边界条件。

例如,设扁壳在凸面受均布压力 q_0,即 $q_3 = -q_0$,则

$$\int_0^a q_3 \sin \frac{m \pi x}{a} \mathrm{d}x = -q_0 \int_0^a \sin \frac{m \pi x}{a} \mathrm{d}x = -\frac{2 q_0 a}{\pi m}_\circ$$

$$(m = 1, 3, 5, \cdots)$$

代入式(22-24),并注意由问题的对称性有 $B_m = 0$,即得

$$\Phi = \sum_{m=1,3,5,\cdots}^{\infty} \left(A_m \cosh \frac{\rho m \pi y}{a} + \frac{4 q_0 a^2}{\pi^3 k_y m^3} \right) \sin \frac{m \pi x}{a}_\circ \tag{e}$$

用边界条件

$$(\Phi)_{y=\pm b/2} = 0$$

求出 A_m,再代回式(e),即得内力函数的最后表达式

$$\Phi = \frac{4 q_0 a^2}{\pi^3 k_y} \sum_{m=1,3,5,\cdots}^{\infty} \frac{1}{m^3} \left(1 - \frac{\cosh \dfrac{\rho m \pi y}{a}}{\cosh \dfrac{\rho m \pi b}{2a}} \right) \sin \frac{m \pi x}{a}_\circ \tag{f}$$

将式(f)代入到关系式(22-19)中的第一式及第三式,得

$$F_{T1} = -\frac{4q_0\rho^2}{\pi k_y}\sum_{m=1,3,5,\cdots}^{\infty}\frac{\cosh\dfrac{\rho m\pi y}{a}\sin\dfrac{m\pi x}{a}}{m\cosh\dfrac{\rho m\pi b}{2a}}, \left.\vphantom{\sum}\right\}$$

$$F_{T12} = \frac{4q_0\rho}{\pi k_y}\sum_{m=1,3,5,\cdots}^{\infty}\frac{\sinh\dfrac{\rho m\pi y}{a}\cos\dfrac{m\pi x}{a}}{m\cosh\dfrac{\rho m\pi b}{2a}}\text{。} \tag{g}$$

注意 $k_y = \dfrac{1}{R_y}$，$\rho = \sqrt{k_y/k_x} = \sqrt{R_x/R_y}$，并由式(22-5)可得

$$\rho = \sqrt{\frac{R_x}{R_y}} = \sqrt{\frac{f_b a^2}{f_a b^2}} = \frac{a}{b}\sqrt{\frac{f_b}{f_a}},$$

则式(g)可以改写成为

$$F_{T1} = -\frac{4q_0 R_x}{\pi}\sum_{m=1,3,5,\cdots}^{\infty}\frac{\cosh\left(m\pi\sqrt{\dfrac{f_b}{f_a}}\,\dfrac{y}{b}\right)\sin\left(m\pi\,\dfrac{x}{a}\right)}{m\cosh\left(\dfrac{m\pi}{2}\sqrt{\dfrac{f_b}{f_a}}\right)},$$

$$F_{T12} = \frac{4q_0\sqrt{R_x R_y}}{\pi}\sum_{m=1,3,5,\cdots}^{\infty}\frac{\sinh\left(m\pi\sqrt{\dfrac{f_b}{f_a}}\,\dfrac{y}{b}\right)\cos\left(m\pi\,\dfrac{x}{a}\right)}{m\cosh\left(\dfrac{m\pi}{2}\sqrt{\dfrac{f_b}{f_a}}\right)}\text{。}$$

再将上述两式简写成为

$$F_{T1} = -q_0 R_x K_1, \tag{22-25}$$

$$F_{T12} = q_0\sqrt{R_x R_y}\,K_s, \tag{22-26}$$

则其中量纲为一的内力系数 K_1 及 K_s 完全确定于比值 f_a/f_b、x/a 及 y/b。当 $f_a/f_b = 1$ 及 $f_a/f_b = 0.8$ 时，算出的内力系数分别如表 22-1 及表 22-2 所示。由于对称，只给出 1/4 扁壳的内力系数(该 1/4 扁壳在图 22-4 中用阴线表示)。更详细的表格，见原建筑工程部所编的《钢筋混凝土薄壳顶盖及楼盖结构设计计算规程》。

这里没有导出内力 F_{T2} 的级数表达式，因为 F_{T2} 可以很简单地用 F_{T1} 来表示：由式(22-18)中的第三式求解 F_{T2}，即得

$$F_{T2} = \frac{q_3 - k_x F_{T1}}{k_y} = -\left(q_0 + \frac{F_{T1}}{R_x}\right)R_y\text{。} \tag{h}$$

表 22-1　均布荷载 $f_a/f_b=1$

x/a ＼ y/b		0	$\dfrac{1}{8}$	$\dfrac{1}{4}$	$\dfrac{3}{8}$	$\dfrac{1}{2}$
0	K_1	0.000	0.000	0.000	0.000	0.000
	K_s	0.000	0.216	0.486	0.930	∞
$\dfrac{1}{8}$	K_1	0.202	0.222	0.300	0.500	1.000
	K_s	0.000	0.192	0.420	0.712	0.930
$\dfrac{1}{4}$	K_1	0.364	0.398	0.500	0.700	1.000
	K_s	0.000	0.136	0.280	0.420	0.486
$\dfrac{3}{8}$	K_1	0.467	0.500	0.602	0.778	1.000
	K_s	0.000	0.068	0.136	0.192	0.216
$\dfrac{1}{2}$	K_1	0.500	0.533	0.636	0.798	1.000
	K_s	0.000	0.000	0.000	0.000	0.000

表 22-2　均布荷载 $f_a/f_b=0.8$

x/a ＼ y/b		0	$\dfrac{1}{8}$	$\dfrac{1}{4}$	$\dfrac{3}{8}$	$\dfrac{1}{2}$
0	K_1	0.000	0.000	0.000	0.000	0.000
	K_s	0.000	0.202	0.458	0.886	∞
$\dfrac{1}{8}$	K_1	0.168	0.188	0.262	0.460	1.000
	K_s	0.000	0.182	0.402	0.706	0.960
$\dfrac{1}{4}$	K_1	0.306	0.338	0.446	0.662	1.000
	K_s	0.000	0.130	0.278	0.430	0.510
$\dfrac{3}{8}$	K_1	0.392	0.430	0.544	0.740	1.000
	K_s	0.000	0.068	0.138	0.200	0.228
$\dfrac{1}{2}$	K_1	0.422	0.460	0.574	0.762	1.000
	K_s	0.000	0.000	0.000	0.000	0.000

如果将 F_{T2} 表示为

$$F_{T2}=-q_0 R_y K_2,$$

还可以由式(h)及式(22-25)得出关系式

$$K_2=1-K_1。$$

§22-5 静水压力作用下的无矩内力

在 20 世纪 60 和 70 年代,用钢丝网水泥制成的扁壳闸门,曾在我国华东地区得到广泛的使用,效果良好。实践证明:如果闸门的高度与宽度相差不大,则采用双曲扁壳比采用柱壳经济得多。为了适应设计时的需要,我们曾对双曲扁壳在静水压力作用下的无矩内力进行分析计算,现简介如下。

设闸门的高度为 a,宽度为 b,一部分承受静水压力,如图 22-5 所示。取坐标系如图所示,则荷载 q_3 的表达式为

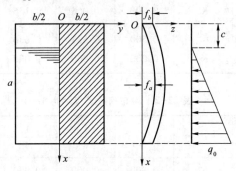

图 22-5

$$q_3 = 0, \qquad (0 \leqslant x \leqslant c) \left.\begin{array}{l}\\ \\\end{array}\right\}$$
$$q_3 = -\frac{x-c}{a-c}q_0 \text{。} \qquad (c \leqslant x \leqslant a)$$
(a)

于是式(22-24)右边的积分式成为

$$\int_0^a q_3 \sin \frac{m\pi x}{a} \mathrm{d}x = \int_c^a \left(-\frac{x-c}{a-c}q_0\right) \sin \frac{m\pi x}{a}\mathrm{d}x$$

$$= -\frac{q_0 a}{\pi m}\left[(-1)^{m-1} - \frac{a\sin\dfrac{m\pi c}{a}}{(a-c)m\pi}\right] \text{。}$$
(b)

代入式(22-24)中,并注意由问题的对称性有 $B_m = 0$,即得

$$\Phi = \sum_{m=1}^{\infty}\left\{A_m\cosh\frac{\rho m\pi y}{a} + \frac{2q_0 a^2}{\pi^3 k_y m^3}\left[(-1)^{m-1} - \frac{\sin\dfrac{m\pi c}{a}}{\left(1-\dfrac{c}{a}\right)m\pi}\right]\right\}\sin\frac{m\pi x}{a} \text{。}$$
(c)

应用边界条件

$$(\Phi)_{y=\pm b/2}=0,$$

求出系数 A_m，然后代入式（c），即得

$$\Phi = \frac{2q_0 a^2}{\pi^3 k_y}\sum_{m=1}^{\infty}\left\{\frac{1}{m^3}\left[(-1)^{m-1}-\frac{\sin\dfrac{m\pi c}{a}}{\left(1-\dfrac{c}{a}\right)m\pi}\right]\left(1-\frac{\cosh\dfrac{\rho m\pi y}{a}}{\cosh\dfrac{\rho m\pi b}{2a}}\right)\sin\frac{m\pi x}{a}\right\}。$$

（d）

将式（d）代入关系式（22-19）中的第一式及第三式，得到

$$F_{T1}=\frac{\partial^2\Phi}{\partial y^2}=-\frac{2q_0 R_x}{\pi}\sum_{m=1}^{\infty}\frac{1}{m}\left[(-1)^{m-1}-\frac{\sin\dfrac{m\pi c}{a}}{\left(1-\dfrac{c}{a}\right)m\pi}\right]\frac{\cosh\dfrac{\rho m\pi y}{a}}{\cosh\dfrac{\rho m\pi d}{2a}}\sin\frac{m\pi x}{a},$$

（e）

$$F_{T12}=-\frac{\partial^2\Phi}{\partial x\partial y}=\frac{2q_0\sqrt{R_x R_y}}{\pi}\sum_{m=1}^{\infty}\frac{1}{m}\left[(-1)^{m-1}-\frac{\sin\dfrac{m\pi c}{a}}{\left(1-\dfrac{c}{a}\right)m\pi}\right]\frac{\sinh\dfrac{\rho m\pi y}{a}}{\cosh\dfrac{\rho m\pi b}{2a}}\cos\frac{m\pi x}{a}。$$

（f）

按照方程（22-18）中的第三式，内力 F_{T2} 可用 F_{T1} 表示为

$$F_{T2}=\frac{q_3-k_x F_{T1}}{k_y}=\left(q_3-\frac{F_{T1}}{R_x}\right)R_y。$$

于是，由式（a）得出

$$\left.\begin{aligned} &F_{T2}=-\frac{R_y}{R_x}F_{T1},\ (0\leqslant x\leqslant c)\\[2mm] &F_{T2}=\left(-\frac{x-c}{a-c}q_0-\frac{F_{T1}}{R_x}\right)R_y\\[2mm] &\quad=-\frac{\dfrac{x}{a}-\dfrac{c}{a}}{1-\dfrac{c}{a}}q_0 R_y-\frac{R_y}{R_x}F_{T1}。\ \ (c\leqslant x\leqslant a) \end{aligned}\right\}$$

（g）

在等曲率扁壳中，$k_x=k_y=1/R$，$\rho=\sqrt{k_y/k_x}=1$，（e）、（f）、（g）三式简化为

$$F_{T1} = -\frac{2q_0 R}{\pi} \sum_{m=1}^{\infty} \frac{1}{m} \left[(-1)^{m-1} - \frac{\sin \frac{m\pi c}{a}}{\left(1 - \frac{c}{a}\right) m\pi} \right] \frac{\cosh \frac{m\pi y}{a}}{\cosh \frac{m\pi b}{2a}} \sin \frac{m\pi x}{a}, \qquad (\text{h})$$

$$F_{T12} = \frac{2q_0 R}{\pi} \sum_{m=1}^{\infty} \frac{1}{m} \left[(-1)^{m-1} - \frac{\sin \frac{m\pi c}{a}}{\left(1 - \frac{c}{a}\right) m\pi} \right] \frac{\sinh \frac{m\pi y}{a}}{\cosh \frac{m\pi b}{2a}} \cos \frac{m\pi x}{a}, \qquad (\text{i})$$

$$\left.\begin{array}{l} F_{T2} = -F_{T1}, \qquad (0 \leqslant x \leqslant c) \\[2mm] F_{T2} = -\dfrac{x-c}{a-c} q_0 R - F_{T1}. \qquad (c \leqslant x \leqslant a) \end{array}\right\} \qquad (22\text{-}27)$$

式(h)及式(i)可以表示为

$$F_{T1} = -q_0 R K_1, \qquad (22\text{-}28)$$

$$F_{T12} = q_0 R K_s. \qquad (22\text{-}29)$$

这样,量纲为一的内力系数 K_1 及 K_s 将完全决定于比值 b/a、c/a、x/a、y/b(比值 y/a 作为 y/b 与 b/a 的乘积)。

　　因为在双曲扁壳闸门中,采用等曲率扁壳最为经济,所以我们曾应用等曲率扁壳的上述公式,在计算机上算出 K_1 和 K_s 的数值,制成表格,载入华东水利学院(现河海大学)工程力学系在 1972 年所编的《双曲扁壳闸门的计算与设计》。现将 $b/a = 1$ 的部分表格复制如表 22-3 至表 22-6 所示。

表 22-3　静水压力 $b/a = 1$　$c/a = 0$

x/a ＼ y/b		0	$\frac{1}{8}$	$\frac{1}{4}$	$\frac{3}{8}$	$\frac{1}{2}$
0	K_1	0.000	0.000	0.000	0.000	0.000
	K_s	0.000	0.083	0.172	0.273	0.390
$\frac{1}{8}$	K_1	0.081	0.084	0.094	0.108	0.125
	K_s	0.000	0.080	0.166	0.265	0.381
$\frac{1}{4}$	K_1	0.154	0.163	0.182	0.213	0.250
	K_s	0.000	0.069	0.146	0.240	0.353
$\frac{3}{8}$	K_1	0.214	0.226	0.259	0.312	0.375
	K_s	0.000	0.050	0.112	0.193	0.302
$\frac{1}{2}$	K_1	0.250	0.267	0.318	0.399	0.500
	K_s	0.000	0.023	0.057	0.118	0.219

x/a \ y/b		0	$\frac{1}{8}$	$\frac{1}{4}$	$\frac{3}{8}$	$\frac{1}{2}$
$\frac{5}{8}$	K_1	0.253	0.274	0.344	0.466	0.625
	K_s	0.000	-0.018	-0.024	0.001	0.086
$\frac{3}{4}$	K_1	0.210	0.235	0.318	0.487	0.750
	K_s	0.000	-0.067	-0.134	-0.180	-0.133
$\frac{7}{8}$	K_1	0.121	0.138	0.206	0.392	0.875
	K_s	0.000	-0.112	-0.254	-0.447	-0.549
1	K_1	0.000	0.000	0.000	0.000	0.000
	K_s	0.000	-0.133	-0.314	-0.657	$-\infty$

表 22-4 静水压力 $b/a=1$ $c/a=1/4$

x/a \ y/b		0	$\frac{1}{8}$	$\frac{1}{4}$	$\frac{3}{8}$	$\frac{1}{2}$
0	K_1	0.000	0.000	0.000	0.000	0.000
	K_s	0.000	0.047	0.091	0.126	0.140
$\frac{1}{8}$	K_1	0.047	0.047	0.043	0.030	0.000
	K_s	0.000	0.047	0.095	0.137	0.157
$\frac{1}{4}$	K_1	0.095	0.095	0.095	0.080	0.000
	K_s	0.000	0.048	0.102	0.165	0.241
$\frac{3}{8}$	K_1	0.140	0.145	0.157	0.168	0.167
	K_s	0.000	0.043	0.099	0.180	0.311
$\frac{1}{2}$	K_1	0.174	0.186	0.219	0.271	0.333
	K_s	0.000	0.028	0.071	0.148	0.281
$\frac{5}{8}$	K_1	0.186	0.204	0.263	0.364	0.500
	K_s	0.000	-0.003	0.009	0.059	0.180
$\frac{3}{4}$	K_1	0.161	0.183	0.260	0.418	0.667
	K_s	0.000	-0.045	-0.088	-0.105	-0.021
$\frac{7}{8}$	K_1	0.095	0.112	0.176	0.357	0.833
	K_s	0.000	-0.088	-0.201	-0.361	-0.427
1	K_1	0.000	0.000	0.000	0.000	0.000
	K_s	0.000	-0.107	-0.260	-0.570	$-\infty$

表 22-5 静水压力 $b/a=1$ $c/a=1/2$

x/a \ y/b		0	$\frac{1}{8}$	$\frac{1}{4}$	$\frac{3}{8}$	$\frac{1}{2}$
0	K_1	0.000	0.000	0.000	0.000	0.000
	K_s	0.000	0.019	0.036	0.048	0.052
$\frac{1}{8}$	K_1	0.020	0.019	0.015	0.009	0.000
	K_s	0.000	0.020	0.038	0.052	0.057
$\frac{1}{4}$	K_1	0.041	0.040	0.034	0.021	0.000
	K_s	0.000	0.023	0.045	0.064	0.072
$\frac{3}{8}$	K_1	0.065	0.064	0.060	0.043	0.000
	K_s	0.000	0.025	0.054	0.088	0.107
$\frac{1}{2}$	K_1	0.088	0.092	0.099	0.095	0.000
	K_s	0.000	0.023	0.057	0.118	0.219
$\frac{5}{8}$	K_1	0.102	0.113	0.146	0.196	0.250
	K_s	0.000	0.009	0.034	0.107	0.282
$\frac{3}{4}$	K_1	0.096	0.112	0.170	0.295	0.500
	K_s	0.000	-0.020	-0.032	-0.004	0.148
$\frac{7}{8}$	K_1	0.060	0.073	0.128	0.293	0.750
	K_s	0.000	-0.054	-0.126	-0.232	-0.225
1	K_1	0.000	0.000	0.000	0.000	0.000
	K_s	0.000	-0.070	-0.178	-0.432	$-\infty$

表 22-6 静水压力 $b/a=1$ $c/a=3/4$

x/a \ y/b		0	$\frac{1}{8}$	$\frac{1}{4}$	$\frac{3}{8}$	$\frac{1}{2}$
0	K_1	0.000	0.000	0.000	0.000	0.000
	K_s	0.000	0.004	0.008	0.011	0.012
$\frac{1}{8}$	K_1	0.005	0.004	0.003	0.002	0.000
	K_s	0.000	0.005	0.009	0.012	0.013
$\frac{1}{4}$	K_1	0.010	0.009	0.008	0.004	0.000
	K_s	0.000	0.006	0.011	0.015	0.016
$\frac{3}{8}$	K_1	0.016	0.016	0.013	0.008	0.000
	K_s	0.000	0.007	0.014	0.020	0.022

x/a \ y/b		0	$\dfrac{1}{8}$	$\dfrac{1}{4}$	$\dfrac{3}{8}$	$\dfrac{1}{2}$
$\dfrac{1}{2}$	K_1	0.023	0.023	0.022	0.015	0.000
	K_s	0.000	0.007	0.017	0.029	0.035
$\dfrac{5}{8}$	K_1	0.029	0.031	0.036	0.033	0.000
	K_s	0.000	0.005	0.018	0.042	0.063
$\dfrac{3}{4}$	K_1	0.030	0.035	0.055	0.088	0.000
	K_s	0.000	-0.003	0.003	0.046	0.205
$\dfrac{7}{8}$	K_1	0.020	0.026	0.054	0.158	0.050
	K_s	0.000	-0.017	-0.039	-0.060	0.123
1	K_1	0.000	0.000	0.000	0.000	0.000
	K_s	0.000	-0.025	-0.070	-0.216	$-\infty$

§22-6　合　理　中　面

当扁壳承受指定的荷载 q_3 时,总可以这样来选择该扁壳的中面:使拉压力在整个扁壳内等于一个常量 N,即

$$F_{T1} = F_{T2} = N, \tag{a}$$

并使其余的内力全都等于零,即

$$F_{T12} = M_1 = M_2 = M_{12} = F_{S1} = F_{S2} = 0。 \tag{b}$$

这时,在整个扁壳内,应力均匀分布,材料的强度得到最充分的利用。这样的中面称为该指定荷载下的合理中面,而这样的扁壳称为膜型扁壳。对于混凝土扁壳,如果采用合理中面,并且使 N 为压力,则在整个扁壳内无须布置钢筋,而这种扁壳称为无筋扁壳。

现在来说明,如何确定扁壳的合理中面。将式(a)及式(b)代入扁壳的平衡微分方程(22-12),可见,其中的前两个方程总能满足,而第三个方程要求

$$k_x + k_y = \frac{q_3}{N}。$$

将式(22-2)代入,即得合理中面的微分方程如下:

$$\nabla^2 z = -\frac{q_3}{N}。 \tag{22-30}$$

按照指定的荷载 q_3 及指定的边界高度 z_s，由这一微分方程求解 z，表示为坐标的函数，即得合理中面的方程。

例如，设荷载为均匀分布，即 q_3 = 常量，扁壳边界为半径 a 的圆周。以边界面（即底面）为 xy 面，以圆周的中心为坐标原点，则中面的边界条件为 $z_s = 0$。取

$$z = C(a^2 - x^2 - y^2) = C(a^2 - \rho^2)，$$

其中 C 为常数，可以满足边界条件。代入式（22-30），得

$$-4C = -\frac{q_3}{N}。$$

于是得 $C = q_3 / 4N$，从而得合理中面的方程

$$z = \frac{q_3}{4N}(a^2 - \rho^2)。 \tag{c}$$

因为在边界以内有 $a^2 - \rho^2 > 0$ 和 $z > 0$，所以 N 和 q_3 的正负号相同，即：当荷载是由扁壳的凹方指向凸方时，N 为拉力；当荷载是由凸方指向凹方时，N 为压力。

由式（c）可见，扁壳的矢高为

$$f = (z)_{\rho=0} = \frac{q_3 a^2}{4N}。$$

对于一定的 q_3 和 a，采用较大的矢高 f，则 N 较小，扁壳所需的厚度较小，但壳面较大；采用较小的 f，则 N 较大，扁壳所需的厚度较大，但壳面较小。选择适当的矢高，可以使得扁壳的体积为最小，所需的材料最少。但须注意，不能使矢高太大，以至超出扁壳的范围，使得以上的分析不能成立。

如果扁壳的覆盖面是矩形，则微分方程（22-30）的函数式解答只能表示成为无穷级数。这时，用差分法寻求合理中面，是比较方便的。参阅图 14-1 及差分公式（14-2），极易导出与式（22-30）相应的差分方程如下：

$$4z_0 - z_1 - z_2 - z_3 - z_4 = \frac{h^2}{N}q_3。 \tag{d}$$

不论边界的高度如何变化，荷载如何分布，都可以为内结点建立式（d）所示的差分方程，从而求得扁壳合理中面在各个内结点处的高度。

应当指出：所谓合理中面，必须是和一定的荷载相对应。如果在某种分布的荷载作用下，某一曲面是合理中面，那么，荷载一有改变，内力随之改变，该曲面就不再是合理中面。这时，不但拉压力不再是常量，而且将发生平错力和平板内力。还应当指出：在扁壳的边界上，必须不存在法向的约束，不存在绕边界转动的约束，也不存在沿边界平错方向的约束，才可能发生各处、各向相同的拉压力。

如果存在上述三种约束的任何一种,则不但拉压力不再是常量,而且也将发生平错力和平板内力。

由以上所述可见,合理中面的合理性往往是难以实现的,而且,由于合理中面总是比较复杂的曲面,如果发生了平板内力,进行计算也是非常困难的。因此,只有在荷载分布几乎固定而且边缘效应又很小的情况下,合理中面才有实用意义。

§ 22-7 用混合法解弯曲问题

在扁壳的弯曲问题中,仍然引用内力函数 $\Phi(x,y)$,将薄膜内力用函数 Φ 表示,如式(22-19)所示,即

$$F_{T1} = \frac{\partial^2 \Phi}{\partial y^2}, \qquad F_{T2} = \frac{\partial^2 \Phi}{\partial x^2}, \qquad F_{T12} = -\frac{\partial^2 \Phi}{\partial x \partial y}. \qquad (22\text{-}31)$$

另一方面,将几何方程(22-13)中的后三式代入物理方程(22-14)中的后三式,可将弯矩及扭矩用 w 表示为

$$M_1 = -D\left(\frac{\partial^2 w}{\partial x^2} + \mu \frac{\partial^2 w}{\partial y^2}\right),$$
$$M_2 = -D\left(\frac{\partial^2 w}{\partial y^2} + \mu \frac{\partial^2 w}{\partial x^2}\right), \qquad (22\text{-}32)$$
$$M_{12} = -(1-\mu)D\frac{\partial^2 w}{\partial x \partial y}.$$

将此三式代入式(22-11),又可将横向剪力用 w 表示为

$$F_{S1} = -D\frac{\partial}{\partial x}\nabla^2 w, \qquad F_{S2} = -D\frac{\partial}{\partial y}\nabla^2 w. \qquad (22\text{-}33)$$

于是,全部内力都已用 Φ 和 w 表示,而扁壳的弯曲问题可以按 Φ 和 w 求解。这就是扁壳弯曲问题的混合法。

现在来导出求解 Φ 及 w 的微分方程。将式(22-31)及式(22-32)代入平衡微分方程(22-12),可见其中的前两个方程总能满足,而第三个方程成为用 Φ 及 w 表示的平衡条件

$$D\nabla^4 w + \nabla_k^2 \Phi = q_3. \qquad (22\text{-}34)$$

另一方面,从几何方程(22-13)的前三式中消去 u 及 v,得出变形协调条件

$$\frac{\partial^2 \varepsilon_1}{\partial y^2}+\frac{\partial^2 \varepsilon_2}{\partial x^2}-\frac{\partial^2 \varepsilon_{12}}{\partial x \partial y}-\nabla_k^2 w=0。 \tag{a}$$

再从物理方程(19-19)的前三式中解出 ε_1、ε_2、ε_{12},然后将薄膜内力通过式(22-31)用 Φ 来表示,得

$$\left.\begin{aligned}
\varepsilon_1 &= \frac{F_{T1}-\mu F_{T2}}{E\delta} = \frac{1}{E\delta}\left(\frac{\partial^2 \Phi}{\partial y^2}-\mu\frac{\partial^2 \Phi}{\partial x^2}\right), \\
\varepsilon_2 &= \frac{F_{T2}-\mu F_{T1}}{E\delta} = \frac{1}{E\delta}\left(\frac{\partial^2 \Phi}{\partial x^2}-\mu\frac{\partial^2 \Phi}{\partial y^2}\right), \\
\varepsilon_{12} &= \frac{2(1+\mu)}{E\delta}F_{T12} = -\frac{2(1+\mu)}{E\delta}\frac{\partial^2 \Phi}{\partial x \partial y}。
\end{aligned}\right\} \tag{b}$$

将式(b)代入式(a),即得用 Φ 及 w 表示的相容条件

$$\frac{1}{E\delta}\nabla^4\Phi-\nabla_k^2 w=0。 \tag{22-35}$$

方程(22-34)及(22-35)就是用混合法求解扁壳弯曲问题的基本微分方程。在边界条件下从这两个基本微分方程解出基本未知函数 Φ 和 w,就可以用式(22-31)求得薄膜内力,用式(22-32)及式(22-33)求得平板内力。

在 §22-2 中已经说明,在 x 为常量的边界上,边界条件是

$$F_{T1}=0, \qquad v=0, \qquad w=0, \qquad M_1=0。 \tag{22-36}$$

因为有 $w=0$,所以有 $\frac{\partial^2 w}{\partial y^2}=0$。但因

$$M_1=-D\left(\frac{\partial^2 w}{\partial x^2}+\mu\frac{\partial^2 w}{\partial y^2}\right)=0,$$

所以又有 $\frac{\partial^2 w}{\partial x^2}=0$,从而有 $\nabla^2 w=0$。于是,边界条件(22-36)可以改写为

$$F_{T1}=0, \qquad v=0, \qquad w=0, \qquad \nabla^2 w=0。 \tag{c}$$

另一方面,因为有 $v=0$,所以有 $\frac{\partial v}{\partial y}=0$,但因 $\varepsilon_2=\frac{\partial v}{\partial y}+k_y w$,现在既然有 $\frac{\partial v}{\partial y}=0$ 和 $w=0$,所以有 $\varepsilon_2=0$。又因为 $\varepsilon_2=\frac{F_{T2}-\mu F_{T1}}{E\delta}$,既然有 $F_{T1}=0$ 和 $\varepsilon_2=0$,所以又有 $F_{T2}=0$,从而有 $F_{T1}+F_{T2}=0$。注意 $F_{T1}=\frac{\partial^2 \Phi}{\partial y^2}$ 而 $F_{T2}=\frac{\partial^2 \Phi}{\partial x^2}$,可见,边界条件(c)可以用 Φ 及 w 表示为

$$\frac{\partial^2 \Phi}{\partial y^2}=0, \qquad \nabla^2\Phi=0, \qquad w=0, \qquad \nabla^2 w=0。 \tag{22-37}$$

同样,在 y 为常量的边界上,边界条件可以表示为

$$\frac{\partial^2 \Phi}{\partial x^2} = 0, \qquad \nabla^2 \Phi = 0, \qquad w = 0, \qquad \nabla^2 w = 0。 \tag{22-38}$$

但是,按照 § 22-3 中所述,边界条件(22-37)中的第一式及边界条件(22-38)中的第一式可以合并而简写成为 $\Phi_s = 0$。因此,边界条件(22-37)及(22-38)可以合并而简写为

$$\Phi_s = 0, \qquad (\nabla^2 \Phi)_s = 0, \qquad w_s = 0, \qquad (\nabla^2 w)_s = 0。 \tag{22-39}$$

§ 22-8　混合解函数的引用　级数解答

为了求解扁壳弯曲问题的混合法基本微分方程,可以引用一个混合解函数 $F(x,y)$,而将 w 及 Φ 表示为

$$w = \nabla^4 F, \qquad \Phi = E\delta \nabla_k^2 F。 \tag{22-40}$$

代入方程(22-35),注意 $\nabla^4 \nabla_k^2 = \nabla_k^2 \nabla^4$,可见,该方程总能满足。代入方程(22-34),即得 $F(x,y)$ 所应满足的方程

$$\nabla^8 F + \frac{E\delta}{D} \nabla_k^4 F = \frac{q_3}{D}。 \tag{22-41}$$

这样,求解扁壳的弯曲问题,就成为求解单个微分方程的问题。

为了把内力用 $F(x,y)$ 来表示,只须将式(22-40)代入式(22-31)、式(22-32)及式(22-33)。这样就得到

$$\left. \begin{aligned} F_{T1} &= E\delta \frac{\partial^2}{\partial y^2} \nabla_k^2 F, \qquad F_{T2} = E\delta \frac{\partial^2}{\partial x^2} \nabla_k^2 F, \\ F_{T12} &= -E\delta \frac{\partial^2}{\partial x \partial y} \nabla_k^2 F, \end{aligned} \right\} \tag{22-42}$$

$$\left. \begin{aligned} M_1 &= -D\left(\frac{\partial^2}{\partial x^2} + \mu \frac{\partial^2}{\partial y^2}\right) \nabla^4 F, \\ M_2 &= -D\left(\frac{\partial^2}{\partial y^2} + \mu \frac{\partial^2}{\partial x^2}\right) \nabla^4 F, \\ M_{12} &= -(1-\mu) D \frac{\partial^2}{\partial x \partial y} \nabla^4 F, \end{aligned} \right\} \tag{22-43}$$

$$F_{S1} = -D \frac{\partial}{\partial x} \nabla^6 F, \qquad F_{S2} = -D \frac{\partial}{\partial y} \nabla^6 F。 \tag{22-44}$$

为了把边界条件用 $F(x,y)$ 来表示,只须将式(22-40)代入式(22-39)。这样就得到

$$(\nabla_k^2 F)_s = 0, \qquad (\nabla^2 \nabla_k^2 F)_s = 0,$$
$$(\nabla^4 F)_s = 0, \qquad (\nabla^6 F)_s = 0。 \tag{22-45}$$

对于微分方程(22-41),不难用重三角级数求解。把函数 $F(x,y)$ 取为

$$F = \sum_{m=1}^{\infty} \sum_{n=1}^{\infty} A_{mn} \sin\frac{m\pi x}{a} \sin\frac{n\pi y}{b}, \tag{a}$$

可以满足边界条件(22-45)。再将荷载 q_3 也展为同样形式的级数:

$$q_3 = \frac{4}{ab} \sum_{m=1}^{\infty} \sum_{n=1}^{\infty} \left[\int_0^a \int_0^b q_3 \sin\frac{m\pi x}{a} \sin\frac{n\pi y}{b} dxdy \right] \times \sin\frac{m\pi x}{a} \sin\frac{n\pi y}{b}。 \tag{b}$$

将式(a)及式(b)一并代入微分方程(22-41),比较两边的系数,就得出 A_{mn},从而得出

$$F = \frac{4a^6\sigma}{\pi^8 D} \sum_{m=1}^{\infty} \sum_{n=1}^{\infty} \frac{\int_0^a \int_0^b q_3 \sin\dfrac{m\pi x}{a} \sin\dfrac{n\pi y}{b} dxdy}{(m^2 + \sigma^2 n^2)^4 + \tau\left(m^2 + \dfrac{\sigma^2}{\rho^2}n^2\right)^2} \times \sin\frac{m\pi x}{a} \sin\frac{n\pi y}{b},$$

其中

$$\sigma = \frac{a}{b}, \qquad \rho = \sqrt{\frac{R_x}{R_y}},$$

$$\tau = \frac{E\delta a^4}{\pi^4 D R_y^2} = \frac{12(1-\mu^2)a^4}{\pi^4 \delta^2 R_y^2},$$

它们都是量纲为一的常数。既然确定了 F,就可以用式(22-42)至式(22-44)求得内力。

在求解微分方程(22-41)时,也可以把 $F(x,y)$ 取为单三角级数如下:

$$F = \sum_{m=1}^{\infty} \psi_m \sin\frac{m\pi x}{a}。 \tag{c}$$

在 $x=0$ 及 $x=a$ 的边界上,边界条件(22-45)是满足的。将荷载 q_3 也展为与上相同的级数,得出

$$q_3 = \frac{2}{a} \sum_{m=1}^{\infty} \left[\int_0^a q_3 \sin\frac{m\pi x}{a} dx \right] \sin\frac{m\pi x}{a}, \tag{d}$$

然后将式(c)及式(d)一并代入微分方程(22-41),比较两边的系数,即得 $\psi_m(y)$ 的八阶常微分方程。利用 $y=0$ 及 $y=b$ 处的边界条件,可以得出 $\psi_m(y)$ 的解答,从而由式(c)得出 F 的解答,然后用式(22-42)至式(22-44)求得内力。

不论是用重三角级数或单三角级数求得的解答,其中的级数总是收敛得很慢,因此,在应用这些解答时,将花费很大的计算工作量。

§22-9　等曲率扁壳的计算

在等曲率扁壳(即球面扁壳)中,$R_1 = R_2 = R$ 而 $k_x = k_y = 1/R$,∇^2_k 简化为 ∇^2/R,而基本微分方程(22-34)及(22-35)简化为

$$D\nabla^4 w + \frac{1}{R}\nabla^2\Phi = q_3, \qquad \frac{1}{E\delta}\nabla^4\Phi - \frac{1}{R}\nabla^2 w = 0_\circ \qquad (22\text{-}46)$$

现在,引用一个新的函数

$$f(x,y) = \frac{1}{E\delta}\nabla^2\Phi - \frac{1}{R}w, \qquad\qquad (\text{a})$$

则有

$$\nabla^2 f = \frac{1}{E\delta}\nabla^4\Phi - \frac{1}{R}\nabla^2 w,$$

并由式(22-46)中的第二个方程得到

$$\nabla^2 f = 0_\circ \qquad\qquad (\text{b})$$

可见,$f(x,y)$ 应为 x 和 y 的调和函数。

另一方面,在边界上有 $(\nabla^2\Phi)_s = w_s = 0$。于是由式(a)可见有

$$f_s = 0_\circ \qquad\qquad (\text{c})$$

按照数学分析,一个调和函数,如果在某一单连区域的边界上为零,则在全区域内为零。于是,由式(b)及式(c)有

$$f(x,y) = 0_\circ$$

代入式(a),即得

$$\nabla^2\Phi = \frac{E\delta}{R}w, \qquad\qquad (22\text{-}47)$$

并由式(22-46)中的前一个方程得到

$$D\nabla^4 w + \frac{E\delta}{R^2}w = q_3_\circ \qquad\qquad (22\text{-}48)$$

这样,两个联立的四阶偏微分方程(22-46),就变换为一个独立的四阶偏微分方程(22-48),和一个与之相关联的二阶偏微分方程(22-47)。于是,就可以先按照 $w_s = 0$ 和 $(\nabla^2 w)_s = 0$ 的边界条件,由方程(22-48)求解 w,然后,既然已知

w，就可以在 $\Phi_s = 0$ 的边界条件下由方程（22-47）求解内力函数 Φ。

　　微分方程（22-48）及（22-47）仍然可以用三角级数求解，但仍然很繁，而且级数仍然收敛得很慢。苏联的季柯维奇和美国的帕尔姆曾对受均布荷载的球面扁壳进行计算，得出一些成果，但是，这些成果很不方便应用于工程设计。

§22-10　等曲率扁壳的简化计算

　　按照前一节中所述，等曲率扁壳的位移 w 须满足微分方程

$$D\nabla^4 w + \frac{E\delta}{R^2}w = q_3,\qquad\qquad\text{（a）}$$

并满足边界条件

$$w_s = 0,\qquad (\nabla^2 w)_s = 0。\qquad\qquad\text{（b）}$$

有了位移 w，就可以求得弯矩和扭矩

$$\left.\begin{aligned}M_1 &= -D\left(\frac{\partial^2 w}{\partial x^2}+\mu\frac{\partial^2 w}{\partial y^2}\right),\\[4pt]M_2 &= -D\left(\frac{\partial^2 w}{\partial y^2}+\mu\frac{\partial^2 w}{\partial x^2}\right),\\[4pt]M_{12} &= -(1-\mu)D\frac{\partial^2 w}{\partial x\partial y}。\end{aligned}\right\}\qquad\text{（c）}$$

内力函数 Φ 须满足微分方程

$$\nabla^2\Phi = \frac{E\delta}{R}w,\qquad\qquad\text{（d）}$$

并满足边界条件

$$\Phi_s = 0。\qquad\qquad\text{（e）}$$

有了内力函数 Φ，就可以求得薄膜内力

$$F_{\text{T}1} = \frac{\partial^2\Phi}{\partial y^2},\qquad F_{\text{T}2} = \frac{\partial^2\Phi}{\partial x^2},\qquad F_{\text{T}12} = -\frac{\partial^2\Phi}{\partial x\partial y}。\qquad\text{（f）}$$

　　另一方面，设无矩解答中的内力函数为 Φ_0，则按照式（22-20），Φ_0 须满足微分方程 $\nabla_k^2\Phi_0 = q_3$。对于等曲率扁壳，它简化为

$$\nabla^2\Phi_0 = Rq_3。\qquad\qquad\text{（g）}$$

按照式（22-23），Φ_0 的边界条件为

$$(\Phi_0)_s = 0。\qquad\qquad\text{（h）}$$

有了内力函数 Φ_0, 就可以求得无矩内力

$$F_{\text{T}1}^0 = \frac{\partial^2 \Phi_0}{\partial y^2}, \qquad F_{\text{T}2}^0 = \frac{\partial^2 \Phi_0}{\partial x^2}, \qquad F_{\text{T}12}^0 = -\frac{\partial^2 \Phi_0}{\partial x \partial y}。 \qquad \text{(i)}$$

现在来考察, 实际薄膜内力 $F_{\text{T}1}$、$F_{\text{T}2}$、$F_{\text{T}12}$ 与无矩内力 $F_{\text{T}1}^0$、$F_{\text{T}2}^0$、$F_{\text{T}12}^0$ 之间有什么关系。为此, 将式(d)与式(g)相减, 得

$$\nabla^2 (\Phi - \Phi_0) = \frac{E\delta}{R} w - R q_3。$$

利用式(a), 它可以改写为

$$\nabla^2 (\Phi - \Phi_0) = -RD\nabla^4 w,$$

或

$$\nabla^2 (RD\nabla^2 w + \Phi - \Phi_0) = 0。$$

可见, $RD\nabla^2 w + \Phi - \Phi_0$ 为调和函数。另一方面, 由边界条件(b)中的第二式以及式(e)和式(h), 可知这个调和函数有边界条件

$$(RD\nabla^2 w + \Phi - \Phi_0)_s = 0。$$

于是, 可知这个调和函数恒等于零, 从而得出

$$\Phi = \Phi_0 - RD\nabla^2 w。 \qquad \text{(j)}$$

将式(j)对 x 及 y 求二阶导数, 得到

$$\frac{\partial^2 \Phi}{\partial y^2} = \frac{\partial^2 \Phi_0}{\partial y^2} - RD\, \frac{\partial^2}{\partial y^2}\, \nabla^2 w,$$

$$\frac{\partial^2 \Phi}{\partial x^2} = \frac{\partial^2 \Phi_0}{\partial x^2} - RD\, \frac{\partial^2}{\partial x^2}\, \nabla^2 w,$$

$$\frac{\partial^2 \Phi}{\partial x \partial y} = \frac{\partial^2 \Phi_0}{\partial x \partial y} - RD\, \frac{\partial^2}{\partial x \partial y}\, \nabla^2 w。$$

于是, 利用式(f)及式(i), 可将实际薄膜内力 $F_{\text{T}1}$、$F_{\text{T}2}$、$F_{\text{T}12}$ 用无矩内力 $F_{\text{T}1}^0$、$F_{\text{T}2}^0$、$F_{\text{T}12}^0$ 及 w 表示如下:

$$F_{\text{T}1} = F_{\text{T}1}^0 - RD\, \frac{\partial^2}{\partial y^2}\, \nabla^2 w, \qquad (22\text{-}49)$$

$$F_{\text{T}2} = F_{\text{T}2}^0 - RD\, \frac{\partial^2}{\partial x^2}\, \nabla^2 w, \qquad (22\text{-}50)$$

$$F_{\text{T}12} = F_{\text{T}12}^0 + RD\, \frac{\partial^2}{\partial x \partial y}\, \nabla^2 w。 \qquad (22\text{-}51)$$

再在式(22-51)中, 利用式(c)中的第三式, 又可将实际平错力 $F_{\text{T}12}$ 用无矩平错力 $F_{\text{T}12}^0$ 及扭矩 M_{12} 表示为

$$F_{\text{T12}} = F_{\text{T12}}^0 - \frac{R}{1-\mu} \nabla^2 M_{12}。 \tag{22-52}$$

根据以上的推导,可以得出扁壳的一个简化计算法,其步骤如下:

(1)按照无矩理论计算无矩内力。如果无表可查,可以用差分法进行计算。如果有表可查,则计算更为简便。

(2)在式(b)所示的边界条件下,由微分方程(a)求解位移 w,并按照式(c)由 w 求出弯矩及扭矩。由于弯矩及扭矩不如薄膜内力重要,而且是局部性的(边缘效应),因此,可以针对不同的荷载及不同的局部处所,采用不同的近似方法来处理微分方程。

(3)按照式(22-49)至式(22-52),由无矩内力及 w 或 M_{12} 计算实际薄膜内力。这样就根本不必过问内力函数 Φ。

§22-11 等曲率扁壳受均布荷载时的简化计算

本节中以均布荷载的情况为例,说明等曲率扁壳简化计算法的应用。设均布荷载为 $q_3 = -q_0$,则位移 w 的微分方程及边界条件为

$$D \nabla^4 w + \frac{E\delta}{R^2} w = -q_0, \tag{a}$$

$$w_s = (\nabla^2 w)_s = 0。 \tag{b}$$

在图 22-6 所示的扁壳的中央区,即离开四个边界都较远的处所,由于边缘效应很小,平板内力可以不计,无矩理论给出的解答是近乎精确的。因此,计算薄膜内力时,可以用 §22-4 中的公式及表格进行计算。

在扁壳的边缘区,即离开某一个边界较近的处所,由于该边界的约束影响,将发生局部性的平板内力,而且无矩理论给出的薄膜内力需要修正。为了简化计算,不计其余三个边界的约束影响,把扁壳当做半无限大。于是弹性曲面将为柱面,而位移 w 将只是一个坐标的函数。以图 22-7 所示的边界 $x=0$ 的近处为例,w 将只是 x 的函数,不随 y 变化。于是,微分方程(a)简化为

$$D \frac{\mathrm{d}^4 w}{\mathrm{d}x^4} + \frac{E\delta}{R^2} w = -q_0。 \tag{c}$$

和 §20-6 中一样地引用常数

$$\lambda = \left(\frac{E\delta}{4R^2 D}\right)^{1/4} = \left[\frac{3(1-\mu^2)}{R^2 \delta^2}\right]^{1/4},$$

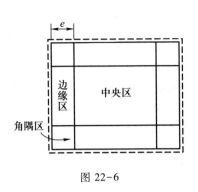

图 22-6

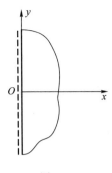

图 22-7

则上述微分方程可以变换为

$$\frac{\mathrm{d}^4 w}{\mathrm{d}x^4} + 4\lambda^4 w = -\frac{q_0}{D} \text{。} \tag{d}$$

常微分方程(d)的解答可以取为如下的形式:

$$w = \mathrm{e}^{-\lambda x}(A_1 \cos \lambda x + A_2 \sin \lambda x) + \mathrm{e}^{\lambda x}(A_3 \cos \lambda x + A_4 \sin \lambda x) - \frac{q_0 R^2}{E\delta} \text{。}$$

当 x 无限增大时,w 应保持为有限大,有 $A_3 = A_4 = 0$。利用边界条件(b),在这里是

$$(w)_{x=0} = 0, \qquad \left(\frac{\mathrm{d}^2 w}{\mathrm{d}x^2}\right)_{x=0} = 0,$$

即可求出常数 A_1 及 A_2,从而得到 w 在边缘区的近似解答

$$w = -\frac{q_0 R^2}{E\delta}(1 - \mathrm{e}^{-\lambda x} \cos \lambda x) \text{。} \tag{e}$$

由此可得弯矩 M_1 在边缘区的近似解答如下:

$$\begin{aligned}
M_1 &= -D\left(\frac{\partial^2 w}{\partial x^2} + \mu \frac{\partial^2 w}{\partial y^2}\right) = -D\frac{\mathrm{d}^2 w}{\mathrm{d}x^2} \\
&= -D\frac{q_0 R^2}{E\delta} 2\lambda^2 \mathrm{e}^{-\lambda x} \sin \lambda x \\
&= -\frac{q_0 R\delta}{2\sqrt{3(1-\mu^2)}} \mathrm{e}^{-\lambda x} \sin \lambda x \text{。} \tag{22-53}
\end{aligned}$$

按照式(20-20),$\mathrm{e}^{-\lambda x} \sin \lambda x = f_2(\lambda x)$,它的数值可由表 20-1 中查得。同样可得弯矩 M_2 及扭矩 M_{12} 在边缘区的近似解答

$$\left.\begin{aligned}M_2&=-D\left(\frac{\partial^2 w}{\partial y^2}+\mu\frac{\partial^2 w}{\partial x^2}\right)=-\mu D\frac{\mathrm{d}^2 w}{\mathrm{d}x^2}=\mu M_1,\\M_{12}&=-(1-\mu)D\frac{\partial^2 w}{\partial x\partial y}=0。\end{aligned}\right\}\tag{22-54}$$

将式(e)代入式(22-49)及式(22-51),得到

$$F_{\mathrm{T1}}=F^0_{\mathrm{T1}},\qquad F_{\mathrm{T12}}=F^0_{\mathrm{T12}}。\tag{f}$$

此外,由式(22-50)可得

$$F_{\mathrm{T2}}=F^0_{\mathrm{T2}}-RD\frac{\partial^2}{\partial x^2}\nabla^2 w=F^0_{\mathrm{T2}}-RD\frac{\mathrm{d}^4 w}{\mathrm{d}x^4}。$$

利用式(c)消去上式中的 $D\frac{\mathrm{d}^4 w}{\mathrm{d}x^4}$,得

$$F_{\mathrm{T2}}=F^0_{\mathrm{T2}}+q_0 R+\frac{E\delta}{R}w。$$

再将式(e)代入,即得

$$F_{\mathrm{T2}}=F^0_{\mathrm{T2}}+q_0 R\mathrm{e}^{-\lambda x}\cos\lambda x。\tag{22-55}$$

按照式(20-20),$\mathrm{e}^{-\lambda x}\cos\lambda x=f_4(\lambda x)$,它的数值可由表 20-1 中查得。与 §20-7 中所述相同,在 x 大于 $2.0\sqrt{R\delta}$ 至 $2.5\sqrt{R\delta}$ 之处,边缘效应可以不计。这就是说,边缘区的宽度 e 约为 $2.0\sqrt{R\delta}$ 至 $2.5\sqrt{R\delta}$。

在扁壳的角隅区,即离开某一个角点较近而离开其余三个角点较远的处所,见图 22-6,可以不计远处两边界的约束影响,而把扁壳当做四分之一无限大,如图 22-8 所示。仍然引用常数 λ,则微分方程(a)及边界条件(b)可以写成

$$\nabla^4 w+4\lambda^4 w=-\frac{q_0}{D},\tag{g}$$

$$(w,\nabla^2 w)_{x=0}=0,\qquad (w,\nabla^2 w)_{y=0}=0。\tag{h}$$

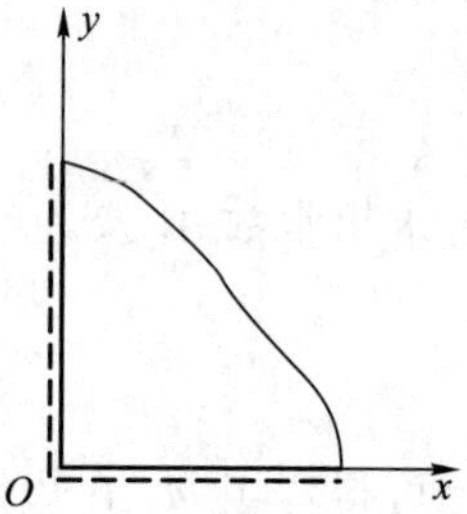

图 22-8

将 w 的解答取为傅里叶积分的形式,即

$$w=\int_0^\infty\int_0^\infty F(m,n)\sin mx\sin ny\,\mathrm{d}m\mathrm{d}n,\tag{i}$$

可以满足边界条件(h)。代入微分方程(g),得

$$\int_0^\infty\int_0^\infty[(m^2+n^2)^2+4\lambda]F(m,n)\sin mx\sin ny\,\mathrm{d}m\mathrm{d}n=-\frac{q_0}{D}。\tag{j}$$

现在需要把式(j)右边的 $-q_0/D$ 也表示成为傅里叶积分的形式。为此,应用积分公式

$$\int_0^\infty \frac{\sin mx}{m}\mathrm{d}m = \frac{\pi}{2}, \qquad \int_0^\infty \frac{\sin ny}{n}\mathrm{d}n = \frac{\pi}{2}。$$

将二式相乘,得到

$$\int_0^\infty \frac{\sin mx}{m}\mathrm{d}m \int_0^\infty \frac{\sin ny}{n}\mathrm{d}n = \frac{\pi^2}{4},$$

也就是

$$\frac{\pi^2}{4} = \int_0^\infty \int_0^\infty \frac{\sin mx \sin ny}{mn}\mathrm{d}m\mathrm{d}n。$$

将两边乘以 $-4q_0/\pi^2 D$,即得 $-q_0/D$ 的傅里叶积分表达式:

$$-\frac{q_0}{D} = -\frac{4q_0}{\pi^2 D}\int_0^\infty \int_0^\infty \frac{\sin mx \sin ny}{mn}\mathrm{d}m\mathrm{d}n。$$

代入式(j),比较两边的被积函数,可见

$$F(m,n) = -\frac{4q_0}{\pi^2 D}\frac{1}{mn[(m^2+n^2)^2+4\lambda^4]}。$$

代入式(i),即得位移 w 在角隅区的近似解答

$$w = -\frac{4q_0}{\pi^2 D}\int_0^\infty \int_0^\infty \frac{\sin mx \sin ny}{mn[(m^2+n^2)^2+4\lambda^4]}\mathrm{d}m\mathrm{d}n, \tag{k}$$

从而得出扭矩在角隅区的近似解答

$$M_{12} = -(1-\mu)D\frac{\partial^2 w}{\partial x \partial y} = \frac{4(1-\mu)q_0}{\pi^2}\int_0^\infty \int_0^\infty \frac{\cos mx \cos ny}{(m^2+n^2)^2+4\lambda^4}\mathrm{d}m\mathrm{d}n。$$
$$\tag{22-56}$$

　　对于弯矩 M_1 及 M_2,本来也可以由式(k)得出它们的傅里叶积分式的表达式,但由于这些表达式不便利用函数表来进行数字计算,所以就套用公式(22-53)和一个相似的公式

$$M_2 = -\frac{q_0 R\delta}{2\sqrt{3(1-\mu^2)}}\mathrm{e}^{-\lambda y}\sin \lambda y。 \tag{22-57}$$

对于式中的 $\mathrm{e}^{-\lambda y}\sin \lambda y = f_2(\lambda y)$,可由表 20-1 查得数值。

　　将式(22-56)代入式(22-52),得出

$$F_{\mathrm{T}12} = F_{\mathrm{T}12}^0 + \frac{4q_0 R}{\pi^2}\int_0^\infty \int_0^\infty \frac{(m^2+n^2)\cos mx \cos ny}{(m^2+n^2)^2+4\lambda^4}\mathrm{d}m\mathrm{d}n。 \tag{22-58}$$

于是,可由无矩解答中的 $F_{\mathrm{T}12}^0$ 求得实际平错力 $F_{\mathrm{T}12}$。对于拉压力 $F_{\mathrm{T}1}$ 及 $F_{\mathrm{T}2}$,根据与上相同的理由,就套用公式(22-55)和一个相似的公式

$$F_{\mathrm{T}1} = F_{\mathrm{T}1}^0 + q_0 R\mathrm{e}^{-\lambda y}\cos \lambda y。 \tag{22-59}$$

对于式中的 $e^{-\lambda y}\cos\lambda y = f_4(\lambda y)$，可由表 20-1 查得数值。

为了便于查表计算，再将式（22-56）及式（22-58）中的傅里叶积分改用汤姆孙函数来表示。利用变换式

$$\int_0^\infty\int_0^\infty \frac{\cos mx\cos ny\,dm\,dn}{(m^2+n^2)^2+(2\lambda^2)^2} = -\frac{\pi}{2(2\lambda^2)}\text{Kei}\left[\sqrt{2\lambda^2(x^2+y^2)}\,\right],$$

$$\int_0^\infty\int_0^\infty \frac{(m^2+n^2)\cos mx\cos ny\,dm\,dn}{(m^2+n^2)^2+(2\lambda^2)^2} = \frac{\pi}{2}\text{Ker}\left[\sqrt{2\lambda^2(x^2+y^2)}\,\right],$$

可将式（22-56）及式（22-58）改写为

$$M_{12} = -\frac{(1-\mu)q_0}{\pi\lambda^2}\text{Kei}\left[\sqrt{2\lambda^2(x^2+y^2)}\,\right],$$

$$F_{T12} = F_{T12}^0 + \frac{2q_0R}{\pi}\text{Ker}\left[\sqrt{2\lambda^2(x^2+y^2)}\,\right],$$

或再简写为

$$M_{12} = -\frac{(1-\mu)q_0}{\pi\lambda^2}\text{Kei}(\sqrt{2}\lambda\rho)\,, \qquad (22-60)$$

$$F_{T12} = F_{T12}^0 + \frac{2q_0R}{\pi}\text{Ker}(\sqrt{2}\lambda\rho)\,, \qquad (22-61)$$

其中 $\rho=\sqrt{x^2+y^2}$ 为距扁壳角点（$x=y=0$）的距离。特殊函数 $\text{Kei}(\sqrt{2}\lambda\rho)$ 及 $\text{Ker}(\sqrt{2}\lambda\rho)$ 的数值可由表 22-7 查得。

表 22-7

$\sqrt{2}\lambda\rho$	$\text{Kei}(\sqrt{2}\lambda\rho)$	$\text{Ker}(\sqrt{2}\lambda\rho)$	$\sqrt{2}\lambda\rho$	$\text{Kei}(\sqrt{2}\lambda\rho)$	$\text{Ker}(\sqrt{2}\lambda\rho)$
0	-0.785	∞	1.6	-0.303	0.026
0.1	-0.777	2.420	1.7	-0.275	0.004
0.2	-0.758	1.733	1.8	-0.249	-0.015
0.3	-0.733	1.337	1.9	-0.225	-0.030
0.4	-0.704	1.063	2.0	-0.202	-0.042
0.5	-0.672	0.856	2.5	-0.111	-0.070
0.6	-0.637	0.693	3.0	-0.051	-0.067
0.7	-0.602	0.561	3.5	-0.016	-0.053
0.8	-0.566	0.453	4.0	0.002	-0.036
0.9	0.531	0.363	4.5	0.010	-0.022
1.0	-0.495	0.287	5.0	0.011	-0.012
1.1	-0.460	0.223	5.5	0.010	-0.005
1.2	-0.426	0.169	6.0	0.007	0.000
1.3	-0.393	0.123	6.5	0.005	0.001
1.4	-0.362	0.085	7.0	0.003	0.002
1.5	-0.331	0.053	8.0	0.000	0.001

在扁壳的角点处$(x=y=\rho=0)$，$\mathrm{Ker}(\sqrt{2}\,\lambda\rho)$成为正无限大，$F_{\mathrm{T12}}^{0}$成为负无限大，而$F_{\mathrm{T12}}$趋于一个有限大的数值。通过比较复杂的数学运算，可以导出计算这个数值的公式。但是，如§22-2中所述，角点处的内力并不需要计算，算出来也不能反映实际情况。

习　题

22-1　设图22-1所示的简支球面扁壳，其中面的曲率半径为R，受荷载$q_3=-q_0\sin\dfrac{\pi x}{a}\sin\dfrac{\pi y}{b}$。试求无矩内力。

答案：　$F_{\mathrm{T1}}=-\dfrac{q_0 Ra^2}{a^2+b^2}\sin\dfrac{\pi x}{a}\sin\dfrac{\pi y}{b}$,　　$F_{\mathrm{T2}}=-\dfrac{q_0 Rb^2}{a^2+b^2}\sin\dfrac{\pi x}{a}\sin\dfrac{\pi y}{b}$,

$F_{\mathrm{T12}}=-\dfrac{q_0 Rab}{a^2+b^2}\cos\dfrac{\pi x}{a}\cos\dfrac{\pi y}{b}$。

22-2　设有简支球面扁壳，其中面的曲率半径为R，具有边长为a的正方形底面，在凸面受分布压力，沿两个边长方向均按抛物线变化，而在扁壳的中点处为q_0，也就是

$$q_3=-16q_0\left(\frac{x}{a}-\frac{x^2}{a^2}\right)\left(\frac{y}{a}-\frac{y^2}{a^2}\right)。$$

试用重三角级数求无矩内力。

答案：　$F_{\mathrm{T1}}=-\dfrac{2^{10}}{\pi^6}q_0 R\displaystyle\sum_m\sum_n\dfrac{\sin\dfrac{m\pi x}{a}\sin\dfrac{n\pi y}{a}}{m^3 n(m^2+n^2)}$。　　$(m=1,3,5,\cdots\quad n=1,3,5,\cdots)$

22-3　正方形底面的简支球面扁壳，在其一半面积上受有均布荷载q_0，如图22-9所示。试分别用重三角级数及单三角级数求解无矩内力，然后用两种解答计算几点的内力，以资校核。

22-4　设简支扁壳受有均布压力，即$q_3=-q_0$。试用§22-8中重三角级数式的F求出薄膜内力及平板内力，然后证明：（1）当δ趋于零时，平板内力趋于零，而薄膜内力趋于无矩解答；（2）当R_x及R_y趋于无限大时，薄膜内力趋于零，而平板内力趋于薄板的解答。

22-5　试用§22-11中的成果，求出简支等曲率扁壳受均布荷载q_0时的边缘区最大弯矩及其所在之处。

答案：　$\dfrac{\sqrt{6}}{12}\mathrm{e}^{-\pi/4}\dfrac{q_0 R\delta}{\sqrt{1-\mu^2}}$，在距边界为$\dfrac{\pi\sqrt{R\delta}}{4[3(1-\mu^2)]^{1/4}}$之处。

22-6　试用§22-11中的成果，求出简支等曲率扁壳受均布荷载$q_3=-q_0$时的边缘区横向剪力。

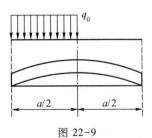

图 22-9

答案：$F_{S1} = -\dfrac{q_0 \sqrt{R\delta}}{2[3(1-\mu^2)]^{1/4}} f_3(\lambda x)$。

参 考 教 材

[1]　符拉索夫.壳体的一般理论[M].薛振东,朱世靖,译.北京:人民教育出版社,1964:第十章.

内 容 索 引

（按照汉语拼音字母次序排列）

C

H

J

R

S

T

人名对照表

（按照译名的汉语拼音字母次序排列）

A

艾里　G.B.Airy

B

巴博考维奇　И.Ф.Папкович
贝蒂　E.Betti
贝尔特拉米　E.Beltrami
贝塞尔　F.W.Bessel
毕奥　M.D.Biot
别茹霍夫　Н.И.Безухов
泊松　S.D.Poisson
伯努利　D.Bernoulli
伯努利　J.Bernoulli
布西内斯克　J.Boussinesq

D

达朗贝尔　J.R.d′Alembert

F

菲列波夫　А.П.Филиппов
符拉芒　A.Flamant
符拉索夫　В.З.Власов
傅里叶　J.B.J.Fourier

G

盖开勒　J.W.Geckeler
盖莱　J.M.Gere

高斯　C.F.Gauss
格林　G.Green
古迪尔　J.N.Goodier
古尔萨　E.Goursat
郭洛文　Х.С.Головин

H

哈密顿　W.R.Hamilton
赫林格　E.Hellinger
赫兹　H.Hertz
胡拜尔　M.T.Huber
胡海昌
胡克　R.Hooke
胡斯　J.H.Huth

J

基尔斯　G.Kirsch
基尔霍夫　G.R.Kirchhoff
季柯维奇　В.В.Дикович
伽辽金　Б.Г.Галёркин
鹫津久一郎　Washizu

K

卡门　T.von Kármán
卡斯蒂利亚诺　A.Castigliano
开尔文　W.Kelvin
科达齐　D.Codazzi
科尔库诺夫　Н.В.Колкунов

柯西　A.L.Cauchy
克罗内克　L.Kronecker
克洛索夫　Г.В.Колосов

L

拉格朗日　J.L.Lagrange
拉梅　G.Lamé
拉普拉斯　P.S.Laplace
莱维　M.Lévy
赖斯纳　E.Reissner
里茨　W.Ritz
里奇　G.Ricci
勒夫　A.E.H.Love
列宾逊　Л.С.Лейбензон
列赫尼茨基　С.Г.Лехницкий

M

马略特　E.Mariotte
马斯洛夫　Г.Н.Маслов
迈可斯　H.Marcus
米歇尔　J.H.Michell
明德林　R.D.Mindlin
莫尔　Q.Mohr
莫纳汉　F.D.Murnaghan
穆斯赫利什维利　Н.И.Мусхелишвили

N

纳维　L.M.H.Navier
牛顿　I.Newton
诺沃日洛夫　В.В.Новожилов

O

欧拉　L.Euler

P

帕尔姆　A.L.Parme
普厄希尔　T.Pöschl
普朗特　L.Prandtl

Q

钱学森

R

日莫契金　Б.Н.Жемочкин
瑞利　D.C.L.Rayleigh

S

萨文　Г.Н.Савин
赛代尔　E.Seydel
塞路蒂　V.Cerruti
圣维南　B.de Saint-Venant
施塔耶尔芒　И.Я.Штаерман

T

汤姆孙　W.Thomson
铁木辛柯　S.Timoshenko

W

外斯特噶德　H.M.Westergaard
文克勒　E.Winkler
沃诺斯基　S.Woinowsky-Krieger

Y

英格里斯　C.E.Inglis